西北大学“双一流”建设项目资助
西北大学科学史高等研究院主办

科学技术史辑要

②

曲安京　主　编
唐　泉　副主编

科学出版社
北　京

内 容 简 介

科学技术史是人类文明史的重要组成部分，科学技术史研究可以帮助我们更好地理解人类智慧的传承和积累，认识科学发现和技术革新的逻辑与规律，以及它们对社会、经济和文化的深刻影响，对于国家创新发展也具有重要的启示意义。

《科学技术史辑要》分科学史、文化遗产与技术史、生态环境与医学史和科学史理论与应用4个栏目，立足学术性、专业性和创新性，经过专家组遴选推荐，以全文转载、论点摘编、篇目推荐等不同形式，收录了我国科学技术史领域的年度优秀论文，旨在全面呈现我国科学技术史领域的研究成果和学术观点，促进交流与合作。

本书可供从事科学技术史、历史、文物与考古、哲学等方向研究的学者和师生等阅读参考。

图书在版编目（CIP）数据

科学技术史辑要. 2 / 曲安京主编. —北京：科学出版社，2023.8
ISBN 978-7-03-076088-3

Ⅰ. ①科… Ⅱ. ①曲… Ⅲ. ①自然科学史-中国-文集 Ⅳ. ①N092-53

中国国家版本馆CIP数据核字（2023）第142111号

责任编辑：邹 聪 侯俊琳 乔艳茹 / 责任校对：何艳萍
责任印制：李 彤 / 封面设计：有道文化

科学出版社 出版
北京东黄城根北街16号
邮政编码：100717
http://www.sciencep.com
北京建宏印刷有限公司 印刷
科学出版社发行 各地新华书店经销
*
2023年8月第 一 版 开本：889×1194 1/16
2023年8月第一次印刷 印张：22 1/2
字数：500 000

定价：198.00元

（如有印装质量问题，我社负责调换）

《科学技术史辑要②》

《科学技术史辑要》前言

中国的科学技术史研究起步于20世纪初，迄今已经有100多年的历史了。早期的研究者多以爱国主义为目的，注重从中国古代文献中发掘、弘扬那些值得表彰的科学知识，很少有专门的学者，专注西方的科技史研究。科技史的从业人员，虽然大多接受过比较系统的现代科学体系的训练，但是，基本上都是以业余爱好者身份从事科技史研究。

1949年新中国成立后，在中国科学院和部分高校，出现了一批职业的科学史家，开始有组织地、比较系统地开展天算农医等传统科技史的学科史研究。他们在现代知识体系框架下，对中国古代文献中蕴含的科技史料进行细致的整理、深入的分析、翔实的研究。由于这些史料和工作都是职业历史学家较少涉猎的领域，相较于当时的科学史家的从业人数，可供研究的问题相对来说是比较充分的。因此，这个时期的中国科技史界构成了一个相对封闭的、基本上独立于历史等相近学科的学术群体，其研究成果主要发表在《科学史集刊》与《科技史文集》等专业刊物上。

改革开放以来，很多高校相继招收科技史专业的研究生，职业科学史家的队伍迅速扩大。1997年起，科学技术史专业成为独立的一级学科。2015年，国务院学位委员会成立了科学技术史学科评议组。这些都是中国科技史学科建制化进程中的里程碑事件。最近数十年，大批接受了科技史研究生专业训练的学者成为国内科技史研究的主流，使得以“发现”为特征的传统研究范式的问题域迅速枯竭，很难再现上一辈学者曾经创造的“辉煌”，有趣的、令人振奋的新“发现”渐趋稀疏，中国科技史的各个方向似乎都程度不同地出现了一些困难的局面。

与此同时，国际上的一些新的科技史研究思潮，如数学实操（mathematical practice）、科学元勘（science & technology study）、知识史、科学技术与社会（STS）等，对传统研究范式不断造成持续的冲击。以“发现”为特征的科技史研究，不再成为一统天下的学科范式。21世纪以来，中国的科技史研究，呈现出了特点越来越不明显、问题意识越来越淡薄的局面。一些科技史的专业刊物，尽管篇幅变化不大、印刷质量提高很多、作者队伍急剧扩张，但是，在主流科学史家的眼中，其学术的厚重感似乎已大不如20年前。

随着最近两轮的学科评估，我国科技史学科的职业化定式渐趋明朗，由于没有大学本科专业的支撑，科技史的从业人员，将会稳定集中在20家左右拥有科技史博士点或有一定历史积累的硕士点的高校与科研院所。科技史是一个涵盖领域非常广泛的学术专业，这样的学科点容量，与我们的学科定位显然是不匹配的。因此，未来科技史后备人才的主要就业去向，可能是历史、考古、哲学等相关院所。这样一来，科技史界就有必要开放自己的象牙塔，向相关领域推介自己的研究成果，发挥科技史的学科特长，主动开展学科交叉研究。以此创造充分多的科技史就业岗位，吸引更多的对科技史有兴趣的青年学子，投身到这个有意义的领域。

国际学术界有一种习惯，为了向相关领域同行或学生推介自己学科的研究方向、基本问题、核心方法，会编辑反映这个时代的主流与特色的研究论文，组成一个集子，取名为“读本”（Reader）。这是一个很有效的方式，向公众和学界介绍、推荐本学科的研究潮流、研究热点、研究意义，通过这些精选的论文，对正在进行中的本学科的发展现状进行一次检阅。这就是我们编辑《科学技术史辑要》的一个理由。我们希望通过对 2019/2020 两个年度的论文选编，向国内关心科技史学科发展的朋友们，提供一个一窥全豹的小小样本。

出版这个读本的初衷，是打算编辑一本中国科技史学科的年度文摘，以为本学科的年度总结。作为服务全国科技史界的一份新的出版物，我们首次编辑，邀请了国内数十位资深的科学史家作为推荐专家，得到了大家积极的响应。西北大学科学史高等研究院的全体同仁，分成了若干小组，对 2019/2020 两个年度发表的中文文章分别进行了全面的搜索和初步的筛选，按相应的学科栏目，提供了 30—50 篇候选文章，请推荐专家进行打分排序。我们基本上按照专家意见，同时也参考了科技史界主要刊物的主编推荐，按全文转载、论点摘编等形式，确定了终选篇目。

科技史学科因其专业的特殊性，职业化的程度受到很大的限制，科学史家的数量，与科技史庞杂的分支相比，明显是不够的，加之专业期刊极少，研究者的学术方向非常离散。另外，原先以“发现”为特征的、大一统的传统研究范式，其问题域的界定是相对明晰的，但是，近数十年来，随着新范式的不断引入，在一定程度上，造成了科技史学科标准的模糊，乃至混乱，导致研究者的学科归属、学科认同，都出现了一些问题。

我们希望这个读本的出版，可以为初涉科技史领域，或希望进入科技史领域的青年学者们提供一点启发，看看中国的科技史学科目前的潮流大约是什么，困境究竟在哪里，方法与以往有什么不同。同时，我们也希望科技史学科相关领域的专家学者，从这些文章中，了解中国科技史学科的现状，从学科交叉的视角，得到一些有益的借鉴。

对于我们这个飞速发展的时代，任何一个读本遴选的论文，都不可能完全准确地反映变化中的科技史研究的现状。作为一个时代的“切片”，2019/2020 两个年度的精选文章，应该可以为关心科技史的读者们提供一个大体上可靠的阅读文本。这些文章不仅反映了这个时代的中国科技史研究的进展和突破，可能也反映了中国科技史研究的局限和困境。我相信，经由全国大部分活跃在第一线的资深科学史家参与下推荐出来的这批文章，基本上体现了这个学科主流科学史学者的价值取向和学术品位。希望读者朋友们怀着批判的眼光来阅读这些文章，这样，或可以发挥这个读本的一些价值，为推动中国科技史研究的进步做出一点贡献。

曲安京

2023 年 7 月 23 日

目　录

前言 / i

全文转载

科学史（栏目主持：陈镱文、王昌、赵继伟） / 3

中国古代天文学中的月亮远地点概念及其域外起源　钮卫星 / 4

数学实操:《元嘉历》晷影表的复原　曲安京 / 13

变与不变：早期汉传佛教文献的天文学翻译　周利群 / 23

史料与方法：中国数学史研究的新思考　朱一文 / 39

模拟漏刻：古代兵书记载的两种计时法　汪小虎　关增建 / 49

文化遗产与技术史（栏目主持：李威、史晓雷） / 57

技术遗产论纲　潜　伟 / 58

中国机械史研究的七十年　冯立昇 / 69

西夏对中国印刷史的重要贡献　史金波 / 85

生态环境与医学史（栏目主持：陈明、胡鹏、杨莎、周云逸） / 101

什么是江南

——生态史视域下的江南空间与话语　夏明方 / 102

中国农业灾害史研究的基本问题及学术旨向　卜风贤 / 122

中国历代疫病应对的特征与内在逻辑探略　余新忠 / 138

医疗史与知识史

——海外中国医疗史研究的趋势及启示　陈思言　刘小朦 / 146

科学史理论与应用（栏目主持：高洋、刘茜、袁敏） / 167

初窥五轮塔：一个有关起源、传播与形上基础的跨学科研究　刘　钝 / 168

民国初期的跨国科学竞争

——以法国古生物学调查团的缘起为中心　韩　琦　陈　蜜 / 203

皇家地理学会与近代英帝国的西藏知识生产　赵光锐 / 225

一匹“老马”的历史：生态系统概念的科学与文化根源　唐纳德·沃斯特；蓝大千译 / 240

论点摘编

科学史 / 253

清代算家的勾股恒等式证明与应用述略　李兆华 / 254

近代日本数学名词术语的确定历程考　萨日娜 / 257

中国古代关于“霓虹”的认识与意象　孙小淳 / 259

变革与引进——明末清初星占学探析　朱浩浩 / 261

分数维数概念的产生　江　南 / 263

关于汤姆森在球调和函数方面的工作之历史探析　穆蕊萍　赵继伟 / 265

《化学鉴原》翻译中的结构调整与内容增删　黄麟凯　聂馥玲 / 267

明代修历与改历问题探析　李　亮 / 269

明清之际官修历书中的编新与述旧　王广超 / 271

西周金文历谱和商末金甲文历谱的多学科研究　徐凤先 / 273

《崇天历》的日食推步术　滕艳辉 / 275

郭守敬四丈高表测影再探究
——兼论中国古代圭表测影技术的革新　肖　尧 / 278

文化遗产与技术史 / 281

秦始皇陵出土青铜马车活性连接工艺研究　杨　欢 / 282

工程社会学视角下的京张铁路建设　段海龙 / 284

抗战时期西南地区煤铁资源开发初探
——以煤铁资源开发技术为中心　雷丽芳 / 286

生态环境与医学史 / 289

从《树艺篇》到《汝南圃史》
——明代农书生产过程的个案研究　葛小寒 / 290

中国古代农学的理论化问题研究　齐文涛 / 292

美洲作物与人口增长
——兼论“美洲作物决定论”的来龙去脉　李昕升 / 294

中国水利史研究路径选择与景观视角　耿　金 / 296

经济还是营养：20 世纪上半叶中国畜禽业近代化进程中的饲料利用论争　陈加晋 / 298

菱湖鱼病工作站：现代科学改造中国传统养鱼业的序曲　韩玉芬 / 300

行走的作物：丝绸之路中外农业交流研究 王思明 刘启振 / 302
19 世纪英国草药知识的全球化和普遍化
——以丹尼尔·汉璧礼的中国草药研究为中心 安洙英 / 304
白族传统防病思想：历史、宗教与民俗 吕跃军 张立志 张锡禄 杨毅梅 / 306
良方与奇术：元代丝绸之路上的医药文化交流 罗彦慧 / 308
江户时代纸塑针灸模型之滥觞 姜 珊 张大庆 / 309
《申报》所见中国 1918
——1920 年大流感流行史料 吴文清 / 311

科学史理论与应用 / 313

缝纫机与晚清民国女性身份的建构 章梅芳 李京玲 / 314
古希腊世界图式的转变和地理学的兴起 鲁博林 / 316
“数”的哲学观念再论与早期中国的宇宙论数理 丁四新 / 318
水火图咏
——晚明西来知识模式对明代社会的深入影响 郭 亮 / 320
极乐鸟在中国：由一幅清宫旧藏“边鸾”款花鸟画谈起 王 钊 / 322
中美交流视野中的中国近代土壤调查
——以金陵大学与地质调查所为中心 宋元明 / 324
科学与社会秩序共生的理论探索 尚智丛 田喜腾 / 326
18 世纪法国化学中的“关系”与“亲合力” 佟艺辰 / 328
金陵女子大学与中国科学女博士先驱 李爱花 张培富 / 330
清华大学农业研究所的创建及发展
——战争与科学视角下的解析 王佳楠 杨 舰 / 332

篇目推荐

略说中国现代科技史研究的问题意识 / 337
中国上古时代数学门类均输新探 / 337
宋代水准仪的复原及模拟实验 / 337
中国古代早期提花织机的核心：多综提花装置 / 338
张衡地动仪立柱验震的复原与研究 / 338
岭南地区清代铁政管理与生铁炒钢技术探究 / 339
从出土古船看中国木帆船的横向结构 / 339
中国首台十亿次巨型计算机“银河-Ⅱ”研制始末 / 339

临淄齐故城镜范与汉代铸镜技术 / 340
钻孔技术在西汉玉器工艺中的灵活应用
——以徐州狮子山楚王墓为例 / 340
西北实业公司火炮的模仿与制造
——以晋造 36 式 75 毫米火炮为例 / 340
近年国外早期砷铜冶金的研究进展 / 341
民国时期中央工业试验所在油脂工业技术上的进步与贡献 / 341
中国引进苏联农业机械技术的历史考察（1949—1966） / 342
20 世纪 40 年代中国的青霉素试制与产业化尝试 / 342
中国传统地权制度论纲 / 342
新石器时代植物考古与农业起源研究 / 343
“卧沙细肋”考
——从苏轼看宋代羊肉生产与消费 / 343
笔谈与明清东亚药物知识的环流互动 / 344
《西医略论》编译的参考文本及学术网络之探究 / 344
14 世纪西欧黑死病疫情防控中的知识、机制与社会 / 344
成仙初阶思想与《神农本草经》的三品药划分法 / 345
商代的疫病认知与防控 / 345
宋代医药领域的违法犯罪问题初探 / 346
全球史视角下解析泛李约瑟问题 / 346
从翻译引进到探索反思：矿物学教科书在华演变研究（1902—1937） / 347
清末民初英人波尔登在华植物采集活动考述 / 347
西历东传与 19 世纪历书时间的自然化 / 348
血压知识及医疗实践在近代中国的传播 / 348
催眠术在近代中国的传播（1839—1911） / 348

全 文 转 载

科　学　史

中国古代天文学中的月亮远地点概念及其域外起源

钮卫星

摘　要：中国古代传统天文历法从东汉《乾象历》开始就把月亮近地点设定为用于修正月亮视运动不均匀性的月离表的起始点。然而，在颁行的中国古代历法中，大约有四分之一历法中的月离表以月亮远地点为起始点。另外，在唐宋之际兴起的星命术中也把包括月亮远地点在内的四余（罗睺、计都、月孛、紫气）作为一个重要的推算项目，到明代四余的推算成为官方历法的组成部分。本文认为，无论是官方历法还是民间星命术中对月亮远地点的重视都受到了印度天文学的影响，而印度天文学又受到希腊几何天文学的影响。本文通过对月亮远地点这一天文概念起源于希腊，由印度天文学作为传播中介，在中国产生影响这一天文学传播个案的梳理和分析，呈现了一个天文学知识把古代不同文明联系在一起并产生深远影响的生动案例。

关键词：月亮远地点；古代天文学；中国；印度；希腊

中国古代较早就认识到了月亮视运动的不均匀性，东汉贾逵在论历中指出月亮每月“移故所疾处三度”①，这个“所疾处”就是月亮视运动速度最快的点，相当于月亮的近地点。此后，中国传统历法为了精确推算月亮的位置，给出了对月亮平均运动做不均匀性修正的月离表②，汉唐之间古历中的月离表普遍以月亮近地点作为起始点，然而，在《大衍历》之后却有较多历法以月亮远地点作为月离表的起始点。另外，在唐代及以后有关星命术文献中也都涉及对月亮远地点的推算。故本文在对上述相关文献进行梳理和考证的基础上，进一步探讨中国古历中月离表以月亮近地点为起始点演变成以月亮远地点为起始点过程中可能受到的域外影响，并追溯有关星命术文献中普遍把月亮远地点作为一个重要推算项目的域外源头。

一、中国古代官历中的月亮近地点和远地点

中国古代历法对月亮视运动不均匀性的修正主要以月离表为基础来构造算法，月离表起始点的选定一般不是月亮近地点就是远地点，这可以从各历法所附的月离表来明确判断。如表 1 所示，《乾象历》月离表中第 1 日月亮实行度分为一个近点月周期中的最大值，也即以视运动速度最快的近地点为起始点；《大衍历》月离表第 1 日月亮实行度分为一个近点月周期中的最

---

①（宋）范晔：《后汉书》，（梁）刘昭补注，中华书局 1965 年标点本，第 3030 页。

② 关于历代古历中“月离表”的构造和其他问题研究，参见陈美东、张培瑜：《月离表初探》，《自然科学史研究》，1987 年第 2 期，第 135-146 页。

小值，也即以视运动速度最慢的远地点为起始点。

表1 《乾象历》和《大衍历》月离表中的月亮每日实行度分

日数	月亮每日实行度分①		日数	月亮每日实行度分①	
	《乾象历》②	《大衍历》③		《乾象历》②	《大衍历》③
1	14度10分	917分	15	12度5分	1112分
2	14度9分	930分	16	12度6分	1099分
3	14度7分	943分	17	12度8分	1086分
4	14度4分	956分	18	12度11分	1073分
5	14度	970分	19	12度15分	1059分
6	13度15分	984分	20	12度18分	1045分
7	13度11分	1000分	21	13度3分	1028分
8	13度7分	1018分	22	13度7分	1010分
9	13度3分	1037分	23	13度11分	992分
10	12度18分	1051分	24	13度15分	978分
11	12度15分	1065分	25	14度	964分
12	12度11分	1079分	26	14度4分	950分
13	12度8分	1092分	27	14度7分	937分
14	12度6分	1105分	28	14度9分	924分

笔者检视了历代颁行历法中的月离表数据，判定各历法推算月亮视运动的起始点各为近地点或远地点的情况如下：《乾象历》（179—184 年）、《景初历》（237 年）④、《元嘉历》（443 年）、《大明历》（462 年）⑤、《正光历》（520 年）、《兴和历》（540 年）⑥、《皇极历》（600 年）、《大业历》（608 年）⑦、《戊寅历》（618 年）、《麟德历》（664 年）、《五纪历》（762 年）、《正元历》（783 年）⑧、《纪元历》（1105 年）、《统元历》（1135 年）、《乾道历》（1167 年）、《淳熙历》（1176 年）、《重修大明历》（1181 年）、《会元历》（1191 年）、《统天历》（1199 年）、《开禧历》（1207 年）⑨、《庚午历》⑩（1220 年）、《成天历》（1270 年）⑪和《授时历》（1280 年）⑫共 23 部历法中的月离表以月亮近地点为起始点；《大衍历》（727 年）、《宣明历》（821 年）、《崇玄历》（892 年）⑬、《应天历》（963 年）、《乾元历》（981 年）、《仪天历》（1001 年）、《崇天历》（1023 年）⑭、《观天历》（1091 年）⑮共 8 部历法中的月离表以月亮远地点为起始点。

---

① 《乾象历》月亮每日实行度分的单位关系是 1 度=19 分。《大衍历》月亮每日实行度分的单位关系是 1 度=76 分。
② （唐）房玄龄：《晋书》，中华书局 1974 年标点本，第 510-512 页。
③ （宋）欧阳修、宋祁：《新唐书》，中华书局 1975 年标点本，第 648-650 页。
④ （唐）房玄龄：《晋书》，中华书局 1974 年标点本，第 510-512、546-548 页。
⑤ （梁）沈约：《宋书》，中华书局 1974 年标点本，第 277-279、294-296 页。
⑥ （北齐）魏收：《魏书》，中华书局 1974 年标点本，第 2670-2673、2706-2710 页。
⑦ （唐）魏徵、令狐德棻：《隋书》，中华书局 1973 年标点本，第 440-442、472-474 页。
⑧ （宋）欧阳修、宋祁：《新唐书》，中华书局 1975 年标点本，第 541-543、564-566、701-703、721-723 页。
⑨ （元）脱脱等：《宋史》，中华书局 1977 年标点本，第 479-481、1867-1870、1970-1979、2039-2046 页。
⑩ （明）宋濂：《元史》，中华书局 1976 年标点本，第 1293-1296 页。
⑪ （元）脱脱等：《宋史》，中华书局 1977 年标点本，第 2039-2046 页。
⑫ （明）宋濂：《元史》，中华书局 1976 年标点本，第 1215-1217 页。
⑬ （宋）欧阳修、宋祁：《新唐书》，中华书局 1975 年标点本，第 648-650、749-751、784-786 页。
⑭ （元）脱脱等：《宋史》，中华书局第 1977 年标点本，第 1521-1527、1636-1639 页。
⑮ （元）脱脱等：《宋史》，中华书局第 1977 年标点本，第 1808-1810 页。

另外还有7部历法在史籍所载的历法术文中没有给出它们的月离表，但结合所记载的月亮视运动参数，可通过推算断定这7部历法推算月亮视运动的起始点为近地点还是远地点：《天保历》（550年）、《天和历》（566年）、《开皇历》（584年）、《钦天历》（956年）和《明天历》（1064年）以月亮近地点为起始点；《三纪历》（384年）和《神龙历》（707—710年）以月亮远地点为起始点[①]。

可见，中国古历对月亮视运动不均匀性的认识和推算的主流传统，是以东汉贾逵论历提出的认识为基础，从东汉刘洪《乾象历》的月离表开始，把月亮近地点作为描述月亮视运动的起始点。但其中有10部历法与这个主流传统不合，采用了月亮远地点作为描述月亮视运动的起始点，它们主要集中在《大衍历》之后的唐代至《观天历》之前的北宋时期。对于为什么会出现这一偏离主流传统的做法，本文第三小节将试图给出解释。

二、中国古代星命术中的月亮远地点

除了中国古代官方历法的月离表中出现月亮远地点的概念之外，在中国古代各类星命术中也涉及对月亮远地点的推算，如十一曜星命术中的“月孛”推算项目。十一曜星命术是在印度传入的九曜星占术基础上融合本土改造而成[②]，以命主出生时刻日、月、五星、罗睺、计都、月孛、紫气（后四者又被称为“四余”）共十一曜的方位来预测命运，大致在唐宋之际逐渐形成。

撰写于晚唐五代之际的《道藏》洞真部众术类《秤星灵台秘要经》（今本残，只存一卷）中的“洞微限歌”有一句：“家宅不宁因孛至，更兼钝闷恰如痴。”[③]与《秤星灵台秘要经》同卷的《灵台经》（原经十二章，《道藏》本存下最后四章）第十章“飞配诸宫”“死囚宫”中提到：“如是日、月、木、水并好死，是蚀神、火、孛恶死。”[④]以上两例中的“孛”即月孛，也就是月亮远地点。

在杜光庭（850—933）的《广成集》卷九《李延福为蜀王修罗天醮词》中有这样的记载：“今复大游、四神，方在雍秦之野；小游、天一，仍临梁蜀之乡。地一次於坤宫，月孛行於井宿。”[⑤]前蜀主王建于大顺二年（891年）担任西川节度使。根据醮词中“十七年之临抚，宰制一方”一句，可知这场罗天大醮作于王建主政蜀地的第17个年头，即唐哀帝天佑四年（907年）。通过验算[⑥]，月亮远地点在公元907年的4月1日到12月26日之间运行在井宿的范围内，与醮词中“月孛行於井宿”的说法完全吻合。可见在当时的道教星占实践中，对月孛的推

---

① 陈美东、张培瑜：《月离表初探》，《自然科学史研究》，1987年第2期，第135-146页。

② 钮卫星：《唐宋之际道教十一曜星神崇拜的起源和流行》，《世界宗教研究》，2012年第1期，第85-95页。

③ 佚名：《正统道藏》（第18册），艺文印书馆1977年影印本，第6061页。

④ 佚名：《正统道藏》（第18册），艺文印书馆1977年影印本，第6051页。

⑤ （五代）杜光庭：《广成集》（卷1-卷17），载《正统道藏》（第18册），艺文印书馆1977年影印本，第14608页。

⑥ 设u为月亮远地点黄经，根据D. H. Sadler和G. M. Clemence的《改进月离表1952—1959》导言中给出的月亮近地点角距公式和第287页给出的月球平黄经，可求得月亮远地点黄经公式：$u=154^\circ.329\,556+0^\circ.111\,404\,080\,3d-0^\circ.010\,325t2-0^\circ.000\,012t3$，起始历元为1900年1月0天12时，儒略日为$JD_0=2\,415\,020.0$，$d=J.D.-JD_0$，$t=d/36\,525$，$t$为距$JD_0$的儒略世纪数。

算是要求与实际天象吻合的。

现藏法国国家图书馆编号为P.4071[①]的敦煌遗书——开宝七年（974年）星命书是一份利用十一曜与黄道十二宫的搭配关系来对人的命运进行预测的星占文书，其在开头交代了命主的生辰信息（出生日期为后唐长兴元年九月初九，即公元930年10月3日）之后，列出了十一曜的位置，其中"月勃[②]在危顺行，改照宝瓶宫，齐分青州分野"一句记录了月亮远地点的位置。经过验算，命主出生时刻月亮远地点在危宿2度，与所载月孛位置符合。实际上，该份星命书记录的十一曜位置，除了月亮，其余十曜的位置也均与实际天象吻合[③]。P.4071最后落款为"灵州大都督府白衣术士康遵课"，据推测，这位康遵应是一位粟特人后裔[④]。

对十一曜行度的推算中，日、月、五星的推算相对常见，对月孛的推算则需要对月亮的运动规律有精深的理解。像P.4071的作者康遵究竟只是一位懂得查阅星历表的普通术士，还是也精通历算，现在不得而知。宋代《武经总要》后集卷二十"六壬用禽法"中提到："审天上十一曜在何宫宿，而时下临何宿。"[⑤]《武经总要》后集二十卷的最后五卷是由时任司天少监的杨惟德[⑥]负责编撰的，作为一位具有道教背景的专业天文历算家，他完全有能力推算十一曜行度。

元代全真教道士赵友钦（1271—约1335）在他的《革象新书》卷三"目轮分视"一节中对四余的迟疾行度顺逆等做了详细的描述："罗睺、计都、月孛、紫炁，每日所行均平，并无迟疾。……夫月孛者，是从月之盈缩而求，盈缩一转，该二十七日五十五分四十六秒，月行三百六十八度三十七分四秒半，孛行三度一十一分四十秒半，以黄道周天之度并孛行数，即月行数也，大约六十二年而七周天。太阴最迟之处与其同躔。"[⑦]赵友钦在这里对月孛的行度做了精确的描述，并且明确指出月孛就是月亮远地点（太阴最迟之处）。

到了明代，随着七政四余星命术的广泛传播，包括月孛在内的四余摆脱了此前大多出现在道家经典、星命之书中的民间地位，终登大雅之堂，成为官方历法《大统历》中的正式推算项目。《明史·历志六》载有"步四余"一术，有"推四余入各宿次初末度积日""推四余初末度积日所入月日""推四余每日行度""推四余交宫"等项目[⑧]。四余虽然在官方历法中获得一席之地，但同时也引发了明清两代学者围绕四余存废问题的争论，并因此在清初酿成"历狱"[⑨]。

---

① 可参见法国国家图书馆网站提供的彩色图像文件：http://gallica.bnf.fr/ark:/12148/btv1b83002045/f1.image.r=4071.langFR.

② "月勃"通常作"月孛"。

③ 钮卫星：《敦煌遗书开宝七年星命书（P.4071)中的十一曜行度及相关问题研究》，《自然科学史研究》，2015年第4期，第411-424页。

④ 荣新江：《敦煌归义军曹氏统治者为粟特后裔说》，《历史研究》，2001年第1期，第65-72页。

⑤ （宋）曾公亮、丁度：《武经总要·六壬用禽法》后集卷20，载《景印文渊阁四库全书》，台湾商务印书馆1986年影印本。

⑥ 杨惟德是著名的1054年超新星的记述者，并另撰有《遁甲符应经》三卷、《六壬神定经》十卷。

⑦ （元）赵友钦：《革象新书卷三·目轮分视》，载《景印文渊阁四库全书》，台湾商务印书馆1986年影印本。

⑧ （清）张廷玉：《明史》，中华书局1974年点校本，第733-743页。

⑨ 黄一农：《清前期对"四余"定义及其存废的争执——社会天文学史个案研究（下)》，《自然科学史研究》1993年第4期，第344-354页。

三、中国古代历法和星命术中月亮远地点概念的外来影响和溯源

从上述可知，中国古代历法中大约有四分之一的历法偏离主流的做法，以月亮远地点作为描述月亮视运动的起始点，这些历法大多集中在盛唐到北宋这段时间内。而在唐宋之际兴起的十一曜星命术中，也涉及对月亮远地点的推算。本节将对在这两种情况下月亮远地点概念的域外影响和起源进行分析和讨论。

就笔者所见，现存最早把月亮远地点概念引入中国的明确文献证据是开元六年（718 年）瞿昙悉达奉诏翻译[①]的《九执历》。在《九执历》中推算月亮运动的部分有“推高月章”[②]一节，这个“高月”就是月亮远地点。从地面观测月亮，远意味着高，所以月亮远地点又被译作“高月”。根据“推高月章”提供的术文，可以确定《九执历》月亮远地点进动的速率为：

$$\frac{1}{9}+\frac{1}{3600}=0.111\,388\,89\text{度}/\text{日}$$ [③]

这一结果与本文第二小节所引《改进月离表 1952—1959》[④]所提供求月亮远地点黄经公式导出的月亮远地点进动速率 0.111 404 080 3 度/日非常接近。

《九执历》的翻译可以看成是为编撰《大衍历》所做的准备工作[⑤]，《大衍历》采取“唐梵参会”[⑥]的策略，参考并采用了《九执历》中的部分内容，这一点也得到大多数学者的认同[⑦]。因此在《大衍历》的月离表中以月亮远地点作为起始点，可以解释为是受了《九执历》的影响。

实际上，印度历法对唐代官方历法产生的影响要早于《九执历》的翻译和《大衍历》的编撰。由于《麟德历》行用年久，出现偏差。在武则天时，就有“瞿昙罗造《光宅历》；中宗时，南宫说造《景龙历》”[⑧]，但由于当时唐朝宫廷帝位更替频繁，导致历法的改革始终没有完成。这位瞿昙罗是瞿昙悉达的父亲，《光宅历》据称“是根据印度天文学计算天象的一种天文表”[⑨]。南宫说与瞿昙罗应该属于有很好合作关系的同僚，《新唐书》志第四十九艺文三历算类著录有“南宫说《光宅历草》十卷”。[⑩]南宫说所造《景龙历》也称《神龙历》。根据李峤（约 645—约 714）所作的《神龙历序》可知，《神龙历》的修造是南宫说与瞿昙悉达、迦叶志忠等仕唐印度天算家通力合作的结果，他们“虽异体而各术，并同心而合契”[⑪]，造出了一部颇具异域色彩的历法：“其术有黄道而无赤道”[⑫]“母法一百”[⑬]。而中国传统历法系统是以

---

① （宋）欧阳修、宋祁：《新唐书》，中华书局 1975 年点校本，第 691-692 页。

② 薄树人：《中国科学技术典籍通汇・天文卷》（第五册），河南教育出版社 1993 年版，第 875 页。

③ [日]薮内清：《隋唐历法史の研究》，三省堂 1944 年（昭和十九年）版，第 148 页。

④ Sadler D H, Clemence G M, *Improved Lunar Ephemeris* 1952—1959, United States Government Printing Office, 1954.

⑤ 钮卫星：《“〈大衍〉写〈九执〉”公案再解读》，《中国科技史杂志》，2009 年第 1 期，第 16-26 页。

⑥ [日]最澄：《内证佛法相承血脉谱》，载《传教大师全集》第一卷，比睿山图书刊行所 1926 年整理本，第 240 页。

⑦ 陈久金：《瞿昙悉达和他的天文工作》，《自然科学史研究》1985 第 4 期，第 321-327 页。

⑧ （后晋）刘昫等：《旧唐书》，中华书局 1975 年点校本，第 1152 页。

⑨ [日]薮内清：《〈九执历〉研究——唐代传入中国的印度天文学》，《科学史译丛》1984 第 3 期。

⑩ （宋）欧阳修、宋祁：《新唐书》，中华书局 1975 年点校本，第 1547 页。

⑪ （清）董诰等：《全唐文》，中华书局 1983 年点校本，第 2503-2504 页。

⑫ （宋）欧阳修、宋祁：《新唐书》，中华书局 1975 年点校本，第 583-584 页。

⑬ （后晋）刘昫等：《旧唐书》，中华书局 1975 年点校本，第 1217 页。

赤道为主要特征的，古希腊、巴比伦和印度天文学正是以黄道为主要特征。所有历法常数都以100为公分母，这个做法也与中国此前传统历法的做法大相径庭，但却是印度历法的传统。至此，我们可以推断南宫说的《神龙历》受印度历法影响的可能性非常大，而《神龙历》采用月亮远地点作为推算月亮视运动的起始点也是受这种影响的结果。

《大衍历》之后的几部唐代和宋代历法采用月亮远地点作为月离表的起始点，则可以看作是受到了《大衍历》的影响，毕竟《大衍历》被认为是一部具有里程碑意义的好历，具有很强的榜样作用。《新唐书》志第十七历三评价说："自《太初》至《麟德》，历有二十三家，与天虽近而未密也。至一行，密矣，其倚数立法固无以易也。后世虽有改作者，皆依仿而已……"① 确实如此，后世历法在结构和形式上基本上沿用《大衍历》的框架，有些历法在具体方法和理论方面也沿用了《大衍历》。比如《宣明历》"其气朔、发敛、日躔、月离，皆因大衍旧术"②。又比如《崇玄历》"气朔、发敛、盈缩、朓朒、定朔弦望、九道月度、交会、入蚀限去交前后，皆大衍之旧"③。

官方颁行历法中采用月亮远地点的历法只有姜岌的《三纪历》因史籍记载太过简略，而找不到明确证据来断定它是否受到过外来影响。但姜岌在《三纪历》中有两点突破传统的创新是值得关注的：一是创立"五星约法"，推算五星运行"据出见以为正，不系于元本。然则算步究于元初，约法施于今用"④。也就是说姜岌在推算五星视运动时摆脱了庞大的上元积年，采用了一种简便的近距历元，这与《九执历》中所说的"上古积年数太繁广，每因章首逐便删除，务从简易，用舍随时"如出一辙⑤。二是提出"以月蚀检日宿度所在"的方法，大大提高了冬至点的位置精度，"为历术者宗焉"⑥。然而能够想到用月食冲法来确定太阳的黄道位置，势必对日月地三者的几何关系有一个正确的了解，而这一点却是中国传统天地结构学说中的缺憾。综上两点，又考虑姜岌所在地地处西陲，与西域交流畅通，他在《三纪历》中采用月亮远地点亦有可能是受域外影响的结果。

域外月亮远地点概念的引进除了通过唐代官方天文机构中的印度历算家这一条途径之外，还有一条民间途径。在《大正新修大藏经》密教部收录有一份署名为"西天竺国婆罗门僧金俱吒撰集之"的《七曜攘灾决》，该佛经大约编撰于9世纪上半叶，主要内容是七份关于木星、火星、土星、金星、水星、罗睺、计都七个天体的星历表，其中的计都历表就是一份月亮远地点历表⑦。

在计都历表之前有一段对计都动态的总述："计都遏罗师，一名豹尾，一名蚀神尾，一名月勃力，一名太阴首。常隐行不见。到人本宫则有灾祸，或隐覆不通为厄最重。常顺行于天，行无徐疾。九日行一度，一月行三度十分度之四。九月行一次。一年行四十度十分度之七。凡九年一周天，差六度十分度之三。凡六十二年七周天，差三度十分度之四。元和元年丙戌入历，

① （宋）欧阳修、宋祁：《新唐书》，中华书局1975年点校本，第587页。
② （宋）欧阳修、宋祁：《新唐书》，中华书局1975年点校本，第739页。
③ （宋）欧阳修、宋祁：《新唐书》，中华书局1975年点校本，第771页。
④ （唐）房玄龄：《晋书》，中华书局1974年标点本，第570页。
⑤ 薄树人：《中国科学技术典籍通汇·天文卷》（第五册），河南教育出版社1993年版，第873页。
⑥ （唐）房玄龄：《晋书》，中华书局1974年标点本，第570页。
⑦ 钮卫星：《罗睺、计都天文含义考源》，《天文学报》，1994年第3期，第326-332页。

正月在牛五，丁亥在危十七，当日本大同元年。”[①]从这段计都总述可知：计都是一颗看不见的隐曜；顺行于天，即沿黄经增加方向运动；运动速度均匀。并可求得其恒星周期为 8.84 年，每日行度为 0.111 496 19 度，这与上文月亮远地点每日行度的现代值也非常接近。

计都历表共 62 年长，每月给出一个黄道坐标值，历元为元和元年（806 年）正月一日。据此可对计都的历表值与月亮远地点的现代回推值进行比较，并做精度分析，可得计都历表相对于月亮远地点现代回推值的均方误差为 1.3 度[②]，达到了比较好的精度。这一点又从数值上证明《七曜攘灾决》中的计都就是月亮远地点。

《七曜攘灾决》中以计都作为月亮远地点名称的情况，并不是一个孤例。在《梵天火罗九曜》中有一段关于罗睺、计都两颗隐曜的夹注："蚀神头从正月至年终常居二宿：翼、张；蚀神尾从正月至年终常居此二宿：尾、氐。按《聿斯经》云：凡人只知有七曜，不知暗虚星，号曰：罗睺、计都。此星在隐位不见，逢日月即蚀，号曰蚀神。计都者，蚀神之尾也，号豹尾。”[③]根据这段记述，罗睺和计都并不处在黄道上对冲的位置，所以不可能同时是白道与黄道的升、降交点。这里计都的含义应与《七曜攘灾决》中的相同，并可进而根据罗睺、计都运行所在的位置，推算出该夹注作于天宝十载（751 年）[④]。

罗睺、计都的含义在唐宋之际演变成包含罗睺、计都、月孛、紫气四个隐曜的四余概念，罗睺成了白道与黄道的降交点，计都成了白道与黄道的升交点，月孛成为月亮远地点。这一变化的具体原因现在还不清楚，但很可能是外来天文概念本土化的一个结果[⑤]。此后，包括月亮远地点在内的七政四余星命术经过在民间一段时间的发展和流行后，到明清时期四余已成为官方历法的推算项目。

无论是官方途径还是民间途径，域外月亮远地点概念传入中国，都与印度有关。在印度古代天文学中，对各天体远地点和升交点运行的推算，与各天体本身一样，是历法推算中的常规组成部分。表 2 列出了印度古代几部著名历数书中太阳、五大行星、月亮及其远地点和白道升交点在一个“大周期”（māhayuga，4 320 000 年）中的公转圈数。

根据表 2 中《毗昙摩诃历数书》的月亮远地点公转圈数，可以算得它的每日行度为 0.111 363 42 度。《婆罗门笈多修正历数书》缺少对应数据，但其他天体数据都与《毗昙摩诃历数书》的相同。由于这两部历数书都是印度婆罗门天文学派的主要经典，所以估计月亮远地点的数据也一致。《阿耶波多历数书》《历法甘露》《太阳历数书》的月亮远地点每日行度相同，都为 0.111 389 23 度/日。以上这两个月亮远地点每日行度数值与前文《九执历》的数值更为接近。

印度天文学中的很多内容可以溯源到希腊天文学[⑥]。公元 4—5 世纪之际，笈多王朝统治

---

① ［印］金俱吒：《七曜攘灾决》，《大正新修大藏经》，大正一切经刊行会 1924—1934 年版，第 446 页。

② 钮卫星：《唐代域外天文学》，上海交通大学出版社 2019 年版，第 152 页。

③ （唐）一行：《梵天火罗九曜》，载《大正新修大藏经》，大正一切经刊行会 1924—1934 年点校本，第 461 页。

④ 钮卫星：《〈梵天火罗九曜〉考释及其撰写年代和作者问题探讨》，《自然科学史研究》，2005 年第 4 期，第 319-329 页。

⑤ 钮卫星：《从“罗、计”到“四余”：外来天文概念汉化之一例》，《上海交通大学学报（哲学社会科学版）》，2010 年第 6 期，第 48-57 页。

⑥ 钮卫星：《西望梵天：汉译佛经中的天文学源流》，上海交通大学出版社 2004 年版，第 188-222 页。

下的西印度最早接触纯正的希腊天文学，并接受了希腊的地心行星模型，用本轮、均轮来解释行星的运动[①]，而对行星交点和近点的考虑是本轮、均轮体系的自然结果。特别地，或者说惯例上，在希腊几何天文学体系中，天体的远地点不仅是重要推算项目，还被设定为推算该天体黄经的计量起点。比如，在托勒密《至大论》的月亮运动模型中，无论是在几何图示还是数表中，月亮的“近点角”[②]都是从月亮远地点开始计量的[③]。在《至大论》的太阳运动偏心圆运动模型中，也是做同样的处理。[④]

表 2　印度古历中日月五星、白道升交点和月亮远地点的公转圈数

天体	毗昙摩诃历数书[⑤]	婆罗门笈多修正历数书[⑥]	阿耶波多历数书[⑦]	历法甘露[⑧]	太阳历数书[⑨]
土星	146 567.298	146 567.298	146 564	146 564	146 564
木星	364 226.455	364 226.455	364 224	364 220	364 220
火星	2 296 828.522	2 296 828.522	2 296 824	2 296 824	2 296 824
太阳	4 320 000	4 320 000	4 320 000	4 320 000	4 320 000
金星	7 022 389.492	7 022 389.492	7 022 338	7 022 338	7 022 338
水星	17 936 998.984	17 936 998.984	17 937 020	17 937 000	17 937 000
月亮	57 753 300	57 753 300	57 753 336	57 753 336	57 753 336
白道升交点	−232 311.168	−232 311.168	−232 226	−232 226	−232 226
月亮远地点	488 105.858	（缺）	488 219	488 219	488 219

这种希腊风格的几何天文学经阿拉伯天文学家（如图西、沙提尔等）的继承和发展之后，又在哥白尼、第谷等人那里发展到顶峰，在明清之际又通过另一途径传入中国，通过《崇祯历书》《新法算书》为中国历算家所熟悉。

四、结论

印度天文学随佛教的东传而输入中国，在唐代达到高峰，其中夹带着希腊天文学的内容，月亮远地点概念便是其中之一。月亮远地点脱胎于希腊几何天文学的月亮模型，是印度各种古

① Pingree D, *History of Mathematical Astronomy in India, Dictionary of Scientific Biography* XVI, Charles Scribner's Sons,1981, p. 555.

② “近点角”一词对应的英语原文 anomaly 本身没有“近”的意思，它的本意是偏离平均运动的“异常”运动。之所以被译作“近点角”，是因为在近代天体力学二体问题的椭圆轨道中，中心天体（比如太阳）处于椭圆的一个焦点上，“近点角”是从靠近焦点的近点开始计量的。实际上在希腊几何天文学的情况下，译作“远点角”更为合适。

③ Toomer G J, *Ptolemy's Almagest*, Gerald Duckworth & Co. Ltd., 1984, pp. 222-238.

④ Toomer G J, *Ptolemy's Almagest*, Gerald Duckworth & Co. Ltd., 1984, pp. 142-144.

⑤ Pingree D, *History of Mathematical Astronomy in India, Dictionary of Scientific Biography* XVI, Charles Scribner's Sons，1981, p. 556.

⑥ Shri Brahmagupta Viracita, *Brāhmasphutasiddhānta with Vāsanā, Vijnāna and Hindi Commentaries*, Indian Institute of Astronomical and Sanskrit Research, 1966, p.83.

⑦ Shri Brahmagupta Viracita, *Brāhmasphutasiddhānta with Vāsanā, Vijnāna and Hindi Commentaries*, Indian Institute of Astronomical and Sanskrit Research, 1966, p. 83.

⑧ Shri Brahmagupta Viracita, *Brāhmasphutasiddhānta with Vāsanā, Vijnāna and Hindi Commentaries*, Indian Institute of Astronomical and Sanskrit Research, 1966, p. 83.

⑨ Shri Brahmagupta Viracita, *Brāhmasphutasiddhānta with Vāsanā, Vijnāna and Hindi Commentaries*, Indian Institute of Astronomical and Sanskrit Research, 1966, p. 83.

代历数书中常见的推算项目。它一方面通过官方途径进入中国古代历法体系，在一定范围内取代了中国古历传统中对月亮近地点的采用；另一方面通过民间途径在唐宋之际影响了具有域外源头的本土星命术十一曜星命术的形成，并成为其中的重要推算项目，到明代作为四余之一成为官方历法的组成部分。通过对月亮远地点这样一个具体天文概念在希腊起源，由印度天文学作为传播中介，在中国产生影响这样一个天文学传播个案所做的梳理和分析，我们看到了一个天文学知识把古代不同文明联系在一起并产生深远影响的生动案例。

（原载《中国科技史杂志》2020 年第 3 期；
钮卫星：中国科学技术大学科技史与科技考古系教授。）

数学实操：《元嘉历》晷影表的复原

曲安京

摘　要： 在没有任何文字史料的支撑下，笔者通过对《元嘉历》24 气晷影常数之结构的特征进行分析与数学建模，复原了何承天构建其 24 气晷影表的原始过程。本文的结果表明，中国传统历法中一些重要的基本常数，可能并非人们想象的那样来自实测，或根据实测对前人数据的简单调整。《元嘉历》24 气晷影常数，是在人为设定的数学模型下，通过求解一个不定方程推导而来。这种数学史的研究方法，在当代的欧美科学史界称为数学实操，而事实上，自 20 世纪 80 年代以来，中国数学史界已称之为古证复原。

关键词：《元嘉历》；晷影常数；数学实操；古证复原

一、什么是数学实操？

近些年来，在欧美科学史界流行一种新的科学编史学方法，叫作 mathematical practice，有中文翻译成数学实操。

Mathematical practice 作为一个词组，20 世纪 80 年代，在《符号逻辑杂志》的文章标题中业已出现。[①]20 世纪 90 年代，以数学实操为范式撰写的数学史论著开始涌现。[②]21 世纪以来，特别是最近 10 年来，在各种数学史刊物和学术会议上，越来越多的数学史家报告他们在这个范式下的研究成果。

什么是数学实操？2019 年 8 月在西安举办的第五届近现代数学史国际会议上，伊索贝尔·福尔克纳（Isobel Falconer）对数学实操有一个详细的定义，从不同层面表述了数学实操可能形成的问题域。简而言之，她指出，数学实操的目的就是复原（古人）当时所理解的数学的方式或方法（the way in which that mathematics was understood）。

为什么说数学实操是一种新的研究范式？这是由于它的确是对传统的以发现为特征的研究范式之问题域的扩充。如果我们面临的史料是充分翔实的，但却从来没有被历史学家注意到，那么，通过对这些史料的阐释，以解释古人当时所理解的数学思想或方法，就属于新的发现，这是传统的数学史研究所主张的。

---

① Shapiro S, "Second-order languages and mathematical practice", *Journal of Symbolic Logic*, Vol. 50, No. 3, 1985, pp. 714-742.

② Fraser C, "Philosophy of mathematics and mathematical practice in the seventeenth century (book review)", *Notre Dame Journal of Formal Logic*, Vol. 40, No. 3, 1999, pp. 447-454；Restivo S, "Mathematical practice in history and culture", *Science as Culture*, Vol.8, No.1, 1999, pp.83-95；Bowers J, Cobb P, McClain K, "The evolution of mathematical practices: a case study", *Cognition and Instruction*, Vol. 17, No. 1, 1999, pp. 25-64.

但是，要想找到从未被人们注意的充分、翔实的史料，很不容易。因此，数学实操的倡导者，为了达到复原古人当时所理解的数学思想与方法的目的，就允许采用间接的旁证，或者断裂的证据链的方法。这样，就突破了传统史学的发现范式的问题域。

更加明确地讲，数学实操就是在没有翔实的文字史料支撑的情形下，历史学家通过数据结构的分析、插图特征的考察、算法呈现的差异的分析等对原始客观材料的研究，利用隐含在原始的数字、公式、算法、图像等非文字材料中的间接证据，通过逻辑推导，推断古人创造这些知识的思想与方法。

数学实操不再是仅仅基于对原始文字材料的新发现或新阐释，而是通过对那些间接的、断裂的、残留的原始材料的推理分析，复原数学知识产生的原始方式或方法。传统史学范式关注"有什么"，数学实操更加侧重"如何做"，由于缺乏翔实的原始材料的支撑，因而，按数学实操的方法得到的知识产生的原始过程与方法，就不再是新的发现，而是一种复原。因此，数学实操的问题域，与传统的发现范式的问题域是不一样的。

我曾经在多种场合的报告中指出，近年来在欧美兴起的数学实操，本质上与吴文俊倡导的古证复原是一致的。吴范式的古证复原的目的，就是试图按照当时古人所具备的知识水平与学术环境，根据残缺的文字史料或其他同时代的或更早期的旁证材料，复原其数学知识的获得过程。①

自 20 世纪 80 年代以来，中国数学史界对这样的研究范式是熟悉的。②数学实操并不是什么新鲜的东西。欧美的数学史家在 30 多年后才开始广泛接受这样的范式。这个事实是应该指出来的。

精密科学史研究范式的改变，是对传统史学之问题域的扩张。这个做法，自然会引发大量新的问题。我们近年来希望通过问题域的扩张，为国内的精密科学史，如数理天文学史、近现代数学史等领域，带来新的问题，以此重振精密科学史的繁荣。③

越来越多的中国青年学者在欧美访学归来后，试图采用目前欧美科学史界流行的方法，以此改变中国科学史的研究现状，这样的动机当然是值得表扬的。不过，他们当中的不少人认为，将数学实操引入中国科学史界是一个创举，这就忽视了我们的历史。这种做法，在一定程度上配合了欧美学者，而有意无意地模糊了中国数学史界在吴文俊先生的带领下，在科学史研究范式创新上所做的贡献。

借此在中国科技史学会成立 40 周年之际，特撰写这篇小文，以期精密科学史界的同仁了解，数学实操本质上与古证复原是一致的。

当然，本文按照数学实操或曰古证复原的范式提出并解决的问题，也是非常有趣的。

---

① 吴文俊：《我国古代测望之学重差理论评介——兼评数学史研究中某些方法问题》，载自然科学史研究所：《科技史文集》（第 8 辑），上海科学技术出版社 1982 年版，第 10-30 页。

② Qu A J. "The third approach to the history of mathematics in China", *Proceedings of the International Congress of Mathematicians* (III), Beijing: Higher Education Press, 2002, pp. 947-958.

③ 曲安京：《近现代数学史研究的一条路径——以拉格朗日与高斯的代数方程理论为例》，《科学技术哲学研究》，2018 年第 6 期，第 67-85 页。

二、问题的提出

《元嘉历》(443 年)是刘宋时期何承天(370—447)编撰的一部重要的历法。本文将以《元嘉历》24 气晷影表为例，遵照数学实操的研究范式，探讨何承天是如何得到《元嘉历》24 气晷影常数的。①

24 气晷影常数，是历法中重要的天文常数，是很多天文计算的基础数据。通常，每部历法都会给出这样一组数据。在东汉到刘宋时期的历法中，东汉《四分历》(85 年)②与三国魏《景初历》(237 年)③的 24 气晷影常数是相同的。为了复原《元嘉历》24 气晷影常数的构造过程，作为参照数据，我们将这三部历法的 24 气晷影常数罗列在表 1 中。根据对称性，我们只需罗列冬至到夏至的 13 个气的晷影常数即可，晷影常数的单位为分，1 尺 = 100 分。表中的一阶差分是相邻两气晷影常数的差。

表 1 《元嘉历》等 24 气晷影常数 单位：分

气	四分历/景初历		元嘉历	
	晷影常数	一阶差分	晷影常数	一阶差分
冬至	1300	70	1300	52
小寒	1230	130	1248	114
大寒	1100	140	1134	143
立春	960	165	991	169
雨水	795	145	822	150
惊蛰	650	125	672	133
春分	525	110	539	114
清明	415	95	425	100
谷雨	320	68	325	75
立夏	252	54	250	53
小满	198	30	197	28
芒种	168	18	169	19
夏至	150		150	

在发现范式下，只需要认证表 1 的常数是 24 气的晷影常数即可，一般说来，如果没有其他坚实的文字史料的支撑，是不会讨论历法家是如何得到这些常数的。但是，在古证复原的范式下，或者说数学实操的范式下，就可以把“这组数据究竟是怎样得到的？”作为一个合法的研究问题进行认真讨论。

我们在没有任何原始文字的提示下，通过分析这些数据的特征与结构，求解这样一个问题：《元嘉历》的 24 气晷影常数是如何得到的？

三、《元嘉历》晷影常数的特点

如果有坚实的文字史料支撑一个算法、定理、概念、理论的创造过程，那么，第一个对其

① 中华书局编辑部：《历代天文律历等志汇编》(六)，中华书局 1976 年点校本，第 1734-1735 页。
② 中华书局编辑部：《历代天文律历等志汇编》(五)，中华书局 1976 年点校本，第 1531-1533 页。
③ 中华书局编辑部：《历代天文律历等志汇编》(五)，中华书局 1976 年点校本，第 1632-1634 页。

进行阐释的研究，就被称为是“发现”，这是传统史学范式问题域中的问题。

当研究者面临的史料有缺失，或者不充分，证据链不完整，我们只有通过一些旁证来间接地复原其构造过程时，这样的研究才被称为是“复原”，这些就是数学实操或者古证复原问题域中的问题。

对于《元嘉历》24 气晷影常数的构造过程的复原，就属于数学实操或者古证复原范式的问题，因为《元嘉历》的作者何承天并未留下任何直接的文字告诉我们，他是如何得到这 13 个常数的。

那么，何承天究竟是如何得到这 13 个数据的呢？当然，最简单的解释，就是这些数据都是来自实际的测量。为了探讨这些数据到底是来自测量，还是出于某种算法，我们需要看看这些数据的背后是否隐藏了什么规律。

为此，我们把《元嘉历》24 气晷影常数的一阶差分分别拆分成素因子的乘积，可以发现，除了最后的三个数据（53、28、19）之外，前面的 9 个一阶差分数据都是合数，不仅如此，这 9 个数据，可以按拥有相同的因子，如 19、13、25，划分为三个小组：

$$114 = 6\times19 \quad 133 = 7\times19 \quad 114 = 6\times19 \tag{1}$$

$$52 = 4\times13 \quad 143 = 11\times13 \quad 169 = 13\times13 \tag{2}$$

$$150 = 6\times25 \quad 100 = 4\times25 \quad 75 = 3\times25 \tag{3}$$

如表 2 所示，更有趣的是，如果把（1）组的三个因子加起来，其因子之和为

$$6 + 7 + 6 = 19$$

这个数与芒种的一阶差分相同。如果把（2）组的三个因子加起来，其因子之和为

$$4 + 11 + 13 = 28$$

这个数与小满的一阶差分相同。于是，（2）组的三个数之和为 28 ×13。而（3）组的三个数之和为 25×13，由此可知，（2）与（3）组的六个数之和为

$$28\times13 + 25\times13 = 53\times13$$

其中的因子之和 28 + 25 = 53，正好是立夏的一阶差分。

表 2 《元嘉历》24 气晷影常数的结构特点 单位：分

气	晷影常数	一阶差分	（1）	（2）	（3）
冬至	1300	52		4×13	
小寒	1248	114	6×19		
大寒	1134	143		11×13	
立春	991	169		13×13	
雨水	822	150			25×6
惊蛰	672	133	7×19		
春分	539	114	6×19		
清明	425	100			25×4
谷雨	325	75			25×3
立夏	250	53			
小满	197	28			
芒种	169	19			

续表

气	晷影常数	一阶差分	（1）	（2）	（3）
夏至	150				
				28×13	25×13
		1150－100	19×19	53×13	

如此完美的数据吻合，说明《元嘉历》24 气晷影常数一定是何承天精心推算出来的。这些数据不是实测的结果，而是算法的结果。那么，何承天到底是如何构造这些常数的呢？为此，我们可以根据上述结构特点的分析，建立一个何承天所采用的数学模型。

四、《元嘉历》晷影常数的数学模型

根据上述数据的结构分析可以发现，《元嘉历》晷影常数的 12 个一阶差分可以划分为两类，其中芒种、小满、立夏的一阶差分作为因子，我们分别以 x、y、z 来表示。这三个数据作为基本常数，在模型的构建过程中扮演了重要的角色。

不难看出，冬至与夏至的晷影常数之差（1300−150），正好等于所有一阶差分的数据之和（1150）。因此，冬至到谷雨的 9 个一阶差分的数据之和即为：

$$1150-(x+y+z)$$

于是，如果 $x+y+z$ 确定了，下面的问题就变为如何将 $1150-(x+y+z)$ 分配到冬至到谷雨的 9 个一阶差分中去。

为了更加清楚地描述这个模型的构建过程，请参考表 2 与表 3 的对照。

表 3 《元嘉历》24 气晷影常数的构造模型

一阶差分	（1）	（2）	（3）
+		$y_1 \cdot n$	
+	$x \cdot m_1$		
+		$y_2 \cdot n$	
+		$y_3 \cdot n$	
+			$(z \cdot y) \cdot n_1$
+	$x \cdot m_2$		
+	$x \cdot m_3$		
+			$(z \cdot y) \cdot n_2$
+			$(z \cdot y) \cdot n_3$
z			
y			
x			
		$y \cdot n$	$(z \cdot y) \cdot n$
$1150-(x+y+z)$	$x \cdot m$	$z \cdot n$	

根据上一节的分析，我们看到，何承天将冬至到谷雨的 9 个一阶差分划分成三组数据，其中第一组的三个数据均含有素因子 x，而这三个数据之和可以表示为

$$x \cdot m_1 + x \cdot m_2 + x \cdot m_3 = x \cdot m \tag{1}$$

第二组的三个数据均含有素因子 n，通过将小满的一阶差分 y 适当地划分，使得这三个数据之和可以表示为

$$y_1 \cdot n + y_2 \cdot n + y_3 \cdot n = y \cdot n \tag{2}$$

第三组的三个数据均含有因子 $z-y$，而这三个数据之和可以表示为

$$(z-y) \cdot n_1 + (z-y) \cdot n_2 + (z-y) \cdot n_3 = (z-y) \cdot n \tag{3}$$

因此，第二组与第三组的六个数据之和，即为

$$y \cdot n + (z-y) \cdot n = z \cdot n$$

于是，所有的事情，都简化为如下不定方程：

$$1150 - (x+y+z) = x \cdot m + z \cdot n \tag{4}$$

一旦选择好了芒种、小满、立夏的一阶差分，根据数据 x、y、z，则不定方程（4）便得以确立。通过求解这个方程，得到 m 和 n，再将它们适当地分别分配到

$$m_1 + m_2 + m_3 = m$$

$$n_1 + n_2 + n_3 = n$$

如此，24 气晷影常数的一阶差分数据便全部获得，《元嘉历》24 气的晷影常数随之确定。

五、《元嘉历》24 气晷影常数之构造过程的复原

现在我们来复原何承天构造《元嘉历》24 气晷影常数的过程。如上所述，所有的事情都简化为不定方程（4）。在最终确定方程（4）的系数与答案之前，我们需要明确一个前提假设：

何承天是一个术数学家。①在数学上，他发明了调日法。这个算法的实质是将历取朔望月常数，一个理想的有理数的选择，归结为求解一个形如（4）式的不定方程。②而这个方程的构造，又蕴含了对一些美妙的数字，诸如某些特别的素因子整数的追求，这是秦汉以来的数字神秘主义的光大。③另外，何承天的时代已经有了所谓的孙子定理，对线性同余式或不定方程已经可以求解。这些时代背景从数学上提供了求解方程（4）的必要条件。

何承天的第一步，是通过确定芒种、小满、立夏的一阶差分数值 x、y、z，将方程（4）化为一个具体的以 m 和 n 为未知量的不定方程，或同余式。

为了确定芒种与立夏的一阶差分 x 与 z 的数值，可以参考《四分历》与《景初历》的数据（表 1），其芒种与立夏的一阶差分值分别为 18 与 54。为了构造一个漂亮的方程（4），x 与 z 最好取与之相近的素数，这在当时的数字神秘主义看来是理所当然的。于是，54 附近的素数只能是 $z=53$，而 18 附近的素数，可以取 $x=17$ 或 19。

如果按照《元嘉历》的实际结果，取 $x=19$，$z=53$，且 $x+y+z=100$，则根据方程（4），需要求解如下不定方程：

$$1050 = 19m + 53n \tag{5}$$

---

① 陈美东：《中国科学技术史・天文学卷》，科学出版社 2003 年版，第 261-266 页。
② 李继闵：《算法的源流》，科学出版社 2007 年版，第 212-288 页。
③ 陈久金：《调日法研究》，《自然科学史研究》，1984 年第 3 期，第 245-250 页。

利用中国古代的大衍术，可以很容易地得到这个方程的通解：

$$m = 19 + 53k$$

$$n = 13 - 19k$$

其中，k 为任意整数。由此可知，方程（5）只有一组正整数解：

$$m = 19,\ n = 13$$

这正是《元嘉历》采用的结果。

实际上，由表 1 可知，由于《四分历》与《景初历》取 $x + y + z = 102$，所以，当我们限定 $x+y+z$ 的取值在 102 ± 2 的范围内，则无论 x 取 19 或 17，不定方程（4）均有且仅有一组正整数解。如果我们把 m 和 n 限定在应取素数的条件下，那么，《元嘉历》所采用的解就是唯一合适的结果，如表 4 所示。

换言之，根据何承天设计的数学模型，《元嘉历》24 气晷影常数是通过求解不定方程（4）得到的。而这个方程的构造，如果要求系数 x 与 z、解 m 与 n 均为素数，那么，《元嘉历》的结果即是在非常大的范围内的唯一选择。

这就是何承天构造《元嘉历》24 气晷影常数的全部过程。

表 4 《元嘉历》24 气晷影常数之构造的可能选择

x	z	$x+y+z$	m	n	结果
19	53	100	19	13	OK
19	53	101	5	18	非素数且 m 太小
19	53	102	44	4	非素数且 n 太小
19	53	103	30	9	非素数且 n 太小
19	53	104	16	14	非素数
17	53	100	15	15	非素数
17	53	101	43	6	非素数且 n 太小
17	53	102	18	14	非素数
17	53	103	46	5	非素数且 n 太小
17	53	104	21	13	非素数

六、何承天的做法意味着什么？

以上，我们按照数学实操或古证复原的范式，复原了何承天选取其《元嘉历》24 气晷影常数的方法。出乎预料的是，何承天将一个看起来非常简单的天文测量问题，转化为一个一次不定方程的数学问题。

何承天的做法是有意为之，还是一个个案？这个做法究竟意味着什么？

实际上，何承天的这个做法并非一个孤例。如前所述，何承天作为一个术数学家，他在数学史上最有名的发明是"调日法"。中国古代历法通常选择合适的分数作为其天文常数的历取值，日法，是朔望月常数历取值的分母。隋代以后的历法取消了闰周，回归年常数便也采用日法作为其历取值的分母。按字面的意思，"调日法"，就是选择这个分母的方法，而实际上，何承天的"调日法"，是确定朔望月常数历取值的算法。

关于何承天的“调日法”，历史上有三条记载，都出自宋代的文献。其中最早的记录是《明天历》（1064 年）的作者周琮给出的。在其《明天历议》第一条，周琮写道：

调日法

造历之法，必先立元，元正然后定日法，法定然后度周天以定分、至，三者有程，则历可成矣。①

这句话的意思是，编著历法的第一步是确定历元，然后确定日法（朔望月常数），再然后确定回归年等基本历取常数。那么，具体何为调日法呢？周琮接着说：

宋世何承天更以四十九分之二十六为强率，十七分之九为弱率，于强弱之际以求日法。承天日法七百五十二，得一十五强，一弱。自后治历者，莫不因承天法，累强弱之数，皆不悟日月有自然合会之数。②

这是历史上最早描述“调日法”的文字。大意是：假设朔望月常数的奇零部分为 B/A，A 为日法，B 为朔余。何承天知道：

$$\frac{9}{17}<\frac{B}{A}<\frac{26}{49}$$

其中 9/17 为弱率，26/49 为强率。于是，求取正整数 m、n，使得

$$\frac{B}{A}=\frac{9m+26n}{17m+49n} \tag{6}$$

其中 m 为弱数、n 为强数。调日法就是：已知日法 A，通过求解不定方程

$$A=17m+49n \tag{7}$$

获得弱数 m 与强数 n，然后按照式（6），得到 B/A。例如，已知《元嘉历》日法为 $A=752$，由此可得弱数 $m=1$，强数 $n=15$。于是，其朔望月常数的奇零部分为

$$\frac{B}{A}=\frac{9+26\times15}{17+49\times15}=\frac{399}{752}$$

这个过程，在秦九韶《数书九章》（1247 年）的“治历演纪”一题的算法中，有详细的示范。“治历演纪”术文开始即称：

以历法求之，大衍入之。调日法，如何承天术。用强弱母子互乘，得数，并之，为朔余。③

“治历演纪”是通过求解一次同余式组来确定上元积年的一种算法，这就是“以历法求之，大衍入之”的意思。

“调日法”究竟如何操作，是数学史界的一个没有彻底解决的问题，不过，根据秦九韶的“治历演纪”的算例演示④，上述文字给出的算法大致如下。

按照何承天的算法，先调取适当的日法 A，由此得到不定方程（7）。解之，得弱数 m 与

---

① 中华书局编辑部：《历代天文律历等志汇编》（八），中华书局 1976 年点校本，第 2633 页。
② 中华书局编辑部：《历代天文律历等志汇编》（八），中华书局 1976 年点校本，第 2633 页。
③ 李继闵：《算法的源流》，科学出版社 2007 年版，第 263 页。
④ 李继闵：《算法的源流》，科学出版社 2007 年版，第 470-474 页。

强数 n，再分别与式（6）分子中的弱率 9 与强率 26 互乘、相加，即得朔余：

$$B = 9m + 26n$$

由此可见，何承天的调日法是将历取朔望月常数的选择，转化为求解一个形如（7）式的不定方程。这个做法，与《元嘉历》将 24 气晷影常数历取值的选择，归结为求解形如（5）式的不定方程，是完全一致的。

把历取天文常数的选择，转换为一个不定方程的求解，也就是将一个天文测量问题，通过数学建模，转化为一个形式简单的数学问题。这就是何承天的做法！

在人们惯常的观念里，中国古代的历法家都是精度至上的实用主义者，缺乏理论模型的构建，也缺乏数学手段的应用。实际上，何承天采用数学建模的方法，通过构建并求解一次不定方程，来确定其历取天文常数的做法，体现了历法编制的神圣与神秘。

如果我们不是按照数学实操（古证复原）的范式，来研究这些天文常数背后的数学方法，就不可能知道中国古代的数学家为什么会在一次不定分析的问题上有这样特别的需求，因此就很难理解孙子定理之类的成就为什么会首先出现在古代中国。

这就是我们按照数学实操的范式复原何承天《元嘉历》之 24 气晷影常数的来源的意义所在。这种范式不仅提出了新的问题，而且，这些问题的解决，对于我们更加深刻地理解古人的知识生产方式与过程，有很大的帮助。

七、结论

我们对何承天《元嘉历》24 气晷影表的构造方法的复原，是古证复原抑或数学实操的一个例子。实际上，对于这类问题的解决，不是基于对充分翔实的文字史料的发现或释读，因此，与传统的以发现为特征的研究范式是不一样的。

不过，重要的是，这样的问题的提出与解决，对于中国数学史家来说并不新鲜。自 20 世纪 80 年代以来，中国数学史界主流的问题域大体上都是类似的问题。因此，我们必须要强调的是：

第一，目前欧美数学史界流行的数学实操的研究范式，早已在中国数学史界流行多年，我们称之为以复原为特征的吴文俊范式。第二，将复原范式引入中国数理天文学史的研究，不仅与欧美精密科学史的主流融合，而且可以产生大量新鲜有趣的问题。

本文的结果表明，传统历法的一些重要的基本数据，可能并非人们想象的那样来自实测，或根据实测对前人数据的简单的调整，而是通过一些有趣的数学方法，在一定的人为设定的模型下推导出来的。

这些模型的构建与数学推导的过程，是非常有趣的。我们可以根据古证复原或数学实操的研究范式，提出问题，并解决问题。由此可以丰富我们对于古人的知识创造过程的理解。

何承天的时代，仍然继承秦汉以来盛行的数字神秘主义，这种数字崇拜，在一定程度上体现了对含有美妙的素数因子的整数的追求。《元嘉历》24 气晷影常数的构造过程的复原，进一步认证了这种观点。

如果我们不是接受并采用了古证复原或数学实操的研究范式，这样的问题就很难提出来。因此，将这种研究范式推广应用到整个精密科学史领域，不仅仅是融入了目前的国际科学史界的主流，更重要的是，继承并光大了中国数学史界的优良传统。

我希望，更多的中国青年学者能够真正地领会吴文俊的古证复原思想，并以此开展精密科学史的研究。从此不再打着数学实操的幌子，还以为是贩卖了一个舶来品。

（原载《中国科技史杂志》2020 年第 3 期；
曲安京：西北大学科学史高等研究院教授。）

变与不变：早期汉传佛教文献的天文学翻译

周利群

摘　要：汉译佛经《虎耳譬喻经》等文献中保存了印度天文学的主要元素，如星宿占卜的体系、术语、历法知识、日影数据、仪器设计等。保留的同时，它们也根据自然环境和社会文化传统对原文进行因地制宜的改变，如某些文本加入了中国地名，或使用了中国的季节划分和历法数据。从翻译风格来看，天文学翻译尚质为主，直译与意译相结合。译场进行团队合作，用归化与异化结合的策略来进行翻译。翻译作品既包含受知识精英欢迎的数理天文内容，也包含容易在老百姓中传播的计时仪器和简单占卜。本文借用“五失本”“五不翻”等佛教翻译方法论，从星宿特性、历法计时、星占卜辞等方面切入，分析早期汉传佛教天文学翻译中的变与不变，进而探讨古代跨文化交流中传播者所采取的适应性策略，并尝试分析何种科学文本能得到有效的传播。总体来看，知识传播策略的纵向启发是，具有全人类共同价值的知识和技术能够在文化交流中保存下来；知识传播策略的横向启发是，与传入国或地区的本土文化实现共鸣的外来知识和技术能更好地实现融合。

关键词：佛教天文学；翻译；变与不变；《虎耳譬喻经》

从印度传入中国的早期佛经文献中，天文学文献以狭义的星宿占卜（宿占）题材为主。较之流行到现代的行星（古代称曜）占卜，这些使用黄道坐标二十八（七）宿的宿占文献包含了年代略早、技术水平有限的占卜体系。此类文献[①]数量有限，仅《虎耳譬喻经》《大方等大集经》《大智度论》等数种。其存世汉译本与中亚出土的梵文本，不仅保留了印度早期星占的知识，也契合了汉地和中亚人们的希冀与恐惧，比较集中地反映了印度早期星占知识向东传播中的路径和策略。在印度星占知识向中亚和汉地传播的过程中，一些要素得以保留，一些要素产生了嬗变。探讨翻译过程中的变与不变，可以揣摩译者在古代科学知识传播过程中所采取的策略，以及何种文本能得以有效传播。

学者前贤中，以善波周、矢野道雄、钮卫星、麦文彪（Bill M. Mak）等在早期宿占文献上着力较多。善波周通过阅读梵、藏、汉平行文本（parallel texts），深入探讨了《摩登伽经》中的二十八宿占卜记载的天文学意义。[②]矢野道雄构建了古代世界星占知识交流的框架，即希腊星占传入印度、萨珊波斯，印度星占到中国，中国星占术到日本，还有伊斯兰星占体系在亚欧大陆的传播；并以《密教占星术》为基础，以宿曜道的占卜方式为线索回溯了二十八宿占卜的

① 周利群：《西域出土的早期星宿占卜文献》，载孟宪实、朱玉麒：《探索西域文明——王炳华先生八十华诞祝寿论文集》，中西书局 2017 年版，第 145-156 页。

② 善波周：《摩登伽經の天文歷數について》，载《小田・高畠・前田三教授颂壽紀念：東洋學論叢》，平樂寺書店 1952 年版，第 171-213 页。

中国和印度源头[①]。钮卫星在专著中用专门的章节来整理汉译佛经中的星宿体系、时节历法等内容，且统计全面，从数理天文学的角度分析了相关史料。[②]麦文彪则详细描绘了中亚丝路上佛教天文学的科技传播历史图景。[③]周利群则以写本为主线，将研究聚焦到西域出土的早期星宿占卜文献。[④]

关于佛经翻译的理论与方法，总结出来的主要有西晋道安（314—385）的“五失本三不易”，隋代彦琮法师（557—610）的“译者八备”，唐代玄奘法师（602或600—664）的“五不翻”等。张建木对玄奘法师的译场进行了详细的分析。[⑤]张松涛对《宋高僧传》中的翻译理论和方法进行了总结。[⑥]郑玲、秦琼芳分别对道安、玄奘、彦琮的翻译方法和理论按照历史脉络和逻辑顺序进行了梳理。[⑦⑧]范晶晶则结合梵汉多语文献，展现了古代佛经翻译的场景。[⑨⑩]以下将结合道安法师的“五失本”，玄奘法师的“五不翻”等，讨论佛经天文学翻译中的变与不变。

本文涉及的文献，主要为早期通过沙漠丝绸之路，即经过当今中亚、中国新疆和甘肃等地东传的佛经。具体文献有《虎耳譬喻经》（*Śārdūlakarṇāvadāna*）[梵、汉文本（三国）]、《大方等大集经》（*Mahāvaipulya-mahāsamnipāta-sūtra*）[梵、汉文本（北凉，433年前）]、《大智度论》[汉文本（姚秦，405年前）]、《宝星陀罗尼经》（唐，632年前）、《大唐西域记》（唐，646年）、《南海寄归内法传》（唐，693年前）、《大孔雀咒王经》（唐，713年前）、《摩诃僧祇律》（东晋，418年）等。

上述文献的出现与汉传佛教的发展繁荣阶段对应，主要是三国时期到唐代，大约为公元220—713年。文献的印度来源的时间范围，有两个标准可以参考。按照平格里[⑪]的标准，本文涉及的知识属于巴比伦时期，技术与《占星吠陀支》（*Vedāṅgajyotiṣa*）比较接近，因为这之前的吠陀时期仅仅是简单记载了星宿的名称，不涉及复杂的历法和运算。按照麦文彪更为宽泛的分类标准，本文涉及文献以星宿占卜为主，应属于吠陀时期，而非以行星占卜为主的后吠陀时期。虽然文献范围有限，但涉及的佛教天文学基础术语和算法不少，对于阅读分析行星占卜文献也很有价值。

本文以汉文佛经天文材料为主，参考相应的梵文佛经平行文本（偶尔也引入藏文文本对

---

① 矢野道雄:《星占いの文化交流史》，勁草書房2004年版。

② 钮卫星：《西望梵天——汉译佛经中的天文学源流》，上海交通大学出版社2004年版。

③ Mak B M, “The transmission of Buddhist astral science from India to East Asia—the Central Asian connections”, In *Historia Scientiarum*.History of Science Society of Japan, 2015, pp. 59-75.

④ 周利群：《西域出土的早期星宿占卜文献》，载孟宪实、朱玉麒：《探索西域文明——王炳华先生八十华诞祝寿论文集》，中西书局2017年版，第145-156页。

⑤ 张建木：《玄奘法师的翻译事业》，《法音》，1983年第2期，第8-12页。

⑥ 张松涛：《中国千年佛经翻译的总结者——赞宁》，《外交学院学报》，2002年第2期，第67-71页。

⑦ 郑玲：《我国古代汉译佛经翻译理论》，《西夏研究》，2014年第2期，第88-93页。

⑧ 秦琼芳：《古代佛经翻译理论与佛教文本外译》，《齐齐哈尔大学学报（哲学社会科学版）》，2016年第1期，第120-122、135页。

⑨ 范晶晶：《早期佛教译经与经典的书面化确立》，《比较文学与世界文学》2015年第8期，第226-236页。

⑩ 范晶晶：《佛教官方译场与中古的外交事业》，《世界宗教研究》2015年第3期，第74-82页。

⑪ Pingree D, “History of mathematical astronomy in India”, *Dictionary of Scientific Biography. XVI,* Charles Scribner’s Sons, 1978, p. 534.

照），以及相关印度天文史材料，探讨汉译佛经天文文献中的变与不变。所谓变是指没有保留印度本土元素，意思上与印度所指有异，属于在西域或者汉地新创或者新译的案例，属于嬗变的层面。本文嬗变的概念，类比道安法师所说的“失本”这一概念，但不仅限于“五失本”。比如经名《舍头谏太子二十八宿经》（梵文题名 Śārdūlakarṇāvadāna，直译为《虎耳譬喻经》）中的“太子”，并未在梵文标题中出现。印度历史上几乎没有出现中国这种统一整个地理单元的王朝，该经中所指的虎耳仅为一个部族的王子，所辖区域或只有一个村落大小，称王子已足矣，“太子”的译名当为便于汉地读者理解，模仿中国的政治体制进行的翻译。又比如《舍头谏太子二十八宿经》中对于印度四种姓的翻译分别是“梵志”“君子”“工师”“细民”。“梵志”对应“婆罗门”勉强可以；汉地“君子”偏文，印度“刹帝利”偏武，“君子”对应国家统治阶层的“刹帝利”不够准确；在汉地表示工匠或者掌管工匠的官员的“工师”，与古代印度表示农民和小生产者的“吠舍”不完全能对应上；“细民”在汉地为老百姓，对应印度仆人职业的“首陀罗”种姓有点困难。此四译名乃取中国古代典籍中相关职业，对于汉文读者可能比较好理解，但与印度文化环境中的四种姓还是有一定距离的。

不变则是指保留印度本土的元素，无论从梵文意译（translation）还是音译（transliteration）至汉文，都属于不变。本文的不变概念，包含但不仅限于玄奘总结的“五不翻”。比如经名《舍头谏太子二十八宿经》中的“舍头谏”，是“Śārdūlakarṇā”的音译，保留了梵文标题中字样，指譬喻故事的主人公——虎耳王子，归为不变的元素。印度的四种姓在《摩登伽经》（梵文题名 *Śārdūlakarṇāvadāna*，《虎耳譬喻经》的另一译本）中被译为“婆罗门”“刹利”“毗舍”“首陀罗”，其中的“刹利”“毗舍”与后世玄奘的固定译法“刹帝利”“吠舍”不太一样，但都是音译，所指皆为从事国家治理的第二种姓和从事农业、小生产的第三种姓，归为不变的元素。

在翻译理论中，迎合本土术语与文献传统，通常采用归化（domestication）的翻译策略；而偏离本土主流价值观，保留原文的语言和文化差异，通常采用异化（foreignization）的翻译策略。归化和异化对立统一，缺一不可。上文中提到的变接近于归化的概念，不变则接近于异化的概念。鉴于归化、异化的概念在 1995 年由劳伦斯・韦努蒂①提出，嬗变与不变的概念出现早、应用广，在本文中使用嬗变与不变的概念统摄全文。

就早期汉传佛教的天文学翻译进行讨论，材料中有梵语、藏语、汉语等多种平行文本的佛经，也有《四分律》《十诵律》等律书，包含天文学基本知识的《大智度论》等论书，也有《大唐西域记》这样的地理书，以及《南海寄归内法传》等关于戒律的历史记载。研究过程中面临如下几重困难：①文献材料类型多样，梵语文本阅读有一定门槛，今人研究有多有少，处理起来有一定难度。②从汉文典籍中甄别印度天文学知识，需要与中国天文知识做比较，得具有中印两个天文学系统的背景知识。③甄别出来之后，用现代术语去表达，用现代数学去分析数据，用图表去体现研究成果，对于没有理工背景的作者来说也是一重困难。④现代翻译研究以现代语言与汉语的对译，尤其是英汉翻译为主，有一套术语体系和研究理论，也比较容易找到源文

① 劳伦斯・韦努蒂：《译者的隐身》，张景华、白立平、蒋晓华主译，外语教学与研究出版社 2009 年版。

本。佛经翻译讨论比较多的是梵汉翻译，翻译的源文本可遇不可求，译者信息不如现代语言译者丰富。同时佛经翻译理论较为简约，不一定与天文学翻译相契合。但探索古代社会的科学知识传播，或许可以抛砖引玉，有助于理解当代文化交流中传播内容的选择。

上文对主题涉及的文献、地域、历史时间段、变与不变的概念进行了定义，简略陈述了研究中的困难，接下来将从天文学翻译中的星宿特性、历法计时、星占卜辞等方面，对早期汉传佛教天文学翻译文献中的嬗变与不变要素进行分析。

一、传入汉地的印度天文学要素之嬗变

道安法师在《摩诃钵罗若波罗蜜经抄序》中总结了佛经翻译中的五种变化，称为“五失本”：

> 译胡为秦，有五失本也：一者胡语尽倒，而使从秦，一失本也。二者胡经尚质，秦人好文，传可众心，非文不合，斯二失本也。三者胡经委悉，至于叹咏，丁宁反复，或三或四，不嫌其烦。而今裁斥，三失本也。四者胡有义说，正似乱辞，寻说向语，文无以异。或千五百，刈而不存，四失本也。五者事已全成，将更傍及，反腾前辞，已乃后说。而悉除此，五失本也。①

引文中所说的胡语，广泛范畴内，代指汉译佛经所依据的西域胡语和梵语原本材料。相对地，秦文乃是指汉文。第一种变化，翻译中语序的改变。西域胡语和梵语所属的印欧语系、拼音文字，与汉藏语系的表意文字的汉语在正字法上、主谓宾的语序上是截然不同的。第二种变化，翻译中文辞的文与质的不同。胡语文献文辞尚质，汉语文献尚文，译者会进行选择。第三种变化，文风繁简之异。胡语文献更倾向于反复地用散文和韵文来阐释同一个故事或道理，汉语文献经常选取其中的韵文或者散文进行翻译。第四种变化，注释文本的取舍。胡语文献有多种注释文本，汉译文本可能进行保留一半或者全部删除的处理。第五种变化，结尾总结的保留与否。汉译文本通常删除了胡语文本回顾前文的总结段落。

下面借助道安法师的分类，对佛经中的天文历法内容进行分析。

（一）星宿名称之本地化

根据钮卫星的研究，早期汉文佛经中的星宿名称大致分为三类②，星宿数量与排列顺序无异。第一类是吸收了中国二十八宿系统，使用“角、亢、氐、房、心、尾、箕……星、张、翼、轸”来对应印度的二十八宿，比如在魏晋《摩登伽经》、北凉《大方等大集经》中，用箕宿来翻译 Purva-aṣāḍhā，斗宿来翻译 Uttara-aṣāḍhā。第二类星宿系统是对印度的星宿名称进行音译，比如在东晋《摩诃僧祇律》、唐代《宝星陀罗尼经》、唐代《大孔雀咒王经》中，印度的星宿 Purva-aṣāḍhā 被翻译为“阿沙荼”“初阿沙荼”“前阿沙荼”，Uttara-aṣāḍhā 被翻译为“阿沙荼”“第二阿沙荼”“后阿沙荼”。第三类星宿系统即有一些佛经对印度星宿进行了直译，比

① 僧祐：《出三藏记集》，中华书局 2008 年点校本，第 290 页。
② 钮卫星：《西望梵天——汉译佛经中的天文学源流》，上海交通大学出版社 2004 年版。

如三国时期《舍头谏太子二十八宿经》将 Purva-aṣāḍhā 翻译为“前鱼宿”，将 Uttara-aṣāḍhā 翻译为“北鱼宿”。第一类情况是最常见的，第二类情况只存在于部分文献中，第三类情况可以说是前无古人后无来者的翻译。二十八宿系统译名的选择，属于前人译经中所说的，将印度的尼拘树当成汉地比较近似的柳树。虽然两国的二十八宿，在具体细节上不完全一致，但同样作为黄道的坐标，数量基本一致，用汉地的二十八宿来翻译印度的二十八宿可以说是一个成功的改变。

一部经书，经梵、藏、汉平行文本的对勘和比较研究，将源文本与所有抄本、译本聚集在一起，有助于理解早期佛经中比较独特的星宿译名。比如《摩登伽经》昴宿（Kṛttikā）梵文词根仅与砍削有关，而在平行文本《舍头谏经》（《舍头谏太子二十八宿经》的缩略简称）中翻译为“名称宿”，应该是从《虎耳譬喻经》圣彼得堡中亚梵本出现多次的 Kīrtikā 译出。Kīrtikā 乃名称、名声之义，参照佛教混合梵语中的案例，可知“名称宿”乃 Kīrtikā 之讹，《舍头谏经》所依据的原本当为中亚梵本。又如危宿（Śatabhiṣā）的梵文词义为百药，而在平行文本《舍头谏经》中被译为“百毒宿”，参考《虎耳譬喻经》中亚梵本中的 Śatabhiṣā（百药）和 Śataviṣa（百毒）两种读法，可知在经由沙漠丝绸之路传播过程中，中亚梵本中衍出的 Śataviṣa 是汉译名“百毒宿”（危宿）的来源。[①]此两案例，乃是比较独特的根本性的改变。

关于中印星宿的名称列表、星宿的形状、每宿的宽度、在天空中的位置，前辈学者已有整理，兹不赘述。将印度星宿知识翻译进入古代中国的时候，有一些译者进行了因地制宜的改变，借用了中国的二十八宿体系，有一些译者则通过音译保留着印度天文学知识的原味。

（二）本地时节之引入

印度历法是一个独具特色的系统，在时节划分上与别的地区有很大不同。佛经汉译的过程中，为了便于读者理解，汉地的某些季节划分被引入。

《大唐西域记》关于岁时的记载中，除介绍南亚次大陆的一年三季与一年六季之外，也介绍了春、夏、秋、冬四季的分法（表 1）。

> 或为四时，春、夏、秋、冬也。春三月谓制呾逻月、吠舍佉月、逝瑟咤月，当此从正月十六日至四月十五日；夏三月谓頞沙荼月、室罗伐拏月、婆达罗钵陀月，当此从四月十六日至七月十五日；秋三月谓頞湿缚庾阇月、迦剌底迦月、末伽始罗月，当此从七月十六日至十月十五日；冬三月谓报沙月、磨袪月、颇勒窭拏月，当此从十月十六日至正月十五日。[②]

表 1 《大唐西域记》载印度时节中的四季划分

汉地四季	印度月名	音译印度月名	汉地月
春	角月 Caitra	制呾逻月	二月
	氐月 Vaiśākha	吠舍佉月	三月
	心月 Jyaiṣṭha	逝瑟咤月	四月

① 周利群：《圣彼得堡藏西域梵文写本释读新进展》，《文献》，2017 年第 2 期，第 63-64 页。
② 玄奘、辩机：《大唐西域记校注》，中华书局 2008 年点校本，第 169 页。

续表

汉地四季	印度月名	音译印度月名	汉地月
夏	箕月 Āṣāḍha	頞沙荼月	五月
	女月 Śrāvaṇa	室罗伐拏月	六月
	室月 Bhādrapada	婆达罗钵陀月	七月
秋	娄月 Āśvina	頞湿缚庾阇月	八月
	昴月 Kārttika	迦剌底迦月	九月
	觜月 Mārgaśira	末伽始罗月	十月
冬	鬼月 Pauṣa	报沙月	十一月
	星月 Māgha	磨祛月	十二月
	翼月 Phālguna	颇勒窭拏月	一月

注：主流的印度历月首从中国农历的十六开始，而不是初一，故印度月与中国农历月份不完全对应。

春、夏、秋、冬四季是中国北方温带地区的典型季节划分，几乎无法应用于南亚次大陆的热带季风气候。但玄奘仍然用四季来划分印度的 12 个星宿月。星宿月是以满月日月亮位置所在的星宿来命名月份的一种计月方式，与星宿日等印度特色历法息息相关。时节概念的翻译上，《大唐西域记》保留了印度特色的宿值纪日、宿值纪月[①]和三季、六季划分，从中可以看出译者试图将其与春、夏、秋、冬四季和汉地十二月对应起来。

（三）影长数据之本土化

近代科学产生以前，使用日晷计时是南亚到东亚等多个地区人们计时的共同选择。不同地区的立表方式有别、表高长度有异。表高一定的情况下，正午日影长短根据地理纬度的不同而改变。假设太阳过当地子午圈的地平高度为 α，测量日影的表高为 H，表所投日影长度为 L，则有 α=arc tan H/L。根据球面天文知识，δ 为太阳正午过当地子午圈时的赤纬，λ 为对应的黄经，ε 为黄赤交角，δ=arc sin （$\sin\varepsilon \cdot \sin\lambda$）。$\varphi$ 为当地地理纬度，有 $\varphi=90°+\delta-\alpha=90°+$ arc sin（$\sin\varepsilon \cdot \sin\lambda$）−arc tan H/L。二十四节气是对太阳周年视运动的刻画。当春分时，视太阳的黄经为 0°，秋分时，视太阳的黄经为 180°。太阳和黄经之差为 180°，其正弦值相同。计算当地地理纬度，可以简化为 φ=90°−arc tan H/L。通过在昼夜等分的春秋分，地球位于特殊的黄经位置，从而比较简便地计算出当地的地理纬度。

简而言之，不同地区的纬度，可以通过从 90°中减去春秋分正午表高与影长之比的反正切得到。古代印度和中国都属于北半球，文献涉及的纬度皆是北纬（表 2）。

表 2 《虎耳譬喻经》的梵、藏、汉版本表高与影长数据

文本名称	表高 H	日影长度 L	H/L	φ=90°−arc tan H/L
《虎耳譬喻经》梵文本	十六指	六指	8/3	20.5°N
《虎耳譬喻经》藏译本	六指	三指	2	26.6°N
《虎耳譬喻经》汉译本《摩登伽经》	十二寸	十三寸	12/13	47.4°N

通过计算可以得出梵文本体现的是北纬 20.5°左右的影长数据，藏译本体现的是北纬 26.6°左右的影长数据，汉译本体现的是北纬 47.4°左右的影长数据。由此可见，梵文本反映的是印

① 矢野道雄：《密教占星術》，東洋書院 2004 年版，第 78-79 页。

度的地理纬度，藏译本体现的是中国西藏地区的地理纬度，汉译本体现的可能是中国新疆北部或者中亚地区的地理纬度。

由表 2 梵、藏、汉佛经的平行文本可以知道，表高及其所投日影长短具有截然不同的比例。佛经在翻译过程中，日晷表高与影长数据因地制宜地改变，以适应不同纬度地区的实际测量数据。也就是说，为了使天文学文献的数据更为严密，一些印度之外的日影数据被引入。此外，表高与影长单位也进行了相应的处理。梵文本与藏译本的长度单位是“指”，说明藏译本直译了梵文的“指”（aṅgula，一根手指的宽度）这一长度单位。汉译本则使用的是“寸”这种汉地常用的较小长度单位。

（四）星占卜辞之传译

《虎耳譬喻经》中的星占卜辞，看似是零散的、没来由的，但是其中能反映出一定的翻译实践原则和社会文化心理。下面特选取《虎耳譬喻经》平行文本中关于日食占卜的一小段梵文卜辞与汉文卜辞为例来分析。为了让懂梵语的读者更加明晰原文与译文的差异，特将《虎耳譬喻经》的梵文精校本、该本的现代汉译、该本的古代汉译依次排列如下。

《虎耳譬喻经》梵文精校本：

amīṣāṃ bhoḥ Puṣkarasārin! aṣṭāviṃśatīnāṃ nakṣatrāṇāṃ rāhugrahe phalavipākaṃ vyākhyāsyāmi |

kṛttikāsu bhoḥ Puṣkarasārin! yadi candragraha bhavati，kaliṅgamagadhānām upapīḍā bhavati |

yadi rohiṇyāṃ candragraho bhavati，prajānām upapīḍā bhavati |

yadi mṛgaśirasi candragraho bhavati，videhānāṃ janapadānām upapīḍā bhavati rājopasevakānāṃ ca |

evam ārdrāyāṃ punarvasau puṣye ca vaktavyam |

āśleṣāyām yadi candragraho bhavati，nāgānāṃ haimavatānāṃ ca pīḍā bhavati[①]

《虎耳譬喻经》梵本的现代汉译：

> 莲花实啊，我将说于二十八星宿日为罗睺所执的果报。
>
> 莲花实啊，若月食发生在昴宿日，羯陵伽摩揭陀人受损。若月食发生在毕宿日，臣民受损。若月食发生在觜宿日，毗提诃人、王家侍从受损。如是在参宿日、井宿日、鬼宿日都是这样说的。若月食发生在柳宿日，诸龙和雪山住的受损。[②]

《虎耳譬喻经》梵本的古代汉译《摩登伽经》卷 2《观灾祥品》：

> 时帝胜伽，语莲花实言：“大婆罗门，今我更说日月薄蚀吉凶之相，汝今应当善谛着心。
>
> 月在昴宿，若有蚀者。中国多灾，祸难必起。
>
> 月在毕宿，而有蚀者。普遭患难，灾乱频兴。
>
> 若在觜蚀，大臣诛戮。乃至参井，亦复如是。

---

① Mukhopadhyaya S K, *The Śārdūlakarṇāvadāna*, Viśvabharati, 1954, p. 79.

② 周利群：《〈虎耳譬喻经〉梵文精校本早期印度星占史料》，《中国科技史杂志》，2018 年第 1 期，第 97-126 页。

若在柳宿，依山住者，皆当灾患。及与龙蛇，无不残灭。……”①

梵文精校本《虎耳譬喻经》中，Candragraha 即月（Candra）执（Graha），指月食，并没有日食字样。但是汉译本《摩登伽经》中，讲的是“日月薄蚀”，包含日食与月食。《复原吐鲁番出土二十八（七）宿经》中，主题则是地震与“日月蚀”：“若毕宿日，日月蚀，则至那国人，多遭疫疠及诸热病。若地动，妇人灾厄，人多嗽病。”②《复原吐鲁番出土二十八（七）宿经》是佛经之外的宿占文献，属于本土创作，但卜辞内容却与佛经相似。从梵文精校本《虎耳譬喻经》“月食”，到其汉译本《摩登伽经》“日月薄蚀”，再到《复原吐鲁番出土二十八（七）宿经》的“日月蚀”，占卜主题的变迁，正说明印度宿占系统通过西域传播到中土之后对于西域的回传。

卜辞中，在不同星宿日月食会使不同职业的人受害，比如臣民、王家侍从；也可使不同地区的人受害，如羯陵伽、摩揭陀、毗提诃、雪山住人。印度地名，如羯陵伽（Kaliṅga）、摩揭陀（Magadhā）、毗提诃（Videhā），在汉译文本中简单译为“中国”。以居于中天竺的这三国，对应中央之国（Madhya deśa）。印度的国名，如佛陀生活时期的十六大国（mahajanapadā），在《虎耳譬喻经》汉译中没有悉数列出。汉译本中，印度的山名——雪山（Hi-mavat，指喜马拉雅大雪山），被译为普遍意义上的山。为凑成汉文音韵，一些重复的字眼被省略，如一些星宿名、“莲花实啊”（bhoḥ Puṣkarasārin）这样的话引。汉译中一些句子词汇重复，如“普遭患难，灾乱频兴”。“患难”与“灾乱”，都是指受灾，对应的梵文词是 upapīḍā，梵文本中并没有使用其他词汇来表达。

以上引文梵文段落是散文文体，汉文翻译是散韵结合的文体，读起来朗朗上口。《虎耳譬喻经》梵文精校本全书，为散韵结合文体。韵文使用的是 8 字韵，即四组 8 音节构成的输洛迦韵（śloka），或称随等韵（anuṣṭubh）。输洛迦韵是《罗摩衍那》大史诗等印度文学作品常采用的韵律。翻译该韵律，使用等音节数的八言诗体是最妙的。《摩登伽经》译文“月在昴宿，若有蚀者。中国多灾，祸难必起”，用八言诗体进行翻译，或有增删，在所难免。可惜目前能看到的梵语文本是散文，并不是韵文。或许《摩登伽经》的译者当时见到的梵文文本是一段韵文卜辞。散、韵文体的不同，体现的是道安法师所说的第三种改变“胡经委悉，至于叹咏，丁宁反复，或三或四，不嫌其烦。而今裁斥，三失本也”。

总体来看，翻译过程中有所改变的有如下几个方面：第一是印度星宿名称的翻译，最为常见的是用中国固有的二十八宿名称来对应印度的二十八宿。《摩登伽经》采用了这个方法，促使它比同本异译的《舍头谏太子二十八宿经》更受欢迎。第二是引入本地时节，为帮助人们理解，佛经翻译中加入了汉地的四季划分传统，与印度的十二星宿月形成对应关系。第三是正午日影长短的数据，也根据抄本所写地区的实际情况进行相应的改变。后代学者在平行文本的研究中，可以根据数据计算出抄写梵、藏、汉文本所在的地理纬度。第四是翻译星占卜辞时，无法翻译印度诗歌韵律，一些重复的字句被省略，某一些字句又被特地重复。第五是某些印度的

① 高楠顺次郎：《大正新修大藏经//CBETA 电子佛典集成（光盘版）》，中华电子佛典协会 2016 年版。
② 周利群：《西域出土的早期星宿占卜文献》，载孟宪实、朱玉麒：《探索西域文明——王炳华先生八十华诞祝寿论文集》，中西书局 2017 年版，第 145-156 页。

地名、国名、山名被改为译者和读者所熟悉的地名、国名、山名。

道安法师总结的“五失本”，着意于语言性质、文采、文体等方面。对于佛教天文学这一专门文献，其中的天文坐标、时节单位、影长数据、星占卜辞等的改变，无法尽数体现在概括性的佛经翻译之中。

二、传入汉地的印度天文学要素之不变

吴越国（907—978 年）景霄（生卒年不详）在《四分律行事钞简正记》提到玄奘译经中的“五不翻”，即对原文进行音译的翻译原则：

> 引唐三藏译经，有翻者有不翻者，且不翻有五：一生善故不翻。如佛陀云觉、菩提萨埵，此云道有情等。今皆存梵名，意在生善故。二秘密不翻。如陀罗尼等，总持之教，若依梵语讽念加持，即有感微。若翻此土之言，全无灵验故。三含多义故不翻。如薄伽梵，一名具含六义。一自在不永系属二种生死故，二炽盛智火猛焰烧烦恼薪，三端严相好具足所庄严故，四名称有大名闻遍十方故，五吉祥一切时中常吉利故，如二龙主水七步生莲也，六尊贵出世间所尊重故。今若翻一，便失余五，故存梵名。四顺古不翻。如阿耨菩提，从汉至唐，例皆不译。五无故不翻。如阎浮树，影透月中，生子八斛瓮大。此间既无，不可翻也。除兹已外并皆翻译。①

玄奘提倡的“五不翻”原则，分别为如下几条：第一，佛陀（Bodha）、菩萨（Bodhisattva）等生善之词汇，不用意译而用音译，因其约定俗成影响广大。第二，咒语等秘密词汇，不用意译而用音译，因为很多咒语只是音节，并无实义。第三，一词多义，不使用意译，如薄伽梵（Bhagavat）义项丰富难以尽翻。第四，承接汉地古代先例者不再使用意译，如阿耨菩提为阿耨多罗三藐三菩提（anuttara-samyak-sambodhi）之简称，是无上正等正觉的意思，但以前的译者都没使用意译。第五，汉地没有的印度特色风物及风俗，则不必翻，如阎浮树（Jambu）仅印度有汉地无。此五条原则，指音译不意译的情况。除了这些情况，玄奘主张应该进行意译。下面将从星宿特性、历法知识、仪器流传等方面看印度天文知识翻译中没有改变的元素。

（一）星宿特性之不变

作为天空坐标体系的印度星宿（Nakṣatra）的记载，最早出现在《夜柔吠陀》（*Yajur-veda*）与《阿闼婆吠陀》（*Atharva-veda*）中，时间在公元前 1000 年左右。后来，印度神话赋予了星宿人物形象与个性，创造出了美丽动人的故事。月神苏摩（Soma）有 28 个妻子，一个月中他每天晚上与不同的妻子住在一起。月神对于妻子的喜爱程度不一，故而他在每个妻子身边逗留的时间长短也不一样。月神在最喜欢的妻子——毕宿（Rohiṇi）处逗留的时间最长。雨露不均的情况引起了其他妻子的嫉妒，岳父达克沙（Dakṣa）仙人诅咒他遭受消失和无嗣之苦。于是月神只能改变自己的行事作风，在每个妻子那边都住同样的时长。达克沙仙人无法完全收回诅

---

① 《四分律行事钞简正记》，载高楠顺次郎：《大正新修大藏经//CBETA 电子佛典集成（光盘版）》，中华电子佛典协会 2016 年版。

咒，只能将诅咒改为苏摩在一个月的15天中遭受消失之苦，于是便有了历法中月亮由望到朔的黑半月和由朔至望的白半月。[①]这个故事体现了印度星宿的神话，说明星宿日的命名体系有自己独立的起源，同时也反映了印度天文学史上，早期不均等的二十八星宿被后期均等的二十七星宿取代的历史过程。

早期汉文佛经记载的印度星宿，东方七宿为昴、毕、觜、参、井、鬼、柳，南方七宿为星、张、翼、轸、角、亢、氐，西方七宿为房、心、尾、箕、斗、牛、女，北方七宿为虚、危、室、壁、奎、娄、胃，以东南西北四方排序，四方首尾各宿不能相接，首宿以昴宿为最多，娄宿、胃宿次之。中国古代天文文献中列举的二十八宿，以角宿为首宿。中印天文学相较，春分点在昴宿的印度首宿法，在天文时间上早于秋分点在角宿的中国首宿法。[②]关于星宿数量，汉地星宿体系为二十八宿未曾改变，《虎耳譬喻经》等汉文佛经中记载的印度两套星宿系统则逐渐由二十八宿改为二十七宿。公元100年前的早期系统，星宿总数量为28，不均分360度周天。公元100年之后的晚期系统，星宿总数量为27，与黄道十二宫相匹配，均分360度周天。这种改变是在希腊天文学于公元前后影响印度天文学之后逐渐发生的，并且在《往世书》等较晚文献中有相应的神话与之对应。印度星宿系统的改变如实地反映在汉文佛教文献中。

（二）印度历法之流传

早期汉文佛经中，保存着印度历法中对于季节、月、日等的划分方法，具有南亚特色。比如说，季节的划分有两种：吠陀时期传承下来的三个季节划分；经典梵语文学时期的六个季节划分。三季与六季的划分，体现了南亚次大陆的气候特点。除季节划分之外，月与半月的划分也颇具特色。印度历法以满月日所在的星宿命名该月，称为星宿月（参见表1）。大月30日，小月29日。一月分两半，为白半月（śuklapakṣa）和黑半月（kṛṣṇapakṣa）。从朔至望计15日，月亮由亏入盈称白半月，从望至朔计14日或15日，月亮由盈入亏称黑半月。印度历法大多“黑前白后”，前半月为黑分，后半月为白分。某些地区也有“白前黑后”的历法。

1. 四种月的划分

鸠摩罗什（344—413）译《大智度论》中，四种月的记载引起诸多研究者的兴趣。

> 日月岁节者，日名从旦至旦，初分、中分、后分，夜亦三分。一日一夜有三十时，春、秋分时，十五时属昼，十五时属夜，余时增减。五月至，昼十八时，夜十二时；十一月至，夜十八时，昼十二时。
>
> 一月或三十日，或三十日半，或二十九日，或二十七日半。有四种月：一者日月，二者世间月，三者月月，四者星宿月。日月者，三十日半；世间月者，三十日；月月者，二十九日加六十二分之三十；星宿月者，二十七日加六十七分之二十一。闰月者，从日月、世间月二事中出，是名十三月。或十二月、或十三月，名一岁。是岁三百六十六日，周而复始。[③]

---

① ［英］韦罗尼卡·艾恩斯：《印度神话》，孙士海、王镛译，经济日报出版社2001年版，第105页。
② 钮卫星：《西望梵天——汉译佛经中的天文学源流》，上海交通大学出版社2004年版。
③ 高楠顺次郎：《大正新修大藏经//CBETA电子佛典集成（光盘版）》，中华电子佛典协会2016年版。

引文所说四种月是：

日月（solar month），三十日半[365.2422/12=30.44（天）]，12 日月构成一个太阳回归年；

世间月，民用月（civil month），三十民用日（civil day），12 民用月为一理想年（ideal year）；

月月，朔望月（synodic month），二十九日加六十二分之三十（29.53 天）；

星宿月，恒星月（sidereal month），二十七日加六十七分之二十一（27.32 天）。

钮卫星研究表明，日月等同于现代根据太阳回归年的长度定出的一月，每个月平均为 30.44 天；世间月乃三十民用日组成的月，12 个民用月乃一理想年；月月乃朔望月，上文的数据与现代略异；星宿月乃今之恒星月，是指月亮从某宿出发，运动一周又回到该宿所用的时间，上文的数据与现代平均恒星月长度非常接近。如此看来，龙树大师（约 150—250）和鸠摩罗什在《大智度论》中对四种月的不同概念的理解非常准确专业，如实反映了当时印度的天文学成就。

12 个月或 13 个月为一岁，涉及的是古代历法中较难处理的闰月问题。闰月在印度被称为 adhimāsa，意思是多余的一个月。结合上文，闰月是日月、世间月层面的概念，即闰月是加在 12 个太阳月或者民用月上的月，并非在朔望月或者星宿月上添加。阴阳合历中，以月球平均绕地球转一圈的时间为一月，通过设置闰月，使一年的平均日数又与地球平均绕太阳转一圈的时间相等。闰月的设置，起因是太阳回归年与朔望月没有简单的倍数关系，每过一年阳历年的岁首就超过阴历年的岁首 11 天左右。为了使阳历和阴历的岁首保持一致，每一年新年开始在相同的季节，不影响农业生产的正常秩序，需要每过两三年就插入一个闰月[①]。佛经记载中的印度闰月，有六年一闰和两年半一闰的做法。印度历与古代中国农历一样是阴阳合历，很早就使用闰月来调节阴历和阳历了。

引文依次论述了印度历法中时、分、日、月、岁的划分。牟呼栗多（muhūrta）是印度历法中一个有特色的时间单位，古代译者根据汉地的生活经验，将其译为“时分”或者“须臾”。为了避免与现代的时分及其他汉译时间单位混淆，使用音译“牟呼栗多”似更佳。近代科学产生以前，印度以水漏计量时间长短，基本单位是“刻”（nāḍikā）。两刻形成一个牟呼栗多，30 牟呼栗多为一昼夜。除开时间单位牟呼栗多，引文记载中古印度人还将一天分为三“分”（prahara）：“初分”“中分”“后分”，一夜也分为三“分”（yāma）。报时的时候，报时人先打鼓报具体的刻，再吹螺报分。佛教中结合禅定这项活动，将日与夜分别划为三分。但在古代的那烂陀寺，将日与夜分别划为四分。关于日的划分，此处定义的是“从旦至旦”，乃是以太阳运动为基准的测量，称为 divasa。前文讨论地震占卜时，用到月至某宿的纪日方式 nakṣatra，乃是以 27/28 星宿纪日的古老方式，在印度沿用了三千年。完整的印度历包含五要素，分别是太阴日（tithi）、太阳日（vara）、星宿日（nakṣatra）、行星相合（yoga）、半太阴日（karaṇa）。此五要素组成的印度历，被命名为《五支历》（pañcāṅgam），沿用至今。

2. 昼夜时分比例

佛经记载中昼、夜的牟呼栗多之数量比，可体现出白天与黑夜时长的变化，进而体现太阳

---

① 钮卫星：《西望梵天——汉译佛经中的天文学源流》，上海交通大学出版社 2004 年版。

直射点的南北移动和季节变化。昼、夜时分比例，以30个牟呼栗多的分配来表示。春秋分时，日夜均分，皆为15牟呼栗多。农历五月夏至，日18牟呼栗多，夜12牟呼栗多。农历十一月冬至，日12牟呼栗多，夜18牟呼栗多。

对牟呼栗多比较全面的记载出自《虎耳譬喻经》汉译本《摩登伽经》卷2《明时分别品七》：

> 大婆罗门，我今复说月会诸宿。六月中旬，月在女宿，未在七星，其一月中，昼十七分，夜十三分。尔时当树十二寸表，量日中影，长于五寸。七月中旬，月在室宿，未在于翼，昼十六分，夜十四分，影长八寸。八月中旬，月在娄宿，未在于亢，影十三寸，昼夜各分，为十五分。九月中旬，月在昴宿，未在于房，影十五寸，昼十四分，夜十六分。十月中旬，月在觜宿，未在于箕，影十八寸，昼十三分，夜十七分。十一月中旬，月在鬼宿，未在于女，中影则有二十一寸，昼十二分，夜十八分。腊月中旬，月在七星，未在于危，影十八寸，昼十三分，夜十七分。正月中旬，月在翼宿，未在于奎，影十五寸，昼十四分，夜十六分。二月中旬，月在角宿，未在于胃，影十三寸，昼夜十五，为三十分。三月中旬，月在氐宿，未在于毕，中影十寸，昼十六分，夜十四分。四月中旬，月在心宿，未在于参，中影七寸，昼十七分，夜十三分。五月中旬，月在箕宿，未在于鬼，中影四寸，昼十八分，夜十二分。如是等名月会宿法。①

根据平格里的研究，从美索不达米亚传播来的表现印度昼夜时分比例的线性方程为 $d(x)=12+\frac{6x}{183}=12+\frac{2x}{61}$，其中 x 变量是冬至日开始的日数，从0到366变化；$d(x)$ 是白昼牟呼栗多的数量，从12到18变化，最长的白昼与最短的白昼之间差6个牟呼栗多；183是半年之中的恒星日数量。②《虎耳譬喻经》的汉译本数据完整记载了昼夜时分比例的数据，体现了这个线性方程。平格里的书中没有制作图表，特根据《摩登伽经》文本，整理出1年12个月白昼所含牟呼栗多的数量，如表3所示。

表3 《摩登伽经》中年度昼长变化数据表

距离冬至日的绝对日数	昼长/牟呼栗多	汉地月份	印度月份（以十五日所在星宿命名）
0	12	十一月（冬至）	鬼月
30.5	13	腊月	星月
61	14	一月	翼月
91.5	15	二月	角月
122	16	三月	氐月
152.5	17	四月	心月
183	18	五月（夏至）	箕月
213.5	17	六月	女月
244	16	七月	室月
274.5	15	八月	娄月
305	14	九月	昴月
335.5	13	十月	觜月

① 高楠顺次郎：《大正新修大藏经//CBETA电子佛典集成（光盘版）》，中华电子佛典协会2016年版。

② Pingree D, “History of Mathematical Astronomy in India”, In *Dictionary of Scientific Biography,* XVI, Charles Scribner’s Sons, 1981, p. 534.

表3第1列，是距离冬至日的绝对日数（x），冬至所在月中旬为0，夏至日所在月中旬为183。第2列中，白昼的牟呼栗多数量用函数 $y=12+6x/183$ 计算，得到的数据约等于12到18之间的整数。第3列中，列举了《摩登伽经》所记载的数据月份。古人使用阴历表示月份，汉地冬至所在月份为十一月，夏至所在月份为五月。一年12个月的白昼的牟呼栗多数量变化的折线函数图非常规整，参见图1。

根据距离冬至日的日数计算一年12个月白昼所含牟呼栗多数量，白昼最短为冬至所在月份的12个牟呼栗多，白昼最长为夏至所在月份的18个牟呼栗多，其余的10个月两两相等，呈折线函数对称分布。

昼夜数据中，用牟呼栗多度量不同季节昼、夜时长比变化的传统从印度传到了中国。但是折线函数本身，则仍然承袭着西亚的传统，最大昼长与最小昼长之比为3∶2。

与现代天文学相比，牟呼栗多比例尚不精确，但这毕竟反映了当时印度人引进的巴比伦历法与印度本土历法结合后对古代社会的适用性，也反映了此知识在欧亚大陆的传播。

（三）计时仪器之传播

汉译佛经中记载了两种水漏仪器，分别是印度公元5世纪前使用的泄水型漏壶和5世纪之后使用的进水型漏壶。

《虎耳譬喻经》汉译本《摩登伽经》卷2记载：

> 大婆罗门！今复说漏刻之法。如人瞬顷名一罗婆，此四罗婆名一迦啤，四十迦啤名一迦罗，三十迦罗则名一刻，如是二刻名为一分。一刻用水盈满五升，圆箭四寸，以承瓶下。黄金六铢，以为此箭。漏水五升是名一刻。如是时法，我已分别。[①]

上文中的“刻”对应梵语单词nālikā或nāḍikā，表示水漏的基本时间单位以及形成这个时间单位的容器——漏壶。公元前400年左右的《占星吠陀支》描述了泄水型漏壶nāḍikā。在公元200年考底利耶（梵名 Kauṭilya，生卒年不详）的《利论》中，此漏壶用nālikā一词指代。nālikā一词表示漏壶与时间单位，在经典梵语中固定下来。

汉译文献中，刻是漏刻法基础上形成的基本时间单位，一昼夜分为60刻，30牟呼栗多。日夜分为8个时，白天的时称为prahara，夜晚的时称为yāma。泄完一瓶水，为一个正点，此时报时人同时报出“刻”与“时”。

后来水漏被称为 ghaṭī 或 ghaṭikā，意思是小的壶，是进水型漏壶，整套滴漏仪器叫作ghaṭī-yantra 或 ghaṭikā-yantra。在5世纪南传佛教论师觉音（生卒年不详）对巴利语《中部》所作的注里面，有最早的看管滴漏仪器者的记载。[②]7世纪义净（635—713）的《南海寄归内法传》对此设备进行了清晰而生动的描述：

> 又复西国大寺皆有漏水，并是积代君王之所奉施，并给漏子，为众警时。下以铜盆盛水，上乃铜椀浮内。其椀薄妙，可受二升。孔在下穿，水便上涌，细若针许，量时准宜。

① 高楠顺次郎：《大正新修大藏经//CBETA电子佛典集成（光盘版）》，中华电子佛典协会2016年版。
② 周利群：《义净记载的天竺计时体系》，《西域研究》，2016年第1期，第111-117页。

> 碗水既尽，沉即打鼓。……其莫诃菩提及俱尸那寺，漏乃稍别，从旦至中，椀沈十六。若南海骨仑国，则铜釜盛水，穿孔下流。水尽之时，即便打鼓。一尽一打，四椎至中，齐暮还然。夜同斯八，总成十六。亦是国王所施。由斯漏故，纵使重云暗昼，长无惑午之辰；密雨连宵，终罕疑更之夜。①

义净所记载的印度漏壶，是一只很薄的铜碗漂浮于盛水的铜盆之内，碗底穿孔，细如针眼，水涌进来装满两升水，铜碗下沉至底部。水尽一次，敲击一次鼓，敲4次之后便是正午，8次之后则至黄昏。白天敲8次，晚上敲8次，授时者一昼夜总共敲鼓16次。除了寺庙使用的进水型漏壶，义净还提到南海（今东南亚）的骨仑国使用穿孔下流的铜锅作为水漏仪器，似乎是印度早期文献中记载的泄水型漏壶。印度5世纪前的泄水型漏壶与5世纪之后的进水型漏壶，制作简单，便于携带，传播广泛。二者都保存在《摩登伽经》和《南海寄归内法传》等不同时代的佛教文献中，流传至今。

玄奘提倡的“五不翻”原则，可以理解为翻译时保留原文语言和文化的策略，在佛教天文学翻译中，体现为以下几个方面：①生善故不翻，佛陀、菩萨等译名在《虎耳譬喻经》等故事中得以保留。②秘密故不翻，《虎耳譬喻经》故事中出现的几则咒语，汉译本进行了音译而不是意译。③多义不翻，如薄伽梵。④顺古不翻。二十八宿的译名，顺应了中国传统的二十八宿，放弃了音译星宿名。译经僧进行了有选择的放弃。虽然印度和中国一样有二十八宿系统，但是根据记载推算出的对应的每一宿不是完全一样，宿距、距星都各自不同。印度从二十八宿到二十七宿的历史转变，有相应的印度神话作为依据。⑤汉地无此类风物则不翻。《五支历》历法知识，比如反映了南亚次大陆气候特点的三季、六季划分，12 个月分大小月，每个月分黑半月与白半月，宿值纪日与宿值纪月，都极具印度特色。特别是宿值纪日与宿值纪月，不仅影响到了汉地，也影响到了今天东南亚和日本等地。在汉译佛经中，这些印度历法的原貌被忠实地反映出来。牟呼栗多为一天24小时的三十分之一，汉地没有这个度量单位，保持音译是最好的做法，而不是将其译为“须臾”或者“时分”。还有四种姓、山名、地名、职业名称、疾病名称等印度社会生活中的方方面面都保留在卜辞之中，没有进行意译。其他不变的要素还有两种。从美索不达米亚传到印度再到古代中国的线性函数，在汉译佛经中，体现为30个牟呼栗多在昼、夜的分布随着月份改变的数据，计量着昼、夜比的变化。进水型漏壶与泄水型漏壶分别沿着丝绸之路向东传播，为沿线的老百姓带来生活上的便利。这些漏壶及其操作，在汉译佛经及相关典籍中都有详尽的描绘。由此看来，玄奘的“五不翻”原则在佛教天文学翻译中得到广泛的应用。

三、分析讨论

在亚洲地区历经千年的佛教传译活动中，以天文学为代表的科学技术知识如何在国别区域中流动，值得深究。前文主要探索早期汉传佛教文献的天文学翻译的内容和传播方式；详细分

① 义净、王邦维：《南海寄归内法传校注》，中华书局2009年点校本，第169-170页。

析了传入汉地的印度天文学要素中嬗变的部分，如星宿名称、传入地区的时节、本土的影长数据、星占卜辞的翻译等；一一列举了传入汉地的印度天文学要素之不变的部分，如星宿特性、印度历法、计时仪器等。在历史的选择中，一些科技知识易于传播，体现出翻译过程中的归化效果；一些科技知识需要借由本地化得以保留，体现翻译过程中的异化效果。

“译人传意，岂不艰哉。”[①]古代译经的僧人，借由信仰的力量，千百年来持续努力为中国传统文化宝库增添了相当大的一部分文献。如果讨论佛教天文文献是直译还是意译，鉴于专门文献的翻译难度，必然是直译和意译相结合的产物。如果问译文是尚文还是尚质，那从大量佛经文献来看，还是以尚质为主。

鉴于本文研究的佛经翻译文本，年代在公元10世纪以前，翻译过程的记载不是很详尽，有的文本没有具体的作者，有作者的文本译者也极少自述翻译策略，故研究古代佛经中的天文学文献翻译问题，必然不能像近现代文本翻译那样深入具体。目前最能依赖的就是文献本身，从中去探索当时的知识技术水平、传播策略的选择。道安法师在《摩诃钵罗若波罗蜜经抄序》中总结了译经的三种不易：第一种不易，译者所处的时代与佛经编著的年代相去甚远，时代风俗都改变了。第二种不易，千年前圣人的微言大义，迎合当今的风俗，不太容易。第三种不易，第一次三藏结集时，佛陀的弟子阿难与大迦叶，熟悉佛陀的思想，也是兢兢业业才完成结集，后辈译者不熟悉也不努力，要很好地翻译出佛经是极其困难的。

大概是难度使然，佛经翻译多不是单打独斗，而是团队作战。“意之得失由乎译人，辞之质文系于执笔。”[②]《宋高僧传》记载的译场经馆分设官职最全，有译主、笔受（缀文）、度语、证梵本、证梵义、证禅义、润文、证义、梵呗、校雠、监护大使、正字等，总计13职。译场最低配置有译主和笔受，如汉末洛阳的竺朔佛（生卒年不详，170—180年译经）与支谶（生卒年不详）、安玄（生卒年不详，168—189年译经）与严佛调（生卒年不详，181—188年译经）等人[③]。译场最高配置，如玄奘的译场，拥有十多种职务，人数不限。在团队作战中，人们互相切磋、启发、监督、修订，使大藏经逐渐成形。佛经中的天文学术语和知识的翻译，一定也是在团队合作中完成的。

佛经翻译中的种种困难和问题在印度星占知识在中亚的传播中得以完全体现，其中有不变的内容，嬗变的更不在少数。不变的大概有如下几个方面：印度特色的天文历法知识、数据中体现出的起源于美索不达米亚的折线函数、简单便捷的技术应用（如水漏）、日常生活中的占卜方法（如宿值日的占卜）。有所改变的则是星宿的名称，当地人使用的时节历法和度量衡，印度地域、国家、山河的专名，印度语言中的韵律等。

在跨文化交流中，具有全人类共同价值的知识和技术能够跨越时间的河流保存下来。在近代科学产生以前，因为不同地域的人们都有趋利避害的需求，预测未来变化的占卜得以广泛传播。文化传播过程中，识文断字的知识精英和不识字的普通老百姓取向有所不同。知识精英有阅读写作能力，在知识传播中扮演重要角色。通过星占文本进行占卜、星宿和历法知识、用以

① 僧祐：《出三藏记集》，中华书局2008年点校本，第13页。
② 僧祐：《出三藏记集》，中华书局2008年点校本，第290页。
③ 范晶晶：《佛教官方译场与中古的外交事业》，《世界宗教研究》2015年第3期，第74-82页。

传道的摩登女故事等几个方面更受到他们的欢迎。对于普通老百姓，根据宿值纪日来进行简单的占卜和使用便捷的方式制作水漏来授时，这些技术的应用更有市场。当然，知识精英也有占卜和授时的需求，也可能与不识字的普通老百姓一样乐意见到技术的传播。

传播中的知识和技术，若能与传入国或地区的传统文化实现共鸣，就能够更好地融入本土文化，流传后世。据卡林诺夫斯基（Kalinowski）的研究，中国的宿值占卜在历史上分为三个阶段：第一个阶段是先秦日书系统中二十八宿，纪日和卜辞均较为简单；第二个阶段是汉到宋佛教文献中记载的印度星宿占卜，纪日和卜辞都更为复杂，有鲜明的印度特色；第三个阶段是南宋时期通书中的二十八宿和六十甲子，系统复杂，具有中国特色。佛教文献中的印度星宿占卜之所以能保存至今，想来是其本身嵌入到中国传统星宿占卜之中的缘故。

早期汉译佛经中的天文知识、历法计算、计时仪器、占卜卜辞等，在从古代印度向中国传播过程中呈现出因地制宜的保留与嬗变。知识迁移中的变与不变，不是偶然，而是古代社会的精英和民众共同选择的结果。如此大浪淘沙般的选择过程，给现代人带来启示。概括来说，知识传播策略的纵向启发是，具有全人类共同价值的知识和技术能够在文化交流中保存下来；知识传播策略的横向启发是，与传入国或地区的本土文化实现共鸣的外来知识技术能更好地融合发展。

以早期汉传佛教文献的天文学翻译为研究对象，材料和方法可以是一个研究的出发点。从材料来说，纵向来看，可以去研究魏晋时期或者唐代的佛教天文学翻译，以扩充研究材料的范围，或许能发现更多值得讨论的问题。限于篇幅与学力，本文并没有穷尽材料。横向来看，同时代汉译佛典材料众多，值得在经律论之中仔细探寻类似材料。另外，藏文佛典材料众多，是中国多民族传统文化的一个重要部分。在研究梵、汉佛教天文学翻译中纳入藏文佛经材料，将会极大地拓展研究的视域。从研究方法来说，梵、藏、汉文本的对勘研究历来是少数学者的兴趣爱好，天文学史研究也并非佛学研究的主流。随着越来越多的青年学子跨过梵、藏语言学习这一门槛，或许会有更多的跨学科研究成果出现，助力于这一小小的研究领域。

（原载《自然科学史研究》2020年第1期；
周利群：北京外国语大学亚洲学院副教授。）

史料与方法：中国数学史研究的新思考

朱一文

摘　要：自李俨、钱宝琮始，国内外学者开始用现代数学方法整理古代数学遗产，并建立了中国数学史学科的研究范式。自20世纪80年代起，吴文俊倡导对于中国古代数学的“古证复原”，提出了数学史研究“古为今用”的目标。今天的中国数学史研究正向广度与深度两方面拓展。从数学史研究的方法论来看，存在三个相互关联并需要反思的理论议题。第一，辉格解释问题，其实质在于探究现代数学对古代数学的解释限度；第二，史料问题，其目的在于探讨古代数学实作传统的多样性；第三，古为今用问题，它与前两个议题及数学史的学科定位有关。数学史的研究实践正通过独有的方式探讨上述议题，因此长期存在于研究中的内史与外史之争论是没有必要的。

关键词：中国数学史；方法论；辉格解释；史料；古为今用

算学是中国一个具有悠久历史的学科。明清以降，中国传统数学逐渐融入现代数学之中，整理古代数学遗产便成为时代赋予学人的一项历史性任务。李俨（1892—1963）、钱宝琮（1892—1974）最先用现代数学方法整理中国古代数学遗产，引领了国内外学界的研究潮流，开创了中国数学史学科的研究范式①。20世纪80年代起，吴文俊（1919—2017）倡导研究中国古代数学的“古证复原”方法，并创造性地吸取中国古代数学的机械化、构造性特色，提出“数学机械化”思想，实现了“古为今用”的目标②。2010年，郭书春主编的《中国科学技术史·数学卷》（科学出版社出版），基本囊括了自李、钱二位先贤以来的中国数学史研究成果，可以说为之做一总结③。

与此同时，学界也一直很关注数学史研究的方法论。吴文俊提出“古证复原”应遵守的三项原则，并将之运用于对《海岛算经》的研究，反思和推进了中国数学史的研究方法④。曲安京认为20世纪的中国数学史研究是由李俨与钱宝琮领导的“发现”范式转变为吴文俊领导的

① 李俨、钱宝琮：《李俨钱宝琮科学史全集》，辽宁教育出版社1998年版。

② 吴文俊：《〈海岛算经〉古证探源》，载吴文俊：《〈九章算术〉与刘徽》，北京师范大学出版社1982年版，第162-180页；吴文俊：《从〈数书九章〉看中国传统数学构造性与机械化特色》，载吴文俊：《秦九韶与〈数书九章〉》，北京师范大学出版社1987年版，第73-88页。

③ 郭书春：《中国科学技术史·数学卷》，科学出版社2010年版。

④ 吴文俊提出的“古证复原”三项原则为：原则之一，证明应符合当时与本地区数学发展的实际情况，而不能套用现代的或其他地区的数学成果与方法；原则之二，证明应有史实史料上的依据，不能凭空捏造；原则之三，证明应自然地导致所求证的结果或公式，而不应为了达到预知结果以致出现不合情理的人为雕琢痕迹。参见吴文俊：《〈海岛算经〉古证探源》，载吴文俊：《〈九章算术〉与刘徽》,北京师范大学出版社1982年版，第162-180页。

“复原”范式，并提出“为什么数学”的研究期望①。孙小淳认为这种划分方法值得商榷②。张东林认为为了摆脱辉格的研究倾向，数学史应转变为一门思想史③。鞠实儿、张一杰认为中国数学史研究存在“据西释中”与“据中释中”两条路线，他们赞成后者并进而以“刘徽割圆术”为例提出了中国数学史的本土化研究程序④。法国学者林力娜（Karine Chemla）认为在数学史研究中应对“什么是数学”持有开放、多元的观念⑤，这一观点也得到了研究其他数学文明的国际数学史家们的赞同⑥。这些看法都表明了中国数学史研究者期望在总结学界既有研究成果的基础上更好前进的美好愿望。

近年来，笔者的中国数学史研究主要集中于如下两个方面：第一，以筹算为中心研究汉唐筹算复原、宋元筹算文本化、明代筹算向珠算转变等议题，揭示出物质与数学思想之互动⑦；第二，以儒家经典中的数学文献为中心研究儒家算法传统及其历史演进等议题，揭示出中国古代数学的多样性⑧。在此基础上，结合国际数学哲学界近年来对于数学实践与数学文化多样性

---

① 曲安京：《中国数学史研究范式的转换》，《自然科技史杂志》，2005 年第 1 期，第 50-58 页；曲安京：《再谈中国数学史研究的两次运动》，《自然辩证法通讯》，2006 年第 5 期，第 100-104 页。

② 孙小淳：《数学视野中的中国古代历法——评曲安京著〈中国历法与数学〉》，《自然科学史研究》，2006 年第 1 期，第 83-89 页。

③ 张东林：《数学史：从辉格史到思想史》，《科学文化评论》，2011 年第 6 期，第 26-41 页。

④ 鞠实儿、张一杰：《中国古代算学史研究新途径——以刘徽割圆术本土化研究为例》，《哲学与文化》，2017 年第 6 期，第 25-51 页。

⑤ 林力娜：《数学证明编史学中的一个理论问题》，《科学文化评论》，2011 年第 3 期，第 16-25 页；Chemla K, “Historiography and history of mathematical proof: a research programme”, In Chemla K, *The History of Mathematical Proof in Ancient Traditions*, Cambridge University Press, 2012, pp. 1-68.

⑥ 早在 1975 年，德古温（Sabetai Unguru）就撰文批评对于古希腊数学的代数解释，见 Unguru S, “On the need to rewrite the history of Greek mathematics”, *Archive for History of Exact Sciences*, 1975, Vol. 15, No. 1, pp. 67-114。近年来，古埃及数学史家伊姆豪森（Annete Imhausen）、古巴比伦数学史家罗伯森（Eleanor Robson）以及伊斯兰数学史家伯格伦（J. Lennart Berggren）分别批评将这些古代数学文明解释为现代数学低级阶段的做法，见 Katz V, *The Mathematics of Egypt, Mesopotamia, China, India and Islam: A Sourcebook*, Princeton University Press, 2007, pp. 7, 519；Robson E, *Mathematics in Ancient Iraq: A Social History*, Princeton University Press, 2008.

⑦ Robson E, *Mathematics in Ancient Iraq: A Social History*, Princeton University Press, 2008；朱一文：《再论〈九章算术〉通分术》，《自然科学史研究》，2009 年第 3 期，第 290-301 页；朱一文：《数：筭与术——以九数之方程为例》，《汉学研究》，2010 年第 4 期，第 73-105 页；朱一文：《数学的语言：筭筹与文本——以天元术为中心》，《九州学林》，2010 年第 4 期，第 81-103 页；朱一文：《秦九韶对大衍术的筭图表达——基于〈数书九章〉赵琦美钞本（1616）的分析》，《自然科学史研究》，2017 年第 2 期，第 244-257 页；Zhu Y W, “How were Western written calculations introduced into China?—an analysis of the *Tongwen suanzhi* (*Arithmetic Guidance in the Common Language*, 1613)”, *Centaurus*, 2018, Vol. 60, No. 1-2, pp. 69-86.

⑧ 朱一文：《儒学经典中的数学知识初探——以贾公彦对〈周礼·考工记〉“㮚氏为量”的注疏为例》，《自然科学史研究》，2015 年第 2 期，第 131-141 页；Zhu Y W，“Different cultures of computation in seventh century China from the viewpoint of square root extraction”，*Historia Mathematica*, Vol.43, No. 1, 2016, pp.3-25；朱一文：《再论中国古代数学与儒学的关系——以六至七世纪学者对礼数的不同注疏为例》，《自然辩证法通讯》，2016 年第 5 期，第 81-87 页；朱一文：《初唐的数学与礼学——以诸家对〈礼记·投壶〉的注疏为例》，《中山大学学报（社会科学版）》，2017 年第 1 期，第 60-68 页；朱一文：《算学、儒学与制度化——初唐数学的多样性及其与儒学的关系》，《汉学研究》，2017 年第 4 期，第 109-134 页；朱一文：《朱熹的数学世界——兼论宋代数学与儒学的关系》，《哲学与文化》，2018 年第 11 期，第 167-182 页；朱一文：《儒家开方算法之演进——以诸家对〈论语〉“道千乘之国”的注疏为中心》，《自然辩证法通讯》，2019 年第 2 期，第 49-55 页；朱一文：《从度量衡单位看初唐算法文化的多样性》，《中国科技史杂志》，2019 年第 1 期，第 1-9 页；朱一文：《宋代的数学与易学——以〈数书九章〉“蓍卦发微”为中心》，《周易研究》，2019 年第 2 期，第 81-92 页；朱一文：《明清之际的数学、儒学与西学——以黄宗羲的数学实作为中心》，《内蒙古师范大学学报（自然科学汉文版）》，2019 年第 6 期，第 1-7 页。

的研究思潮①，笔者对于数学史研究方法论有了一些新思考，并认为“辉格解释问题”、“史料问题”与“古为今用问题”是三个相互关联并需要反思的理论议题。故在本文中，笔者将以对筹算的研究为例来试图回答“辉格解释问题”；以对儒家经典中数学文献的研究为例来试图回答“史料问题”；并在此基础上来分析和解答“古为今用问题”。

一、辉格解释问题

今天的学界对于数学史研究辉格倾向的批判已经比比皆是。例如施泰德尔（Jacqueline Stedall）在一本介绍数学史的小册子的开头便指出了这个问题：

> 第一个问题就是一些解释往往描绘了一个辉格版本的数学史。在这一版本之中，数学知识通常被认为是不断向前向上朝着今天的辉煌成就进步。不幸的是，那些寻求进步证据的人倾向于忽视数学发展中的复杂性、过时和彻底的失败。而这些是包含数学事业在内的任何人类的尝试所不可避免的一部分；有时失败也可以像成功一样揭示真相。此外，通过把今天的数学定义为描述以前努力的基准，我们太容易忽视过去的贡献，如勇敢的但最终过时的努力。与此相反，在仔细考察这个事实或那个理论是如何起源的时，我们需要看它们在自身时空的语境中的发现。②

施泰德尔在此简明地指出了辉格数学史的问题：一方面是忽视了数学发展中的复杂性和在今天看来失败和过时的东西，另一方面是无法弄清数学发展的起源与过程。她认为只有通过历史语境的考察才能了解某项数学知识的起源。实际上，这种带有进步观念的辉格史可以从哲学意义上理解为柏拉图主义③，即古巴比伦数学史家罗伯森所说的：历史学家从历史记录中甄别出“柏拉图的数学对象”，并且用今天对应的数学名词术语描述之。在此意义上，数学家是发现数学真理，而数学史家则是发现历史记录中的对应部分。对此，古埃及数学史家伊姆豪森则批评地指出，不应采取“只有一种数学”的哲学立场④。

然而，虽然辉格数学史受到了严厉的批判，但是在数学史中完全排除辉格解释也是不可能的。从理论上讲，这是因为如果彻底采取反辉格立场，即不用今天的数学去理解过去的数学，那么就等于承认古今数学是两种完全不同的、不具有可通约性的学问。在此意义上，如何解释数学的历史具有连续性？而且，如果所有的数学知识都必须考虑其历史语境，那么这就将走向科学知识社会学“强纲领”下的知识建构论，从而彻底消解数学的真理性。这似乎也违反了我

---

① Larvor B, *Mathematical Cultures: The London Meetings 2012-2014*, Springer International Publishing Switzerland, 2016.

② Stedall J, *The History of Mathematics: A Very Short Introduction*, Oxford University Press, 2012, Preface.

③ 关于数学的柏拉图主义有原始和后人发展的两种版本。James Robert Brown 总结为如下七条观点：第一，数学对象是完美的真实，并且独立于我们存在；第二，数学对象在时空之外；第三，数学对象在某种意义上是抽象的，但在另一些意义上又不是；第四，我们可以直觉感到数学对象，并且把握住数学真理；第五，数学是先验的，而非实验的；第六，即便数学是先验的，它没必要是确定的；第七，柏拉图主义提供了一个比其他任何对于数学的判断都多的无限多样的研究技术的可能性。参见 Brown J R, *Philosophy of Mathematics: A Contemporary Introduction to the World of Proofs and Pictures*, 2nd ed., Routledge, 2008, 第二章.

④ Imhausen A, *Mathematics in Ancient Egypt, 3200 BC-AD 395: A Contextual History*, Johannes Gutenberg Universität, 2008, pp. 7-9.

们的普遍直觉和历史经验。

其实，从数学史的研究实践来看，辉格与反辉格的数学史都有其存在的必要性。一方面，虽然数学史家意识到古代数学有其特色，现代数学对之的解释能力不是无限的，但是在研究中彻底排除现代数学、不使用印度阿拉伯数码和+、−、×、÷等符号也是做不到的——现代数学在一些方面看来总具有一定的解释力。另一方面，由于辉格的数学史往往倾向于将古代数学解释为现代数学的低级阶段，从而确实丧失了进一步研究的可能性，因此值得警惕。正如罗伯斯在评价 20 世纪 50 年代巴比伦数学史研究遇到的问题时说："一旦解释被做出了，即古代文献被用现代符号重写之后，就没有任何可说的了。这个领域（即巴比伦数学史研究）便停滞了几十年。"①

综上，笔者认为无论从理论还是实践的角度，辉格解释问题的实质都在于现代数学对古代数学解释的限度，即辉格与反辉格之间的张力。如果我们可以知道此限度，那么所谓的"柏拉图主义"便可以消解了——限度之内，可以以今释古；限度之外，则不可以。当然，无论是数学哲学的理论探讨还是数学史的研究实践都没有明确地告诉我们这一问题的解答。

在上述分析的基础上，笔者认为数学史研究既不可能不预设立场，也不能僵硬地站定辉格或反辉格的立场；数学史研究的理论预设必须是灵活的，只能根据研究成果来不断改进立场，从而自下而上地推进我们对于数学的理解。具体而言，在研究的过程中，我们只能先假定所研究的那部分数学知识是不可以用辉格解释的，而其他并非研究目标的数学知识是可以用辉格解释的，由此开展研究。换言之，采取辉格还是反辉格的立场实际上取决于数学史家的研究语境。

具体而言，我们知道从历史的角度而言，中国人行用印度阿拉伯数字很晚，因此一般来说不该将之应用于对中国古代数学的研究之中。但是，如果研究的目标不在数制、数码，那么阿拉伯数字就应该是可以用的；反之，如果我们研究的目标是分析中国筹算、汉字数字及其算法之特色，那么当然阿拉伯数字就不应出现在对应的解释之中②。同样地，如果我们研究的目标是表明某个筹算操作的算法，那么用现代数学符号表明其运算过程自然就是不可接受的。但是，如果我们只是为了表明某个筹算算法结果的正确性，或者为了突出该算法与其他算法的差异性，那么现代数学符号的解释在某种程度上就是可接受的③。

让我们以对《九章算术》方程章第七题的分析为例更清楚地说明上述观点。该题云：

> 今有牛五、羊二，直金十两；牛二、羊五，直金八两。问：牛、羊各直金几何？
> 答曰：牛一直金一两二十一分两之一十三，羊一直金二十一分两之二十。
> 术曰：如方程。④

此题流行的解释为：设一牛值 x 金，一羊值 y 金，则据题可列出方程组：$\begin{cases}5x+2y=10\\2x+5y=8\end{cases}$，

① Robson E, *Mathematics in Ancient Iraq: A Social History*, Princeton University Press, 2008, Preface.
② 朱一文：《再论〈九章算术〉通分术》，《自然科学史研究》，2009 年第 3 期，第 290-301 页。
③ 朱一文：《数：筹与术——以九数之方程为例》，《汉学研究》，2010 年第 4 期，第 73-105 页。
④ 郭书春：《汇校九章算术（增补版）》，辽宁教育出版社、台湾九章出版社 2004 年版，第 359-360 页。

消元后解之得：$\begin{cases} x=1\frac{13}{21} \\ y=\frac{20}{21} \end{cases}$。这一流行解释无疑是以今释古的、辉格的，其优缺点都非常明显：它可以给出该题基本等价的现代数学信息，即题设的方程组与答案，却无法告知读者该题所反映的古人的运筹操作过程。因此，如果我们的研究目的在于表明《九章算术》算法的正确性，而不在于揭示其筹算操作，那么这一解释在一定程度上是可以接受的。而之所以说在一定程度上可接受，是因为在筹算的语境中，正确性可能包括了更多超出今天数学的历史内容（如运筹的简约性等）。实际上，在各种数学史论著中，这一类解释往往最先给出，以给读者一个直观的印象。与此相反，如果我们的研究目标在于展现其背后蕴藏的筹算操作信息，则很明显我们不应接受该解释，而应该以筹算刻画之。

当我们分析该问刘徽注（263 年）时，上述观点会更加凸显。刘徽云：

> 假令为同齐，头位为牛，当相乘。右行定，更置牛十，羊四，直金二十两；左行牛十，羊二十五，直金四十两。牛数等同，金多二十两者，羊差二十一，使之然也。以少行减多行，则牛数尽，惟羊与直金之数见，可得而知也。以小推大，虽四五行不异也。[①]

刘徽实际给出了具体的筹算操作信息。如果我们研究的目的在于揭示该信息，则不宜使用现代数学运算符号；但又由于我们的研究目标不在于表明筹算数字之特色，则在此处可以用印度阿拉伯数字替代之。因此宜将整个过程表示为[②]：

$$\begin{matrix} 2 & 5 \\ 5 & 2 \\ 8 & 10 \end{matrix} \to \begin{matrix} 10 & 2 & 5 \\ 4 & 5 & 2 \\ 20 & 8 & 10 \end{matrix} \to \begin{matrix} 10 & 10 & 5 \\ 4 & 25 & 2 \\ 20 & 40 & 10 \end{matrix} \to \begin{matrix} & 5 \\ 21 & 2 \\ 20 & 10 \end{matrix}$$

上述过程中的印度阿拉伯数字可以被替换为相应的筹算。由此可见，虽然使用了印度阿拉伯数字，但是很显然这一解释不是完全按照现代数学的，而在某种程度上揭示了刘徽注的筹算操作。因而，实际可以说根据研究需要融合了辉格和反辉格研究立场。

总之，从数学史的研究实践来看，数学史家实际是在不同的研究语境中根据研究需要灵活采用了辉格或反辉格立场。就此而言，对辉格数学史的批评是不够客观和公正的。虽然在数学史的研究中有反辉格意识是十分必要的，但彻底的反辉格既无可能，也非必要。如果说反辉格的数学史研究有利于揭示古代数学的特色，那么我们也可以说辉格研究有利于发现古今数学相通之处。因此，数学史的研究实践正在提供这样一种可能性——通过全面分析历史上的数学知识，我们可以辨别哪些数学知识是不随时空转变的真理，哪些数学知识是易变的语境知识，由此自下而上探究辉格解释问题。

二、史料问题

从学理上讲，数学史是历史学的一部分，是基于原始文献的研究。中国数学史的学者们多

① 郭书春：《汇校九章算术（增补版）》，辽宁教育出版社、台北九章出版社 2004 年版，第 360 页。
② 朱一文：《数：筹与术——以九数之方程为例》，《汉学研究》，2010 年第 4 期，第 73-105 页。

次表明了原始文献的重要性[1]。然而，以往的中国数学史研究往往集中于所谓的数学文献（如《九章算术》），而较忽视其他载有数学知识的文献（如儒家经典中的数学文献）。事实上，这两类文献的差别也被研究其他数学文明的学者观察到，如罗伯森说：

> 必须在两种文本之间做一个区分：一种是能引起数学兴趣的文本，即今天的数学史家、计量史家或度量衡史家会对其内容感兴趣；另一种是原初就关于数学的文本，即这些文本被写下来的目的就是为了交流或记载数学技术或者指明一个数学算法的实施。[2]

罗伯森所作的这一区分十分重要，指出了所谓数学文献与非数学文献都载有数学知识，都是数学史研究的对象。伊姆豪森也接受了这一区分[3]。在对于两河流域数学史的研究中，这两类文献或许有较为平衡的研究，但是在中国数学史的领域中，无疑以《算经十书》为代表的算学经典占据了主导。

大体而言，我们可以说研究秦及先秦数学的主要文献是汉简《算数书》、秦简《数》、《墨经》中的相关记载，研究汉至唐代数学的主要是以《九章算术》为代表的十部算经，研究宋元数学则凭借贾宪、秦九韶、李冶、杨辉、朱世杰等人的著作，研究明清数学就是靠明清算家的著作。这一凭借算书进行中国数学史研究的做法取得了丰硕的成果——认识、复原古代数学，揭示了影响其发展的各种因素[4]。然而，很明显这一研究进路是以所谓"内史"为主，较少考虑其历史语境，由此兴起了所谓数学史的"外史"研究。

实际上，在此意义上，无论是内史还是外史，都默认了"（一个时代）只有一个数学"的哲学立场——而那一个数学就是那个时代核心数学文献中所记载的知识。笔者认为既然学界对于辉格解释有疑虑，我们只能先假定人类在不同时空中的不同实践活动都可能产生有所不同的数学知识，是不同的数学实作（mathematical practice），而这些数学知识与实作可能会被不同类型的文献所记载。由此，我们可以极大地拓展数学史的研究文献，并可能通过分析研究这些文献，更全面地复原古代数学原貌，从另一角度探讨辉格解释问题。

具体而言，原先的中国数学史研究集中于传统算书，揭示了中国古代筹算数学的历史发展；在谈到数学与儒学的关系时，也是以算书为主，考察其中的儒学思想。这样的做法实际上是把中国古代数学局限在算书的范围之内，从而限制了我们进一步理解古代数学及其与儒学的关系。通过分析儒家经典中蕴藏的数学文献，我们可以发现其中的数学知识与实践与以《九章算术》为代表的筹算传统不同——尤其是前者几乎不使用算筹，从而揭示出不为学界所知的儒家

---

① 李俨、钱宝琮、严敦杰（1917—1988）等先生都很注重原始文献的搜集与研究，李俨著有《中国古代数学史料》，见李俨：《中国古代数学史料》，中国科学图书仪器公司 1954 年版。郭书春也专门撰文论述这个问题，参见郭书春：《尊重原始文献 避免以讹传讹》，《自然科学史研究》，2007 年第 3 期，第 438-448 页；郭书春：《认真研读原始文献——从事中国数学史研究的体会》，《自然科学史研究》，2013 年第 3 期，第 332-346 页。

② Robson E, *Mesopotamian Mathematics, 2100-1600 BC: Technical Constants in Bureaucracy and Education*, Clarendon Press, 1999, p. 7.

③ Imhausen A, *Mathematics in Ancient Egypt, 3200 BC-AD 395: A Contextual History*, Johannes Gutenberg Universität, 2008, p. 41.

④ 郭书春：《中国科学技术史·数学卷》，科学出版社 2010 年版。

算法传统[①]。在此基础上，我们就知道数学与儒学的关系并不如以往设想的那样简单——儒家经典中的数学传统是儒学的一部分，而算家的数学传统则是相对独立之内容[②]。

让我们以初唐学者贾公彦（7世纪）对《周礼·考工记》“参分弓长，以其一为之尊”的注疏为例，来凸显上述观点[③]。该段注疏中，贾公彦先基于郑玄注陈述一个勾股问题，进而给出算法：

> ……凡筭法：以蚤低二尺，即以低二尺为句。又以持长四尺为弦，又蚤末直平者为股。弦者四尺，四四十六，为丈六尺。句者二尺，二二而四，为四尺。欲求其股之直平者。筭法：以句除弦，余为股。将句之四尺除弦，丈六尺中余四尺，仍有丈二尺在。然后以筭法约之。[④]

贾公彦计算的勾股问题即勾长二尺、弦长四尺，求其股。贾氏的做法是先将二尺平方得四尺，四尺平方得十六尺即一丈六尺。注意到这里贾公彦运用了古人独特的以长度表示面积的做法，即把4平方尺表示为一个宽1尺、长4尺的长方形，把16平方尺表示为一个宽1尺、长1丈6尺的长方形。两者相减为一丈二尺，即宽1尺、长1丈2尺的长方形，为股的平方（图1）。贾公彦继云：

> 广一尺，长丈二尺，方之。丈二尺，取九尺，三尺一截，相裨得方三尺。仍有三尺在。中破之为两段，各广五寸，长三尺。裨于前三尺方两畔，畔有五寸。两畔并前三尺，为三尺半。角头仍少方五寸。不合不整三尺半。几，近也，言近半。[⑤]

在这段中，贾氏通过切割操作把宽1尺、长1丈2尺的长方形转化为一个正方形，即所谓“方之”。他先切下宽1尺、长9尺的一部分，拼接成3尺之方。接着将剩下的宽1尺、长3尺的小段分为宽5寸、长3尺的两部分，再并于3尺之方的两端。由此完成了操作，见图2。贾氏的做法实际等于是把12平方尺开方理解为将之转化为一个正方形，其边长即为所求值（略小于3.5尺），这一操作过程不使用算筹。而且，贾氏对开方运算不理解为“已知正方形面积求其一边”，而是理解为“已知长方形面积求其相同面积正方形的边”，这些都是传统算书中所未见的。笔者在其他时代学者对于儒家经典的注疏中也发现了具有相同思想的算法，这说明

① Zhu Y W, “Different cultures of computation in seventh century China from the viewpoint of square root extraction”, *Historia Mathematica*, Vol. 43, No. 12 016, pp. 3-25；朱一文：《朱熹的数学世界——兼论宋代数学与儒学的关系》，《哲学与文化》，2018年第11期，第167-182页；朱一文：《从度量衡单位看初唐算法文化的多样性》，《中国科技史杂志》，2019年第1期，第1-9页。

② 朱一文：《再论中国古代数学与儒学的关系——以六至七世纪学者对礼数的不同注疏为例》，《自然辩证法通讯》，2016年第5期，第81-87页；朱一文：《初唐的数学与礼学——以诸家对〈礼记·投壶〉的注疏为例》，《中山大学学报（社会科学版）》，2017年第1期，第60-68页；朱一文：《算学、儒学与制度化——初唐数学的多样性及其与儒学的关系》，《汉学研究》，2017年第4期，第109-134页；朱一文：《儒家开方算法之演进——以诸家对〈论语〉“道千乘之国”的注疏为中心》，《自然辩证法通讯》，2019年第2期，第49-55页；朱一文：《宋代的数学与易学——以〈数书九章〉“蓍卦发微”为中心》，《周易研究》，2019年第2期，第81-92页；朱一文：《明清之际的数学、儒学与西学——以黄宗羲的数学实作为中心》，《内蒙古师范大学学报（自然科学汉文版）》，2019年第6期，第1-7页。

③ Zhu Y W, “Different cultures of computation in seventh century China from the viewpoint of square root extraction”, *Historia Mathematica*, Vol. 43, No. 12 016, pp. 3-25.

④ 阮元：《十三经注疏》，中华书局1980年影印本，第910页。

⑤ 阮元：《十三经注疏》，中华书局1980年影印本，第910页。

贾氏的做法具有一般性，展现了儒家的开方算法传统，也表明原先学界认为筹算开方术一统天下的看法是不正确的[①]。

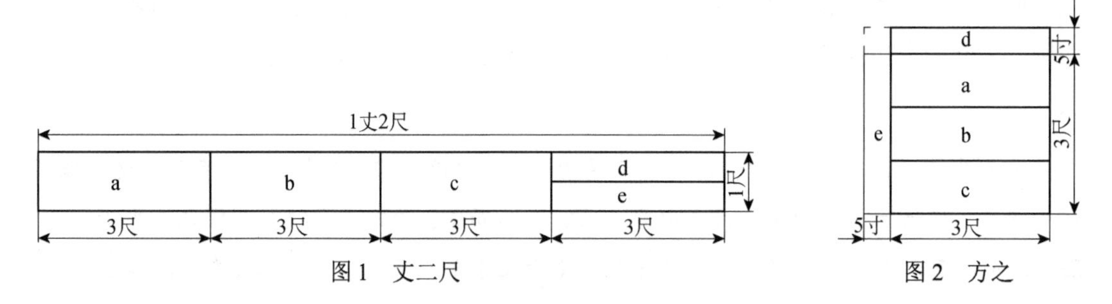

图1 丈二尺　　图2 方之

除此之外，数学史文献的拓展还可以通过视角的转换来完成。通常，对于文献内容的分析是站在作者的视角，而较少从读者视角来考察数学知识的传播与实际效果。事实上，数学作为一项公共事业，个别天才的数学家或经典著作固然重要，但这些发现能否被继承或被公众了解也是另一个重要面向。因此，有必要更广泛地利用文献、从读者视角分析文献内容。例如，以往学界都认为明末利玛窦与李之藻合作编译的《同文算指》传入了西方笔算。通过分析时人孙元化对珠算与西方笔算的比较，可以发现时人倾向于用珠算来解决加减问题；这一倾向与分析《同文算指》文本所得结果一致。因此，我们可以知道尽管两位作者力图传入西方笔算，但受限于文化历史背景，当时的读者所接收到的知识实际是以珠算辅助笔算[②]。

总之，数学史研究没有必要局限于所谓的“数学文献”，而应广泛地大力拓展研究文献，探讨不同文献中记载的数学知识之特色与共同点。就此而言，如果说辉格解释问题是在探讨古今数学之异同，史料问题则是帮助我们全面深入了解某一时代数学实作的多样性，从而深化我们对于数学的理解。

三、古为今用问题

从理论上，作为历史学一部分的数学史具有了解数学、探索发展规律、为数学教育服务等多种功能[③]。在所有的功能中，数学史的“古为今用”可能是学界最看重的。1975年，吴文俊以“顾今用”为笔名在《数学学报》上发表了《中国古代数学对世界文化的伟大贡献》，之后“逐步开拓出一个既有浓郁的中国特色，又有强烈的时代气息的数学领域——数学机械化，树立了古为今用的典范”[④]。吴先生对之总结道：

> 假如你对数学的历史发展，对一个领域的发生和发展，对一个理论的兴旺和衰落，对一个概念的来龙去脉，对一种重要思想的产生和影响等这许多历史因素都弄清了，我想，

① 朱一文：《儒家开方算法之演进——以诸家对〈论语〉“道千乘之国”的注疏为中心》，《自然辩证法通讯》，2019年第2期，第49-55页。

② Zhu Y W, “How were Western written calculations introduced into China?—an analysis of the *Tongwen suanzhi* (*Arithmetic Guidance in the Common Language*, 1613)”, *Centaurus*, 2018, Vol. 60, No. 1-2, pp. 69-86.

③ 梁宗巨：《世界数学通史（上册）》，辽宁教育出版社1995年版，第8-19页。

④ 李文林：《古为今用的典范——吴文俊教授的中国数学史研究》，《北京教育学院学报》，2001年第2期，第1-5页。

> 对数学就会了解得多，对数学的现状就会知道得更清楚、深刻，还可以对数学的未来起一种指导作用，也就是说，可以知道数学究竟应该按照怎样的方向发展可以收到最大的收益。[①]

吴先生之所以可以实现古为今用的目标，是基于他对于数学的深刻认识。他意识到筹算的构造性与机械化特色，也意识到它的局限[②]。例如他说："由于当时用筹算，方程各不同类型项的系数须布置在算盘特定的位置来进行运算，因而未知数的个数只能限于四个。如果改用纸笔运算，则四个未知数的限制完全可以打破。至于原来四元术的原理与方法，则仍可以适用于解任意多个未知数的高次联立方程组。"[③]他认为数学发展的三个阶段是"筹算、笔算和机算"[④]。正是在这样的认识下，他发现筹算与机算的某些相似性，为"古为今用"做好了准备。

由此可见，已经经过历史筛选的古代数学不太可能被简单地挪用到今天来。为了实现"古为今用"，需要满足相当高的要求，其中重要的一条便是深刻理解古代数学的某些可以为今天所用的本质（如中国古代数学的机械化特性）。2017年，林力娜在欧洲数学大会上做大会报告，从中国古代数学切入谈到数学文化的多样性，进而呼吁数学家与历史学家合作，认为这种合作不仅对历史学家是有益的，也可能为今日数学提供某些有趣的洞见[⑤]。很显然，这种未来可能存在的"古为今用"，也不是简单地挪用中国古代数学，而是必须基于对数学文化多样性的深入理解，而且同样必须有当代数学家的参与。

总之，从实践来看，数学史的"古为今用"是可能的，但必须具备相当高的条件：第一，数学史家通过深入的历史研究尽可能地将历史上数学知识与实践的多样性保存下来——虽然有些数学知识已经被历史淘汰了（如中国古代对筹算的使用或者印度数学中对除数为零的探讨等），但谁又能保证将来它们不会再以另一形式"复活"呢？第二，数学家运用洞察力发现历史上数学的某些可为今天所用的本质特征，从而以之发展今天的数学，实现古为今用。在此意义上，数学史的"古为今用"必然是极具现代意识的数学史家与极具历史意识的数学家的完美合作。

然而，如果我们把"古为今用"的"今用"不限定于现代数学，那么这一问题实际还与数学史的学科定位有关。由于数学史研究所揭示的数学历史发展之复杂性，远非今天数学可以涵盖，所以笔者认为数学史不应安于"数学次一级研究"的位置，而是应该努力与数学一道，成为人类知识大厦的基础。从实际的角度看，在跨学科交流合作研究繁盛的今天，数学史研究不仅与历史、哲学、逻辑学等学科都有密切的关联，而且往往成为这些学科研究的基础知识[⑥]。如同数学作为自然科学的基础一样，未来的数学史可以作为人文社科的基础。在此意义上，数学

---

① 李文林：《古为今用的典范——吴文俊教授的中国数学史研究》，《北京教育学院学报》，2001年第2期，第1-5页。

② Imhausen A, *Mathematics in Ancient Egypt, 3200 BC - AD 395: A Contextual History*, Johannes Gutenberg Universität, 2008, pp. 7-9.

③ 吴文俊：《对传统数学的再认识》，载吴文俊：《吴文俊论数学机械化》，山东教育出版社1999年版，第38-39页。

④ 许寿椿：《筹算、笔算、机算——数学发展阶段的一种新观察》，载《第七届国际中国科学史会议文集》，大象出版社1999年版，第226-231页。

⑤ Chemla K, "The diversity of mathematical cultures: one past and some possible futures", *Newsletter of the European Mathematical Society*, 2017, Vol. 104, pp. 14-24.

⑥ 朱一文：《再论数学史与数学哲学的关系》，《自然辩证法研究》，2019年第11期，第91-95页。

史的“古为今用”自然是不成问题的。

四、结语

综上所述，数学史研究中辉格解释问题的实质是探讨古今数学本质之异同，史料的多元性引导我们深刻理解古代数学的多样性，古为今用问题则期待在此基础上发展今天的数学，亦涉及数学史的学科定位问题。三者是相互关联而又各有侧重的议题。对三者的反思说明中国数学史研究应在史料与方法上有新的思考和突破。

以往对于数学史研究的分析往往采用与科学史相同的“内史—外史”的框架分析方法。这种科学编史学中的分析方法过度简单化了数学史的研究实践，将之固定在内史或外史位置上，从而往往成为一种学术评论技巧，实则阻碍了数学史研究的开展。从本文的分析看，数学史研究者应站在前人的研究基础上，从原始文献出发，采取灵活的哲学立场，兼具历史眼光与现代意识，分析数学发生、发展与被书写、被实作的历史语境，以期深刻揭示数学及其历史发展之本质。这样一种做法从实践的角度消解了内史与外史之争论，展现了数学史研究的复杂性与多元功能，预示了该研究的美好未来。

（原载《自然辩证法通讯》2020 年第 3 期；
朱一文：中山大学哲学系副教授。）

模拟漏刻：古代兵书记载的两种计时法

汪小虎　关增建

摘　要：中国古代的漏刻进行连续计时，一天分为白天、黑夜两段，这种时间计量需要三方面的配合：漏刻的均匀水流，百刻制，以及昼漏、夜漏交替进行所需的改箭。漏刻之外，古人还进一步尝试研制出多种计时方法，如兵书记载的数步计时法、数珠计时法，通过人力，开展步行、拨珠活动，并进行计数。本文认为，两种计时法都预设了一昼夜百刻；当步行、拨珠操作长时段运行，即可以视作速度均匀，这其实是模拟漏刻计时过程中均匀水流导致水位变化的量化；两种计时法分白天、黑夜不同时段进行，需要参照不同日期昼夜长短数据，这与漏刻计时过程中的改箭活动有相通之处。两种计时法的出现，反映出漏刻精度逐步提高的同时，时间计量进入新的发展阶段。

关键词：时间计量；漏刻；昼夜长度；数步；数珠

本文所讨论的时间计量问题，是指用特定工具或方法来显示时间的推移，主要涉及对日以下时间单位的精确划分及计量。前辈学者已在中国古代时间计量方面做了相当多的工作①，最显著的成果，是通过复原实验证实了漏刻计时的高精确性。②但笔者看来，该领域内还存在着相当多有待发掘的空间。首先，漏刻需要如钟表般持续计时，具体该如何运作？其次，中国古人还发明有多种计时方法，它们和漏刻之间存在何种关系？最后，这些计时方法的设计理念，又能反映出古人的何种探索与思考？

本文尝试在讨论漏刻连续计时运作原理的基础上，考察古代兵书记载的两种计时方法，指出它们在运作过程中与漏刻计时存在的重要相通之处，并讨论其可行性，希望深化对中国古代时间计量发展阶段的认识。

一、漏刻及漏箭

漏刻是中国古代最重要的时间计量工具之一。漏刻计时，需要两个基本组件：漏壶与漏箭。早期的漏刻设计简单，仅用单壶，壶底有孔泄水。竹木质地的漏箭上面标有刻度（譬如百刻制），置于壶中，浮于水上。当水位下降，漏箭随之下降，是为沉箭漏。人们可以通过漏箭识读水位的降低，从而计算时间的流逝。

为了更容易地识读漏箭刻度，人们在泄水壶下放一个受水壶接水，漏箭置于其中，是为浮

① 近年来关于中国古代时间计量的集大成工作，可见陈美东、华同旭：《中国计时仪器通史（古代卷）》，安徽教育出版社 2011 年版。

② 华同旭：《中国漏刻》，安徽科学技术出版社 1991 年版。

箭漏。随着水位上升，漏箭上升。当单只泄水壶中的水位下降，水压减小，水流会变慢，这种漏刻不够精确。古人的主要解决办法，是在泄水壶基础上再增设壶来补水。出土的西汉漏刻还是单只泄水壶，到六朝隋唐时期，漏刻逐渐发展形成三级甚至四级的大型装置，计时精度大大提高。[①]

中国古代的漏刻常常采用多箭制，在不同的日期使用不同的漏箭。《续汉书·律历志》是记载该问题的最早文献，提及西汉时期就有改箭现象存在。[②]由于竹木质地的漏箭不易保存，目前尚未发现实物，今人只能通过两部关于漏刻的传世文献典籍了解其概貌，即清士礼居抄本宋代颜颐仲《铜壶漏箭制度》、元代孙逢吉《准斋心制几漏图式》[③]，二书都绘有漏箭的式样，《铜壶漏箭制度》有 25 支漏箭，《准斋心制几漏图式》也是 25 支。

笔者截取《铜壶漏箭制度》所载第五、六支漏箭图像，如图 1 所示。

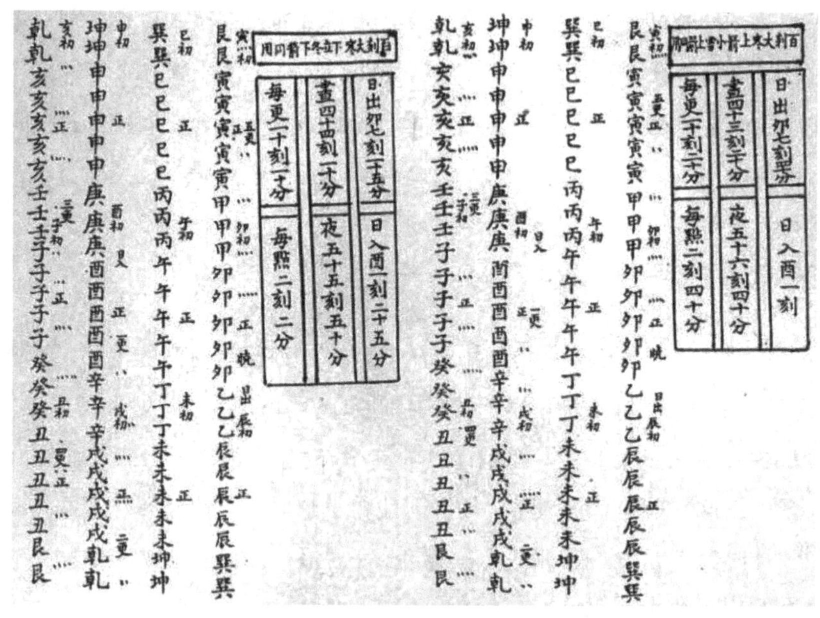

图 1 《铜壶漏箭制度》所载第五、六支漏箭图

第五箭右上角说明：“百刻，大寒上箭、小雪上箭同用”，意味着，大寒节气的上半段，以及小雪节气的上半段共用这支箭，这些日期取昼夜时刻数值为：日出卯七刻四十分、日入酉一刻，昼 43 刻 20 分、夜 56 刻 40 分（1 刻有 60 分）。第六箭右上角说明：“百刻，大寒下、立冬下箭同用”，意味着，大寒节气的下半段，以及立冬节气的下半段共用这支箭，这些日期取昼夜时刻数值为：日出卯七刻十五分、日入酉一刻二十五分，昼 44 刻 10 分、夜 55 刻 50 分。诸箭左侧是刻度，自上而下、从右往左读：艮→寅→甲→卯→乙→辰→巽→巳→丙→午→丁→未→坤→申→庚→酉→辛→戌→乾→亥→壬→子→癸→丑→艮，纵向分 4 行展示，每行 25 个，共 100 个，对应了中国古代长期通行的百刻制。其余的 23 支箭情况也大抵相类，随着节气的推移而使用不同的漏箭，构成一周年循环，即所谓随气改箭。

---

① 陈美东、华同旭：《中国计时仪器通史（古代卷）》，安徽教育出版社 2011 年版，第 98-114 页。

② 陈美东：《中国古代的漏箭制度》，《广西民族学院学报（自然科学版）》，2006 年第 4 期，第 6-10、23 页。

③ 汪小虎：《元代孙逢吉〈准斋心制几漏图式〉新探》，《中国科技史杂志》，2014 年第 4 期，第 446-458 页。

笔者再截取《准斋心制几漏图式》所载前三支漏箭图像（图2）。

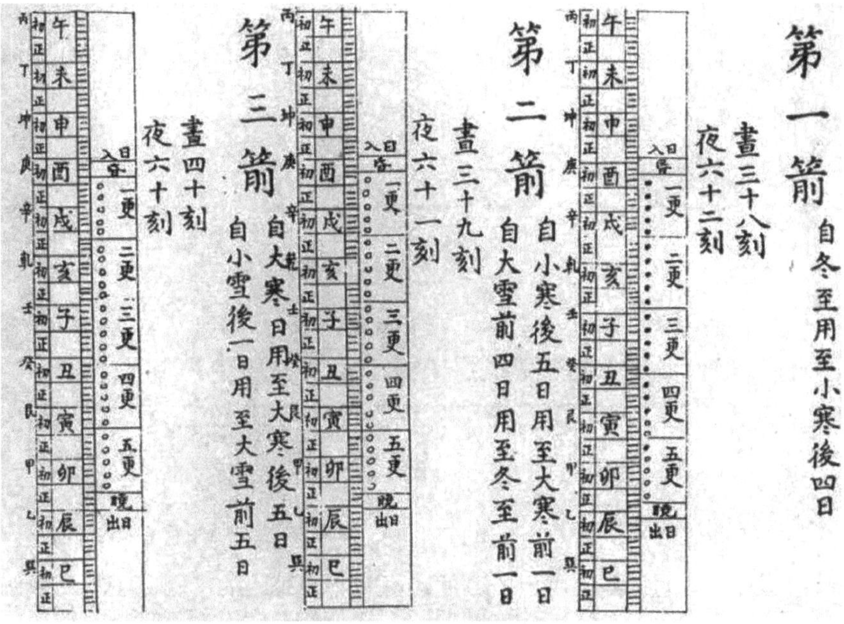

图2 《准斋心制几漏图式》所载前三支漏箭图

如诸箭右侧之说明，第一箭从冬至日用到小寒后4日，这些日期的昼夜时刻，都取昼38刻夜62刻；第二箭从小寒后5日用到大寒前1日，又从大雪前4日用到冬至前1日，这些日子都取昼39刻夜61刻；第三箭从大寒日用到大寒后5日，又从小雪后1日用到大雪前5日，这些日期都取昼40刻夜60刻。诸箭左侧之刻度，每个时辰有8刻，笔者认为这并不是96刻时制，因为《准斋心制几漏图式》创作于元代，当时用百刻制，所以推测应该是为了绘图方便，略去了小刻。其余22支箭也情况相类，随着昼夜长度的刻数增减而使用不同的漏箭，构成周年循环，即所谓随刻改箭。

二、漏刻改箭反映出的昼—夜交替

为解答中国古人为何在不同的日期使用不同的漏箭问题，需要关注一下这些漏箭之间存在何种差异。基于对《准斋心制几漏图式》和《铜壶漏箭制度》所载多支漏箭图的比较，可以发现，这些漏箭在物理上的唯一不同，在于上面的日出、日入刻度位置。据图1，明确记载每支箭使用日期的太阳出入时刻、昼夜长短、更点长度等数值，图2则反映出每支箭使用日期的不同及昼夜长短。

当中国古人使用漏刻连续计时，由于一天包括白天、黑夜两段，因此分为昼漏与夜漏两段交替进行。这种时间计量方式，有两个计时起算点——日出、日入，这就需要知道白天与黑夜的长短，或者日出、日入时间。[①]中国古代的历法是一套特殊天文学知识体系，常载有上述昼夜时刻内容。最早可见于东汉《四分历》之二十四节气昼夜漏刻表，后来的正史历志皆包括此

① 汪小虎：《漏刻为什么要改箭？》，《自然辩证法通讯》，2015年第2期，第82-87页。

项，到唐《大衍历》，昼夜漏刻表发展成为“步晷漏”术，实现公式化。[①②]

时间恰似一支箭，射向未来。漏刻这种白天—黑夜交替进行的时间计量活动，与今用钟表有一个关于时制的重要差异——日界的定义。笔者选取冬至附近昼夜长度变化不明显的七天，将两者在时间之箭上的刻度进行对比，如图 3 所示。

图 3　古代漏刻与今用钟表时间之箭刻度对比示意图

前者是在时间之箭上分别画出每一天的昼、夜，这种刻度随着时间的推移，会逐渐呈现出周期性变化；而后者在时间之箭上画出的刻度，则是均匀等距的，因此可以做成圆盘。

由于每天的昼、夜都在变化，漏箭的昼夜时刻线实际上只适用于当天，下一日就需要更换。但每天更换漏箭太麻烦，古人就在对计时精度影响不大的基础上，按节气推移，或者依昼夜长度的增减而更换漏箭。

漏箭该如何使用呢？如《准斋心制几漏图式》漏箭图式，标注夜晚更点，应是适用夜漏。当夜漏开始，人们需要等到日入时分，来调节受水壶的水位，这样漏箭上的日入时刻线，就成为起算点，整个夜晚，漏箭在受水壶中持续上浮，直到日出。昼漏用于白天计时，亦作类似处理，使用日出时刻线。浮箭漏之中，漏箭持续上升，故其虽有百刻，实际上只能使用日出、日入时刻线之间的部分。

若逢阴雨天，观察不到太阳出入，该如何处理？中国古人把日未出天已明这段时间称为旦（或晓），把日已落天未黑称为昏，一般认为旦、昏的长度是两刻半，即便看不到太阳出入，但仍然可以观察到天亮、天黑，故可以此替代太阳出入。

总之，中国古代的漏刻进行连续计时，一天分为白天、黑夜两段这种时间计量需要三个方面的配合：漏壶的均匀水流，百刻制，以及昼漏、夜漏两段交替进行所需的改箭。

三、兵书记载的两种计时方法

漏刻之外，中国古人又开发了多种其他计时方法。本文关注的计时方法，核心材料最早由曹一的文章《古代军事中的夜间计时法研究》发现，并做了初步探索[③]，笔者也撰写文章《古代军中计时法再议》开展过讨论。[④]经过思考，笔者认为相关问题还值得进一步阐发。

① 陈美东、李东生：《中国古代昼夜漏刻长度的计算法》，《自然科学史研究》，1990 年第 1 期，第 47-61 页。

② 曲安京：《中国数理天文学》，科学出版社 2008 年版，第 233-307 页。

③ 曹一：《古代军事中的夜间计时法研究》，《中国科技史杂志》，2009 年第 2 期，第 231-239 页。

④ 汪小虎：《古代军中计时法再议》，《中国科技史杂志》，2013 年第 1 期，第 18-26 页。

（一）数步计时法

数步计时法最早出现于唐代兵书《太白阴经》卷五《夜号更刻篇》①，北宋《武经总要》②以及后来的很多兵书，都抄录了这段文字。

首先，该法按中国古代通行的百刻制，将每天分为100刻，设人每刻行走2里，一昼夜行走200里，又以竹牌计数，每刻传一牌。随后，文献又给出了十二中气（二十四节气分为十二中气、十二节气）即雨水、春分、谷雨、小满、夏至、大暑、处暑、秋分、霜降、小雪、冬至、大寒的夜晚长度数据，以及十二中气夜晚的步行距离，后者当是由前者推算而来。③

笔者通过不同版本记载的比较，发现数据有所出入，认为是传抄过程中出现的讹误。④经过校勘以及验算，发现处暑的夜晚长度应该是误抄了大暑的数据，原处暑之夜长缺失，因此整理出十一个中气的夜长。笔者经进一步文献检索后发现，数步计时法的某些夜长数据与南北朝时期的两部官方历法——刘宋《元嘉历》、南梁《大明历》所载若干中气的夜长数据相同。详见表1。

表1　数步计时法与《元嘉历》《大明历》夜长（刻数）对比表

中气	数步计时法的夜长	《元嘉历》夜长	《大明历》夜长
雨水	49.4	49.5	49.5
春分	50	44.5	44.5
谷雨	37.6	39.7	39.6
小满	36.3	36.1	36.1
夏至*	35	35	35
大暑	36.3	36.1	36.1
处暑	缺	39.7	39.6
秋分*	44.5	44.5	44.5
霜降*	49.5	49.5	49.5
小雪*	53.3	53.3	53.3
冬至*	55	55	55
大寒*	53.3	53.3	53.3

通过表1对比，可见夏至、秋分、霜降、小雪、冬至、大寒等六处中气夜长完全相同（已在右上角加*），尤其是后五个数据，竟连续契合！此外，雨水、小满、大暑等夜长数值也很接近。

由于地球运转存在着客观规律，一年中昼夜长短的变化周而复始，循环往复，节气与昼夜长度之间存在对应关系。按理，数据的提供者应该给予大暑—小满、处暑—谷雨、秋分—春分、雨水—霜降、小雪—大寒这五对中气相同的夜长数据。考虑到文献传抄出现错误较多的现象，笔者认为，另两个中气——春分、谷雨数据相差较大，很可能是源于早期版本的传抄错误。因此，我们可以进行一个合理的推测：数步计时法的夜长数据，当是源自《元嘉历》或《大明历》。

① （唐）李筌：《太白阴经》卷五，清虞山毛氏汲古阁抄本，爱如生《中国基本古籍库》图像版。

② （宋）曾公亮等：《武经总要前集》（上）卷六，郑诚整理，湖南科学技术出版社2017年版，第331-334页。

③ 汪小虎：《古代军中计时法再议》，《中国科技史杂志》，2013年第1期，第18-26页。

④ 汪小虎：《古代军中计时法再议》，《中国科技史杂志》，2013年第1期，第18-26页。

这也可以从另一个侧面反映出数步计时法的大致产生时间——南北朝。

另一部明代的兵书《战守全书》，也记载了类似的数步计时法。该法也根据百刻制将一昼夜分为 100 刻，预设人一昼夜行走 200 里，每刻行 2 里。值得注意的是，该法也给出了一些夜长数据：春秋分 50 刻，夏至前后 41 刻，冬至前后 59 刻。[①]这些特殊数据，正与明代官方历法《大统历》相符！

（二）数珠计时法

数珠计时法最早由北宋《武经总要》提及，但该书没有详细介绍内容。明代戚继光《纪效新书》卷七《行营野营军令禁约篇·扎野营说》详细记载了数珠计时法。[②]

首先，根据百刻制将一天分为 100 刻，同时包含 12 时，因此，1 时有 8 刻 20 分，1 刻有 60 分，1 时是 500 分。

该法用两串小珠，每串 740 个。操作者在步行的同时拨珠，每走一步（中国古人又称迈出一足为跬，迈出两足为步）距离，拨一个珠。

《纪效新书》还给出了一些数据：1 刻之内，行走数 740 多步，拨 740 多个珠，路程 2 里 27 步多；10 刻之内，拨 7470 多个珠，行走路程 20 里 270 余步；一昼夜之内，行走数 74 700 余步，拨 74 700 多个珠，路程 208 里多。每一个时辰 8 刻 20 分，走 6225 步，数珠 6225 个，十二时的行走路程约与百刻相同。

步是长度单位，它与里之间的换算应该是 1 里=360 步，这样 1 刻行走 2 里 27 步=747 步，才能控制好步伐与拨珠节奏，走一步路，拨一颗珠。百刻制的 1 刻相当于今用时制 14.4 分钟，即 864 秒，每拨一次珠、走一步路约需 1.16 秒。每刻拨珠之数，较之珠串 740 个数目略大，同时行走的速度，较之数步计时法常用的每刻 2 里，也要快一些。

《纪效新书》所载数珠计时法，虽然未如前文数步计时法给出昼夜长度数据，但文献中有一处谈及日出入时刻，两处谈及昼夜长短，并指出各不相同需要依据不同的节气，还明确提到早上以日出、晚上以日入为始。

四、两种计时方法之设计理念

（一）两种方法之计时过程

一边走路，一边拨珠，显然，数珠计时法是对数步计时法的模拟。《纪效新书》提出数珠计时法可以在早、晚开始，数步计时法虽仅提供夜长数据，但其实白天也可以开展类似操作。这两种计时法在白天与黑夜分别进行，这就需要与昼夜长短数据结合。

中国古代长期通行的更点制度，是将每个夜晚（从昏到旦）均分为五更——甲、乙、丙、丁、戊，每一更又再均分为五点。但每一天的夜晚长短都不一样，若知晓某夜的长度，即可确

---

① （明）范景文：《战守全书》卷七，四库禁毁书丛刊，子部，第 36 册，北京出版社 2000 年版，第 336-337 页。

② （明）戚继光：《纪效新书》卷七，盛冬铃点校，中华书局 1996 年点校本，第 68-69 页。

定每更、每点有多长。

天黑之后，操作者开始步行或拨珠，同时计数。当人们在夜晚某一时间点欲求此刻是在几更几点，只需要根据计数，再以每刻 2 里或每刻 747 个珠子的速度，即可推算该夜晚已流逝的时间，再辅以夜长，即可知道更点。

若天黑之后，操作者没有步行或拨珠，而人们在夜晚某个时刻需要求其更点，又该如何获知呢？这只需要当即开始步行或拨珠，同时计数，一直到天亮。根据计数，再以每刻 2 里或每刻 747 个珠子的速度，即可推算晚上该时刻起到天亮的时间，再辅以夜长，即可知道所求的更点。

数步计时法提供夜长数据，主要考虑夜晚。数珠计时法在提到不同节气的昼夜长短的同时，又提到了日出入时刻。若知道夜晚长度，白天长度可知，数步或数珠计数，只能确定更点，即某一时刻在白天或夜晚的位置，却不能确定具体几时几刻，但若能进一步提供日出、日入数据，便可确定几时几刻。

（二）两种计时方法与漏刻的关联

兵书记载的数步、数珠两种计时方法，目的是因地制宜，灵活地开展时间计量工作。根据文献，可以归纳出设计者考虑到的一些基本要素：

（1）时制方面：一昼一夜百刻；

（2）持续稳定的步行或拨珠，每刻走 2 里，或拨 747 个珠同时走 747 步；

（3）不同日期的白天或夜晚长度，或太阳出入时刻。

数步、数珠计时法，其实是通过人力，开展有意识的步行、拨珠活动，并进行计数。当步行、拨珠操作长时段持续进行，即可以视作速度均匀，这实际上是模拟漏刻计时过程中均匀水流导致水位变化的量化。

模拟漏刻的均匀水位变化之后，还要考虑时制问题。首先，是对百刻制的约定。其次，这两种计时法分白天、黑夜不同时段进行，其计时起算点是天亮、天黑，可以根据夜晚长度确定更与点，若能获知天亮、天黑时刻，还可以进一步确定几时几刻。然而，每一天天亮、天黑时间点都并不固定，而且随着日期的推移存在周年变动，这需要参照不同日期昼夜长短，或天亮、天黑时刻数据，就与漏刻计时过程中的改箭活动有相通之处。

（三）两种计时方法的可行性问题

数步、数珠计时法长期记载于兵书之中，那么这两种方法是否真的就在中国古代军事中实际行用？

前文的讨论已经指出，数步计时法所提供的夜长数据，其实存在着明显偏差，但它却从唐宋兵书一直流传到明清而未见纠正，这又可以反衬出：数步计时法自今人所见最早的文献记载《太白阴经》开始，一直就是在纸上传抄。

再说数珠计时法，考虑到念珠、珠链等在中国古代社会广泛使用，拨珠活动相当常见，数珠计时较容易成为设计者的构思素材。那么，740 这一数据，究竟来自实测，还是计算？

首先，这么多珠子的珠串并不常见。人们用手指拨完一圈普通的珠串（珠串一般数目不多，佛珠珠串较长，可以从脖子垂到肚子，一串也才 108 颗），往往存在一个大致稳定的时间段。若以人力持续行走并拨珠一整天，难度较大，但在行走的同时再拨弄较小的珠串，持续进行一刻时间，并将计数加和，还是具备相当的可行性的。因此笔者推测：每刻行走 747 步并拨 747 颗珠这一数据，很可能是经过实测而来，设计者将其取整为 740。

数珠计时法需要基于珠串实物。文献提到，每串 740 个小珠，却未指明何种珠子。以手指头拨珠，假设珠子圆形，每个直径 0.5 厘米，那么一串珠子的长度将达到 3.7 米，这要绕人几圈。难以想象会有人长期持续地一边走路，一边手执太长的珠串进行拨珠操作。若将珠子直径减小到 0.2 厘米，一串珠长 1.48 米，似乎更容易手执，但只能以指甲拨动。而准备两串共 1480 颗珠子，即便获得足够的材料，其打孔穿线加工难度相当高，工作量非常大，缺乏可行性。

但若进一步考量：假设珠子的直径为 0.3—0.4 厘米，这样珠串不至于太长，而获得材料、制作珠串、拨动珠子也稍显容易。如此看来，今人也不宜完全否定数珠计时法实施的可能性。

还有，数珠计时法要求准备两串珠，一个珠串就可以拨珠，置另一串又有何用意？笔者推测，这可能是设计者实测一刻时间拨珠数目 747 过程中的方法遗存：双手各持一个较小的珠串，一只手拨完后，就立即改用另一只手进行拨珠，这样双手可以更为顺利地交替操作，计算拨过的珠串总数也可以更容易。

五、结语

那么，为何兵书中会出现数步、数珠计时法？年代较早的兵书介绍数步计时法，提到“探更人”这一角色，又仅提供夜长数据，反映出设计者主要关注夜间计时。军事活动中，存在着必要的夜间探更活动，可以同时开展报时与警戒工作。若使用训练有素的军人，可以较为容易地实现均匀步行，以及拨珠。

时间计量体现在对于时间流逝的量化。长期持续的步行与拨珠计时，如何进行量化呢？数步计时法准备了 100 块竹牌，预设每刻行走 2 里，每刻传 1 牌以计数用。但每一刻行走的步数也是太多，仅凭人脑难以计数。数珠计时法，是在步行的同时，还使用多达 740 颗小珠的珠串，有了这一物质实体，计数可以更容易。

漏刻的计时原理，在于利用均匀水流导致的水位变化来显示时间的流逝。早期的漏刻泄水不均匀，不够精确，在经过多种稳流尝试后，逐步发展成为多级漏刻。在漏刻精度逐步提升的同时，时间计量进入了新的发展阶段。

多级漏刻规模太大，携带不便，推广困难，古人开始考虑到更为广阔领域的时间计量问题。兵书记载的数步、数珠计时法，可谓古人在军事领域的新尝试。两种计时法，已预设步行、拨珠速度均匀，而不再关注计时精度问题。设计者已经发掘出时间计量得以进行的一些基本要素，反映出古人对漏刻计时原理的深入理解与积极探索。

（原载《自然辩证法通讯》2020 年第 3 期；
汪小虎：华南师范大学科学技术与社会研究院教授；
关增建：上海交通大学人文学院教授。）

文化遗产与技术史

技术遗产论纲

潜 伟

摘 要：技术遗产作为体现人类价值观及文明理念最丰富的载体和最具象的符号，承接着技术发展嬗变的时代印记，折射出科学技术文化的流变态势，代表着文明发展的前进步伐。技术遗产与科学遗产、工业遗产、工程遗产、农业遗产、军事遗产等既有区别又有联系。本文旨在探究技术遗产概念的内涵与外延、技术遗产的分类、技术遗产的价值、技术遗产研究方法、技术遗产保护传承与利用等一系列基本问题，从而勾勒出技术遗产研究论纲。这对正确认识技术遗产，加强实施保护利用与传承创新，具有广泛而深远的意义。

关键词：技术遗产；技术史；传统工艺；价值认知；保护利用

随着文化遗产概念不断深入人心，与之相关的一些衍生概念，比如工业遗产、农业遗产、军事遗产等，也逐渐进入人们的视野。然而，对于在技术演进发展过程中产生的与人类文明密切相关的文化遗产，也即技术遗产，却缺乏相关的系统研究。1971 年，加拿大学者在经济学领域提出了“技术遗产”的概念[①]，随后这一概念在技术史与文化遗产领域有少量传播与应用。2013 年出版的海峡两岸科学与工艺遗产学术研讨会文集《技术遗产与科学传统》[②]，是国内较早使用“技术遗产”名称的。2018 年，由中国科学技术史学会农学史专业委员会、技术史专业委员会等联合主办的“中国技术史论坛”正式更名，在浙江杭州举行了第六届“中国技术史与技术遗产论坛”。本文旨在廓清技术遗产基本概念的同时，探讨技术遗产的分类、价值、研究方法、保护利用与传承等相关问题。

一、技术遗产的概念

技术进步促进了人类物质文明的发展，推动了人类社会的进步。技术远比科学古老，技术史与人类史一样源远流长。18 世纪法国思想家狄德罗（1713—1784）主编的《百科全书》给技术下了一个简明的定义：“技术是为某一目的共同协作组成的各种工具和规则的体系。”这基本上指出了现代技术的主要特点，即目的性、社会性、多元性。广义地讲，技术是人类为实现社会需要而创造和发展起来的手段、方法和技能的总和。

依照技术的概念，可以认为技术遗产是人类为实现社会需要，通过各种技术手段创造的各类文化遗产，是过去的改造自然的手段、方法和技能的总和，也是各种有价值的技术创造物的

① Chen F-S, “Technical adventures, technical heritage and the rate of technical progress”, *Metroeconomica*, 1971, Vol. 23, No. 3, pp. 227-232.

② 韩健平、张澔、关晓武：《技术遗产与科学传统》，中国科学技术出版社 2013 年版。

遗存总和。技术遗产有广义与狭义之分，狭义的技术遗产是指技术价值特别突出的文化遗产，广义的技术遗产是指一切具有技术价值的文化遗产。

文化遗产有物质文化遗产和非物质文化遗产之分，因此技术遗产既包括有形的物质文化遗产，也包括无形的非物质文化遗产。有形技术遗产包括蕴含有技术价值的古文献、档案资料、馆藏文物、遗址等；无形技术遗产主要是传统工艺或技艺。

技术遗产是古今贯通、无论东西、有形无形并存的。技术遗产作为体现人类价值观及文明理念最丰富的载体和最具象的符号，承接着技术发展嬗变的时代印记，折射出科学技术文化的流变态势，代表着社会文明发展的前进步伐。

技术遗产与技术史具有天然的密切关系。技术史是技术遗产的核心与内在属性，技术遗产是技术史的载体和物态表现，二者是骨与肉的关系。

二、技术遗产与其他类似遗产的关系

1956 年 7 月，竺可桢在中国自然科学史第一次科学讨论会开幕式上作《百家争鸣和发掘我国古代科学遗产》主题报告，要求科学史工作者正确估计中华民族在世界文化史上所占的地位，充分发掘古代科学遗产，用古人的经验丰富我们的科学知识，为社会主义建设服务①。随后成立的中国科学院自然科学史研究所设立了技术史研究室，成为中国技术史与技术遗产研究的主要力量。事实上，在中国科学技术史学科发展道路上，有很长时间一直把技术史置于广义的科学史中，广义的科学遗产也包含技术遗产。

2003 年 7 月，旨在促进工业遗产保护的《下塔吉尔宪章》指出："工业遗产由工业文化遗存组成，具有历史、技术、社会、建筑或科学价值，包括建筑与机器、车间、磨坊与工厂、采矿遗址与冶炼加工场所、仓库与货栈、能源生产与传输及使用场所、交通运输基础设施，以及与工业相关的居住、宗教信仰或教育等社会活动场所。"狭义的工业遗产主要包括作坊、车间、仓库、码头等不可移动文物，工具、机械设备、办公用具等可移动文物，以及契约合同、商号商标、产品样品等涉及记录档案的物品。广义的工业遗产还包括工艺流程、生产技能以及存在于人们记忆、口传和习惯中的非物质文化遗产。工业遗产最突出的价值体现是历史价值和技术价值，而这恰恰也是技术遗产最核心的价值，因此，技术遗产与工业遗产在研究内容和价值认知方面有很大的重合；但工业遗产还具有工业应用的产业属性，技术遗产则更偏向于科学技术的科学属性，因此，工业遗产的相关理论并非对所有技术遗产适用。

近年来，工程、军事、农业、中医药类文化遗产也受到重视，其中都含有技术性的内容，但各自又富有独特的技术遗产所不能包含的价值属性。

古代工程遗产主要指具有历史、科学、技术、社会综合价值的人类建构实践所产生的遗存，包括前工业文明时期的陆路交通工程、水运工程、防洪工程、灌溉引水工程、给水排水工程、农垦工程、盐业和矿业工程、军事工程、城镇建设工程（主要指城墙、道路、水系等公共基础

---

① 竺可桢：《百家争鸣和发掘我国古代科学遗产》，载竺可桢：《竺可桢全集（第 3 卷）》，上海科技教育出版社 2004 年版，第 300-304 页。

设施工程）等[①]。

军事工程遗产，是历史上主要用于防御敌方进犯、保护自己有生力量的建筑物或构筑物的遗留。军事遗产巧妙地利用山形水势，有的体现出深邃的设计构思，有的反映了工程的宏大壮观，不少还是历史上重大战役的发生地和著名人物的所在地，具有重要的历史价值、现实价值、情感价值和纪念性价值[②]。

技术类农业文化遗产是人类历史上创造并传承至今、与农业生产直接相关的以“活态”形式存在的技术及其附属活动，可分为土地利用、土壤耕作、栽培管理、生态优化和畜牧兽医渔业几种类型，内容包括遗留的农业制度与技术、系统产出结构和附属的宗教、民俗等文化活动，除具复合型、活态性和战略性特点以外，还具有残存性、历史性、区域性、生态性和社会性[③]。

中医药文化遗产，既有物质文化遗产，又有非物质文化遗产。物质文化遗产如古籍文献，文物与古建筑遗址、遗迹等；非物质文化遗产如理论知识体系、实践观察方法、临床操作技术、中药炮制工艺、组方理论和制剂方法、针灸理论和技术、正骨手法等，此外还有大量在民间流传的养生格言、保健民俗、导引气功等内容[④]。

三、技术遗产的分类

按照不同的分类标准，技术遗产的分类方法可以有多种多样。比如：技术遗产按照产业类型分为农业技术遗产、工业技术遗产、信息技术遗产等；按照移动性分为可移动技术遗产和不可移动技术遗产；按照物质性和非物质性分为有形的物质技术遗产和无形的非物质技术遗产。

中国古代技术遗产是反映中国古代发明创造的物质遗存，是中华文明技术演进与发展的客观载体。2006 年启动的国家重大文化专项“指南针计划——中国古代发明创造的价值挖掘与展示”项目，集中研究和展示了一批反映中国古代技术发展水平和实证古代发明创造的文物。2008 年，北京科技大学冶金与材料史研究所承担了“中国古代发明创造国家级名录标准研究”课题，按照学科体系和文物实际存留情况，大致将中国古代技术遗产按照所属学科分为十三大类，并提出了技术遗产的五分法。

（1）农业：包括作物栽培、农业生产、畜牧兽医、水产养殖、农业工具机械等方面的技术遗产。

（2）水利：包括治水方法、水工技术、给排水工程、水利机械、大型水利工程等方面的技术遗产。

（3）矿冶：包括采矿工程技术、矿物加工、钢铁冶炼及加工、有色金属冶炼及加工、金属制品等方面的技术遗产。

（4）轻工：包括陶器、瓷器、玻璃、髹漆、皮革等方面的技术遗产。

---

① 于冰：《工程遗产初探》，《东南文化》，2011 年第 2 期，第 14-18 页。

② 孙华、奚江琳：《军事工程遗产概说》，《遗产与保护研究》，2017 年第 5 期，第 1-6 页。

③ 何红中：《技术类农业文化遗产的内涵与保护利用》，《农业考古》，2016 年第 4 期，第 232-238 页。

④ 周志彬：《中医药非物质文化遗产的科学性和文化性》，《中国中医基础医学杂志》，2010 年第 9 期，第 758-760 页。

（5）纺织：包括纺织原料加工、纺织工艺、印染技术、纺织器械、织品、服饰、少数民族纺织技术等方面的技术遗产。

（6）食品：包括酿造技术、制盐技术、制糖技术、食品贮藏与加工、烹饪技术与炊具食具等方面的技术遗产。

（7）建筑：包括建筑材料及加工、土建筑、木构建筑、砖石建筑、石质建筑、建筑装饰等方面的技术遗产。

（8）人居环境：包括区域生态环境、人居保障与安全、人居选址与布局、风景营造等方面的技术遗产。

（9）交通：包括道路、津渡、桥梁、车辆、船舶等方面的技术遗产。

（10）机械仪器：包括机械零部件与手工工具、传动机构与动力机械、计时天文气象仪器、数学与测绘工具仪器、度量衡与标准化、典型机械仪器等方面的技术遗产。

（11）军事技术：包括冷兵器、攻守城器械、火药与火器、军事工程等方面的技术遗产。

（12）医药技术：包括中药技术、诊治技术、针灸按摩技术、养生保健方法、民族医药技术等方面的技术遗产。

（13）文化传播：包括文字、造纸、印刷、文具、书画装裱等方面的技术遗产。

按照发明创造的产生流程来考虑，可以将古代技术遗产大致分为反映发明创造的材料、工艺、器具、产品、工程这五大类，每一大类又根据遗产分类进一步细分，可对应于中国古代发明创造的具体技术（表 1）。由此可见，技术遗产的这种分类方法几乎可以涵盖中国古代各类文物，且能找到对应的发明创造与技术遗产种类。

表 1　中国古代技术遗产分类及其对应发明创造

类别	遗产子类	举例	对应发明创造
材料类技术遗产	石器	旧石器时期石斧	石器加工技术
		新石器时期石锄	石器加工技术
	玉器	红山玉猪龙	玉器切割技术
		透雕蟒纹玉带	玉器雕刻技术
	陶器	仰韶鱼纹陶盆	制陶原料、制陶技术
		龙山文化黑陶壶形杯	制陶原料、制陶技术
	瓷器	原始瓷罐	原始瓷器
		定窑刻莲花纹盘	白釉瓷
	铜器	后母戊鼎	商周青铜范铸技术
		白铜库银	铜及铜合金冶炼技术
	铁器	兴隆铁范	铁范技术、生铁技术
		汉代铁犁	生铁技术
	金银器	金面具	金银冶炼与加工
		银盏	金银冶炼与加工
	漆器	文竹金漆里石榴式盒	金漆装饰
		明剔红山水人物纹方盒	髹漆工艺
	竹木器	朱三松竹雕白菜笔筒	文化用具
		明红木雕花椅	明清木家具
	玻璃器	北周玻璃舍利瓶	钠钙系玻璃

续表

类别	遗产子类	举例	对应发明创造
材料类技术遗产	玻璃器	彩花岁寒三友葫芦鼻烟壶	玻璃制作技术
	古纸	汉灞桥纸	造纸术
		汉悬泉置纸	造纸术
	……		
工艺类技术遗产	陶窑遗址	裴李岗横穴窑遗址	陶窑技术
		湖北江陵毛家山战国陶窑	陶窑技术
	瓷窑遗址	安徽繁昌柯坪瓷窑遗址	瓷窑技术
		河南宝丰清凉寺汝窑遗址	瓷窑技术
	采矿遗址	江西瑞昌铜岭古矿冶遗址	铜矿开采、铜冶炼
		湖北铜绿山古铜矿遗址	铜矿开采、铜冶炼
	冶金遗址	河南瓦房庄汉代冶铁遗址	生铁技术
		河南郑韩故城冶铸遗址	铜冶金、铸造技术
	制盐遗址	山东广饶南河崖制盐遗址	制盐技术
		四川自贡古代盐业遗址	制盐技术
	琉璃作坊遗址	辽宁黄瓦窑琉璃作坊遗址	琉璃制作技术
		北京门头沟琉璃作坊遗址	琉璃制作技术
	造纸工艺遗址	江西高安造纸作坊遗址	造纸术
		浙江富阳造纸作坊遗址	造纸术
	酿酒作坊遗址	四川成都古井坊遗址	酿酒技术
		江西李渡酿酒作坊遗址	酿酒技术
	……		
器具类技术遗产	古代农业工具	石磨盘	农业加工工具
		铁耙	生铁技术、农具
	古代水利机械	木轱辘	提水机械
		水碓	水力利用机械
	古代冶金机械	陶质鼓风管	冶金装备
		木风箱	冶金装备
	古代纺织机械	大型束综提花机	提花织机
		多综多蹑纹织机	踏板织机
	古车	湖北熊家车马坑	车辆制作
		秦始皇陵铜车马	车辆制作、金属加工
	古船	“南海一号”宋代古船	造船技术
		“蓬莱二号”古船	造船技术
	古代仪器	新莽游标卡尺	度量衡
		日晷	计时仪器
	古兵器	铜镞	铜器制作、远射兵器
		越王勾践剑	铜器表面装饰、格斗兵器
	古代医药器具	药碾	药物加工器具
		针灸经络铜人	针灸器具
	……		
产品类技术遗产	古代农产品	万年仙人洞炭化稻谷	水稻
		磁山炭化粟	粟作技术
	古代金属制品	沧州铁狮	铸铁造像
		西汉兽纹铜镜	青铜镜

续表

类别	遗产子类	举例	对应发明创造
产品类技术遗产	古代织品与服饰	“五星出东方利中国”锦	织锦
		靖安东周墓丝织布	丝织品
	古书画	清明上河图	造纸术、书画装裱
		伯远帖	造纸术、墨
	古籍善本	文渊阁《四库全书》	古籍装帧技术
		西夏文佛经	雕版印刷
	简牍帛书	东汉佉卢文木牍	简牍
		汉“张掖都尉棨信”帛书	帛书
	甲骨	刻“⊖”符龟腹甲	汉字
		牛骨卜辞	汉字
	符印玺牌	甘黄石蟠螭钮未刻方玺	玉石雕刻技术、钤印
		晋归义羌王兽钮铜印	青铜铸造、钤印
	石刻	鲁相谒孔子庙残碑	玉石雕刻技术
		捧奁侍女画像石	建筑装饰
	碑帖拓本	宋拓唐楷书李靖碑册	拓本
		宋拓兰亭序	拓本
	古钱币	赵国空首布	钱币、金属铸造
		汉龟二体钱	钱币
	……		
工程类技术遗产	古代水利工程	灵渠遗址	水利工程
		郑国渠遗址	水利工程
	古代观测工程	登封古观象台	古观象台
		北京古观象台	古观象台
	古建筑	北京故宫	古建筑群
		蓟州独乐寺	木建筑
	古道路	秦直道遗址	道路
		褒斜栈道遗址	栈道
	古桥	临颍小商桥	拱桥
		北京卢沟桥	梁桥、拱桥
	古运河	濉溪柳孜大运河遗址	运河码头
		商丘武庄大运河码头	运河码头
	古代军事工程	秦长城遗址	长城
		广西连城要塞	城防工程
	古村镇	西递宏村	村镇平面布局
		晋城皇城相府	村镇布局、砖石建筑
	……		

2015 年 1 月，中国科学院自然科学史研究所推选出“中国古代重要科技发明创造”88 项，其中包括科学发现与创造 30 项、技术发明 45 项与工程成就 13 项[①]。2017 年 5 月，华觉明、冯立昇主编的《中国三十大发明》正式出版，遴选出中国原创的对世界文明进程有突出贡献的 30 项重大科技发明[②]。“粟作，稻作，蚕桑丝织，汉字，十进位值制记数法和筹算，青铜冶铸

① 中国科学院自然科学史研究所：《中国古代重要科技发明创造》，中国科学技术出版社 2016 年版。
② 华觉明、冯立昇：《中国三十大发明》，大象出版社 2017 年版。

术，以生铁为本的钢铁冶炼技术，运河与船闸，犁与耧，水轮，髹饰，造纸术，中医诊疗术（含人痘接种），瓷器，中式木结构建筑技术，中式烹调术，系驾法和马镫，印刷术，茶的栽培和制备，圆仪、浑仪到简仪，水密舱壁，火药，指南针，深井钻探技术，精耕细作的生态农艺，珠算，曲蘖发酵，火箭与火铳，青蒿素，杂交水稻”入选三十大发明。这基本囊括了中国最具有代表性的重要技术发明与工程创造，都是中国最重要的技术遗产。

非物质文化遗产中的传统技艺和传统医药可视作无形非物质技术遗产。中国传统工艺是指世代相传、具有百年以上历史以及完整工艺流程，采用天然材料制作，具有鲜明民族风格和地方特色的工艺品种和技艺。传统工艺是技术与艺术的结合，是古代技术发明的活化石。

2000 年，中国传统工艺研究会提出按行业构成，将传统工艺分为十二大类：

（1）古建筑营造；

（2）器械制作（含工具、机械、仪器和其他器具）；

（3）织染（含刺绣）；

（4）金属采选、冶炼和加工；

（5）陶瓷烧造；

（6）髹漆；

（7）食品酿造、炮制和其他农畜产品加工（含制盐、榨油、榨糖、制革等）；

（8）造纸；

（9）印刷；

（10）编织；

（11）刻绘扎制（含剪纸、皮影、内画壶、灯彩等）；

（12）其他手工艺（如火药制作和烟花爆竹等）。

根据国资委商业技能鉴定与饮食服务发展中心、全国促进传统文化发展工程开展的“传统工艺师”国家职业技能认证工作相关规定，将中华传统工艺分为十四大类：

（1）雕塑工艺（牙雕类、玉雕类、石雕类、砖雕类、木雕类、竹刻类、泥塑类）；

（2）陶瓷制作工艺（制瓷类、琉璃类、制陶类、砖瓦类）；

（3）织染工艺（刺绣挑花类、桑蚕丝织类、服装缝纫类、棉纺织类、麻纺织类、印染类）；

（4）传统饮食加工工艺（制茶类、酿造类、制盐类、腌制类）；

（5）传统建筑营造工艺（木结构建筑类、居民建筑类、功能性建筑类、桥梁类）；

（6）金属冶锻加工工艺（装饰类、锻造类、采冶类、铸造类）；

（7）工具器械制作工艺（乐器类、舟车类、日用器具类、仪表类、器械类）；

（8）文房四宝制作工艺（制砚类、制墨类、造纸类、制笔类、颜料类）；

（9）印刷术工艺（雕版印刷类、木版水印类、木活字类）；

（10）刻绘工艺（皮影类、木版年画类、内画类、刻字类、剪纸类）；

（11）髹漆工艺（雕漆类、推光漆类、脱胎漆类、漆线雕修饰、漆艺）；

（12）家具制作工艺（硬木家具、骨木镶嵌家具、金漆镶嵌家具、大理石镶嵌家具、彩石镶嵌家具、髹漆家具、少数民族家具）；

（13）编织轧制工艺（竹编类、草编类、棕编类、藤编类、灯彩类、风筝类）;

（14）特种工艺及其他（书画装裱、青铜器修复技艺、文物修复技艺）。

根据公布的前四批国家级非物质文化遗产代表性项目名录，传统技艺类有241个项目、363个子项目，涉及陶瓷制作、纺织印染、建筑营造、金属制作、木器制作、髹漆、酿造、制茶、制盐、造纸、印刷、笔墨纸砚、烟花爆竹、琉璃制作等多项技艺；此外，传统医药类有23个项目、137个子项目。

四、技术遗产的价值

技术遗产作为某一时期特殊的人工物，具有独特的价值。人类演化和文明进程中形成了许多技术人工物，如原始社会的砍砸石器、渔猎工具和用火遗迹，农业社会的作物产品、水利设施和手工业遗址，工业社会兴建的厂房、车间及其中的设备和产品，凝结着一个时代的历史、社会、文化及科技状况。技术遗产具有多种价值表现，大体可以归为以下几个方面。

1. 历史价值

技术遗产是历史的真实遗存，具有原真性。它反映一个地区、一个国家或一个行业当时的发展状况，反映一个时代的显著特征。技术遗产不但可以总体上反映社会生产和生活的变化特征，而且可以反映某一时期历史进程中的重要环节，可以成为历史发展阶段性的标志。对技术遗产进行产业史、经济史以及科技史研究，可以弥补相关历史素材不足的缺憾。

2. 技术价值

技术遗产反映出某一历史时期的技术和生产水平。原始社会时期的石器可以反映当时人类制作工具、掌握工具的水平，可以揭示人类当时改造自然的能力；商周青铜器的演化背后隐藏着的是从铸造到锻压成型的技术演化谱系；蒸汽机车、内燃机车、电力机车则分别反映在近代工业化过程中铁路机车代表性产品的技术特征。技术遗产的技术价值不等于技术史价值，反映的是技术的先进性、稳定性和可延展性。

3. 社会价值

技术遗产的社会价值体现在两个方面：一是作为人类整体社会发展阶段标志的历史遗存，反映出人类社会总体发展的过程与方向；二是反映了人类社会自身的发展历程，揭示了某一地区文明演化的过程，是文明形态的重要标志，还包括一些政治社会方面的价值体现，凝结着制造人工物的工匠的社会状态与精神面貌。有的技术遗产甚至可以成为对青少年进行历史文化和爱国主义教育的基地，可以实现抽象精神和物质载体的有机结合。

4. 艺术价值

技术遗产也具有审美意义上的艺术价值。不同结构、工艺和设计的复杂化和艺术化，本身具有高超的艺术品位，可以反映出不同历史时期不同地区的审美情趣和制作者的艺术修养。比如，不同风格的各式建筑有如凝固的音乐，承载着非凡的艺术价值。非物质文化遗产的传统工艺本身就具有或简单或复杂的技艺特点，艺术价值往往通过技术价值伴生而成，进而形成技术和艺术的完美结合。

5. 经济价值

技术遗产的经济价值是显而易见的，包括两个方面：一是价值的现实性，许多技术遗产可以用于展示或其他用途，大型连片的农业或工业遗存可以进行保护性开发，成为具有特色的文化、商贸和休闲娱乐场所；二是价值的增值性，由于遗产的稀缺性，其本身的价值会随时间而增值，也会随着区位优势的不断开发而产生增值，从而产生更多的价值留待挖掘。

五、技术遗产的研究方法

技术遗产的研究内容很丰富，包括技术遗产的基础理论研究、技术遗产的个案研究、技术遗产的功能研究、技术遗产的科学技术价值认知、技术遗产的社会文化价值认知、技术遗产的演进发展史、技术遗产的保护利用和传承等。

从某种意义上说，技术遗产研究就是技术考古。技术遗产本质上说包括两个方面：一是历史文献研究，二是田野考古调查。技术考古是对人类技术遗产的价值挖掘和认知，包含多重证据的使用，比如陶瓷考古、冶金考古、建筑考古等，这些反映人类文明发展最重要的物质文明形态，是技术遗产研究或技术考古的核心内涵。

与之相适应的技术遗产研究方法也很多，首先科技史研究方法有一定的借鉴意义。江晓原介绍过科学史可以有三种研究方法：实证主义的编年史方法、思想史学派的概念分析方法、科学社会史的社会学方法[①]。陈久金、万辅彬在《中国科技史研究方法》中描述的科技史研究方法有：历史学与数学方法、综合分析法、模拟观测法、对比研究法、成分分析化验法、对古代器物仪器的复制方法、实地考察法[②]。

总的来看，技术遗产研究方法主要可以从历史文献学、科技方法、考古学方法、人类学方法等几个方面考虑。历史文献学包括考据学、目录学、版本学、碑刻学以及文献数字化；科技方法包括力学分析、化学分析、材料科学、技术复原、技术仿真等；考古学方法包括田野考古、实验室考古、建筑考古、工业考古以及相关的文物保护；人类学方法包括田野调查、数字化记录、工艺复原、文化谱系、社会重构等主要议题。

这里有两个方面的研究需要高度重视。一个是传统工艺的科学化。以传统工艺实地调查为基础，以现代科学知识和科学方法为科学化分析手段，并利用现代科学原理、技术理念进行工艺解释与还原，最终实现建立一套规范化、科学化的传统工艺体系。

另一个是古代技术遗产的科学认知。对技术遗产反映的古代重大发明创造的科学认知，需要加强多学科交叉研究，将理化检测与分析、扫描成像技术、计算机技术等先进手段与历史分析相结合，提取解读古文献、文物和遗址所凝结的信息，进行传统工艺与器物的模拟实验、数字化仿真、复原等研究，为技术遗产的研究与保护利用提供坚实的科学基础。

---

① 江晓原：《为什么需要科学史——〈简明科学技术史〉导论》，《上海交通大学学报（社会科学版）》，2000 年第 4 期，第 10-16 页。

② 陈久金、万辅彬：《中国科技史研究方法》，黑龙江人民出版社 2011 年版。

显然，无论是传统工艺科学化还是技术遗产的科学认知，都体现出物质技术遗产和非物质技术遗产的双重属性，需要多种现代科技手段和文理交叉研究方法的融会贯通。实现对技术遗产更深入的理解和认知，才能有效保护好技术遗产的本体及所属价值，才能全方位地实现技术遗产的展示利用与传承创新。

六、技术遗产的保护利用与传承

技术遗产分为有形的物质技术遗产和无形的非物质技术遗产，两者的保护利用与传承的路径略有不同。

物质技术遗产的保护，首先要依照技术遗产的价值认知结果进行评估，知道要“保什么”，然后才是“如何保”的问题。然后制定技术遗产保护的技术路线与方案，首先是遗产本体保护，应在充分调研本体材料材质与制作工艺的基础上，对本体材料的腐蚀与劣化机理进行分析，制定相应的保护方案和对策；其次是对遗产保存环境进行研究，获取遗产在微环境或可控环境下保存状态的基础资料；最后是遗产保护材料和工艺的研发，基于前述的本体材料和保存环境研究，研发遗产保护材料与工艺，形成完整的遗产保护研究开发与创新链条。

物质技术遗产的开发利用，也是应该首先清楚现存技术遗产的状况与价值存量，有重点地、因地制宜地开展展示利用。对于可移动文物来说，重点是在探求技术遗产的价值基础上，赋予其更新的文化形象，可作为文化创意产业的源泉；对于不可移动文物来说，技术遗产的开发利用更多地与历史文化保护街区、重点文物保护单位、优秀建筑遗产等联系起来。遗产保护核心区的物项，应毫无保留地进行保护，核心区外的部分物项，可以尝试有限地开发利用，以聚拢人气，实现文化和旅游事业的协同进步。

非物质技术遗产也即传统工艺的保护传承，首先要重视传统工艺的价值评估，从几种价值的不同角度进行合理评估。然后是传统工艺的抢救性保护，通过田野调查，对传统工艺传承人进行采访，并记录有关声像资料，实现有目的的记录保存。同时，针对非物质技术遗产的各自特点，有效设计其活态保护方案。最佳的保护办法就是保留传统工艺所在地区文化的原始风貌，形成技术遗产生态展示园和生态创业园等，实现文化与旅游互动的良性循环。

技术遗产传承人的选择和扶持，是传统工艺等非物质技术遗产传承发展的关键。各级政府应该有效制定传承人的遴选方案，做好认定和继续教育培训工作，做好国家和地方非遗传承人的相关法律法规和政策解读，明白传承人所享有的权利和应承担的义务。目前，国家非物质文化遗产项目代表性传承人已经遴选了五批。第一批 226 人，其中传统技艺 78 人、传统医药 29 人；第二批 551 人，没有传统技艺和传统医药的传人；第三批 711 人，其中传统技艺 133 人、传统医药 24 人；第四批 498 人，其中传统技艺 112 人、传统医药 21 人；第五批 1082 人，其中传统技艺 192 人、传统医药 58 人。总计非遗传承人 3068 人，其中传统技艺 515 人、传统医药 132 人，合计约占总数的 21%。正是这些国家级非遗传承人和省级非遗传承人的不断涌现，实现了非物质技术遗产的有序传承与有效保护，将在中华优秀传统文化的保护与传承中发扬光大。

要想保护好技术遗产，就必须处理好保护传承与开发利用之间的关系。坚决不能以经营、开发取代保护，更不能以经营、开发破坏保护。保护是前提，传承利用是应用。技术遗产的物质性和非物质性，是一体两翼，缺一不可。它们虽然分属于不同行政部门管理，但是统一地进行保护、传承和利用，应该是技术遗产未来发展的主要趋势和必然道路。

七、结语

技术遗产是反映技术发展与文明演变的重要载体，对其研究具有重要意义。科学技术史学科以科学和技术的演变发展作为研究对象，理应承担起技术遗产研究、保护、传承和利用的重任。目前，针对技术遗产，科学技术史学科的技术史、传统工艺、科技考古与文化遗产保护等多个学科方向都具有支撑作用。相信在不久的将来，技术史研究更多地关注技术遗产研究，既能实现学术上的进步，也能帮助解决技术遗产保护传承的实际问题，正可谓理论联系实践，技术与艺术结合，历史与遗产共同谱写新的篇章。

（原载《中国科技史杂志》2020 年第 3 期；
潜伟：北京科技大学科技史与文化遗产研究院教授。）

中国机械史研究的七十年

冯立昇

摘　要：中国机械技术史的研究发端于20世纪二三十年代，但早期的研究工作进展比较缓慢。中华人民共和国成立之后，科学技术史研究在中国开始成为一项有组织的学术事业，中国机械史的研究也受到重视，得到了较快的发展。20世纪五六十年代，在专题研究和复原研究取得重要进展的基础上，刘仙洲编写出版了中国机械史的通史性著作。但因“文化大革命”的发生，研究工作一度中断。改革开放后，中国机械史研究工作很快得到恢复并获得全面发展，不仅深化了中国古代机械史的研究，也开拓了中国近现代机械史的研究，推进了传统机械的调查研究，同时培养了一批中国机械史研究方向的研究生，研究队伍不断壮大，成立了机械史的学术团体。本文回顾了中华人民共和国成立以来70年间国内中国机械史研究的发展概况，并对今后的研究进行了展望。

关键词：中国机械技术史；古代；近现代回顾

一、引言：中国机械史研究的开端

为了回顾70年来中国机械史的研究，有必要对中国机械史研究的开端和早期研究情况做一简要介绍。

中国学者对本国机械史研究当始于20世纪二三十年代。张荫麟、刘仙洲和王振铎先生是这一领域早期研究的主要开拓者，他们的工作为中国机械史学科的形成奠定了基础。

张荫麟（1905—1942）早在20世纪20年代就开始了中国古代机械史的某些专题研究，如他对指南车、记里鼓车进行了考证复原研究，对其他古代机械发明也进行了文献梳理与考证研究。他虽在1942年英年早逝，亦未专于机械史研究，但其成果却开了中国机械史专题研究的先河。

刘仙洲（1890—1975）从20世纪30年代初期开始从事机械史的研究。他除开展了一些专题研究工作外，还致力于中国机械史的系统整理研究工作，成为这一研究领域最重要的奠基人。他于1935年编写并出版的《中国机械工程史料》（约6万字）一书（图1）[①]，首次依据现代机械工程分类方法整理了中国古代机械工程的史料，包括绪论、普通用具、车、船、农业机械、灌溉机械、纺织机械、兵工、燃料、计时器、雕版印刷、杂项、西洋输入之机械学13章，分别考述了重要机械的发明人、古代机械的构造与记载，并附有许多插图，初步勾勒出了中国古

① 刘仙洲：《中国机械工程史料》，北平国立清华大学出版事务所1935年版。

代机械工程的基本轮廓。1948 年，他又发表了《续得中国机械工程史料十二则》一文①，对《中国机械工程史料》进行了必要的补充。

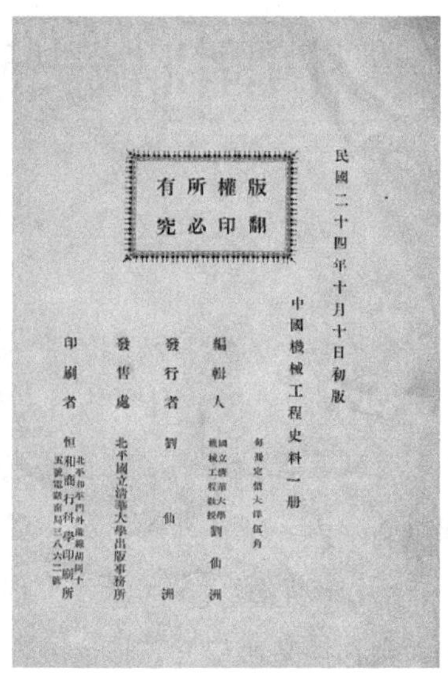

民國二十四年十月十日初版

中國機械工程史料一册

每册定價大洋伍角

有所權版
究必印翻

編輯人　國立清華大學機械工程教授　劉仙洲

發行者　劉仙洲

發售處　北平國立清華大學出版事務所

印刷者　恒和商行科學印刷所

图 1　《中国机械工程史料》封面和版权页书影

王振铎（1911—1992）在 20 世纪 30 年代中后期开始从事中国古代机械史的研究，他对地动仪、指南车、记里鼓车和罗盘等古代机械与仪器开展了考证和复原研究，并进行实验和模型研制工作。他在 1937 年所写的《指南车记里鼓车之考证及模制》一文，提出研究和复原古代科技器物的三条准则，体现了历史主义的治学原则。

上述中国机械史的研究工作虽然具有开创性质，但总体上看还比较零散，不够系统和全面，研究成果以古代机械文献资料的整理和专题性史料考证为主，进展也较缓慢。中国机械史研究作为一个研究领域的形成和学科分支的建立是在中华人民共和国成立之后。

二、20 世纪五六十年代中国机械史研究领域的形成

1949 年之后，科学技术史研究在中国开始成为有组织的科学事业，逐渐实现了建制化，促进了研究工作的发展。20 世纪五六十年代中国机械史研究得到了较快的推进，形成了一个独立的研究领域，并成为中国科学技术史的一个重要学科分支。刘仙洲在 50 年代初继续致力于中国机械史的系统研究工作，推动了中国机械史学科的建立。

中华人民共和国成立后，刘仙洲先后担任过清华大学院系调整筹委会主任、第二副校长、副校长、第一副校长。1955 年被选聘为中国科学院首批学部委员（后改称院士）和中国科学院中国自然科学史研究委员会委员、中国古代自然科学及技术史编辑委员会委员。

1952 年，刘仙洲向教育部提议在清华大学成立“中国各种工程发明史编纂委员会”，当年 10 月获得批准，这一机构不久改为“中国工程发明史编辑委员会”②。刘仙洲随即在清华大学

---

① 刘仙洲：《续得中国机械工程史料十二则》，清华大学学报（自然科学版），1948 年第 3 期，第 141-144 页。

② 刘仙洲：《中国机械工程发明史（第一编）》（初稿），清华大学印刷厂 1961 年版。

图书馆组织专人开始着力搜集和整理资料，“邀请数位专门帮助搜集资料的人员，共同检阅古书。后来中国科学院又支援了一位专人，在城内的北京图书馆和科学院图书馆阅书”[①]。中国工程发明史编辑委员会办公地点设在清华大学图书馆，隶属于学校，由刘仙洲直接领导，主要工作是进行中国工程史料的搜集、抄录和整理研究。起初的资料搜集工作主要集中在机械工程、水利工程、化学工程、建筑工程四个方面，查阅范围遍及丛书、类书、文集、笔记、小说、方志等多种古籍。他们使用统一格式印制的资料卡片抄录有关的工程技术史资料，使整理工作得到顺利推进。到 1961 年时，他们已查阅了九千余种古籍。

抄录的资料卡片存放在清华大学图书馆，供校内外专家学者使用和参考，对当时机械史整理研究有重要的作用。刘仙洲重视原始资料的搜集，经常去北京的古旧书店，搜集古籍资料。他对考古发掘成果也很关注，努力搜集与机械相关的文物资料，并得到国内一些博物馆的帮助和支持，获得不少文物照片和拓片等资料。刘仙洲依据文献史料和文物资料，开展了一系列的机械史专题研究工作。在此基础上，他完成了中国机械史研究的奠基之作《中国机械工程发明史（第一编）》。该书的初稿完成于 1961 年 4 月，全书正文 127 页，当年 10 月由清华大学印刷厂铅印并精装发行（图 2，左）[②]。刊印不久，他将初稿提交到中国机械工程学会 1961 年的年会上，供同行参考并征求意见。初稿修改后，于 1962 年 5 月由科学出版社正式出版（图 2，右），同时印行了 16 开的精装本和平装本。比较初稿和正式出版本，可以发现书的内容有所删改和补充，插图有较多调整和替换。正式本增加了结束语，讲述了刘仙洲对科学技术史与发明的一些规律性问题的认识，还讨论了社会制度对科技发展的影响。正式本的自序较初稿自序多了修改内容的说明。[③]

图 2　《中国机械工程发明史（第一编）》（初稿）内封与定稿版封面

《中国机械工程发明史（第一编）》是第一部较为系统的中国古代机械史的著作，从机械原理和原动力角度梳理了中国古代机械工程技术发展的脉络。刘仙洲在该书绪论中指出：“我们

① 刘仙洲：《中国机械工程发明史（第一编）》（初稿），清华大学印刷厂 1961 年版。
② 刘仙洲：《中国机械工程发明史（第一编）》（初稿），清华大学印刷厂 1961 年版。
③ 刘仙洲：《中国机械工程发明史（第一编）》，科学出版社 1962 年版，第 iii-iv 页。

应当根据现有的科学技术知识，实事求是地，依据充分的证据，把我国历代劳动人民的发明创造分别的整理出来。有就是有，没有就是没有。早就是早，晚就是晚。主要依据过去几千年可靠的记载和最近几十年来，尤其是解放以后十多年来在考古发掘方面的成就，极客观地叙述出来。”[①]该书“中国在原动力方面的发明”一章，很快被译成英文在美国出版的《中国工程热物理》（*Engineering Thermophysics in China*）第1卷第1期上发表。[②]

刘仙洲在编撰《中国机械工程发明史（第一编）》过程中，还招收了中国机械史方向的研究生[③]。他指导研究生和中国历史博物馆研究人员一起开展了古代重要机械的复原工作，书中多幅插图都是按照他提出的方案复原的古代机械和仪器模型照片。

刘仙洲自幼生活在农村，对中国传统农具和农业机械情有独钟，早在20世纪20年代他就设计过水车和玉米脱粒机。他反对盲目照搬外国的大型农业机械，主张从我国农村具体情况出发，改良传统农业机械，使其符合机械学原理，从而实现古为今用。他一直关注我国农业机械的发展，中国农业机械史自然也成为他研究的重点方向。1963 年他撰写的《中国古代农业机械发明史》问世，这是第一部较全面论述中国古代农业机械成果及其发展的著作。该书出版后，引起日本学术界的重视。著名农史专家天野元之助在《东洋学报》上发表了以“中国农具的发达——读刘仙洲《中国古代农业机械发明史》”为题的文章，对该书内容详加介绍和评论。[④]

上述两部著作在国内外长期被科技史和相关领域学者反复引用，成为研究中国机械史的奠基之作。在这两部书出版之前和之后的十多年里，刘仙洲先后发表了一系列专题研究论文，反映了他的研究工作不断扩大和深化的过程：

（1）《中国在原动力方面的发明》，《机械工程学报》，1953年第1卷第1期；

（2）《中国在传动机件方面的发明》，《机械工程学报》，1954年第2卷第1期；

（3）《对于“中国在传动机件方面的发明”一文的修正和补充》，《机械工程学报》，1954年第2卷第2期；

（4）《中国在计时器方面的发明》，《天文学报》，1956年第4卷第2期；

（5）《介绍〈天工开物〉》，《新华半月刊》，1956年第十号；

（6）《王徵与我国第一部机械工程学（修订版）》，《机械工程学报》，1958年第6卷第3期；

（7）《中国古代对于齿轮系的高度应用》（与王旭蕴合作），《清华大学学报（自然科学版）》，1959年第6卷第4期；

（8）《中国古代在简单机械和弹力、惯力、重力的利用以及用滚动摩擦代替滑动摩擦等方面的发明》，《清华大学学报》，1960年第7卷第2期；

（9）《中国古代在农业机械方面的发明》，《农业机械学报》，1962年第5卷第1、2期连载；

（10）《我国独轮车的创始时期应上推到西汉晚年》，《文物》，1964年第6期；

---

① 刘仙洲：《中国机械工程发明史（第一编）》，科学出版社1962年版，第1页。

② 董树屏、黎诣远：《刘仙洲传略》，载《刘仙洲纪念文集》编辑小组：《刘仙洲纪念文集》，清华大学出版社1990年版，第207-218页。

③ 王旭蕴：《回忆我敬爱的导师刘仙洲》，载《刘仙洲纪念文集》编辑小组：《刘仙洲纪念文集》，清华大学出版社1990年版，第85-95页。

④ [日]天野元之助：《中国における農具の発達—劉仙洲〈中国古代農業機械発明史〉を読んで》，《東洋学報》，1965年第4期，第57-84页。

（11）《有关我国古代农业机械发明史的几项新资料》，《农业机械学报》，1964年第7卷第3期。

这些专题研究成果，在学术界产生了较大影响。如《中国在计时器方面的发明》一文，1956年9月5日刘仙洲在意大利召开的第八届国际科学史会议上宣读（图3）。他在文中提出，东汉张衡的水力天文仪器中，已采用水力驱动和齿轮系，并对苏颂等的水运仪象台的机构进行了研究。刘仙洲的报告恰好被排在英国科学史学家李约瑟之后，李约瑟的论文题目是“中国天文钟”。对苏颂等的水运仪象台某些机构的解释、看法，两篇论文也有些不同。刘仙洲认为李约瑟的某些推断有些不正确的地方，并向他指出。李约瑟“很诚恳地承认，并声明要更正原稿”①。他接受了刘仙洲认为“天条”是链条的观点。李约瑟、王铃和普拉斯在1960年出版的英文专著《天文时钟机构——中世纪中国的伟大天文钟》中引用了刘仙洲上述关于古代计时器、原动力和传动机件的三篇文章②。此后刘仙洲进一步对张衡的水力浑象进行了复原研究，在《中国古代对于齿轮系的高度应用》中提出了张衡浑象的齿轮和凸轮传动机构复原模型。

图3　参加第八届国际科学史会议的部分中外学者合影（左二为刘仙洲，左三为李约瑟）

复原研究一直是古代机械史的重要研究方向，王振铎先生在这方面做出了独特贡献。他在20世纪五六十年代负责中国历史博物馆的筹建和陈列设计，持续开展古代机械的复原研究，其中一项重要成果是成功复原了水运仪象台实物模型，成为复原水运仪象台的第一人。水运仪象台是北宋苏颂等于1092年主持研制的一座大型天文与计时装置。它集计时报时、天象演示和天文观测功能于一身，综合运用了水轮、筒车、漏壶、秤漏、连杆、齿轮传动、链传动、凸轮传动等多种技术与方法，采用水轮-秤漏-杆系擒纵机构控制水轮运转并实现其使用功能，是当时世界领先的大型综合机械。1956年，国务院科学规划委员会与中国科学院召开研讨会，提出复原北宋的水运仪象台的建议。1957年1月中国科学院与文化部文物管理局指定王振铎主持复原工作。王振铎在对《新仪象法要》内容进行校勘和研究的基础上，依据原文和绘图及

① 刘仙洲：《意大利之行记——参加第八届国际科学史会议经过》，《高等教育》，1957年第8期，第150-152页。

② Needham J, Wang L, Price D J, *Heavenly Clockwork: The Great Astronomical Clocks of Medieval China*, Cambridge University Press, 1960, p. 57.

图说进行复原的设计，再结合机械传动原理和仪象台功能要求进行推算，细致地复原了动力装置、传动机构及各种零部件和浑仪、浑象的构造与尺寸，精心绘制了全套图纸，最终于 1958 年春完成了 1∶5 的实物模型的制作[①]。该实物模型被长期用于中国历史博物馆新馆中国通史陈列展中。复原装置展出后，引起国内外学术界和广大观众的长久关注，对当时和之后国内外的复原研究和研制工作都产生了重要影响。为了丰富中国通史陈列展的内容，王振铎先生在清华大学、故宫博物院、中央自然博物馆、中国科学院自然科学史研究室等单位的支持和协作下，复原研制了水运仪象台、候风地动仪、指南车、记里鼓车、水排等一系列古代机械，据不完全统计达七十六件之多。[②]王振铎的复原工作不仅丰富了国家博物馆的陈列内容，对中国古代机械史的研究也起到了促进作用（图 4）。

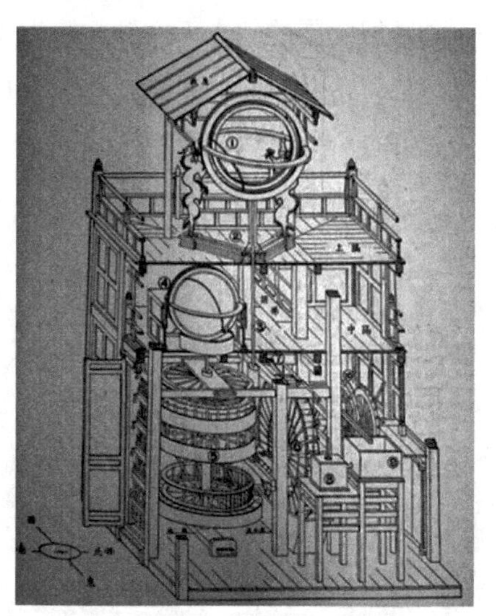

图 4　王振铎先生的水运仪象台复原结构示意图

资料来源：《文物参考资料》1958 年第 9 期

王振铎从 1956 年起兼任中国科学院自然科学史研究室的研究员，参与中国机械史的研究和相关人才培养工作，在 20 世纪五六十年代先后培养了周世德、华觉明两位与机械史领域相关的研究生。周世德后来成为著名的中国造船史专家，而华觉明后来则成为著名的冶铸史专家和中国传统工艺学科的主要奠基人和开拓者。

20 世纪五六十年代，古代冶金机械设备，特别是鼓风装置是当时引人关注的研究课题。《文物》杂志先后发表了王振铎、李崇洲、杨宽等人的多篇研究论文，其中对“水排”的复原讨论还产生了争鸣。

这一时期一些年轻学者的相关研究也引起了学界关注，他们的工作涉及了中国古代机械的制造工艺问题。如 1956 年华觉明在清华大学读书期间就开始了冶铸史的研究，他在夏鼐、刘仙洲两位前辈学者的帮助下开展了相关研究工作。1958 年华觉明发表了《中国古代铸造方法

① 王振铎：《揭开了我国“天文钟”的秘密——宋代水运仪象台复原工作介绍》，《文物参考资料》，1958 年第 9 期，第 1-9 页。

② 华觉明、何绍庚、林文照：《科技考古的开拓者王振铎先生》，《自然科学史研究》，2017 年第 2 期，第 194-201 页。

的若干资料和问题》一文[①]，这是最早研究古代机械工艺问题的专题论文之一。之后他又撰写了《中国古代铸造技术的发展》一文[②]，并发表在《第一届全国铸造年会论文选集》上。他还与年轻学者杨根、刘恩珠一起检测了一批战国、两汉铁器，撰写了《战国两汉铁器的金相学考查初步报告》，于 1960 年初发表在《考古学报》上[③]。周世德于 1963 年发表的《中国沙船考略》一文，是最早专门研究沙船的开拓性成果[④]。

正当中国机械史的研究被引向深入之时，1966 年爆发“文化大革命”，机械史的研究工作被迫中断。王振铎在“文化大革命”期间曾作为“资产阶级反动学术权威”遭到批判和被派遣到“五七干校”劳动，70 年代才回到博物馆工作。清华大学的机械史整理研究工作也因“文化大革命”被迫停止。一段时期之后，中国工程发明史编辑委员会的工作得到部分恢复。刘仙洲也重新开始了机械史研究工作。“文化大革命”后期他发表了两篇机械史的论文，其中后一篇是他根据新的资料对之前关于古代计时器研究论文的修订稿：①《我国古代慢炮、地雷和水雷自动发火装置的发明》，《文物》，1973 年第 11 期；②《我国古代在计时器方面的发明》，《清华北大理工学报》，1975 年第 2 卷第 2 期。1970 年，在刘仙洲 80 岁生日那天，他工工整整写下《我今后的工作计划》，并拟出《中国机械工程发明史（第二编）》（共十章）的写作提纲，此后文献资料逐渐齐备，可惜因客观情况和疾病缠身，未能如愿完成。

三、改革开放后中国机械史研究的推进和学科的建制化

1975 年，刘仙洲先生去世，设在清华大学的“中国工程发明史编辑委员会”被撤销，相关工作又陷入停顿状态。但多年来搜集的数万条珍贵史料保留了下来，它们是研究者开展相关学术研究的重要资料，具有很高的史料价值。因此，“文化大革命”之后学校开始考虑恢复开展资料整理与研究工作。改革开放之后的 1980 年，经校长工作会议批准，决定在清华大学图书馆成立科技史研究组，继续从事中国工程发明史料的整理和研究工作，对已搜集的资料进行增删，按专题编辑《中国科技史资料选编》多个分册，中国古代机械史料的整理是首选内容之一。1982 年清华大学图书馆科技史研究组所编《中国科技史资料选编——农业机械》由清华大学出版社出版，在学术界产生了较大的影响。

与此同时，机械史的研究工作在其他一些高校和研究机构也开展起来。中国科学院自然科学史研究所、同济大学、北京航空航天大学、西北农业大学、中国科学技术大学和内蒙古师范大学等单位也在 20 世纪八九十年代积极推动中国机械史的研究工作，并通过招收机械史方向的研究生，努力培养新一代的专业研究人员。有的大专院校开设了机械史的选修课，取得了良好的效果。

进入 20 世纪 80 年代，机械史的研究有了新的进展，研究内容涉及新史料、新问题和新方

---

① 华觉明：《中国古代铸造方法的若干资料和问题》，《铸工》，1958 年第 6 期，第 36-41 页。

② 华觉明：《中国古代铸造技术的发展》，载中国机械工程学会铸造学会：《中国机械工程学会第一届全国铸造年会论文选集》，中国工业出版社 1965 年版。

③ 华觉明、杨根、刘恩珠：《战国两汉铁器的金相学考查初步报告》，《考古学报》，1960 年第 1 期，第 73-88 页。

④ 周世德：《中国沙船考略》，《科学史集刊》，1963 年第 5 期，第 34-54 页。

向。如同济大学陆敬严在1981年发表了他的第一篇机械史论文，题为“中国古代的摩擦学成就”[①]，首次对中国古代文献中的摩擦学知识及其应用进行了整理和分析，具有填补空缺的性质。中国近现代机械史的研究也开始受到关注，王锦光、闻人军探讨了中国近代蒸汽机和火轮船的研制问题[②]，陈祖维考察了欧洲机械钟的传入和中国近代钟表业的发展过程[③]，钟少华撰文概述了中国近代机械工程的发展历程[④]。农业机械史在80年代成为非常活跃的研究方向，在《农业考古》、《中国农史》和《古今农业》等学术刊物上发表了大量论文，涉及了古代农业机械和传统农具的不同等方面。限于篇幅，这里不做一一介绍。中国科学院自然科学史研究所和北京科技大学等单位对中国古代金属制造工艺开展过研究，并发表有专题研究论文。如1986年文物出版社出版了华觉明等的《中国冶铸史论集》，收入论文二十三篇，包括钢铁冶炼和加工工艺、青铜冶铸技术、编钟设计制作及机理研究、失蜡法、叠铸、金属型六个方面。其中七篇由华先生自撰，其余是他和合作者共同撰写的，其中绝大部分论文是改革开放后发表的，不少论文是中国古代铸造技术和金属工艺方面的重要研究成果。

20世纪80年代在复原研究方面也有重要进展。同济大学中国机械史课题组在陆敬严主持下，先后复原、复制了古代兵器和立轴式风车等古代机械多种，分别陈列于中国人民革命军事博物馆和中国科学技术馆。王振铎1984年发表了《燕肃指南车造法补证》一文，根据新的认识，对先前关于燕肃指南车模型进行了几项修正，该文收入他于1989年出版的论文集《科技考古论丛》中。该书集结了王振铎有关古代机械模型复原和科技考古研究论文14篇，全书共约48万字，包含了他关于机械复原研究的最重要的成果，水运仪象台的复原的总结性论文《宋代水运仪象台的复原》（带有成套图纸）也收入其中[⑤]。苏颂的故乡福建厦门同安的有关部门对水运仪象台的复原研制较早给予了关注。1988年同安县科委委托陈延杭和陈晓制作水运仪象台模型。他们以《新仪象法要》以及刘仙洲、李约瑟和王振铎等人的研究工作为基础，并且采用转动式“受水壶”的设计方案，在1988年11月制成1∶8的水运仪象台模型（陈列在苏颂科技馆）。

综合性的整理研究及教学工作也开始受到重视。陆敬严与郭可谦在1984年探讨了中国机械史的分期问题，将古代机械和近现代机械的历史发展统一进行了考察[⑥]。冯立昇对机械史分期依据作了进一步的探讨并给出了不同的分期方案[⑦]。郭可谦还关注了机械史的教学问题，提出在工科高校开设中国机械史选修课的建议[⑧]。郭可谦和陆敬严除了在所在大学开设中国机械史课程外，还为机械工程师进修大学开设了中国机械史讲座课程。为满足教学的需要，他们从1984年开始编写教材，1986年机械工程师进修大学刊行了郭可谦、陆敬严合著的《中国机械史讲座》（17万余字），在1987年改名《中国机械发展史》出版。该书是教材，因而篇幅不大，

---

① 陆敬严：《中国古代的摩擦学成就》，《中国机械工程》，1986年第1期，第2-5页。
② 王锦光、闻人军：《中国早期蒸气机和火轮船的研制》，《中国科技史料》，1981年第2期，第21-30页。
③ 陈祖维：《欧洲机械钟的传入和中国近代钟表业的发展》，《中国科技史料》，1984年第1期，第94-98页。
④ 钟少华：《中国近代机械工程发展史要》，《中国机械工程》，1986年第6期、1987年第2期连载。
⑤ 王振铎：《科技考古论丛》，北京文物出版社1989年版。
⑥ 陆敬严、郭可谦：《关于中国机械史的分期意见》，《机械设计》，1984年第2期，第1-6页。
⑦ 冯立昇：《中国机械史的分期问题》，《科学、技术与辩证法》，1986年第3期，第57-63页。
⑧ 郭可谦：《开设中国机械史选修课的建议》，《教育论丛》，1991年第1期，第29-30页。

但考虑到《中国机械工程发明史》只出版了第一编，还不是一部系统完整的通史性著作，《中国机械发展史》的刊行仍具有较重要的意义。该书共九讲，前六讲为绪论、总述、中国古代机械材料、中国古代机械动力、简单工具时期的中国机械、古代时期的中国机械，主要由陆敬严执笔；后三讲为近代时期的中国机械、现代时期的中国机械和结束语。该书内容扩展到了近代和现代，对中国机械史的整体发展进行初步的梳理。但由于学术研究的积累还不够，该书印制也较粗糙，影响力和传播都受到了限制。稍早一点我国台湾学者已开始编撰中国机械史的著作，台湾文物供应社在 1983 年出版了交通大学万迪棣先生编撰的《中国机械科技之发展》一书[①]。该书被收入“中华文化丛书”中，是一部纲要性的简史，分类叙述了古代机械技术成就。作者在序中指出：“本书采用分类方式撰写，因为我国以农立国，农业机械使用甚多，因此以农业机械为首，其次以运输机械、纺织机械等逐次叙述。”该书没列参考文献，但从内容看，参考了英国学者李约瑟的中国机械史著作。

李约瑟编著的《中国科学技术史》的机械工程分册（*Science and Civilisation in China，Volume 4，Physics and Physical Technology，Part 2，Mechanical Engineering*）由剑桥大学出版社于 1965 年出版，它是第一部英文的关于中国机械史的学术专著，在国际上有很大的影响。李约瑟编撰此书时利用了大量中国机械史的原始资料和研究成果，同时参考了许多世界机械史与西方机械史的文献和研究成果，从比较科学史的视角对中国古代机械技术的发展进行了较深入的研究。中国台湾学者早在 1977 年将此书翻译成中文分上、下两册出版[②]。中国大陆也在 70 年代开始翻译工作，但因主译者去世和大量的校订工作（张柏春在八九十年代参加了校订工作），直到 1999 年才正式出版[③]。

机械史学科的学科建设与建制化在 20 世纪 80 年代有明显的推进。北京航空航天大学机电工程系成立了机械史研究课题组，并在全校开设了“中国机械史”选修课。从 80 年代中期开始，机电工程系招收了机械史方向硕士研究生，由郭可谦教授、陆震教授先后担任导师。陆敬严在这一时期，也在同济大学机械系招收了中国机械史方向硕士研究生。中国科学院自然科学史研究所的工艺组在 1985 年扩大为技术史研究室，最多时有十几名研究人员。其中包括冶铸史、机械史、造船史、传统工艺、科技考古、纺织史和技术史综合研究等方向。该研究室也从 80 年代中期开始招收中国机械史方向的研究生，由华觉明、周世德和陆敬严研究员担任导师。80 年代中后期，更多的高校和研究机构与企事业单位的学者与工程师陆续加入到中国机械史的研究队伍中。这样，机械史研究的全国性学术团体的建立也被提上了日程。1988 年 9 月，许绍高、华觉明、郭可谦、陆敬严等人发起筹备中国机械史学会，第一次筹备委员会工作会议在北京召开，第二年 10 月召开了筹委会第二次工作会议。

进入 20 世纪 90 年代，全国性学术团体建立并推动了学术交流工作的开展。1990 年 2 月 5 日至 9 日，中国机械工程学会机械史专业学会成立大会暨第一届全国学术讨论会在北京举行，

---

① 万迪棣：《中国机械科技之发展》，台湾文物供应社 1983 年版。

② [英]李约瑟：《中国之科学与文明》（第 8 册、第 9 册），陈立夫主译，钱昌祚、石家龙、华文广译，台湾商务印书馆 1977 年版。

③ [英]李约瑟：《中国科学技术史第四卷物理学及相关技术第二分册机械工程》，鲍国宝等译，科学出版社 1999 年版。

出席会议的代表 78 人。机械电子工业部副部长陆燕荪和中国科学院学部委员（院士）陶亨咸、雷天觉、柯俊出席会议。会议选举了理事会，李永新任理事长，华觉明、郭可谦和侯镇冰任副理事长，郭可谦兼任秘书长。1991 年，中国科学院院士雷天觉出任理事长，学会改名为中国机械工程学会机械史分会，会员最多时达到 200 余人。90 年代共举办了三次全国性学术讨论会，推动了全国的机械史研究与交流。此外，湖南、江苏两省机械工程学会分别于 1991 年和 1992 年成立了省机械工程学会机械史专业学会。90 年代中期，机械史分会及其挂靠单位北京航空航天大学还与日本机械学会技术与社会分会和日本技术史教育协会开展合作交流工作，双方于 1998 年 10 月在北京组织召开了第一届中日机械技术史国际学术会议。会议交流论文 110 余篇，80 余名中国作者提交了 79 篇论文，实际参会 40 余人，35 名日本学者提交了 33 篇论文，内容涉及了综合、古代、近现代中外机械史方面的内容，会议论文集 *History of Mechanical Technology* 在会议召开时已由机械工业出版社出版发行。该系列会议举办了多次，到 2008 年已召开八届国际学术会议。

清华大学的机械史学科建设也有新的进展，1993 年经校务委员会批准，在图书馆科技史研究组与古籍组的基础上成立了清华大学科学技术史暨古文献研究所，聘请华觉明先生担任研究所所长。此前科技史研究组向学校申请“中国古代机械工程发明史研究”课题，获准立项，目标是完成刘仙洲先生未竟的事业——编写《中国机械工程发明史（第二编）》和《中国古代农业机械发明史（补编）》。研究所的建立，为进一步开展相关工作提供了保障。

20 世纪 90 年代的机械史研究，首先是拓展了中国近现代机械史的研究方向。1992 年，张柏春撰写的《中国近代机械简史》（图 5）正式出版[①]，全书 20 万字，这是第一部研究近代机械工业与技术史的专著。该书从机械工业、机械设计制造技术、机械工程研究与机械工程教育四个方面，系统梳理了从 1840 年至 1949 年中国机械工程技术发展的历史脉络。1993 年，邱梅贞主编的《中国农业机械技术发展史》（图 6）由机械工业出版社出版[②]，该书全面论述了 1949 年至 1991 年中国农业机械技术的发展历史，全书 48 万余字，共 27 章，概述了各类农机具及其技术的发展及特点，论述了典型农机具技术发展过程、农机具结构及特点等，最后介绍了中国农业机械学会简史。

对古代机械史及古代金属技术史的研究也有明显进展。1998 年清华大学出版社出版了张春辉编著的《中国古代农业机械发明史》（补编），该书与刘仙洲先生的《中国古代农业机械发明史》一脉相承，在学术上又有新的发展。一是补充了自 20 世纪 60 年代至 90 年代近 30 年的考古材料；二是吸收了中国农业机械史研究的最新成果。在古代金属技术史研究方面先后出版了两部高水平的著作，1995 年山东科学技术出版社出版了苏荣誉等编撰的《中国上古金属技术》，1999 年大象出版社出版了华觉明撰写的《中国古代金属技术》。

水运仪象台的复原在 20 世纪 90 年代有了新的进展，海外在原大尺寸模型的复原上首先取得突破。20 世纪 90 年代，精工舍株式会社的工程师土屋荣夫在 1993 年发表《水运仪象台的复原》一文，在参考李约瑟和王振铎等人的研究基础上，提出了原大水运仪象台的方案。精

---

① 张柏春：《中国近代机械简史》，北京理工大学出版社 1992 年版。

② 邱梅贞：《中国农业机械技术发展史》，机械工业出版社 1993 年版。

工舍株式会社经过四年时间的努力，前后投入4亿日元经费，于1997年研制出1∶1比例的水运仪象台，在长野县诹访湖“仪象堂”时间科学馆向公众长期展出。其次，在中国国内，1993年8月，台湾台中自然博物馆首次按照1∶1比例完成了水运仪象台的复原研制，研究团体在研制过程中曾专门考察了大陆以往的复原成果。大陆的古代机械复原工作也取得了进展，如陆敬严研究团队在20世纪90年代又复原了多种古代机械，至1998 年4 月召开“中国古代机械复原”成果鉴定时，复原的古代机械模型多达92种100多件。清华大学科学技术史暨古文献研究所张春辉和戴吾三在1997年承担了中国国家博物馆复原唐代江东犁的委托项目，考证了记载江东犁的古文献《耒耜经》的18个版本，在此基础上按照1∶1复原了江东犁。

图5 《中国近代机械简史》书影

图6 《中国农业机械技术发展史》书影

与水运仪象台的复原相关联，《新仪象法要》的研究和校注受到学界的重视。管成学与杨荣垓于1991年编写了《新仪象法要校注》，这是《新仪象法要》的第一个标点注释本①。1997年，胡维佳译注的《新仪象法要》出版刊行②。陆敬严早在80 年代就着手《新仪象法要》译注工作，但因病推迟完稿，到 2007 年才出版了他与合作者完成的《新仪象法要译注》③。李志超撰写《水运仪象志：中国古代天文钟的历史》一书，考察古代的水运仪象的历史，对水运仪象台进行了科学分析，于 1997 年出版。该书附录部分包括《新仪象法要》全文的译解④。而1997年日本东京新曜社也出版了山田庆儿和土屋荣夫合著的《复原水运仪象台：11世纪中国的天文观测计时塔》⑤，对日本的复原研究进行详细解说，作者中一位是著名科技史专家，另一位是日本复原工作的主持者，他们对一些关键部件的解读有独到之处。该书的第二部分是山田庆儿和内田文夫所作的《新仪象法要》全文的日文译注本。1998 年清华大学科学技术史暨古文献研究所也成立了水运仪象台课题研究组，并于1999年申请到国家自然科学基金项目。

① 苏颂：《新仪象法要校注》，管成学、杨荣垓点校，吉林文史出版社1991年版。
② 苏颂：《新仪象法要》，胡维佳译注，辽宁教育出版社1997年版。
③ 苏颂：《新仪象法要译注》，陆敬严、钱学英译注，上海古籍出版社2007年版。
④ 李志超：《水运仪象志：中国古代天文钟的历史》，中国科学技术大学出版社1997年版，第88-101页。
⑤ [日]山田慶兒、土屋栄夫：《復元水運儀象台：十一世紀中国の天文觀測時計塔》，新曜社株式会社1997年版，第151-225页及附录。

该课题由高瑄主持，研究人员分为历史文献研究、工作原理分析和计算机仿真实验三个小组，对《新仪象法要》的版本和内容进行了全面研究，并依据文献内容利用计算机仿真技术对水运仪象台进行了复原研究。

20 世纪 90 年代中后期至 21 世纪初期，基础性综合研究得到了推进。90 年代初期中国科学院开始组织编写大型丛书《中国科学技术史》，委托陆敬严、华觉明主编《中国科学技术史》的机械卷（图 7），钱小康、张柏春、何堂坤、杨青、赵丰、黄麟雏、刘克明和冯立昇等多位学者参与编写工作，全部书稿于 1997 年完成。经较长时间的审稿和统稿，此书于 2000 年由科学出版社出版。全书约 70 万字，与前面几部通史性中国机械史著作有所不同，它突破了简史的范畴，是一部较大型的中国机械工程学术著作。此书对中国机械工程的历史发展做了比较系统的论述和讨论，对已有的研究成果进行了一次较全面的总结。2001 年，由李健和黄开亮主编的《中国机械工业技术发展史》（图 8）由机械工业出版社出版，该书包括导论、制造技术、产品技术和科教事业四个部分，其中导论部分包括中国机械工业从古至今的简史和机械工业技术政策的概述。全书 260 万字，对 1949 年至 2000 年中国机械工业技术的发展做了比较全面的论述和总结。

图 7 《中国科学技术史・机械卷》书影

图 8 《中国机械工业技术发展史》书影

《中国机械工程发明史（第二编）》的编写也是一项综合性研究工作，但推进比较缓慢。因课题组成员不断变动，开始时工作时断时续，进展不太顺利。多年后才陆续确定撰稿人和编撰方案，最终从刘仙洲先生生前研究计划的十章目录中选取七章开始撰写工作。该书 2004 年由清华大学出版社出版。这部书的出版，完成了刘仙洲先生未竟的工作。

进入 21 世纪以来，中国机械史的研究不断得到深化和拓展，著述数量明显增多，限于篇幅，下面仅选一些重要方面加以介绍。

首先是在传统机械调查与制造工艺研究方面取得了重要进展。这方面的调查研究以往虽然较多，但从技术史的视角开展的专题调查研究还不多见，系统性的总结工作更为少见。从 20 世纪 90 年代开始，张柏春、张治中、冯立昇、钱小康和李秀辉等人有计划地开展了传统机械的田野调查工作，其总结性成果是 2006 年出版的《中国传统工艺全集・传统机械调查研究》（图 9）一书①。此后，相关工作又延伸到了传统机械制作工艺及相关非物质文化遗产的保护方面，其代表性成果之一是 2016 年出版的《中国手工艺・工具器械》（图 10）②。此外，清华大学科学技术史暨古文献研究所师生（戴吾三主持）还翻译了 P. R. Hommel 的 *China at Work: An Illustrated Record of the Primitive Industries of China's Masses, Whose Life is Toil, and Thus an Account of Chinese Civilization* 一书，2012 年由北京理工大学出版社出版③。这些工作对传统技艺类非物质文化遗产的保护起到了一定的促进作用。

图 9 《中国传统工艺全集・传统机械调查研究》书影

图 10 《中国手工艺・工具器械》书影

其次，由中国机械工程学会组织全国机械行业和学界众多学者编写了一套集成性和总结性的大型著作《中国机械史》。《中国机械史》全书约 800 万字，分卷由中国科学技术出版社陆续出版。四个分卷包括《图志卷》（2011）、《技术卷》（2014）、《行业卷》（全三册）（2015）和《通史卷》（全二册）（2015），论述了中国古代、近代和现代机械技术与行业的发展全貌。其中，《通史卷》（上、下册）165 万字，由机械史专家和机械行业专家共同完成，对以往相关研究成果进行了系统的总结、梳理和深化，翔实记述了中国机械科技从远古到现代的整个发展历程（图 11）。

中国机械史研究在 21 世纪不断得到深化，这在一些精细的专题研究成果中体现得尤为明显。不仅发表论文的数量大为增加，质量也得到提升，而且随着国际交流的日益频繁，英文论文的数量明显增加。以 2008 年召开的第三届国际机器与机构史学术研讨会（The 3rd International Symposium on History of Machines and Mechanisms）为例，中国学者在会议上报告的中国机械史论文，超过了三分之一。会后由 Springer 出版社出版的会议论文集共收入 26 篇英文论文，中国学者写的中国机械史的论文就多达 9 篇④。由于近十几年来发表的论文数量很多，这里无

① 张柏春、张治中、冯立昇等：《中国传统工艺全集・传统机械调查研究》，大象出版社 2006 年版。

② 冯立昇、关晓武、张治中：《中国手工艺・工具器械》编，大象出版社 2016 年版。

③ 鲁道夫・P. 霍梅尔：《手艺中国：中国手工业调查图录》，戴吾三等译，北京理工大学出版社 2012 年版。

④ Yan H-S, Ceccarelli M, *International Symposium on History of Machines and Mechanisms: Proceedings of HMM2008*, Springer, 2008.

法做具体的评介。下面列出2000年以来出版的有代表性的专题研究著作。

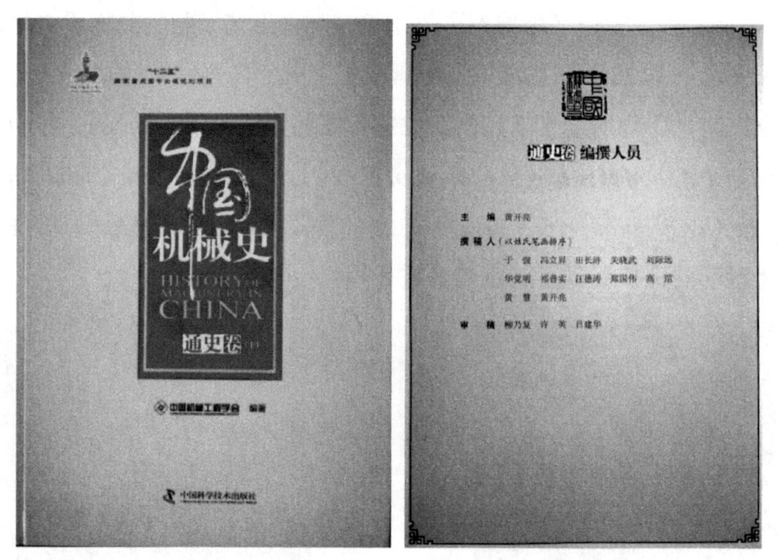

图11 《中国机械史·通史卷》书影

（1）张柏春. 明清测天仪器之欧化——十七、十八世纪传入中国的欧洲天文仪器技术及其历史地位. 辽宁教育出版社，2000.

（2）刘克明. 中国技术思想研究：古代机械设计与方法. 巴蜀书社，2004.

（3）张治中. 中国铁路机车史（上、下）. 山东教育出版社，2007.

（4）Yan H-S. Reconstruction Designs of Lost Ancient Chinese Machinery. Springer, 2007.

（5）张柏春，田淼，马深孟（Matthias Schemmel），等. 传播与会通——《奇器图说》研究与校注. 江苏科学技术出版社，2008.

（6）王守泰，陆景云，顾毓瑔，等口述，恽震自述，张柏春访问整理. 民国时期机电技术. 湖南科学技术出版社，2009.

（7）何堂坤. 中国古代金属冶炼和加工工程技术史. 山西教育出版社，2009.

（8）孙烈. 制造一台大机器——20世纪50—60年代中国万吨水压机的创新之路. 山东教育出版社，2012.

（9）关晓武. 探源溯流——青铜编钟谱写的历史. 大象出版社，2013.

（10）孙烈. 德国克虏伯与晚清火炮——贸易与仿制模式下的技术转移. 山东教育出版社，2014.

（11）Hsiao K-H, Yan H-S. Mechanisms in Ancient Chinese Books with Illustrations. Springer, 2014.

（12）颜鸿森. 古中国失传机械的复原设计. 萧国鸿，张柏春译. 大象出版社，2016.

（13）萧国鸿，颜鸿森. 古中国书籍插图之机构. 萧国鸿，张柏春译，大象出版社，2016.

（14）管成学，孙德华. 世界钟表鼻祖苏颂与水运仪象台研究. 吉林文史出版社，2016.

（15）黄兴. 中国古代指南针实证研究. 山东教育出版社，2018.

（16）陆敬严. 中国古代机械复原研究. 上海科学技术出版社，2019.

上述著作反映了中国机械史专题研究的一些重要进展，其中不少是在博士论文或博士后出站报告的基础上撰写而成。近十多年来，中国科学院自然科学史研究所、北京航空航天大学、清华大学、中国科学技术大学、台湾成功大学和南台科技大学等单位培养了一大批中国机械史方向的硕、博士研究生及博士后，他们成为研究队伍中的有生力量，对研究工作的持续推进起到了重要作用。目前已形成多个中国机械史研究中心。

以上著作列表中的两部英文著作分别是台湾成功大学颜鸿森教授及颜鸿森教授与其弟子萧国鸿副研究员合作完成的古代机械复原研究与设计专著，萧国鸿和张柏春翻译的两书中译本同时由大象出版社出版。台湾成功大学在机械的复原研究方面成果丰硕，其工作积累已有多年。如早在 2001 年 12 月，颜鸿森的另一位弟子林聪益完成了博士论文《水运时转：古中国擒纵调速器之系统化复原设计》[①]，系统地分析了水运仪象台“枢轮”“天衡”等组成的擒纵机构，并且进行复原优化设计。最后列出的三部著作也均与复原研究有关，说明古代机械的复原目前仍然是重要的研究课题。其中《中国古代机械复原研究》是目前关于中国古代机械复原研究最全面、系统的学术成果，该书详细论述了中国古代机械复原研究的实践与理论，既有科学分析论证，也有历史资料的考证和综合分析，其研究广度、深度都达到非常高的水准。书中指出了复原与复制的差别，着重讨论了复原工作的科学性、可靠性和多样性。在中国，水运仪象台的复原一直没有停止。如苏州市古代天文计时仪器研究所陈凯歌团队 2000 年为中国科学技术馆制作出 1∶5 的复原模型。苏州育龙科教设备有限公司在 2007 年制成了 1∶4 水运仪象台模型，2008 年 11 月为中国科学技术馆新馆制成 1∶2 模型，到 2011 年 3 月为厦门同安区苏颂纪念馆建造出了 1∶1 水运仪象台，2017 年又为开封市博物馆（新馆）制成 1∶1 水运仪象台[②]。特别是出土文物中的重要古代机械的复原研究尤为引人关注，如 2012 年成都老官山汉墓出土了一批织机模型，国家文物局“指南针计划——中国古代发明创造的价值挖掘与展示”很快对织机的复原研究立项支持。“汉代提花技术复原研究与展示——以成都老官山汉墓出土织机为例”课题由中国丝绸博物馆主持，成都博物馆、中国科学院自然科学史研究所等单位参与，于 2017 年完成结项。课题以老官山汉墓出土的四台织机模型为研究对象，对其进行了整理和测绘，分析了汉代提花织机类型与提花原理，制定了切合历史的复原方案，成功地复原了两套可操作的提花织机及蜀锦复制品，研制了提花织机模型、相关纺织工具及木俑等，并系统诠释了出土织机模型的工作原理与织造技术，复原成果在学界和社会产生了重要影响。

四、总结与展望

中国机械史的研究始于 20 世纪二三十年代，但早期的工作进展比较缓慢。中华人民共和国成立后，中国机械史的研究才成为一项有组织的学术事业，相关研究也受到重视，得到了较快的发展。在五六十年代，中国机械史成为一个专门的研究领域，初步建立了中国机械史学科。

---

① 林聪益：《水运时转：古中国擒纵调速器之系统化复原设计》，台湾成功大学机械工程系 2001 年版。

② 张柏春、张久春：《水运仪象台复原之路：一项技术发明的辨识》，《自然辩证法通讯》，2019 年第 4 期，第 43-51 页。

虽因“文化大革命”的发生，经历了曲折，但改革开放后，研究工作迅速得到恢复并获得全面发展，在深化了中国古代机械史研究的同时，也开拓了中国近现代机械史的研究，推进了传统机械的调查研究。此外，还培养了一批中国机械史研究方向的研究生，研究队伍不断壮大，成立了机械史的学术团体，开展了广泛、深入的学术交流。虽然目前取得了丰硕的研究成果，但也存在着不足和问题。

古代机械史的研究虽然比较充分，但多集中于文献梳理、考证研究和古代机械的机械结构的分析与复原方面，而对对于认知中国古代机械及其技术传统很重要的模拟实验研究重视不够。一些机械发明和制造工艺属于悬案，有关解释争议颇多，也需要通过模拟实验和实证研究作出更令人信服的结论。对古代机械发展与中国社会政治、经济特别是文化的关系目前研究也较少，古代中外机械技术的交流与比较也是研究的薄弱环节，这些方面的工作今后还有待加强。

与古代机械史紧密关联的现存传统机械及其制作工艺的田野调查，近年来已受到关注和重视，但实际投入仍显不足，需要更多的人开展相关工作。随着政府和社会各界对非物质文化遗产工作的重视和保护措施的落实，传统机械工艺技术消失的状况有望得到缓解，但机械史学者更有责任开展深入的调查研究，发挥独特作用。

近年来对中国近现代机械发展脉络的梳理和机械工业行业史的研究取得了显著进展，但薄弱环节仍很多。如基本的原始文献与档案资料的梳理还不够，近现代机械史资料丰富，但却非常分散，需要下功夫开展深入调查研究和系统整理工作。对近现代机械工业技术遗产的调查研究也比较滞后，工业遗产是近现代技术的主要研究对象，但目前的调查、记录和保护工作还很不到位，需要今后加大工作力度。此外，口述史工作对于现代机械史研究非常重要，可以弥补文献与档案资料的不足。因机械工程事业的参与者很多年事已高，目前亟待开展口述资料抢救工作。

在全球化的时代背景下，需要将中国机械史置于全球史和世界科技史的视野中开展研究。中外机械交流史、机械技术转移史和比较研究有望成为今后的重点研究方向。我们还需要引进新的方法和新的思路，对史料的挖掘也应向多维度、多方向拓展。适当引入如人类学、民族学、民俗学和社会学等方法，对于丰富机械史的研究有重要的作用。只有把新史料和新方法、新思路结合起来，才能更好地推进机械史学科的发展。

（原载《产业与科技史研究》第六辑；
冯立昇：清华大学科学技术史暨古文献研究所教授。）

西夏对中国印刷史的重要贡献

史金波

摘　要：西夏王朝善于接受其他民族的优秀文化，继承和发展了中原地区的印刷事业，对中国印刷术的传播和发展做出了多方面的重要贡献：扩大了雕版印刷使用地区，繁荣了中国西北部的印刷事业，开创了西夏文字雕版印刷，设置专门管理刻印的机构刻字司；存留有很多珍贵木雕版，丰富了早期雕版印刷实物；首创两种文字合璧雕印，开创草书文字印刷；继承并发展泥活字印刷，为中国发明活字印刷提供了重要证据，并成功实践木活字印刷，使木活字印刷发明的时间提前一个多世纪；将印刷术用于基层社会生活，保存了最早的社会文书印刷品，使印刷技术更贴近日常生活；最早使用藏文雕版印刷，存有多种最早的藏文刻本古籍，同时应用回鹘文木活字印刷，保存有最早的字母活字。西夏时期境内的各民族互相交流，互相促进，在印刷领域互相借鉴交流，发展进步，充分体现出西夏在印刷领域对中华民族的重要贡献。

关键词：西夏；印刷；雕版；活字版

宋辽夏金时期，科学技术高度发展，印刷事业繁荣。隋唐时期发明的雕版印刷，至宋代臻于完美，技术精良，印制了很多文献精品，还发明了活字印刷，使印刷事业达到新的高峰。

西夏（1038—1227 年）提倡文化，重视教育，善于接受其他民族的优秀文化，继承和发展了中原地区的印刷事业，对中国印刷术的传播和发展做出了多方面的重要贡献。

一、扩大雕版印刷的使用地区，开创西夏文字雕版印刷

西夏王朝借鉴、接受中原王朝文化，学习中原地区科学技术，大力发展印刷业，雕版印刷达到很高的水平，具有很大的规模。

五代时期，西夏境内一些地区已经发展了刻印事业。如在敦煌发现的五代后晋时期的观音像和《金刚经》，就是当时归义军节度使、瓜沙等州观察使曹元忠发愿刻印的。[①]宋朝印刷中心除开封府外，主要在今浙江、四川、福建、江苏、江西一带，此外还有湖北、广东、广西、贵州等地。当时宋朝西北部地区战乱较多，印刷刻书事业凋敝落后。

近代出土了大量西夏文献，其中主要是 1908—1909 年俄国探险队在黑水城遗址（今属内蒙古额济纳旗）掘获的数量惊人的文献，后来在西夏故地宁夏、甘肃、内蒙古等省区也出土了不少西夏时期的文献，其中不少是雕版印刷品。这些文献表明西夏积极汲取中原传统文化，推动西北地区和中原地区之间的文化交流，重视雕版印刷的传承和推广，使中国的雕版印刷向西

① 张秀民：《中国印刷术的发明及其影响》，人民出版社 1958 年版，第 69 页。

部扩展。都城中兴府是西夏人文荟萃之地，成为中国西北地区最大的印刷基地。[①]

黑水城遗址出土文献与敦煌石室发现的文献各有特点。黑水城文献中刻本数量巨大。在中国古文献传播史上，传抄时代绵延最久的敦煌文献主要展示了抄本中卷轴装形式的风貌，其中保存了中国早期唐五代宋初的印刷品，十分珍贵，但尚不是主流；从时代上与敦煌文献相衔接的黑水城文献，反映了雕版印刷的成熟并被广泛使用的进步形势。

西夏境内汉人很多，他们的文化需求也相应较高。西夏时期刻印了很多汉文文献，其中以佛经居多，如惠宗天赐礼盛国庆五年（1073 年）陆文政施印的《心经》，大安十年（1083 年）大延寿寺刻的《大方广佛华严经》（图 1），天盛四年（1152 年）刻印的《注华严法界观门》等。这些品种丰富、刻印精良的佛经，是中国现存早期刻本佛经的遗珍。[②]

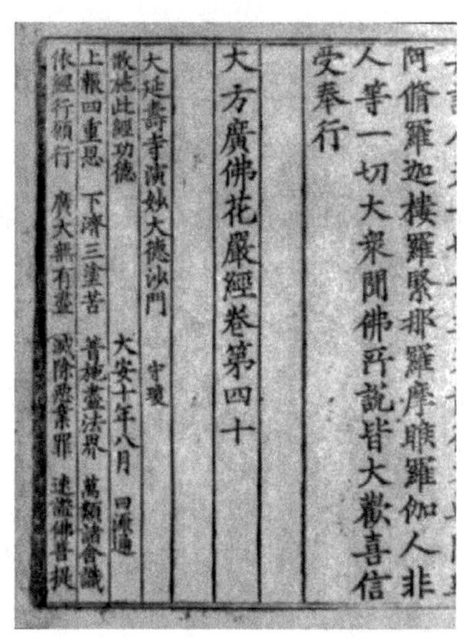
阿脩羅迦樓羅緊那羅摩睺羅伽人非
人等一切大衆聞佛所說皆大歡喜信
受奉行

大方廣佛花嚴經卷第四十

大延壽寺演妙大德沙門　守瓊
散施此經功德　大安十年八月　日流通
上報四重恩　下濟三塗苦　普施盡法界　萬類諸含識
依經行願行　廣大無有盡　咸除衆業罪　速證佛菩提

图 1　俄罗斯藏黑水城遗址出土汉文刻本《大方广佛华严经》卷第四十

西夏刻本的印数多少不等，有的十分可观。西夏皇室印施佛经较多，往往在发愿文中记明印施数量，一般数量很大。乾祐二十年（1189 年）西夏仁宗在大度民寺作求生兜率内宫弥勒广大法会时，在《观弥勒菩萨上生兜率天经》发愿文中记载“散施番汉《观弥勒菩萨上生兜率天经》一十万卷，汉《金刚经》《普贤行愿经》《观音经》等各五万卷”。所散施二十五万卷佛经当全是刻本。可见西夏雕版印刷总量很大，规模可观。[③]

西夏的印刷地点向西北部延伸到更远的地区。地处河西走廊中段的凉州（今甘肃省武威市），是西夏的辅郡，为西经略司、西凉府所在地，地位仅次于中兴府。西夏时期这里文化繁荣，儒学发达，佛学兴盛。乾祐二十四年（1193 年）仁宗去世后，当年“三七”之时，西经略使在凉州组织大法会祭奠悼念，请工匠雕印、散施《拔济苦难陀罗尼经》西夏文、汉文二千

---

① 史金波：《西夏出版研究》，宁夏人民出版社 2004 年版，第 107-112 页。

② 俄罗斯科学院东方文献研究所圣彼得堡分所、中国社会科学院民族研究所、上海古籍出版社：《俄藏黑水城文献 2》，上海古籍出版社 1996 年版，第 317-325 页；俄罗斯科学院东方文献研究所圣彼得堡分所、中国社会科学院民族研究所、上海古籍出版社：《俄藏黑水城文献 4》，上海古籍出版社 1996 年版，第 242、250-295 页。

③ 俄罗斯科学院东方文献研究所圣彼得堡分所、中国社会科学院民族研究所、上海古籍出版社：《俄藏黑水城文献 2》，上海古籍出版社 1996 年版，第 314-315 页。

余卷，证明此地有印刷场所和印刷工匠，发展了刻印事业。[1]

西夏推广雕版印刷，使这一地区印刷事业形成规模，精品迭出，将中国雕版印刷的使用范围扩大，为雕版印刷的推广、发展做出了显著贡献。

西夏重视主体民族党项族的文化，在建国初创制了记录党项族语言的文字（后世称为西夏文），并用西夏文翻译、传播中原地区的经书、史书、兵书、类书等著述，翻译了卷帙浩繁的佛经，同时也记录了本朝的历史、文化。

印刷术的重要作用是能将文献化身千百，广为流传。西夏王朝为使西夏文文献在更大范围内流行，便在继承中原地区雕版印刷的基础上，大力发展西夏文文献的印刷，在中国印刷史上开了少数民族文字印刷的先河。

现已发现的西夏文刻本有译自中原地区的经书《论语》，兵书《孙子兵法》《六韬》《三略》，史书《十二国》《经史杂抄》《贞观政要》，类书《类林》，以及劝世集《德行集》等。

更为重要的是西夏将很多本朝编写、记录自己历史文化的西夏文文献刻印出版，如国家法典《天盛改旧新定律令》（以下简称《天盛律令》）（图 2），军事法典《贞观玉镜统》，记录官阶的《官阶封号表》，类书《圣立义海》，蒙书《三才杂字》，谚语《新集锦合谚语》，多种《诗歌集》，劝世文《贤智集》等，保留了大量西夏时期的原始资料。

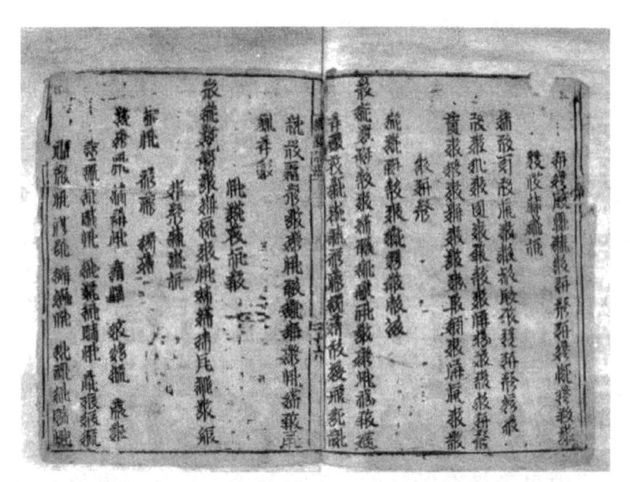

图 2　俄罗斯藏黑水城遗址出土西夏文刻本《天盛改旧新定律令》卷第十

西夏广泛流行佛教，刻印数量最多的是西夏文佛经。西夏从建国之初即将汉文《大藏经》译为西夏文，计有 3600 余卷，主要经典都有刻本，如《大般若波罗蜜多经》《金刚般若波罗蜜经》《妙法莲华经》《金光明最胜王经》《大方广佛华严经》《观弥勒菩萨上生兜率天经》《维摩诘所说经》《大智度论》《慈悲道场忏法》等。此外还有很多译自藏传佛教的经典，如《顶尊胜相总持功德依经录》、《圣胜慧到彼岸功德宝集偈》等，还有“五部经”以及一些诵持要门。西夏刻印出版的佛经中有显教经典，也有密教经典；有的译自汉文佛经，有的译自藏文佛经，也有的是西夏人自己编著的佛教著作。[2]

宋辽夏金时期，以契丹族为统治民族的辽朝创制了契丹文，以女真族为统治民族的金朝创

① 见俄罗斯科学院东方文献研究所手稿部藏黑水城文献 Инв.No.117。
② 史金波：《西夏社会》，上海人民出版社 2007 年版，第 494-500 页。

制了女真文。后世也出土或发现了不少契丹文和女真文文献，但至今尚未见这两种民族文字的印刷品。目前发现的其他各种少数民族文字印刷品，均晚于西夏。西夏应用雕版印刷，不仅大大提高了西夏文文献使用、传播的效率，还首先使少数民族文字进入雕版印刷序列，为后世留下了珍贵的少数民族文化遗产。

西夏在政府机构中专设掌管刻印事务机构——刻字司。中国历代各王朝中，西夏是唯一在中央政府机构中设置专主刻印事务机构的王朝，而不是将刻印事务附属于其他部门，这在中国出版史上是一个创举。这说明西夏不仅将印刷作为一种技术性很强的行业看待，而且提升到由政府直接管理的层次。

出土的西夏书籍有不少关于刻字司的记载。西夏文字书《音同》的跋文中记载“今番文字者，乃为祖帝朝搜寻。为欲使繁盛，遂设刻字司”[①]。“番文字”即西夏文。可见，西夏设刻字司的目的是繁荣以西夏文字为主的西夏书籍出版。西夏法典《天盛律令》卷十《司序行文门》中明确记载，西夏政府将刻字司列为五等机构中末等司的首位，并规定设两名头监。[②]刻字司作为西夏中央机构之一，当设在中兴府，这里应是西夏印刷出版的中心。

在西夏文刻本《诗歌集》的题款中有：乾祐乙巳十六年（1185 年）刻字司头监、御史正、番学士未奴文茂等，刻字司头监、番三学院百法博士座主骨勒善源、执笔僧人刘法雨。[③]刻字司头监未奴文茂有御史正和番学士的职官称谓。在《天盛律令》中御史为次等司，学士“当与中等司平级”，可知西夏刻字司虽为末等司，但其主管官员还是高配职位官员。

在刻本西夏文文献中，很多是西夏刻字司刻印的。有的有明确题款记载，如西夏文《类林》卷四末有题款“乾祐辛丑十二年六月二十日刻字司印”。[④]《圣立义海》卷一题款记“乾祐壬寅十三年五月十日刻字司更新行印刷”（图 3）。[⑤]《西夏诗集》中《赋诗》《大诗》《道理诗》卷末皆记载上述刻字司头监未奴文茂等人的题款，《月月娱诗》卷末也有“乾祐乙巳十六年四月日刻字司属”的题款。[⑥]又上述刻本的刻工姓名与西夏文刻本《论语》《六韬》《三略》的刻工姓名互有重叠，这些刻工大概都是属于刻字司的匠人，因此以上几种经书和兵书的译文刻本书籍也应是刻字司刻印。

仁宗前期刊刻出版、由皇帝批准颁行的《天盛律令》是西夏官修重要法典。宋代法律也是官修、官刻，不准私人刊印。推论《天盛律令》也是西夏刻字司受命镂版刻印。

黑水城遗址出土有西夏文刻本历书一纸，存光定甲戌四年（1214 年）末尾和光定乙亥五

① 史金波、黄振华：《西夏文字典〈音同〉序跋考释》，《西夏文史论丛》，宁夏人民出版社 1992 年版，第 1-16 页。

② 史金波、聂鸿音、白滨：《天盛改旧新定律令》，法律出版社 2000 年版，第 364、372 页。

③ 俄罗斯科学院东方文献研究所圣彼得堡分所、中国社会科学院民族研究所、上海古籍出版社：《俄藏黑水城文献 10》，上海古籍出版社 1999 年版，第 271 页。其中西夏文四字蘒綒缕猴，似皆音译字，尚难准确译出，暂音译“谣头管高”。

④ 俄罗斯科学院东方文献研究所圣彼得堡分所、中国社会科学院民族研究所、上海古籍出版社：《俄藏黑水城文献 11》，上海古籍出版社 1999 年版，第 258 页。

⑤ 俄罗斯科学院东方文献研究所圣彼得堡分所、中国社会科学院民族研究所、上海古籍出版社：《俄藏黑水城文献 10》，上海古籍出版社 1999 年版，第 247 页。

⑥ 俄罗斯科学院东方文献研究所圣彼得堡分所、中国社会科学院民族研究所、上海古籍出版社：《俄藏黑水城文献 10》，上海古籍出版社 1999 年版，第 268、271、274、278 页。

年（1215 年）历日序，序第一行译文为“大白高国光定五年乙亥岁御制皇光明万年具注历”①。这种皇家的御制历书，俗称“皇历”，历来不允许私人印制，应是由政府的刻字司印行。

西夏的刻字司，对西夏的刻印事业发挥了独特的重要作用，使西夏文与汉文的刻印比翼齐飞，达到高度发展水平。

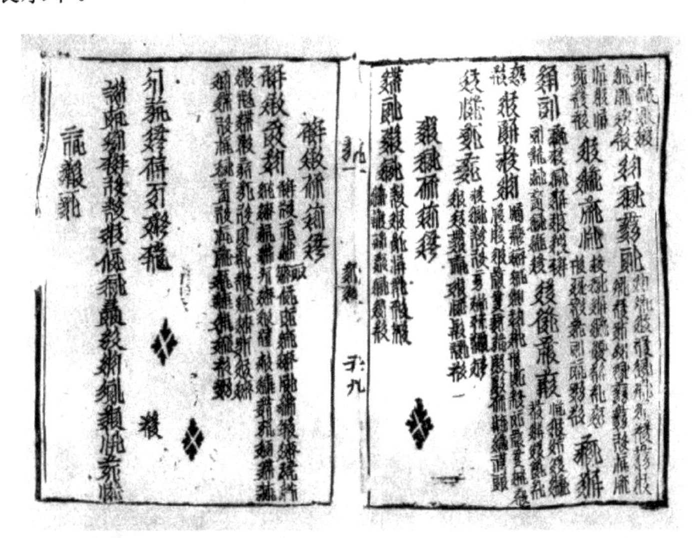

图 3　俄罗斯藏黑水城遗址出土西夏文刻本《圣立义海》卷第一刻字司题款

二、存有大量珍贵早期木雕版，丰富了早期雕版印刷实物

中国发明了印刷术，形成了大量印刷品，不少早期珍贵印刷品留存至今，但早期雕版印刷的版片却极少保存下来。印刷史学界和考古学界对早期雕版十分关注。因为雕版版片附带着特殊的重要印刷资料线索，如雕刊、补改、印制、版框、行次、栏线、木质、厚度、纹理以及单面或双面印刷等，具有特殊的学术和文物价值。

存世的早期木雕版极为罕见，早期木雕版比早期印刷品更难见到。因为一种典籍的木雕版只有一种，而以此雕版印出的印刷品则可化为千百，甚至更多，历经千百年虽多数损毁，但因数量大还有部分侥幸存留，而版片因量少更易泯灭。此外，印刷后版片虽可保存以便再印，然而一俟不再印刷，或刮削后雕刻其他典籍，或弃之而淘汰损毁。至今隋唐五代的木雕版尚未发现一片，被学界视为雕版印刷繁荣时代的宋朝，木雕版也寥若晨星。宋代雕版现仅存三片，1919 年出土于河北省巨鹿县淹城遗址。②而其中文字雕版仅有一件，今藏于美国纽约市国立图书馆，为佛经雕版，推断时间约为宋大观二年（1108 年）。另两件木雕版皆为绘画雕版，入藏中国国家博物馆。③

令人高兴的是，近代又发现了西夏时期的木雕版。黑水城遗址出土的文物中有西夏木雕版

① 俄罗斯科学院东方文献研究所圣彼得堡分所、中国社会科学院民族研究所、上海古籍出版社：《俄藏黑水城文献 10》，上海古籍出版社 1999 年版，第 143 页。

② 张树栋、庞多益、郑如斯等：《中华印刷通史》，李兴才审定，台湾台北市印刷传播兴才文教基金会 2005 年版，第 266 页。

③ 胡道静：《雕版印刷的重要文物：宋雕版》，《中国印刷》，1986 年第 14 期。

6 块，现藏俄罗斯圣彼得堡爱尔米塔什博物馆。其中 4 块是西夏文字雕版。①这些西夏时期的木雕版，推断为 12 世纪遗物。西夏文雕版的发现使中国早期文字木雕版数量增加到 5 块，并为早期文字木雕版增添了新的文种。而且在 4 块西夏文雕版中，有三块非常完整，品相优良，另一块保存过半。其中 X-2023 号是《佛说长寿经》（图 4）第一页的版片，首行为经名“佛说长寿经”，四周雕栏线，分左右两面，中间版口为细窄白口，无鱼尾，下部似有页码“一”字，每页二面，面五行，行九字。笔者曾赴俄罗斯考察，见其版片厚实，木质优良，纹理细密，系文字雕版的精品。

图 4　俄罗斯藏黑水城遗址出土西夏文木雕版《佛说长寿经》

1991 年维修宁夏贺兰县宏佛塔时，在该塔天宫槽室中发现大批西夏文木雕版版片，更使人惊喜。这些木雕版全部过火炭化，变成易碎的残块，计有 2000 余块。其中最大的两块分别长 13 厘米、宽 23.5 厘米、厚 2.2 厘米，长 10 厘米、宽 38.5 厘米、厚 1.5 厘米。这批西夏文木雕版多残损过甚，且为反字，更难以释读。笔者已译出其中六块分别为《释摩诃衍论》卷第二、第三、第五、第八（图 5）、第十。《释摩诃衍论》共十卷，推断西夏时期已从汉藏翻译并以西夏文雕版印刷了全部 10 卷。②

图 5　宁夏宏佛塔出土西夏文木雕版《释摩诃衍论》卷第八

西夏文木雕版中有的标明文献名称，有的可考出文献名称，有多种不同的版面和大小多种字号，是研究早期木雕版重要的实物资料。大量西夏文木雕版的发现和研究，改变了早期木雕版零星传世的局面，丰富了早期雕版印刷实物，是中国印刷史研究的重大收获。

① 王克孝：《西夏对我国书籍生产和印刷术的突出贡献》，《民族研究》，1996 年第 4 期，第 89-94 页。
② 史金波：《中国早期文字木雕版考》，《浙江学刊》，2012 年第 2 期，第 5-11 页。

三、首创两种文字合璧印刷，开创草书文字印刷

为加强西夏主体民族党项族和汉族之间的文化交流，西夏还编纂、刻印了西夏文和汉文语汇集《番汉合时掌中珠》（图6）。此书为西夏仁宗乾祐年间党项人骨勒茂才编撰，是西夏党项人和汉人互相学习对方语言、文字的工具书。该书序言强调：

> 然则今时人者，番汉语言，可以具备。不学番言，则岂和番人之众；不会汉语，则岂入汉人之数。①

显然编纂、刻印此书的目的是便于西夏的两个主要民族互相学习语言、文字，以便加强交流。在西夏，由于各民族密切交流的需要，双语教学显得不可或缺。此书出版后又修订再版，在宁夏银川、甘肃敦煌莫高窟也出土了此书刻本残页，可见其流传广泛。②

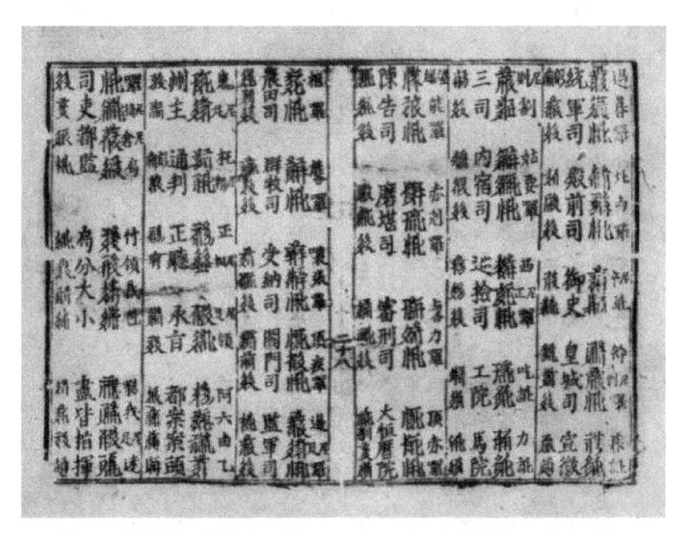

图6　俄罗斯藏黑水城遗址出土刻本《番汉合时掌中珠》

此书每一词语都有西夏文、相对应的汉文、西夏文字的汉字注音、汉文的西夏文字注音四项。中间的两行西夏文和汉文主词字体稍大，两旁注字较小，主次分明。这样使掌握母语文的党项人或汉人，都可以借助母语文字的媒介，顺利地学习另一种非母语的语言和文字。此书内容丰富，几乎囊括了多数常用社会词语，在双语交流时很实用。不难看出，这是一部嘉惠番、汉民众的通俗识字书，又是当时便于查找和学习番、汉文字、语言的辞书，也可以是本民族学习文字、掌握当时实用文字用语的入门书籍。编辑、印刷这样实用的书籍，在党项人、汉人之间架起了相互沟通文化的桥梁。

此书是国内外最早的双语双解词典，是首次将两种民族文字雕刊、印刷在同一版面上的成功实践，生动地体现出历史上中华民族内不同民族文化上的密切交往和互动。这一重要文献显示出西夏独创性的编辑能力，也展示出在西夏首创双文种的印刷技术，在中国辞书编辑史、印刷史上具有重要地位。

---

① （西夏）骨勒茂才：《番汉合时掌中珠》，黄振华、聂鸿音、史金波整理，宁夏人民出版社1989年版。

② 俄罗斯科学院东方文献研究所圣彼得堡分所、中国社会科学院民族研究所、上海古籍出版社：《俄藏黑水城文献10》，上海古籍出版社1999年版，第1-37页。

已发现的西夏文文献中，除楷书、行书、篆书外，还有草书文献。特别是在黑水城遗址出土西夏文文献中，发现了大量草书社会文书，其中有律条、户籍（手实）、军籍、各类账册、多种契约、社条、书信、告牒、药方和历书等。这与汉族地区使用汉文草书情况相似。大量使用草书是文字广泛应用的体现，也是文字成熟的重要标志。

西夏文草书和汉文草书一样，在实际书写中需要快捷、速成时，设法使笔画简约、省略，便自然地产生了草书字体。在基层村社逐户登录户籍或军籍时，需要边问边写；在书写契约等文书时，需要各方当事人在场即时写就。在抄写书籍、佛经时，也会使用便捷的草书。

用西夏文书写的大量草书文献，使人们对西夏文草书的认识有了新提升。西夏文草书往往用于与百姓经济生活休戚相关的生老病死、衣食住行方面，使用频率很高。西夏文草书的释读和研究难度更大，是西夏文献解读的前沿课题，近年取得了不少进展。①

近来，一部新发现的西夏文刻本《择要常传同名杂字序》，引起学术界重视。此书为国内外孤本，其中有两页记录了西夏文字的"字母"和偏旁，在偏旁下先列出楷书代表字，并在其下刻印出相应的草书字，形成了刻本草书字体［图 7（a）、图 7（b）］。这批刻本草书字不是个别字，共有 224 个字，而且都是常用字，这就对西夏文草书做了规范，树立了标杆。

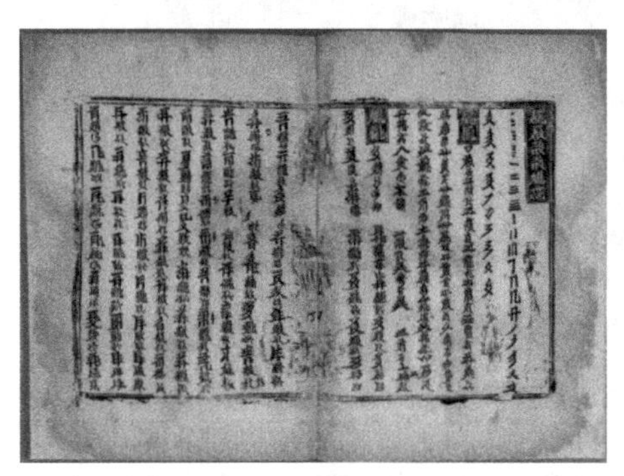

（a）西夏文刻本《择要常传同名杂字序》中有草书的页面

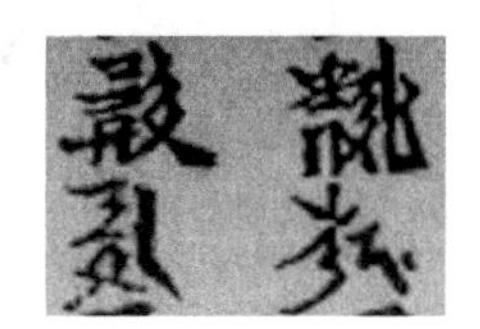

（b）局部：楷书与草书对照

图 7 西夏文刻本《择要常传同名杂字序》书影

草书简约连笔，屈曲弯转，便于书写，但难以刻印。西夏人克服了雕印草体字的困难，将笔画连体简约、婉转灵动的西夏文草书雕刻印刷，成功地完成了表意方块字草体的雕印。

汉字的草书形成、流行甚早，雕版印刷发明后，刻本书籍皆为楷书，至今未见中古时期汉文草书刻本。此雕版印刷的西夏文草书，是中国现存最早的刻本草书，开了中国草书雕版印刷的先河，为中国草书发展史和印刷史提供了新资料，具有填补空白的特殊学术价值。

四、继承并发展泥活字印刷，成功开创木活字印刷

北宋时期，沈括在其所著《梦溪笔谈》中记录了当时毕昇发明活字印刷事，言之凿凿②。然而，11—13 世纪的活字印刷实物，包括活字和活字印刷品，竟未能保存下来。前些年，一些国外的专家质疑中国活字印刷的发明，也往往以此为口实。近 30 年来，在出土的西夏文献

① 史金波：《略论西夏文草书》，载杜建录：《西夏学》第十一辑，上海古籍出版社 2015 年版。

② （宋）沈括：《梦溪笔谈》（卷十八），元大德九年刻本，技艺 • 板印书籍条，第 8-9 页。

中先后发现了多种活字印刷文献，为中国发明活字印刷术提供了过硬的证据。

1987 年 5 月，在甘肃省武威市亥母洞遗址出土了一批西夏文文献、唐卡等文物。其中印本西夏文《维摩诘所说经》（下卷）具有泥活字版特点（图 8）：其中一部分字笔画不流畅，边缘不甚整齐，画端圆钝，失却笔锋，笔画有断残。泥活字虽经烧制，质地较坚硬，但在使用中会有磕碰破损，特别是多次印刷反复使用，使得笔画破损更明显。另从版面看有的行列不直。这是早期泥活字大小不一、印刷行间无夹条、聚版难以紧凑平直的缘故。①俄罗斯所藏黑水城遗址出土文献中有西夏文活字本《维摩诘所说经》上中下三卷。②

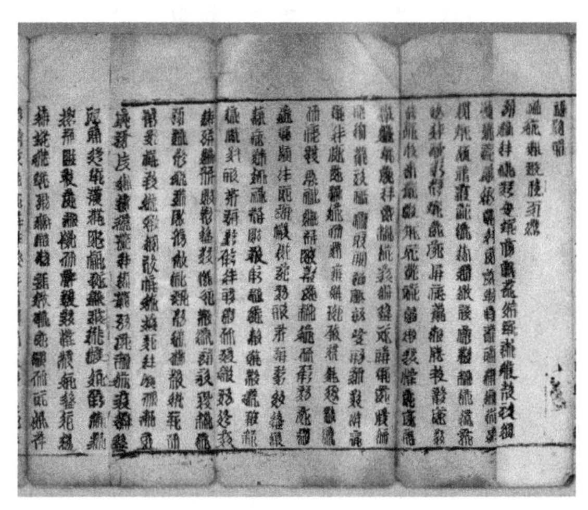

图 8　武威市博物馆藏亥母洞遗址出土西夏文泥活字版《维摩诘所说经》

内蒙古考古队 1983 年至 1984 年对黑水城遗址进行系统考古发掘，出土了大量文献、文物，其中具有泥活字版特征的残片有 170 多片，也显示出用泥活字印刷的特质。③

敦煌研究院于 1988 年至 1995 年期间，对莫高窟北区洞窟进行了全面考古发掘，出土不少文献文物，其中包括一批西夏文文献。④内中发现多种活字印本，如《诸密咒要语》等。此外还发现有 10 多件残页，一些文字笔画有残断现象，个别文字有气眼，这些也是泥活字印本所具有的特点。

中国国家图书馆 2002 年修复馆藏宁夏灵武出土西夏文文献时，发现西夏文《现在贤劫千佛名经》背面有裱糊用纸，为西夏文泥活字印本《大方广佛华严经》卷第五十一 2 面、卷第七十一 44 面（图 9）⑤，经鉴定也属泥活字印刷品。

---

① 孙寿岭：《西夏泥活字版佛经》，《中国文物报》，1994 年 3 月 27 日，第 3 版；史金波：《西夏文——现存最早的泥活字印本考》，《今日印刷》，1998 年第 2 期，第 98-103 页；牛达生：《西夏文泥活字版印本〈维摩诘所说经〉及其学术价值》，《中国印刷》，2000 年第 12 期，第 50-54 页；梁继红：《武威出土西夏文献研究》，社会科学文献出版社 2015 年版，第 33-49 页。

② 俄罗斯科学院东方文献研究所圣彼得堡分所、中国社会科学院民族研究所、上海古籍出版社：《俄藏黑水城文献 24》，上海古籍出版社 2015 年版，第 18-35 页。

③ 宁夏大学西夏学研究中心、国家图书馆、甘肃武凉古籍整理研究中心编，史金波、陈育宁主编：《中国藏西夏文献》第 17 册，甘肃人民出版社、敦煌文艺出版社 2005 年版，第 201-238 页。

④ 史金波：《敦煌莫高窟北区出土西夏文文献初探》，《敦煌研究》，2000 年第 3 期，第 1-16 页；彭金章、王建军：《敦煌莫高窟北区石窟》（第一、二、三卷），文物出版社 2000 年、2004 年版。

⑤《中国藏西夏文献》第 6 册，第 293-316 页。

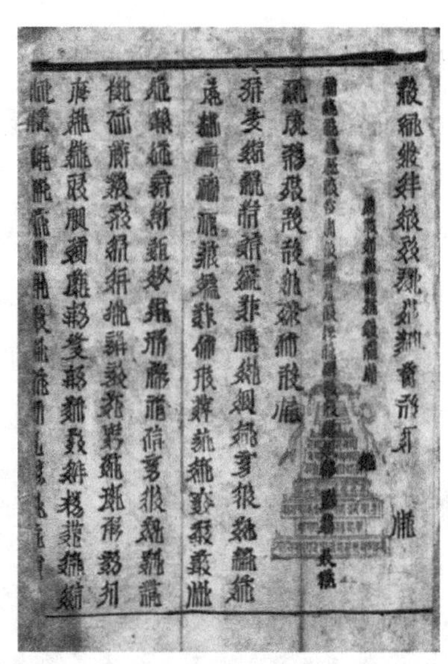

图9　中国国家图书馆藏宁夏灵武出土西夏文泥活字版
《大方广佛华严经》卷第七十一

宁夏文物考古研究所2005年考察贺兰山东麓山嘴沟石窟，发现了一批西夏文献，其中有写本、刻本，也有活字印本。其中《妙法莲华经要集义镜疏》第八卷末有六行带有活字印刷分工题款，记录了参与印刷该经的人名及分工情况，包括校印面者、选印字者、平印面者和印刷者，这是中国活字印刷史上又一重要发现。此经与同时发现的《圆觉注之略疏》字体不工整，笔画钝拙，横竖不水平、垂直，缺笔少画，且有断笔，文字墨色浓淡不一，个别文字带有气眼，显示出泥活字印刷的特点。①

宋朝毕昇发明活字印刷后，南宋绍熙四年（1193 年）名臣周必大曾用毕昇之法作泥活字印刷。他在写给朋友程元诚的信中记载："近用沈存中法，以胶泥铜版移换摹印，今日偶成《玉堂杂记》二十八事。"②所谓"用沈存中法"，即使用沈括所记毕昇发明的活字印刷法。但周必大《玉堂杂记》的泥活字印本也没有保存下来。宋元时期印刷事业十分发达，雕版印刷品已经做得十分纯熟精美，对印刷品要求很高。泥活字印刷尽管开始了印刷术的创新，但在印刷质量上尚未尽如人意。因此，尽管泥活字印刷成本低廉，刻字、印刷容易，但并没有得到广泛应用，活字印刷未成为主流。

西夏吸收了中原地区的活字印刷技术，不避简朴粗疏，使泥活字印刷有了较多的实践机会，留存下多种泥活字的重要实物，使我们得以目睹活字印刷术发明不久后的活字印刷品，为中国发明泥活字印刷提供了有力证据，澄清了过去的怀疑和模糊认识，以"实物历史记忆"的形式维护了中国首创活字印刷的地位。

西夏使用活字印刷时间在12世纪中叶至13世纪初，从使用时间上填充了中国印刷术西传中两个世纪的过渡时期，从地域上由中原地区向西推进了2000多公里。

西夏不仅继承、使用泥活字印刷，还首创木活字印刷。毕昇发明泥活字印刷时，也实验了

---

① 孙昌盛：《贺兰山山嘴沟石窟出土西夏文献初步研究》，《黑水城人文与环境研究》，中国人民大学出版社2007年版，第571-603页。

② （宋）周必大：《周必大全集》，第3册，王蓉贵、[日]白井顺点校，四川大学出版社2017年版，第1877页。

木活字印刷，但没有成功。沈括在《梦溪笔谈》中记载了毕昇泥活字印刷的成功过程，也如实说明了毕昇实验木活字印刷未成功的事实：

> 不以木为之者，木理有疏密，沾水则高下不平，兼与药相粘，不可取。①

过去认为自此两个多世纪后，元代农学家王祯才发明了木活字印刷。元大德二年（1298年）王祯用木活字印刷自撰的《农书》，并在《农书》卷尾附《造活字印书法》一文。②

近代出土的西夏文献证明，在距毕昇实验木活字印刷约一个多世纪后，西夏在继承中创新，成功地开创并熟练地应用了木活字印刷。这就将过去所定木活字印刷发明的时间提前了一个多世纪，改写了木活字印刷史。西夏的木活字印刷已经达到很高的水平，印刷质量也超过了泥活字印刷。

近些年来，西夏木活字印刷品不断被识别、鉴定。比如黑水城遗址出土的西夏文《三代相照言集文》，从书中字型、行款、透墨、补字等方面分析都具有活字印本的特点。最重要的是发愿文末尾有三行题款（图 10），译成汉文是："清信发愿者节亲主慧照，清信相发愿沙门道慧，活字新印者陈集金。"③发愿文题款不像其他刻本书籍题款那样，记载发愿者、书写者和雕刊者的名字，而是明确记载"活字新印者"，确证为活字印刷。题款中记慧照身份是"节亲主"，系皇族。"节亲主"这一称谓为西夏专有，证明这部活字版书籍成于西夏时期。

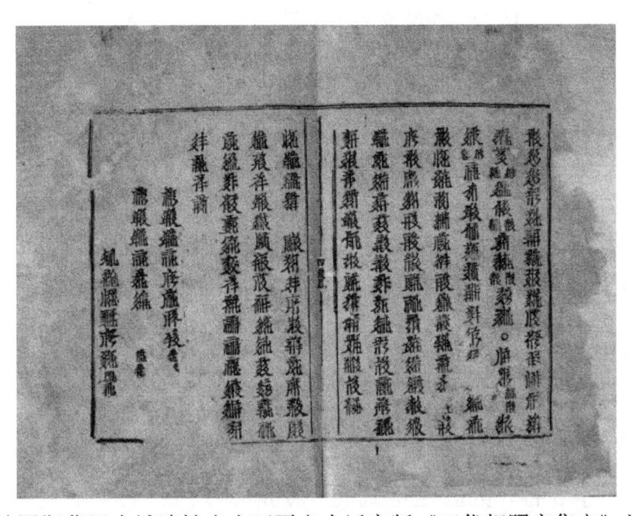

图 10　俄罗斯藏黑水城遗址出土西夏文木活字版《三代相照言集文》卷末题款

1991 年从宁夏拜寺沟方塔废墟中清理出一批西夏文物，其中有西夏文佛经《吉祥遍至口和本续》9 册（图 11a）。④此书具有典型的活字版特征，还有因活字排版不慎造成的倒字现象（图 11b）。其中很多页在文字两行之间有竖线，系木活字印刷时为固版和行次平直的需要使用的夹条印纹。这是木活字印刷体量最大的早期珍贵实物，是中国 64 件禁止出国展出的国

---

① （宋）沈括：《梦溪笔谈》（卷十八），元大德九年刻本，技艺·板印书籍条。

② （元）王祯：《农书》，农业出版社 1987 年版；李致忠：《历代刻书考述》，巴蜀书社 1990 年版，第 374-378 页。

③ 俄罗斯科学院东方文献研究所手稿部藏黑水城文献 Инв.No.4166 号。

④ 宁夏回族自治区文物考古研究所、宁夏回族自治区贺兰县文化局：《宁夏贺兰县拜寺沟方塔废墟清理纪要》，《文物》，1994 年第 9 期；牛达生：《西夏文佛经〈吉祥遍至口和本续〉的学术价值》，《文物》，1994 年第 9 期，第 58-65 页。

宝级文物之一。敦煌研究院在莫高窟北区洞窟发现多种西夏文献，其中也有很成熟的木活字印本。[①]

从已经发现的活字印刷品来看，在西夏木活字印刷水平更高，质量更好，所印的品种更多。这些珍贵文献都是最早的木活字印刷品，是研究古代早期活字印刷最重要的资料。

西夏发现的多种活字印刷品中，具有泥活字印刷特点的文献带有活字印刷初期的局限性，质量显得一般，有的有明显的缺陷，如版面不整、行次不直、字迹不清、深浅不一等；而具有木活字印本特点的印刷品质量虽也参差不齐，但活字印刷技术已比较成熟，很多印刷品质量上乘，表现出高超的印刷工艺，在活字印刷史上占有重要地位。

（a）宁夏文物考古研究所藏西夏文木活字版《吉祥遍至口和本续》

（b）局部：其中一页的“四”为倒字

图 11　宁夏文物考古研究所藏西夏文木活字版《吉祥遍至口和本续》书影

五、将印刷术用于基层社会，使印刷技术更贴近日常生活

目前所见中国古代印刷品多是社会上常用的经学、史学和文学之类的古籍，以及宗教经典等，而反映社会大众生活的文献很少。因为这类文献中的账目、契约多是写本，而历书等虽有刻本，但一般过时便显得无用，因此留存下来的十分稀少。然而这类文献对研究古代社会具有特别重要的学术价值。

1989 年甘肃武威亥母洞遗址出土了一批西夏文社会文书，其中有两页为印本填空形式。两页文书中各有刻本印字 5 行，为固定格式的“乾定　年 月 日”以及库守、簿记、库监等名称。其他文字为手写，其中第 1 页正面左上角有一墨写西夏文大字“䏆”，汉译为“官”字，为官藏页［图 12（a）］。第 2 页正面左上角有一墨写西夏文大字“旺”，汉译为“户”字，为民户留存页［图 12（b）］。“官”字号文书始写 2 行西夏文草书，内容为里溜头领姓名和一户主增缴草捆的数量。两件文书开始的 2 行内容都是记载一名为没细苗盛的“里溜”头领管辖下的西夏农户，向官府增交草捆的数量和种类。在文书中印字“乾定”和“年”之间填写西夏文草书“酉”。此件为西夏乾定酉年（1225 年）填写，应为当年增纳草捆文书。这样的印本可以多年使用。文书中所印文字为事先雕版印刷，在增缴草捆登记时，再填写头领的名字、缴草捆者的名字、缴纳数量，以及缴纳时间等内容，形成在印刷文字的页面上即时手书填写的增缴草

① 史金波：《敦煌莫高窟北区出土西夏文文献初探》，《敦煌研究》，2000 年第 3 期，第 1-16 页。

捆凭据。[①]

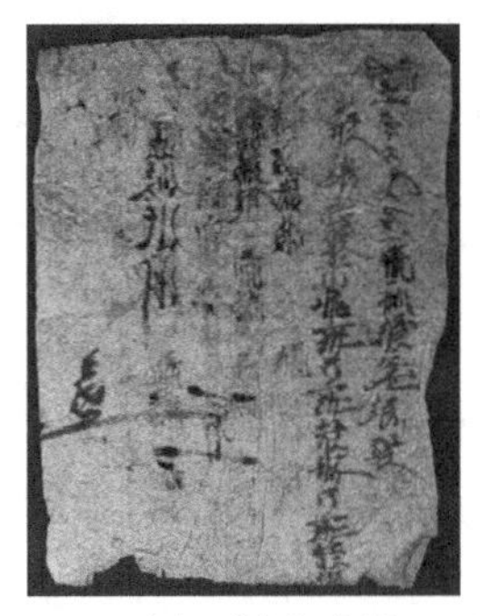
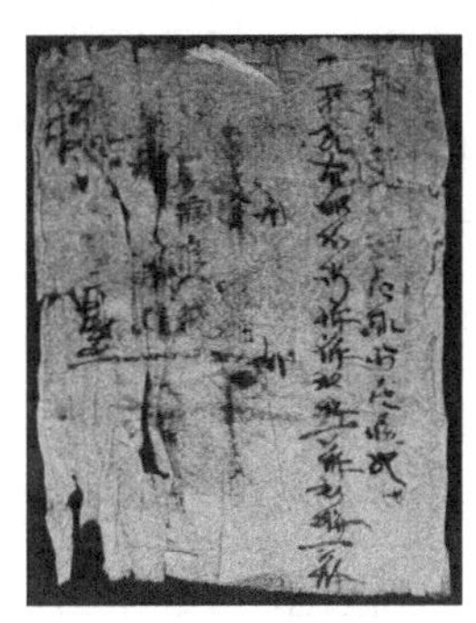

(a)"官"字号　　(b)"户"字号

图 12　武威市博物馆藏亥母洞遗址出土乾定酉年增纳草捆文书

无独有偶，藏于英国的黑水城遗址出土西夏文文献 Or.12380-2349（k.k.）为两面填字的刻本社会文书残页（图 13）。[②]其中一面第一行刻印西夏文译为"今自文……"；第二行前 3 字不清，后墨书填写西夏文译为"利限大麦……"；第三行刻印西夏文译为"天盛"，其下墨书填写西夏文草书二字译为"二十"，再后一字是刻印文字，译为"年"；第四行刻印西夏文四字，译为"司吏耶奴"；第五行字迹残甚。另一面首行刻印西夏文四字，前三字对译为"量面头"，第四字可据补为"监"字，四字译为"计量小监"，下有墨书画押。

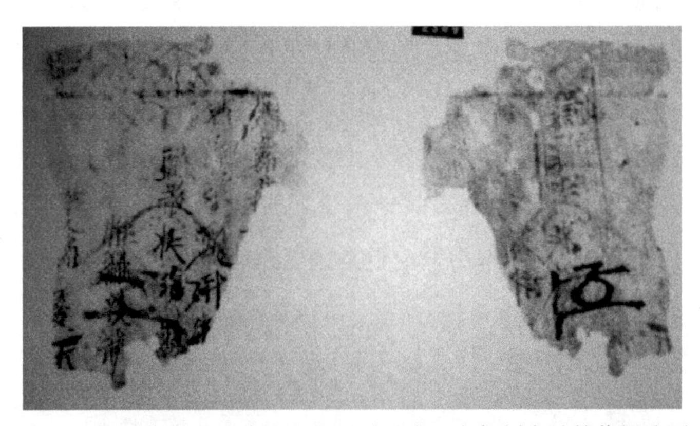

图 13　英国藏黑水城遗址出土西夏天盛二十年刻本纳粮收据残页

西夏法典《天盛律令》对"计量小监"的职责有记载：

> 纳种种租时节上，计量小监当在库门，巡察者当并坐于计量小监之侧。纳粮食者当于簿册依次一一唤其名，量而纳之。当予收据，上有斛斗总数、计量小监手记，不许所纳粮食中入虚杂。[③]

可见计量小监是在基层收纳租粮的官吏，在向农户收租粮后，要给予收据。收据上有粮食总数、计量小监手记。文书中的"利限"一词，在《天盛律令》中多次出现，是指农户缴纳给

---

① 《中国藏西夏文献》第 16 册，第 390-393 页；梁继红：《武威藏西夏文乾定酉年增纳草捆文书初探》，载杜建录：《西夏学》第十辑，上海古籍出版社 2014 年版，第 21-27 页。

② 西北第二民族学院、上海古籍出版社、英国国家图书馆编纂，谢玉杰、吴芳思主编：《英藏黑水城文献 3》，上海古籍出版社 2005 年版，第 80 页。此二图版为作者在英国国家图书馆拍摄。

③ 史金波、聂鸿音、白滨：《天盛改旧新定律令》，法律出版社 2000 年版，第 513-514 页。

政府的租税等负担。《天盛律令》第16卷专设“农人利限门”“催缴利限门”，各门下分列相关条目，可惜原文残失，但保留下全部条目的题目。其中“农人利限门”含17条，“催缴利限门”含2条，皆与缴纳农业租税有关。《天盛律令》其他一些卷次的条款中也有关于利限的规定。[①]文书中“利限”下写“大麦”，可知缴纳的粮食为大麦。“司吏耶奴”中的“司吏”为负责收税的官吏，“耶奴”是党项族姓氏，后名字残。在这一地区负责收税的司吏是固定的，因此也雕印在文书中，避免每件手写。这件文书有计量小监、纳粮粮食种类、时间、司吏等内容，可定为“天盛二十年（1168年）纳粮收据”。这又是一件有重要文献价值的印本社会文书，比上述增纳草捆文书还要早半个多世纪，系最早的社会文书印刷品，在经济史和印刷史上具有特别的文献价值。

西夏官府向农户收取粮、草的印本填空文书，在基层收取粮、草时使用量很大。将印刷术用于这类社会文书中，格式固定，用语规范，规格统一，填写时节省人力和时间，操作方便、快捷，是经济文书发展史上的一次进步。这两件早期社会文书实用印刷品的小残页，若置于历史的大视野中看，可以表明西夏印刷技术更贴近寻常百姓的日常生活，注入了更多的社会情愫，在中国古代经济史和印刷史上具有特殊重要的价值。

此外，俄罗斯藏黑水城文献中有表格式印本历书，也属社会常用文书。其中既有汉文文献，也有西夏文文献；既有雕版印刷品，也有活字印刷品。活字本汉文历书为《西夏光定元年（1211年）辛未岁具注历》（图14a），是现存最早的有确切年代的汉文活字印刷品。其中Инв.No.5469第2竖行“吉日”二字中的“日”字、第14竖行九月一日栏下“白虎”二字中的“白”字倒置（图14b）。文字倒置是活字版印刷排字疏忽造成的特殊现象。[②]这种早期历书的印刷品也十分稀见，已知出土唐代两件刻本历书外，目前所见五代、宋初的历书都是写本。西夏出土的多种刻本历书亦属稀有文献，而活字本历书也更是绝无仅有。

（a）俄罗斯藏黑水城出土西夏活字本汉文历书

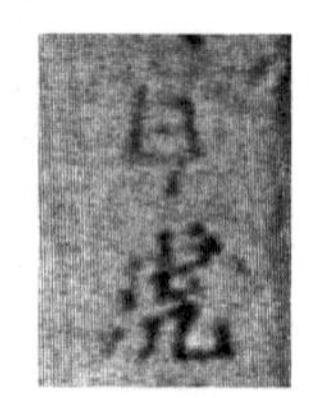

（b）局部：第14行“白”字为倒字

图14　俄罗斯藏黑水城出土西夏活字本汉文历书书影

上述无论是增缴草捆收据、纳粮收据，还是历书，都是使用量很大的社会文书，这正能发挥印刷术可实现大批量复制的长处。

---

① 史金波、聂鸿音、白滨：《天盛改旧新定律令》，法律出版社2000年版，第517-522、531页。

② 俄罗斯科学院东方文献研究所圣彼得堡分所、中国社会科学院民族研究所、上海古籍出版社：《俄藏黑水城文献6》，上海古籍出版社2000年版；史金波：《黑水城出土活字版汉文历书考》，《文物》，2001年第10期，第87-96页。

六、最早使用藏文雕版印刷，应用回鹘文木活字印刷

西夏是一个多民族王朝，境内除党项族、汉族外，还有藏族、回鹘族等，他们都有悠久的历史、发达的文化。

藏族在7世纪时已经创制了记录本民族语言的文字，并形成了很多文献。敦煌石室中发现了很多藏文文献，但未见印本。对于藏文文本文献，有不同的提法。过去一般认为明代永乐八年（1410年）在南京刻印的藏文《大藏经》，是最早的藏文刻本。

我们在俄罗斯科学院东方文献研究所圣彼得堡分所整理黑水城遗址出土文献时，发现其中有多种藏文刻本，其中有《顶尊胜相总持功德依经录》和《大般若波罗蜜多经》等经。[①]《顶尊胜相总持功德依经录》（图15）未用藏文书籍传统的梵夹装形式，而是借鉴中原的蝴蝶装形式，开创了藏文书籍新的装帧形式。据著名藏学家黄明信先生鉴定，此经有古藏文特征。从其文字形式、装帧形式都可确定这些刻本佛经属西夏时期，在12—13世纪初。[②]

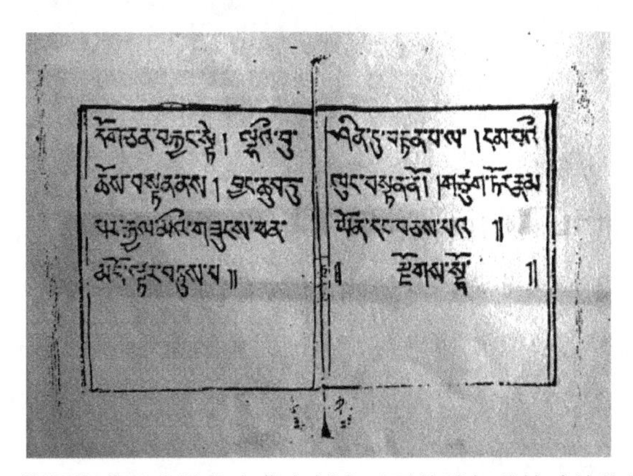

图15　俄罗斯藏黑水城出土藏文刻本《顶尊胜相总持功德依经录》

这些文献是目前所知最早的藏文刻本，使藏文何时开始使用雕版印刷问题有了新的答案。上述藏文刻本文字精细，雕刊精致，印刷精美，是很成熟的印刷品。它不仅反映了当时藏族文化发展的程度，还因发现于境内有大量藏族居民的西夏地区，以及其采用中原地区当时流行的蝴蝶装形式，更突出地反映出汉族、党项族和藏族之间的文化互动和借鉴，具有特殊重要的价值。

敦煌莫高窟北区石窟中先后发现了1000余枚回鹘文木活字（图16），其中960枚为法国人伯希和早年发现，今藏法国吉美博物馆（图17）。近年敦煌研究院清理北区石窟时，又在建于西夏时期的464窟中发现了回鹘文木活字。[③]这些木活字应属于12世纪晚期至13世纪前期，即敦煌属于西夏的时期。使用这些活字印刷回鹘文献的人，应是西夏境内的回鹘人。西夏灭亡以后，敦煌地区的回鹘已经衰落，就其政治、文化和宗教状况来看已无可能在敦煌印刷回鹘文佛经，因此这批回鹘文木活字当为世界上现存最早的木活字实物。不仅如此，对这些活字的研究表明，其中包含了字母活字，是世界上现存最早的、含有最小语音单位的活字实物，开了使

① 俄罗斯科学院东方文献研究所手稿部藏黑水城文献XT-40、63、65、67、68、69号。

② 史金波：《最早的藏文木刻本考略》，《中国藏学》，2005年第4期，第73-77页。

③ 史金波、雅森·吾守尔：《中国活字印刷术的发明和早期传播——西夏和回鹘活字印刷术研究》，社会科学文献出版社2000年版，第87-89页。

用字母活字的先河。

图16　敦煌研究院藏莫高窟北区石窟出土回鹘文木活字

图17　法国吉美博物馆藏敦煌莫高窟北区石窟出土回鹘文木活字

西夏作为多民族王朝，不但将印刷术用于主体民族党项族文字，用于使用人数多、文化传统深厚的汉字，还用于处于西夏西部的藏族和西北部回鹘的印刷，反映出西夏时期境内的党项族、汉族、藏族、回鹘族等各民族互相借鉴、互相促进的史实，他们在当时中国领先世界的印刷领域深度交流，互相借鉴，发展进步，屡屡创新，谱写出时代的印刷弦歌，在印刷术的传承、发展方面为中华民族做出了重要贡献。

（原载《中国史研究》2020年第1期；
史金波：河北大学特聘教授。）

生态环境与医学史

什么是江南

——生态史视域下的江南空间与话语

夏明方

摘　要：新中国成立以来，作为部分的江南与作为整体的中国，在中国经济史研究的不同阶段显现出不同的关系。在20世纪50年代以降中国资本主义萌芽问题的大讨论中，江南被普遍地视为中国经济发展的典型。改革开放以来，随着中国历史研究的区域转向，江南之异于其他地区的发展道路得到较为广泛的认同，“江南非中国”论也逐步取代了早期的“江南即中国”论。因此，如何批判性地分析这两种极端化的叙事，辩证地处理江南与其他地区乃至整个中国在经济演化道路上的关系，无疑是新时代历史学者不容回避的话题。跳出从江南内部看江南的“内史”框架，以人与自然交互作用的生态史视野，将其置于更广阔的时空网络或层层嵌套的“山海生态系统”之中，把历史时期江南地域空间越来越小的变动过程视为中国经济的“江南化”和“非江南化”过程，或可构建“内外联动”“上下结合”“古今贯通”“中西互动”“天人相应”“形神兼备”的立体化的“新江南史”。

关键词：江南话语；江南化；山海生态系统；新江南史

一、“江南奇迹”：中国经济史话语中的“江南化”与“非江南化”

大凡研究中国经济史的学者，几乎没有不对江南情有独钟的；即使涉及的范围看起来在江南之外，与江南无涉，但在探索研究地域的经济演化道路时，其背后也多多少少有一个江南的影子，以之作为比较的基准或参照系。可以毫不夸张地说，没有江南，也就没有中国经济史，江南实际上构成了中国经济史研究中一个不可或缺的神圣空间。个中情由，李伯重在其被称为加州学派代表作之一的《江南农业的发展》一书中给出了最好的解释：

> 在过去的一千来年，江南一直是中国文化上最发达的地区，文献记载比其他任何地区都远为详细，特别是有关经济史的材料尤为丰富。同时，江南很早以来就已成为中国经济上最发达的地区，在过去的千年当中可以说是中国的经济中心。它理所当然在中国经济史研究中占据着中心的位置。无论是日本学界较早的“唐宋变革”论与“明清停滞”论，或我国大陆的“资本主义萌芽”论与“封建社会后期停滞”论，或西方学者对于“传统晚期的中国”及“近代早期的中国”的研究，事实上都主要以江南经验为基础。[①]

---

① 李伯重：《江南农业的发展：1620—1850》，王湘云译，上海古籍出版社2007年版，第4页。

对国外学者而言，江南的确是一个极为理想的学术试验场，是他们进一步探索和回答近代资本主义或工业化起源最重要的比较对象之一。①从伊懋可的“高水平均衡陷阱”，到黄宗智的“内卷化”，再到彭慕兰的“大分流”，他们每一次从这里重新开始的学术之旅，都会在美国中国学和国内中国史研究中引起巨大反响。作为区域史、地方史的江南研究，每每获得世界历史意义。

不过，对李伯重而言，他之所以选择江南作为重点研究对象，倒并不在于这个地方对中国其他地区具有的“典型”意义，而恰恰是它的“非典型性”，也就是作为中国历史上最重要的一个经济区，它长期以来总是比其他地区“先走一步”，“经济表现远比其他地区优秀”。②而且江南不仅在过去一千年中，与国内其他地区相比，总是“脱离常轨”，即使在世界历史范围内，它的经济至迟在宋代就已居于前列。尽管在1850—1978年一度被西方式的近代资本主义道路强行改造，但并不成功。其后的改革开放，看起来是江南的农业成功地采用了近代化技术，使其有别于清代，但实际上，成功的秘诀在于“今天江南农业和农村经济成长所采用的主要方法仍然还是清代的方法”，如果没有源于清前中期的因素，“很难想象会有今日江南农业和农村经济的现代化”。③他的结论是，今日的江南尽管发生了巨大变化，但是“过去”不仅仍存在于“现在”中，而且还是“现在”中富于生产性的部分。今日的实践并非远离过去的实践。历史仍然在延续，江南仍然是江南。④很显然，在李伯重看来，江南的农业，当然也包括江南的工业、城市及其他，是一种既有别于中国其他地区，又有别于西欧的“另一种农业”“另一种农村经济”，或者另一种经济成长方式。它形成于公元9世纪后期的唐代，崛起于11—13世纪的宋代，在17—19世纪中叶的清代臻于成熟，进而在当代中国经济的全球化跃升中发挥了至关重要的作用，视其为“江南奇迹”或“中国奇迹”自不为过。⑤

李伯重对江南道路之性质所作的概括，或许无法得到其他学者的一致认可，但其对江南之有别于其他区域经济特色、经济地位的判断，恐怕是所有学者都难以否认的。江南，这个唐宋以降就一直是中国经济中心的江南，这个中国文化最发达的地区，这个国人心目中如诗如画的天堂般世界，这个在当今学界不断滋生出“江南模式”、“江南道路”、“江南轴心期”、“江南奇迹”以及“江南学”等一系列令国人振奋的学术概念的神奇之地，确然占据了当代中国经济史叙事的核心。可以这样说，在看起来汹涌澎湃、势不可当的欧美现代性话语的强力冲击下，不管这种话语是如何因应历史语境的变化而表现为现代资本主义、工业化或者所谓的后工业、后现代，无数寻找中国历史自主性，抵制欧洲中心主义的中国学者，似乎都可以从江南的土地上，找到学术或心灵上的寄托或慰藉。这一片曾经让历代帝王爱恨交加，让域外之民视为天堂，让无数文人雅士视为桃花源的古老而神奇的土地，成了现代中国学者在曾经令人窒息的西方之

---

① 刘昶：《国际比较视野下的江南研究：问题与思考》，载王家范：《明清江南史研究三十年：1978—2008》，上海古籍出版社2010年版，第339-342页。

② 李伯重：《江南农业的发展：1620—1850》，王湘云译，上海古籍出版社2007年版，第4-5页。

③ 李伯重：《江南农业的发展：1620—1850》，王湘云译，上海古籍出版社2007年版，第172-195页。

④ 李伯重：《江南农业的发展：1620—1850》，王湘云译，上海古籍出版社2007年版，第195页。

⑤ 李伯重：《“江南经济奇迹”的历史基础——新视野中的近代早期江南经济》，《清华大学学报》，2011年第2期，第68-80页。

外寻找另一种资本主义、另一种现代性，乃至另一种生态文化的最完美的场域。[①]这种情况，不仅表现于20世纪80年代之前的资本主义萌芽问题的讨论，以至于刘志伟称之为“江南情结”或“明清社会经济史研究的江南中心观”；即便是在80年代之后，人们“开始反省这种江南中心模式，逐渐走出明清社会经济史研究囿于江南一隅的限制”，在江南之外如华南的福建、广东等地“开辟了新的空间，形成可以同江南研究相互区别又相互促进的区域研究范式”，但结果非但没有动摇，反而有助于更深入地反思“明清社会经济史研究的江南核心性”。[②]

然而，就在这一“江南奇迹”得以清晰建构，进而广为流传时，对国内外的江南研究者来说，其所指地域范围反而愈显模糊，愈加不确定。每一位学者看起来都有自己心目中的江南，而每一位学者的江南又各有差异，长期以来聚讼纷纭，莫衷一是；有学者甚至怀疑“江南”一词是否有资格作为这一奇迹发生地的特定称谓，一个流传数千年的地域概念在当下似乎正面临被解构的命运。[③]此情此景，多少有点让倡导构建“江南学”的学者始料未及。

目下从事江南区域经济史研究的学者，大都承认傅衣凌是此一领域的先行者之一。确实，在20世纪五六十年代极为活跃的资本主义萌芽研究当中，直接以“江南”命名其研究地域的，似乎仅有傅氏等极少数学者，但他笔下的江南以及毗邻的东南沿海地区基本上还是一个相对笼统的说法。较早自觉而明确地对江南，尤其是明清时期江南的空间范围专门作出系统论述的，先后有李伯重、周振鹤、徐茂明等学者。[④]《中国国家地理》杂志在2007年第3期推出题为“江南到底在哪里”的专辑，向来自地理、气象、文学、语言、历史、经济等领域的学者征稿，请他们给出各自心目中的江南定义及其范围。此后学界对江南及其相关概念的讨论渐入高潮，讨论的时段也不限于明清时期，而是迄至当代，远及宋元、隋唐、魏晋、秦汉、先秦，乃至史前。[⑤]一个五彩缤纷的江南地域或江南意象因此纷至沓来。这里既有自然意义上的江南，也有经济意义上的江南；既有行政区划意义上的江南，也有语言文化或心理意义上的江南；有学者还打出“生态江南”的旗号，只是其内涵并未跳出自然地理的框架。所有这些叠加在一起，给

---

① 夏明方：《老问题与新方法：与时俱进的明清江南经济研究》，《天津社会科学》，2005年第5期，第116-123页；赵轶峰：《明清江南研究的问题意识》，《探索与争鸣》，2016年第4期，第90-94页。

② 刘志伟：《超越江南一隅："江南核心性"与全球史视野有机整合》，《探索与争鸣》，2016年第4期，第89-91页。

③ 高逸凡、范金民：《区域历史研究中的太湖流域："江南"还是"浙西"》，《安徽史学》，2014年第4期，第59-66页。

④ 周振鹤：《释江南》，载钱伯城：《中华文史论丛》第49辑，上海古籍出版社1992年版，第141-147页；徐茂明：《江南的历史内涵与区域变迁》，《史林》，2002年第3期，第52-56页。徐文提及此前尚有沈学民撰于20世纪80年代初的手刻油印本《江南考说》。此外尚有黄锡之《释"江东"》（《苏州大学学报》1983年第3期，第111-112页）、宣炳善《"江东"与吴越》（《咬文嚼字》2002年第12期，第25-26页）等。有关吴地、吴文化地区或"三吴"的空间界定，则有陆振岳《吴文化的区域界定》、钱正《再说"三吴"》[高燮初：《吴文化资源研究与开发》（一），江苏人民出版社1994年版，第71-86、123-132页]。

⑤ 除前引高逸凡、范金民的论文外，尚有王铿：《东晋南朝时期"三吴"的地理范围》，《中国史研究》，2007年第1期，第71-76页；余晓栋：《东晋南朝"三吴"概念的界定及其演变》，《史学月刊》，2012年第11期，第114-117页；黄爱梅、于凯：《先秦秦汉时期"江南"概念的考察》，《史林》，2013年第2期，第27-36页；杨恩玉：《东晋南朝的"三吴"考辨》，《清华大学学报》，2015年第4期，第72-80页；刘新光：《唐宋时期"江南西道"的地域演变》，《国学学刊》，2015年第4期，第80-87页；胡克诚：《何处是江南：论明代镇江府"江南"归属性的历史变迁》，《浙江社会科学》，2018年第1期，第127-133页；陈志坚：《江东还是江南——六朝隋唐的"江南"研究及反思》，《求是学刊》，2018年第2期，第161-172页；等等。另见谢湜：《高乡与低乡：11—16世纪江南区域历史地理研究》，生活·读书·新知三联书店2015年版，第1-53页。

我们呈现出一种纷繁复杂、多姿多彩的江南意象，也推动着江南史研究逐步走向深入。

有趣的是，万变不离其宗。尽管几乎每一位学者都注意到不同的江南概念在空间上的差异性，也愈来愈关注它在时间上的变化及其不同的称谓，而且都会承认，历史时期的江南，无论是从经济、行政，还是从文化、心理意义上来说，其范围都比现在要大，或者说经历了一个从大到小的缩减过程。但是其中有一点依然确定无疑，这就是，他们所要研究的江南，不管具有什么样的“典型”或“非典型”意义，都被框定在一个极为狭小的空间之内；他们在慨叹多变的江南之后，总是给读者来一个“但是”，把目光牢牢地投向以苏杭为中心的太湖平原。①而且至少从李伯重开始，他们给这样一种特定的区域空间赋予了越来越多的一致性含义，诸如地理上的完整性（或自然—生态条件的一致性）、经济上的一体性、地域认同的不变性②、方言的相同或相似性（即吴语文化区）③、民风习俗的相近性④，以及在行政沿革上历史渊源的共同性⑤，此外还有财政意义上的同一性，如“财赋江南”⑥或“江南重赋”⑦，简言之，即是一个在地理、经济、行政、语言、文化、心理和历史等方面都高度统一和整合的地域共同体。依徐茂明所见，“江南”一词，经过历史的演变，已由单纯的地理概念演化为“包含地理、经济、文化等多种内涵的专指性概念”，它被赋予了远比空间区域更为丰富的内涵，“这就是发达的经济、优越的文化，以及相对统一的民众心态”。⑧与此相应，在具体的研究中，人们则小心翼翼地圈定自己的关注空间，尽可能地把名义上称为江南或曾经被视为江南的地区排斥于江南之外。李伯重的江南是“八府一州”，认为它们“在地理、水文、自然生态以及联系等方面形成了一个整体，从而构成了一个比较完整的经济区”，而与其毗邻的江北、皖南、浙东、浙南各地，一则为江海山峦这些天然界限所隔开，二则其人文社会条件与“八府一州”差别明显，故此不列入江南的范围。⑨徐茂明的江南更小，他明确地把宁镇地区视为与太湖平原完全不同的文化区域。有意思的是，其他学者为将这些被排斥出去的部分纳入江南的研究，也是从这一论证逻辑出发，强调其与江南核心的均质性或“正相关性”。⑩王家范在为《江南史专题讲义》作序时如此解释：

> 从我阅读的经验看来，“江南”这个概念是随着历史渐进而越来越趋向于缩小。一方面，曾经作为大区域的“江南”，其内部经济、社会、文化的地方差异日益拉开，各自逐

---

① 按李伯重给出的“八府一州”，其总面积不到 4.3 万平方公里，参见李伯重：《简论“江南地区”的界定》，《中国社会经济史研究》，1991 年第 1 期，第 100-105 页。

② 李伯重：《“江南地区”之界定》，载李伯重：《多视角看江南经济史（1250—1850）》，生活•读书•新知三联书店 2003 年版，第 447-462 页。此文系作者在 1991 年论文的基础上扩充而成。

③ 周振鹤：《释江南》，《中华文史论丛》第 49 辑，第 141-147 页。

④ 徐茂明：《江南士绅与江南社会（1368—1911 年）》，商务印书馆 2004 年版，第 10 页。

⑤ 高逸凡、范金民：《区域历史研究中的太湖流域：“江南”还是“浙西”》，《安徽史学》，2014 年第 4 期，第 59-68 页。

⑥ 冯贤亮：《史料与史学：明清江南研究的几个面向》，《学术月刊》，2008 年第 1 期，第 134-143 页。

⑦ 胡克诚：《何处是江南：论明代镇江府“江南”归属性的历史变迁》，《浙江社会科学》，2018 年第 1 期，第 127-133 页。

⑧ 徐茂明：《江南士绅与江南社会（1368—1911 年）》，商务印书馆 2004 年版，第 12 页。

⑨ 李伯重：《简论“江南地区”的界定》，《中国社会经济史研究》，1991 年第 1 期，第 100-105 页。

⑩ 余同元：《楚水漫漫 吴波漾漾——由汉志三江沿革看皖南与长三角历史地理相关性》，《池州学院学报》，2011 年第 2 期，第 1-7 页。

渐塑造出不同的个性特点，这就决定了它很难作为一个“共相”的大概念被长期广泛使用；另一方面，研究者的精力与兴趣也趋向于缩小范围，做细做深。区域越大，资料搜齐的难度越大，归纳判断更不容易。因此，今天江南史的研究者多数采取“小江南”作为目标，最多只是把宁绍与徽州包容进来，与当下“长三角经济区”的地域范围大体吻合。[①]

不过，从众多学者的讨论来看，后一原因实乃无足轻重，更重要的是对江南“共相”的追求。而这种对江南地域范围的界定过程，实际上也可以看作对某种整齐划一、卓尔不群的江南特性或“江南性”予以确认的“江南化”过程；与此同时，这也意味着把不符合此一标准的、在历史进程中逐渐塑造“地方差异”或“个性特点”的其他相关地域排斥而去的“非江南化”或“去江南化”过程。这既是江南话语的分裂过程，也是它的生成过程。

这种界定无疑会给人一种时空错置的感觉，隐含着把近人对江南的认识作为剪裁历史之尺度的主观倾向。而为摆脱这种学术上的困扰，高逸凡、范金民提倡用“浙西”取代“江南”。他们认为，过往学者之所以把同处太湖流域的苏州、松江、常州、镇江以及杭州、嘉兴、湖州等地等同于狭义的江南，大多出于对文献的误读；这些地区在历史文献中被称为“江南腹心”或财赋重地，至多可以论证“明清时期的江南包含太湖流域”，却不能推出“明清时期的江南地区就是太湖流域或核心区域（或‘八府一州’）”这一结论。在他们看来，作为地理和历史概念的江南，自秦汉以来从未真正与太湖流域相重合，与其等同的“江南”不过是开始于近代文化心理上的概念；相比之下，“浙西”作为历史上存在过的行政概念，其区划范围与太湖流域高度一致，且上承东汉吴郡，迄至明初分属南直隶和浙江，时逾1200年，且传统的“浙西”概念在明清时期仍有其影响力，因此“从‘浙西’这一概念出发，应当比划定‘江南’更为合理”，更加“名正言顺”。[②]顺此思路，陈志坚对历史时期关乎太湖流域的相关概念，如“吴越”“吴会”“江东”“江西”“三吴”“浙西”等，进行系统的辨析和梳理，建议把今日称为江南的地区，依其历史称谓的语境分为几个阶段，即先秦秦汉时期的“吴越”或“吴会”，六朝隋唐时期的“江东”或“三吴”，唐后期及宋元时期的“浙西”，以及明清时期约定俗成的“江南”。[③]这一历史化的处理方式，当然可以使我们对“江南”变动不居的特性有更为清晰的了解和更加动态的把握，但是他们对江南地域空间之确定性的追求与先前的讨论并无二致，在很大程度上反而坐实了通常把环太湖地区作为“狭义的江南”或“小江南”这一最核心的定义。在阅读相关历史文献时，我们还是可以找到将“江南”和“浙西”或其他称谓等而视之的诸多例子。何况“浙西”也好，“三吴”也罢，其本身和“江南”概念一样，所指空间范围也有一个或大或小的变动过程，学界为此同样争论不休，因而也不能完全满足他们提出的与太湖流域范围相一致这一地域同一性的要求，姑且不论这个“太湖流域”也是一个历史地生成的概念和地域。至于陈志坚的建议，固然可以凸显不同时期江南地域的时代意蕴，却又忽视了明清以前“江南”长期存在的事实，同时也消解了江南作为这一空间的地域称谓所隐含着的大

---

① 王家范：《〈江南史专题讲义〉序》，《历史教学问题》，2013 年第 5 期，第 59 页。

② 高逸凡、范金民：《区域历史研究中的太湖流域：“江南”还是“浙西”》，《安徽史学》，2014 年第 4 期，第 59-68 页。

③ 陈志坚：《江东还是江南——六朝隋唐的“江南”研究及反思》，《求是学刊》，2018 年第 2 期，第 161-172 页。

小地域共同体之间内在的张力。江南固然是当地人的江南，有其自身的本土特色，凝聚着江南人自身的地域认同；但它同时又是他者眼中的江南，是更大或更高层级的区域共同体的一部分，是地域之外不同人群对它的某种感受或认知。作为一种方位，“江南”这一称谓，天然地反映了它与其他地域乃至更大的地域共同体之间的关联。这也正是下文所指“江南化”和“非江南化”这一并行不悖的现实历史过程赖以发生的更广大的空间基础。

另一方面，不同的称谓往往意味着不同的主体（共时性或历时性的）对于江南的不同认知，不仅反映了同一地域内部人与人以及人与自然之间的相互关系及其变化，也反映了它与不同地域空间的人群及其栖居的土地之间的相互关系和它们的变化。对某一地域的命名，不管是正式的还是非正式的，似乎都不仅是一种文化符号、一种象征体系、一种身份认同，其实也是表明对这一地域空间及其人民、土地及其他资源进行控制或配置的权力体系。行政沿革背后往往反映的是一地区经济开发与行政管理的变动关系①，而任何经济开发行为，势必引起人与自然之间互动关系的变化，它事实上可以看作某种特定类型的人与自然交互作用的方式或其结果。用生态学的术语来说，这就是一种生态位的构建。这些称谓在历史时期的生成、扩散、兴替或共存，体现了江南的内部以及外部不同主体之间的利害纠葛及其错动。仅仅出于对研究对象的标准化追求而取此舍彼，同样是一种非历史的态度。

有学者提出一个更具包容性的框架，也就是把历史时期江南地域范围从大到小的变化过程转化为由“泛江南”、“大江南”、“中江南”和“小江南”等多层次空间构成的地域结构。研究明清江南社会人口史的吴建华即持此论，在他看来，“小江南”亦即明清江南的核心区，也是吴语吴文化的核心区，当然在太湖流域，主要包括苏州、松江、常州府，太仓州（清代），以及杭州、嘉兴、湖州府，而镇江、应天（清代为江宁）、宁波、绍兴府则为江南的中间层区，南通（包括海门）是外层区。由此扩大到明清的扬州、严州、金华、衢州、温州、台州、太平、宁国、池州、徽州等府，属于“大江南”的范围。至于“泛江南”，一般包括今江苏南部、上海、浙江、江西以及安徽的部分地区，其最大范围则是长江以南。②

吴建华选择的研究对象是“中江南”，这一概念“既含有江南的核心层，又有江南的边缘外层”，既包括地理上长江—钱塘江流域范围内的地方，触及宁波、绍兴、南通以及属于江南管辖却地处江中或江北的崇明、靖江、江浦、六合等地，又包括其核心层的边缘区，甚至是非吴语文化区，如江宁、镇江的部分府县，但其研究的重心仍然是作为核心区的“小江南”。③而且对大多数研究明清中国的学者而言，类似的大小江南之表述通常只是作为一种地理沿革的过程才被加以讨论，唯有对应于太湖流域的“小江南”，方可视为代表唐宋以来中国经济演变

---

① 谢湜：《高乡与低乡：11—16世纪江南区域历史地理研究》，生活·读书·新知三联书店2015年版，第12-13页。

② 吴建华：《明清江南人口社会史研究》，群言出版社2005年版，第4页。余同元的表述稍有不同，认为“江南范围有大（文化江南）、中（经济江南）和小（核心江南）三说，实为江南区域之一体三相”，参见《明清江南战略地位与地缘结构的变化——兼论文化江南的空间范围》，《江南大学学报》，2013年第4期，第50-60页。

③ 吴建华：《明清江南人口社会史研究》，群言出版社2005年版，第1-5页；吴建华：《明清江南人口社会史研究的范围与方法刍议》，载王家范：《明清江南史研究三十年：1978—2008》，上海古籍出版社2010年版，第355-367页。

的典型、道路、榜样或方向。

近年来，有不少学者逐渐认识到此种“内敛式”研究的局限性，建议“超越江南一隅”，突破区域史、地方史叙事的藩篱，把江南置于全国乃至全球范围之内，用区域之间的互动以及全球史的视角重新审视江南。这无疑会给江南史研究注入新的动力，但这样的讨论，并没有改变通常对江南地域范围的界定。他们笔下的江南，依然还是那一小片水域平原风光的江南。[①]江之北，无论远近，几乎统统被排斥在外。[②]就连这一地域赖以被界分、被命名的长江，也时或被切割而去，而江之南境与平原毗邻、接壤或者相互交错的山地、海滨或岛屿，往往也在无视之列，至多是作为一种边缘和外围之区被提起。最让学者纠结的大概要算前文提及的镇江归属问题了。对这样一个被明清之人称为“建业藩垣、三吴分户”的战略要地，有些学者会因其地处边缘山地而勉勉强强地把它置于江南的范围之中，有的学者则干脆将其剔除出去，也有学者采取折中的办法，截取该府的东南部分，与杭州府北部的余杭、海宁二县，连同苏州、松江、常州、嘉兴、湖州、太仓五府一州，作为笔下的“江南地区”。[③]一个毗邻太湖的镇江府都被人为肢解，遑论皖南、江西等地了。更有甚者，这样一种被高度压缩的“小江南”，还作为一种独立封闭的研究单位在时间上被无限延伸，贯穿明清，跨越唐宋，远迈秦汉，甚而直至史前时期，无形之中，它变成了一种似乎千古不变的地理空间和地域意象。李伯重研究的 1550—1850 年的江南，大体范围就是他自己确定的“八府一州”，而被其他学者当作江南进行研究的地区，比如唐力行研究的徽州，以及江西、湖南等，统统被划出去当作江南的外围，构成江南对外经济联系的组成部分之一，且一直回溯到南宋、北宋及五代。[④]而李伯重对唐代江南的研究，也是以此范围为标准。至于 1850 年后的江南，李伯重并未给出明确界定，但在涉及改革开放后的同一片地域时，他终于将它的空间范围作了一定的延展，也就是由先前的“狭义的长江三角洲”变为“广义的长江三角洲”，除上海、苏州、杭州、无锡、宁波、绍兴、南京、常州、嘉兴、镇江、湖州等，还包括台州、扬州、泰州和舟山等，理由是“今天的经济统计多以广义的长江三角洲为单位”。[⑤]但真正的原因大概还是这些地区已经整合到经济发达的核心区了。

于是，在长期以来有关江南历史的主流学术话语中呈现出来的江南，说到底就是一个“嫌贫爱富”“孤芳自赏”的江南！大凡与繁华富庶的平原相辅相成的山地、丘陵、海滨和岛屿，因为它们的贫瘠而从江南的历史，乃至从当地人的认同中被搜剔而去；与此同时，同处平原的江南乡村，在诸多历史叙述中大都只是苏州、杭州等大城市或唐宋以降繁荣发达之市镇崛起的

---

① 陈学文：《筚路蓝缕的三十年——明清江南史研究的回顾与展望》，载王家范：《明清江南史研究三十年：1978—2008》，上海古籍出版社 2010 年版，第 3-5 页；冯贤亮：《史料与史学：明清江南研究的几个面向》，《学术月刊》，2008 年第 1 期，第 134-143 页。

② 其中的扬州或许是个例外，但它的地位，愈往后愈是难以维持，以至民国时期的易君左特地撰著《闲话扬州》（中华书局 1934 年版）为其正名，结果引起很大的争论。

③ 胡克诚：《何处是江南：论明代镇江府“江南”归属性的历史变迁》，《浙江社会科学》，2018 年第 1 期，第 127-133 页。

④ 李伯重：《江南的早期工业化（1550—1850 年）》，社会科学文献出版社 2000 年版，第 321-322 页。

⑤ 李伯重：《“江南经济奇迹”的历史基础——新视野中的近代早期江南经济》，《清华大学学报》，2011 年第 2 期，第 68-80 页。

某种背景。[①]此种城市化导向，在江南文化史研究中表现尤为明显，其代表性人物刘士林长期聚焦于发掘历史时期江南文化的“诗性精神”，认为这样的以追求个体自由和主体审美为特质的“诗性精神”或“诗性文化”，只存在于以苏州、杭州等大城市为代表的“江南城市诗性文化”，而非“江南乡镇诗性文化”，前者以独特的“物质文明”“制度文明”“精神文明”为基础，最终形成完全不同于江南乡镇的都市生活方式，而后者更类似于固守传统政治伦理的僵化、保守和落后的北方意识形态。[②]与此相应，长江之外的地域，包括历史时期曾经也是江南的地区，在这样一种“非江南化”“去江南化”的学术话语演进过程中，无不被用来充当与逐渐缩小的江南进行对照和比较的鄙野之乡；就连同在江南内部生存的人群，到了晚清民国时期，也因各自籍贯的南北之分而被打上了地域的标记[③]，成为族群区分与重构的标准。至于江南在历史时期曾经遭遇的种种天灾、人祸等危机，在长时期的历史叙述中，尤其是在 20 世纪 90 年代末以来加州学派的研究中，也统统被遮蔽了。这样的事件，包括 19 世纪中叶发生的“三千年未有之巨变”，以及和这种巨变相伴而来的重大战乱和天灾，也都不过是江南一千年持续演进的历史长河中某种偶发的局部性因素，对江南凯歌行进的历史主流无关痛痒。即便是对江南道路持怀疑态度的黄宗智，也并不否认江南（黄氏使用的是“长江三角洲”这一概念）之与华北（平原）相比而展现出来的某种生态稳定性。

二、内史与外史：多元时空中的复数“江南”

有意思的是，如此狭小、封闭而又单一化、均质化的江南空间意象，很大程度上是在 20 世纪 80 年代以降中国经济史学界试图打破“江南中心史观”，进而“走出江南”的区域史研究中凝练而成的。开放之花结出闭锁之果，多少有些出人意料。现如今，江南历史自身的表现一如既往地光彩夺目，而江南历史的研究却日趋“地方史化”（刘志伟语），有学者进而提出与国家史进行区分的“江南视角”，建议“回到江南地区本身来，探讨其内部社会经济变动与政区、制度、文化、信仰等因素的关联，注重历史进程的整体性”。很显然，这里的“整体性”，只是江南的整体性，因为在他们看来，“江南不是中国”。[④]

客观说来，上述论者并非要把江南从历史中国的疆域中分割出去，而是意在强调，既不能像以往那样用江南经验来掩盖整个中国的历史面貌，也不应该用整个中国的宏大叙事来遮蔽江南区域的本来面貌。这当然无可非议，而且怎么强调也不过分，今日乃至未来仍有必要继续为此努力；关键是，经过将近四十年的“脱江南化”之后，更需要在这一基础上，把江南带回到曾经被疏远的包括“国家”在内的更宏大的时空网络之中，在江南与国家和其他区域的关联和互动中探讨江南的特殊性，或者像刘志伟建议的那样，把最初“走出江南”之后学界在其他区

① 冯贤亮：《史料与史学：明清江南研究的几个面向》，《学术月刊》，2008 年第 1 期，第 134-143 页。

② 刘士林等：《风泉清听：江南文化理论》，上海人民出版社 2010 年版，第 139-184 页。

③ 韩起澜：《苏北人在上海，1850—1980》，卢明华译，上海古籍出版社、上海远东出版社 2004 年版，第 58 页。

④ 孙竞昊、赵卓：《江南史研究的“新”与“旧”：从华南学派的启示谈起》，《浙江社会科学》，2018 年第 1 期，第 112-116 页。

域探索出来的多样化地方经验拿出来，与江南经验放在一起进行比较，努力发现隐藏其中的种种关联和互动，进而从整体上重新思考中国史研究中的“江南核心性”问题。①

这一思路极具洞见。毕竟江南的特性或“江南的本来面貌”，正是在国家与地方以及不同区域之间的互动过程中表现出来的，它还会在新的互动过程中发生变化，本身就是中国性的一部分。部分之超越整体的特性并非脱离了整体，而是整体之各部分以及整体与部分之间相互作用的结果，一旦有了这些新的特性，整体自身也会随之发生变化，也就是形成新的格局，所以江南道路的生成与演化，本身就是中国道路的生成与演化，两者之间并无冲突。这看起来与过去的“中国是江南”或“江南即中国”的判断没什么两样，但是一旦把此种理解放到复杂性思维的框架，而非多少年来在我们的头脑中一直根深蒂固的教条化的线性思维之中，它的意义可能就大不一样了。我们需要一种非线性逻辑。因此，在新的历史时期，就“江南”谈“江南”已然不够，还需要跳出“江南”看“江南”。套用唐力行在对他认为明清时期处在同一江南的徽州与苏州作比较研究时总结出来的心得，就是既要“守住疆界”，又要“超越疆界”②；或者借用后殖民史学的话语来说，就是对我们的观察对象不断地进行“去疆界化”和“再疆界化”，简言之，即动态地处理江南“内史”与“外史”之间的关系。

行文至此，必须要问，到底如何才能在新的历史时期书写新的江南历史，即构建某种“新江南史”？通向罗马之路自有千条万条，而在笔者看来，其可能的路径之一就是“反弹琵琶”，亦即把被诸多江南学者抛弃出去的那些地区或要素重新捡回来。如前所述，这并不意味着要放弃对江南地域之特殊性的追寻，放弃对“江南核心性”的阐释，也不是将这些被丢弃的地区或要素与先前的内容作简单的加法或拼贴，而是要反过来探索这些部分因何沦为“江南”之边缘，为什么被舍弃，它们与留下的“核心”曾经或后来到底都有什么样的关系，各自都受到怎样的影响；我们进而还要追寻，那些看起来与江南无涉的地区，它们在江南的生成、崛起和延续、转型的过程中，与江南之间究竟有何关联，而且除了刘志伟揭示的潜藏在历史深处的不自觉的互动之外，还有没有一种有意识的勾连，正是因为这种勾连构成各区域互动的不容忽视的重要动力，甚至迄今仍在发挥它的影响。

想回答这些问题，需要把不确定性带入江南，让这里从自然、经济、政治、文化、心理认同等各个方面，一切的一切，都要动起来。其中第一步就是打破江南内部的同一性、均质性神话，恢复江南固有的多样性面貌，如名实之别，核心、边缘之别，城市、乡村之别，高乡、低乡之别，以及语言、身份、阶层、族群之别，等等；第二步是对这些差异，不能只看到它们共时性的结构一面，还要看到其历时性的变化一面，更要看到这种种差异是如何相互作用并构成其本身变化的动力，进而形成新的差异，使不同历史时期的江南呈现出真正的不同面貌来的。

就江南之界而言，应采用动态的历史视野重新斟酌“江南地区”，而非追求静态的“统一

① 刘志伟：《超越江南一隅：“江南核心性”与全球史视野有机整合》，《探索与争鸣》，2016年第4期，第86-91页。

② 唐力行：《超越地域的疆界：有关徽州和江南研究的若干思考》，载唐力行：《江南社会历史评论》第一期，商务印书馆2009年版，第1-12页。

性”①；我们也需要把自己从对江南的界定中解放出来，但是这样的解放，并不意味着放弃界定本身，而是放弃以今日之见替古人说话的潜意识惯性，是从“时空错置”的“现代主义情结”或“辉格史学”中解放出来，也就是采取历史化的态度，让不同时代的人对江南或其他地域的概念认知尽可能原原本本地呈现出来。不少学者在此方面已经作出的努力，看起来不仅没有把水搅浑，恰恰让江南称谓及其对应地域的历史演变更加清晰了。事实就是如此。一旦放下确定性的执念，我们收获的反而是更加确定性的概念网络的动态变化过程，何乐而不为呢？我们应该更进一步，充分运用数字化工程给我们带来的前所未有的便利，发挥历史学家的考证功夫，运用黄一农提倡的“e-考据”，对江南、江东等一应概念进行全面、系统的梳理，廓清江南概念群的生成、扩散、流变以及各概念之间的歧异、对立或交叠等复杂关联；既要搞清楚在某一特定时点上同一概念不同的意蕴与外延，以及与此相关之其他概念和它们所指范围的同和异，还有这些概念之间的层叠关系，也要搞清楚在不同时点上这些概念又有什么样的变化，包括旧概念的消亡和新概念的生成。易言之，要把这些概念群当作一个动态演化的非平衡的结构体系或者某种“时空连续体”（谢湜用语）来看待，既要看到它们之间共时性的结构关系，也要发现其历时性的变化。当然，让这些概念及其所指之“界”流动起来，承认“界”之人为建构性特征，并不是同意部分学者的主张，否认有形无形之“界”的存在，而只是把它看成某种开放性的区域空间而已。任何建构都是为了创建、确认或维系各种新、旧之“界”，不管这种“界”是自然地理之界、经济区划之界，还是行政疆域之界、文化认同之界，抑或是把这些统合起来的生态区域之界；“界”的多样性和流变性以及对它的话语表达，正是以特定时段的相对确定的有界为基础的，“界”在流变之中，而非消失或不存在。

相应地，我们还要打破对千年以来江南道路所持之线性进化叙事逻辑，把研究的视点从对明清时期狭义江南的聚焦来一次偏转，转向唐宋、魏晋、秦汉、先秦，甚而史前时代；同时尽可能地尊重古人的选择，把他们对江南的各种称谓所指之实际地域还给江南，也就是把被剔除出去的“中江南”、“大江南”或“泛江南”统统纳入对江南道路的探讨中，尽可能避免对江南的“时空错置”，也就是不要把今日的江南移植到过往的历史中，而是打破江南叙事的连续性教条，让江南的历史在多样化的地域转换中流动起来，力求再现一个真实的历史的江南。

第二，这样的研究，如若依然局限于太湖平原，则显然大成问题，还需要将其带回到地处同一纬度的，包括山地、丘陵、岛屿、海洋等地貌和水体形态在内的更大的地理空间和自然生态系统中，把平原、山地、河流和海洋勾连在一起，从其复杂的关联与互动之中动态地揭示江南的形成和演化。数十年来，已有学者从这一思路作了诸多有意义的探讨，目前需要做的，是把它们整合在一个相对完整的系统里面，把平面江南变成立体的江南。对这样一种体系，我更愿意把它称为“山海生态系统”或“山海国”，我们需要以此唱出新时代的“山海经”。

第三，聚焦于苏州、杭州及上海等大城市或曾盛极一时的江南市镇，固然非常重要，但也需要突破这种占主导地位的以城市为导向的江南话语格局，将其与那些被城市化进程所改造或建构于其中的乡村联系在一起，更细致地再现在当前现实中日趋消失的乡村景象，再现被这一

① 谢湜：《高乡与低乡：11—16世纪江南区域历史地理研究》，生活·读书·新知三联书店2015年版，第12页。

进程所碾压的下层民众的艰难命运，重新反思江南的城市化及其引发的巨大的不可逆的景观变迁和环境效应。

第四，则是突破狭隘的地方意识和虚幻的自主意识，把江南置放到它本来即隶属于其中的大一统国家的权力网络之中，把南北两地从横向的文野之分的“文江南”，变身为纵向的朝野之分的“野江南”，亦即从庙堂之上看江南，发掘国家在江南地域中的作用（刘昶、刘志伟），发现“江南”的政治含义（邹逸麟、杨念群）。[①]同时也要从周边看江南，一纵一横[②]，双向并进，探索其与国家政治中心、与北方及周边其他省份，在政治、经济、文化等各方面的复杂关联，以及与这种关联本身密切相关的全国范围的信息交流、资源分配和能量流动。

第五，我们当然同意赵世瑜等诸多学者的观点，也就是借鉴加州学派的做法，从全球史的角度探讨江南与外部世界的互动，而不是仅仅停留在南北比较或中西比较的层次[③]，但是这样一种互动并不是“全球分叉”或“全球关联”[④]等词所能完全概括的，而应该从“全球汇聚”的角度，进一步追索分布于此一星球的多元世界内不同力量碰撞交融的分分合合，同时把这一视野贯穿历史始终而非局限于明清以降的近世，进而对所谓的“江南道路”作批判性反思。

第六，我们更愿意把学界的已有思考，与灾害史、环境史或生态史的视角结合起来，看看能否从中涌现新的解释框架。十多年前笔者曾建议用环境史范式来取代当时占主导地位的新自由主义市场经济范式或近代化范式，更不用说早先的资本主义萌芽模式或革命史范式。这一建议并不只是“强调研究内容和对象的拓展，如从社会经济扩展到环境生态”[⑤]，而是采用更具包容性的框架，以不断变动中的人与自然的关系作为观察一切社会经济事象的视界，“通过探索人口压力、环境变化、市场变迁、阶级分化等诸多因素错综复杂的交互作用的过程，来把握社会经济结构的演化和转变，努力建立一种新的研究范式”；在笔者看来，社会经济结构的演化过程，就如同科学研究的“范式转换”，“本质上体现为一种格式塔式的结构转换过程，而非渐进性的积累过程；是凤凰涅槃，而非蛇蟒蜕变”。[⑥]

此前此后，这一方面的研究取得突破性进展，其贡献突出者，至少有王建革、钱杭、余新忠、吴滔、李玉尚、冯贤亮、谢湜以及吴俊范等。需要强调的是，我们对灾害问题、环境问题

① 刘志伟：《超越江南一隅：“江南核心性”与全球史视野有机整合》，《探索与争鸣》，2016年第4期，第86-91页；刘昶：《国际比较视野下的江南研究：问题与思考》、邹逸麟：《谈“江南”的政治含义》，载王家范：《明清江南史研究三十年：1978—2008》，上海古籍出版社2010年版，第346-348、177-182页；杨念群：《何处是“江南”？清朝正统观的确立与士林精神世界的变异》，生活•读书•新知三联书店2010年版。

② 唐力行：《超越地域的疆界：有关徽州和江南研究的若干思考》，载唐力行：《江南社会历史评论》第一期，商务印书馆2009年版，第1-12页。

③ 赵世瑜：《在中国研究：全球史、江南区域史与历史人类学》，《探索与争鸣》，2016年第4期，第81-85页。

④ “全球关联”系彭慕兰《大分流：欧洲、中国及现代世界经济的发展》一书中译者对“global conjuncture”的翻译，显然有误。用“关联”一词很容易使读者将其与connection或correlation联系在一起，其与conjuncture含义大为不同，后者不只有关联之意，更突出的是有关共时性各要素的相互碰撞，借此涌现新的事物，形成演化道路的分叉，其内含复杂性思维和非线性逻辑，也更具动态意味。

⑤ 刘昶：《国际比较视野下的江南研究：问题与思考》，王家范：《明清江南史研究三十年：1978—2008》，上海古籍出版社2010年版，第342页。

⑥ 夏明方：《老问题与新方法：与时俱进的明清江南经济研究》，《天津社会科学》，2005年第5期，第116-123页。

和生态危机的讨论，不能仅仅聚焦于水旱疾疫等天灾，还应包括大大小小的战祸或兵燹①，而且对于这样的危机，不能仅仅当作一种外部的、偶发的或次要的因素，而应把它看成江南历史不容遮蔽的内在驱动力，否则不但不足以从更深的层次来揭示江南道路之源与流，也不足以凸显江南道路真正的活力。一个从相对意义上来说确定性的江南，正是对充满不确定性的种种危机、种种顿挫进行相对成功或不成功的人为响应的结果，而此种响应本身可能又孕育着新的危机。平衡来自不平衡，不平衡来自平衡，是之为富于韧性的动态平衡。

总之，江南研究行至当今，确然需要更宏大的叙事来概括之、检讨之，而这样一种大叙事，不只是大一统的国家史，也不仅是全球史，更不是狭隘、抽象之人的历史，而是包括天、地、生、人在内的江南乃至中华生态系统的宏大变迁史。江南不过是这一变动的系统之中一个引人注目的大旋涡而已。

这样的工作，当然不是笔者所能一力完成的。作为一个外行，我能设想的进入江南史这一巨大学术旋涡的路径，就是把上文提到的中国经济史研究的“江南化”和“非江南化”话语，作为研究江南历史的问题意识，以此作为一个中介，尝试着探索以江南为中心的“内外联动”、“上下结合”、“古今贯通”、“中西互动”、“天人相应”以及“形神兼备”的网络式格局。窃以为，上述江南话语，并非相关学者在概念界定上玩弄文字游戏，它其实是学者对既存历史的提炼，尽管其中不免有误读之处，但总体而言还是在很大程度上反映了不同时期江南内外对江南的感觉和认知，透视了现实历史中切实上演的一出出极为精彩的宏大话剧。换句话说，作为一种特定地域之江南的形成，同时也是其他地域的“非江南化”过程，两者相伴而生，密不可分。将此与千百年来江南的经济成长之路相对照，则不难发现这样一种奇特的历史景观：一方面是江南经济及其影响的不断扩张；另一方面则是江南地域认同的日趋逼仄与相对固化，两种趋势看起来截然相反，长期以来却又并行不悖。对于这样一种日趋缩小的空间范围，身处其中的江南人不但不以为意，反而越发引以为傲。一部出自“江南水利局”的水利志，在其“叙例”中即曾直言“江南”就是“对江北而言”，至于“苏皖兼圻，称曰江南”，那是“清代则然，民国则否”。②事实上，此类无形的江南意识或江南话语本身也是有形之江南构建的精神动力之源，两者互为因果，相辅相成。过往的研究过于注重江南经济的物质表现，相对忽略了江南内外有关江南的感知和思考对江南经济演化之路的影响以及演化中的江南经济对前者的反作用。

如前所述，《中国国家地理》在2007年第3期的“江南专辑”中，就自古迄今“江南”概念从古代的普通名词逐步演化成特定的专有名词这一过程进行了讨论，对“江南”一词指称的地域范围自秦汉至明清由大到小、逐步萎缩的过程作了颇为生动的描述，但笔者更感兴趣的是渗透其中的这样一种问题意识：“为什么全国无数的江南最后都失去了叫‘江南’的资格，为

① 参见周武：《太平军战事与江南社会变迁》，载熊月之、熊秉真：《明清以来江南社会与文化论集》，上海社会科学院出版社2004年版，第14-29页；周武：《咸同文教之厄与江南文化版图重构》，载王家范：《明清江南史研究三十年：1978—2008》，上海古籍出版社2010年版，第258-289页。

② 沈铨：《民国江南水利志》卷首，1922年木活字刊本，转引自冯贤亮：《上海繁华：民国江南城镇的社会变化与人生追求》，载常建华：《中国社会历史评论》（第14卷），天津古籍出版社2013年版，第283-305页。

什么最后只有某一块地区可以独享江南的桂冠？”[①]笔者所概括的“江南化”与“非江南化”亦是依此而创生。只是该杂志依据的是早年周振鹤的研究成果，亦即把秦汉时期的江南依据行政区划局限于长江中游，这在一定程度上反而缩小了这一空间范围变化的幅度。如果采用司马迁的广义江南，也就是包括沂水、泗水、汉水以北部分地区以及岭南的广大地区，则中华文明诞生以来江南地域范围的转变，对于华夏生态系统的意义将更加凸显。

一旦把这样一种问题意识带入对于江南的考察与探索之中，另一重“江南意象”也就油然而现。只是这种意象是出于国人话语中真正的“小江南”，而非前文所说的狭义江南。易言之，在我们生活的这片中华国土之上，至少在过去一千年以来，实际上存有两种意义上的“小江南”。通常意义上的“小江南”，其地理位置统统在狭义江南之外，其中多数所占有的空间甚至远远大于后者，但由于它们无不是对狭义江南的效仿和模拟，自然也就让狭义的江南凸显它的伟岸，使其成为国人心目中地地道道的“大江南”。那些身处江南之外者，莫不心心念念地向往着江南。有的远赴江南，候鸟般地乞讨人生，或搜寻当地人腾出的生存缝隙做久留之计，他们在分享江南的余润之际，也在江南内部强化着南北之界限；更多的则是以江南为楷模，用自己的双手对脚下的土地进行非同寻常的改造，试图把它变成心中的江南，是谓“小江南”，江南之外的“江南”。这是一种可称之为“学江南”、“变江南”的运动，迄今未有已时；而且也不完全是江南之外的民间自发行为或地方性举措，至少在北宋时期、18 世纪的清朝，它在一定意义上还上升为一种运动，进而对中国的经济演化产生了不可低估的重大影响。

一方面是江南向吴越、向江东、向浙西亦即向太湖平原的萎缩，一方面则是如此萎缩的江南以自身为核心向北方乃至四周的辐射和扩张，这是一幅怎样的历史图景，又是一种怎样的江南情结！以笔者个人的经历而言，家乡所在固然是江北，却也是鱼米之乡，历史时期也曾归属于江南的行政范围，著名的《孔雀东南飞》说的就是发生在那一带的故事。我们自小也把自己当作南方人，把北方人叫作“侉子”，对方则反过来把我们叫作“蛮子”。然而作为一个江北之人，当你置身长江之南，你不时感受到的是一种无形的界限把你和当地人切分而开。更让笔者受“打击”的是 2016 年春节之前，有朋友告诉笔者，笔者在家乡过的“小年”是腊月二十三（送灶节），全然是北方的风俗，而在真正的江之南，“小年”是腊月二十四。笔者不清楚如何解开个中缘由，或许笔者的祖先确是从更远的北方迁移过来的，但是当他们尤其是他们的后代以“江南”或“准江南”自诩的时候，实际上又在江南之外制造着新的南北之别。或者说，曾经的江南被排斥出江南之后，仍执拗地把自己等同于江南，江南的范围貌似又在维持与延展之中。

现代扬州的境遇同样尴尬，民国时期曾经因为自己的著作披露了扬州人生活中的某些不雅相而吃了一场官司的易君左，实际上在他的著作中还为扬州人的“江南”身份作辩解，认为扬州人虽在江北，却“早已江南化了！他自隋以来代表整个儿的江南民族性，说扬州是江北，真黑天冤枉！”[②]至于其他原非江南却又以江南自居的地域，更是多得不可胜数。江南的这种被扩张过程，使前文提出的“江南化”具有了另一重含义。必须强调的是，这样的“江南化”，

---

① 单之蔷：《“江南”是怎样炼成的？》，《中国国家地理》，2007 年第 3 期，第 12-15 页。

② 易君左：《闲话扬州》，中华书局 1934 年版，第 28 页。

并非只是一种类似于易君左眼中的文化上的攀附，在很多场合，紧随而至的是对各自所在地域经济发展之路的重新规划，进而也意味着对当地生态系统的全新构建。对此一过程进行系统的梳理，当可更清晰地认识所谓的“江南道路”及其生态意蕴。由于此类“江南意象”已经跨越了江南之界，故此这样的梳理实际上也是在探讨“中国道路”的过往、今生以及可能的未来。

三、山海生态系统：一种透视江南地域的新视野

不过，要想使这样的论证得以展开，我们尚需解决如下几个前提性问题。其中之一就是对应今日江南如此之小的格局，我们必须反向提问：过去的江南究竟有多大？与之相关联的另一个问题则是，作为一个地域称谓的“江南”，到底可以追溯到怎样的历史深处？在这样一种不断变动的江南话语中，“江南化”与“非江南化”的展开，到底呈现出怎样的轮廓来？这本是一个巨大的工程，此处只能暂且利用现有的学术成果和自己的有限理解来鸟瞰。

大体而言，秦汉以来“江南”的空间变化，有这样几个阶段，这就是从秦汉之际司马迁眼中的“泛江南”，到魏晋南北朝（孙吴、东晋六朝）的“中江南”以及隋唐北宋的“大江南”，之后才是南宋及元明清时期的“小江南”。从经济的角度来审视，第一阶段的江南，是作为关中模式之外的边缘或落后地区，不妨称之为“原始江南”；魏晋南北朝，旧江南的消失和新江南的诞生，意味着古典江南的形成与崛起；隋唐北宋，为古典江南的成型期；南宋至元明清，为古典江南的成熟期；之后是古典江南的衰变期，亦即在衰败之中获得新的形态。

因之，笔者所说的江南化，在不同时期也就有了不同的意义。秦汉时期的“江南化”，实际上是关中或中原模式反向建构的结果，与今日江南意象截然相反；东汉以降魏晋南北朝时期的“江南化”，是古典江南独立成形的诞生期，它从最初对关中的模仿（有学者称其为“中国化”①），逐渐演化为对江南本土的构建（李伯重称其为“江东文化”②），而北周贺兰山下“塞北江南”的出现，恰好印证了江南的新生，也开启了“江南化”的新时代。隋唐时期的“江南化”，一方面体现出南北两种文化和制度复杂的互动关系（陈寅恪名之为“南朝化”），另一方面也表现为江南内部的互动与分化。这种分化在宋代更为明显，不仅相形见绌的北方以国家的名义开启了对南方的大规模仿造，原来混杂一处的“泛江南”，其边缘地带逐渐与核心地带分离，并被核心地带的光芒所辐射，如岭南、西南，甚而最早获得江南之确切定义的湘鄂赣地区，也就是现在长江中游的中南，也从宋以降逐渐变成了江南的学习者，虽然相对于北方而言，这些地区仍可泛称为“江南”。至于鸦片战争之后，尤其是太平天国运动之后，江南的地域空间更趋逼仄，同时也涌现出更新的意蕴。在这一时期，对江南的学习在其他地方，尤其是北方，仍在延续，但是这一江南化的过程逐渐依附于另一种更为强大的潮流，这就是以西方工业化、城市化为主导的全球化大潮，这一大潮最具优势的地区同样是在江南所处的空间，但是人们对

---

① 张齐明：《移民与六朝时期江东的“中国化”》，《文史知识》，2016年第3期，第21-31页。

② 李伯重：《东晋南朝江东的文化融合》，《历史研究》，2005年第6期，第91-107页。

它的称谓，已不是“小江南”，而是“小上海”了。[①]

这一时期的上海在空间上已经不再像以往一样包容于江南之中，亦即“江南的上海”，而是从中分离了出来，江南变成了“上海的江南”。故此，包伟民在研究近代江南市镇变迁时，对李伯重的江南作了新的界定。鉴于长江下游经济地理的中心已从传统太湖东侧的运河沿线转移到沿海平原一带，中心城市从原先的运河城市苏州转移到近代口岸城市，他将江南地区界定为“近代本地区最重要的工业都市上海在经济文化上对周边辐射所及的范围”[②]，虽然先前被排斥出去的宁绍平原也包括了进来，但江南的内涵已经发生了本质的变化。与此同时，江南之外对“小江南”的歆慕和热情未曾稍减，它与“小上海”奇异地纠合在一起，共同谱写出华夏历史的新篇章，当然也从此逐渐地，进而从根本上改变了华夏生态系统。所谓的“小江南”至此呈现出第三种不同的面貌来。江南之名仍在延续，但已经不是明清的江南了。江南自身也开启了“去江南化”之路。

接下来的问题是，这样的“江南”，不管是江南区域之内，抑或之外，又如何称之为“生态系统”，尤其是“山海生态系统”？

学界对江南区域的界定有各种不同的取向，但至少在经济史学界，大体上还是采用美国中国学第二代杰出代表施坚雅对 19 世纪晚期中国九大宏观区系进行划分时提出的标准。这一标准不再从行政区划出发，而是以自然条件为基础，主要是以分割大河流域的山脉即分水岭为界。但是与以往根据土壤、气候、农业或民族等共同性的标准来确定区域范围不同的是，施坚雅明确地把他的“地区”或“区域”定义为内部各自有别的系统相互联系的一个整体。[③]他强调的是区域整体性与差异性的统一，而不是追求均质化。施坚雅的目标当然是用微观、中观层面的地方史、区域史来对中观或宏观层面的局部中国、整体中国进行解构，用他自己的话来讲，就是“广州三角洲并非岭南，渭汾新月形地带也不能代表西北，尤须指出的是江南并非是中国”[④]。但是他用以解构整体的手段，恰恰不是国内众多学者所强调的均质化区域。这种对于区域的简单化理解，已经成为制约当前中国社会史研究进一步前行的重大理论陷阱。

因此，在施坚雅的区域系统里，首先存在的是盆地、河流和山脉等地理差异，继而是由这些地理差异在交通运输方面导致的效率高下，因而产生的经济空间的差异，即核心区与边缘区的差异，城市与乡村的差异，于是从中心到周边，可耕地的数量与质量、水利优势、人口密度、交通优势、市场发育及城市聚落等，均呈递减式梯级分布格局。他指出：“关于地形一概平坦、无特色的概念，必须由下述概念所代替：地形有系统变化，从靠近中心都会（A类中心）的丰饶平原，到处于地区边缘的人迹罕至的不毛之地都有（在中国多数地域，地区

---

① 周武：《太平军战事与江南社会变迁》，载熊月之、熊秉真：《明清以来江南社会与文化论集》，上海社会科学院出版社 2004 年版，第 27 页。另请参考王家范：《从苏州到上海：区域整体研究的视界》，《档案与史学》，2000 年第 5 期，后收入王家范：《漂泊航程：历史长河中的明清之旅》，北京师范大学出版社 2013 年版，第 158-164 页。

② 包伟民：《江南市镇及其近代命运：1840—1949》，知识出版社 1998 年版，第 14 页。

③ 施坚雅：《十九世纪中国的地区城市化》，载施坚雅：《中华帝国晚期的城市》，叶光庭等译，中华书局 2000 年版，第 247-248 页。

④ 施坚雅：《十九世纪中国的地区城市化》，载施坚雅：《中华帝国晚期的城市》，叶光庭等译，中华书局 2000 年版，第 287 页。

边缘的周围都有崎岖的山脉，华北的大部分沿海地区是盐渍沼泽，华北和西北的亚洲内地边缘大部分是沙漠）。”①

不过，他强调地理和经济差异，并非把它当成完全静态的结构，而是一种“生态过程”，其间的城市化并不能看作“地区结构中地文原始面貌的简单结果”，它本身因人口的集中居住对建筑材料和燃料的需求，导致边缘高地森林砍伐和土壤流失，而这些流失的土壤反有助于低地核心城郊农业提高土壤肥力。此种“肥力转移”的过程表明，“地区核心的城市化过程本身，是以牺牲周围边缘地带的潜在城市化为代价的”，它自身的发展“引起了边缘地带的城市不发展”。②

这一“动态”还体现于时间之轴上。正如柯文指出的，“所有的区域系统都经历了发展与停滞的循环过程，这种过程在某种程度上与王朝的兴衰更迭相一致，但在某种程度上又按照自己特有的节奏发生变化”。③不同的空间亦有不同的时间逻辑。在施坚雅看来，贯穿中国历史的大灾大难，如造成惨重损失的水灾、旱灾，中国内部的历次动乱，以及朝廷作出的重大决策，都会对相关区域系统产生巨大影响，导致区域系统的波动，不过其影响范围，无论在时间还是空间分布上都是不均匀的，因此各区域系统的周期性波动并不一致。④各区域体系都有着自己顽强的自组织性。他之关于由各级市场纵横交织的连锁网络构造的区域体系结构与自上而下分离式的国家行政结构之区别，以及由此形成的国家行政权力之外“非正式副政治体系的力量”的分析，也与此大有关联。

当然，正如批评者所言，施坚雅的区域系统模式并不完善，还有很多值得商榷的地方，比如：把国家与区域系统，以及区域系统相互之间在总体上进行分离，淡化天灾战祸给区域系统的影响，从而突出区域系统的自主性、独立性；其所划分的九大区域主要集中于东部的“农业中国”，不包括西北、西南的“游牧中国”，而作为九大区域之一的东北地区又因为当时城市不发达而被置之不论；对 19 世纪中叶来自西方世界的冲击更是只字不提；等等。所有这些，毫无疑问都严重削弱了其理论的解释力，但值得注意的是，他的区域系统，说到底是一个流域之内地文区、经济区、市场区、社区、行政区、文化区等既相互作用又层层嵌套的综合性体系，且涉及人与自然的相互作用；如仅仅抽取其与经济有关的部分作为研究指南，虽然从研究的目标来说无可非议，却肯定会使施坚雅的模式残缺不全。

李伯重的“江南经济区”概念，在很大程度上是对“施坚雅模式”的一种纯粹经济学的偏转。他的体系之中有山，有平原，有江，也有海，但主要是作为抽象的“界”，而没有当作实在的生态系统，也没有当作江南区域生态系统的有机组成部分。他虽把江宁、镇江二府和杭州、湖州二府西部山区都划入江南，但其主要目的并不是从区域内部自然差异性出发，而是为了给核心区勉强凑一个边缘地带，作为“东部平原的附庸”。他认为，这些地方与“土地平衍而多

① 施坚雅：《城市与地方体系层级》，载施坚雅：《中华帝国晚期的城市》，叶光庭等译，中华书局 2000 年版，第 337 页。

② 施坚雅：《城市与地方体系层级》，载施坚雅：《中华帝国晚期的城市》，叶光庭等译，中华书局 2000 年版，第 339-343 页。

③ 柯文：《在中国发现历史——中国中心观在美国的兴起》，林同奇译，中华书局 2002 年版，第 181 页。

④ 施坚雅：《十九世纪中国的地区城市化》，载施坚雅：《中华帝国晚期的城市》，叶光庭等译，中华书局 2000 年版，第 251-252 页。

河湖”的核心区相比，“或仅具其一而两者不能得兼”，“自然条件大不同于东部平原”[①]，理论上不应归入江南。李伯重后来虽然补上了对江南区域认定的另一个条件，即主体的认同，从而在一定意义上认识到区域界定也是一个主体与客体相结合的过程，但是这样的主体与其生存于其中的自然生态及其变化之间曾经有过什么样的关联，他最初所论甚少，近年来则兴趣日浓，但也主要是从正面论述，从纯粹的自然界变化入手，着力强调江南人类生态系统的优越性，忽略或淡化了其中存在的问题和危机。

比较明确地用“生态系统”概念来分析和概括长江三角洲经济与社会的，是美籍华裔学者黄宗智。他先是在20世纪80年代初期探讨华北平原时以之作为比较对象，认为“要写农村社会史，就得注意环境与社会政治经济的相互关系”，亦即“生态关系”[②]，但当时他的研究无意展示华北平原生态系统的全部特征，也没有考虑由山地、高原、平原、水系等多样化生态单元所构成的复杂区域生态系统的全部特征，使其所倡导的生态系统分析方法并不彻底[③]；对江南也只是寥寥数语。之后撰写《长江三角洲小农家庭与乡村发展》一书，他对作为生态系统的长江三角洲作了较为细致的论述，认为应该把它“作为一个内部相互关联的有机整体”，这种关联体现为“自然环境、社会经济结构和人类抉择作用之间的相互影响”，“其中的每一个局部都是与整个系统的其他部分相互作用的”。他还注意到由两种地理因素造成的长江三角洲地势的不同构造，即因长江干流和海潮的相互作用而形成的本地区外延的冈身地带或“碟缘高地”与8—12世纪盆地中心地带地势的下沉，也注意到太湖的生成及其周而复始的拓展和收缩过程，并利用当时陈吉余、谭其骧等中国历史地理学家的研究成果，认为长江三角洲是“由自然的、人为的多种因素复杂地相互作用而成”，这种作用包括上游的森林砍伐、水土流失，长江泥沙沉积，气候冷暖变化与海平面升降，海岸侵蚀，太湖的淤积与围垦等。这样一种特殊的地形，经过长时期的演变，至清代逐渐形成区域内部的经济分化，如高地主要种植棉花，生产原棉和棉布，中心区域“则发展成一个水旱作物相辅的系统，田地中间种植水稻，堤圩上植桑以供养蚕”，而在中心区域和边缘地带之间，“地势既未低到非筑圩不可，又没有高到引起灌溉困难，所以田间几乎无一例外地种植水稻”，这三个区域各以自己的物产相互交换，“构成了一个中心与边缘地带相互依赖的经济系统”。另外，如此地形也决定了该地区开展的水利工程，“把地方士绅、农民和国家联结成一种在华北见不到的、复杂的、富于变化的三角关系”。[④]黄宗智的长江三角洲依然没有超越太湖平原，在一定意义上来说不过是其后续研究的前史，但已经不是千古未变、平整单一的水乡景观了。

对黄宗智进行激烈批评的彭慕兰，以江南为中心构造了一个与18世纪的英格兰同等发达的中国区域经济体系，把中国带入世界经济体系之中，其对中国的区域划分显然遵循了施坚雅的框架，但是在他笔下的经济区域，除了各种抽象的生态要素，如森林、煤炭、棉布、蔗糖等

① 李伯重：《“江南地区”之界定》，载李伯重：《多视角看江南经济史（1250—1850）》，生活·读书·新知三联书店2003年版，第449页。

② 黄宗智：《华北的小农经济与社会变迁》，中华书局1986年版，第51页。

③ 夏明方：《环境史视野下的近代中国农村市场——以华北为中心》，《光明日报》，2004年5月11日，第B3版。

④ 黄宗智：《长江三角洲小农家庭与乡村发展》，中华书局1992年版，第21-39页。

频繁地流动之外，看不见山，看不见平原，也看不见有形的海。可以说，与此前或当时各类中国经济史著作相比，彭慕兰的《大分流：欧洲、中国及现代世界经济的发展》毫无疑问应该归为环境史的经典之作，然而即便如此，还是把一个有着多样化与复杂性的区域生态系统简单化了。①

事实上，李伯重在讨论“江南经济区”时也提到了“生态系统”，还特别交代了斯波义信把施坚雅的“地文地域”说发展为“地文—生态地域”说。②就目前所见，正是这位在中国经济史领域成就卓著的日本学者，其所倡导的“生态系”（ecosystem）论，第一次将长江三角洲的山地、平原、海洋相对而言比较有机地整合在一起，为汉代以降江南核心区的形成及其内部之核心、边缘关系的动态转换，构建了新的解释体系。这一历史的角度，也使施坚雅相对静态的区域体系理论得以进一步完善，由此赢得了施坚雅的赞赏。

与施坚雅一样，斯波义信不赞同对江南作“同质地域的区分”，而是将区域定义为“诸要素的相关性”，他也认为中国各大区域是以河流汇聚为地文特征的社会，其经济核心区域大多处于河川流域的低地乃至平原地区，此处集中了最密集的人口、最繁荣的城镇、最廉价的交通和最发达的农业。但在施坚雅那里相对稳固的区域内结构，在斯波义信的研究中，则成为需要解释的生成过程。他在中国历史地理学家陈桥驿相关研究的基础上，借鉴日本学者高谷好一对泰国湄南河流域的研究经验，将“长江下游大区域”分为河谷、扇状冲积地和三角洲三种类型，认为汉代以来此一大区的移民、定居和开发，其一般趋势是从山地逐渐向滨海的三角洲地区扩展，逐级进行陂湖灌溉、围湖造田和防潮大堤等大规模的水利工程建设；国家和地方社会的关系也随之展开，国家在最初的工程建设和维护方面扮演了决定性的角色，其后随着低地开发工程的结束，国家的力量开始淡化，而地方势力因之崛起。③

国内学者在这一方面也有不少具体的实证研究。除了陈桥驿之外，迄今最具分量的成果当数王建革的《江南环境史研究》。虽然与绝大多数学者一样，其研究的视点依然没有从太湖流域移开，但是源于环境史本身的内在要求，王氏笔下的太湖已经被有意识地置放到包括山地、丘陵和海洋在内的生态系统之中了。④不过相较之下，反而是从事江南社会史研究的学者，更自觉地从中提炼某种解释性的概念或框架。余新忠、惠清楼较早注意到浙西地区平原、山地及其过渡地带的地形差异对社会经济的影响，并依次将清前期杭州、湖州府分为核心、边缘和中间三个地带，只是未曾提及海洋。⑤唐力行在从事徽州与苏州的区域比较研究时，则明确选择“山海互动”的角度。与大多数江南研究以太湖为中心的做法相反，他以徽州所在的山地为中心，以徽商的活动网络为主体，多层次构建山、原、海的关联，认为苏州与徽州的互动，既是

---

① 彭慕兰：《大分流：欧洲、中国及现代世界经济的发展》，史建云译，江苏人民出版社2003年版，第211-246页。

② 李伯重：《“江南地区”之界定》，载李伯重：《多视角看江南经济史（1250—1850）》，生活·读书·新知三联书店2003年版，第448页。

③ 斯波义信：《宋代江南经济史研究》，方健、何忠礼译，江苏人民出版社2001年版，第174-217页。

④ 王建革：《江南环境史研究》，科学出版社2016年版。

⑤ 余新忠、惠清楼：《清前期浙西杭州、湖州府社会、经济和文化发展的三个层次》，《苏州铁道师范学院学报》，2001年第1期。

“平原与山地的互动”，也是“江南与大海的互动”。[①]朱小田的做法与此相反，他把视野从平原转向滨海，提出江南社会史研究的“东海类型”说。他指出，过去把江南社会等同于江南水乡、太湖文化、吴越文化，以为“港汊密布交错，农人共话桑麻，苏杭地上天堂，便是全部的江南”，是从自然到人文和社会都弄得“非常纯然”了，其实“小桥、流水、人家”只是中心地带的地域影像，周边山区“草木葳蕤，瀑布飞溅，炊烟袅袅”，同样是江南人家；滩涂、海水、岛礁、海船、鱼盐场、妈祖等环境要素，也是“江南社会的文化符号”。江南其实是由中部水乡、边缘山丘、东部岛礁这三个部分组成的环状梯级分布而成的地理格局。从江河流域—山脉分界线这种自然生态要素出发，江南地域景观一目了然：

> 从西部开始，由北向南转东一线，缘饰着山丘，有宁镇山脉、宜溧山地、黄山、莫干山、天目山、龙门山、会稽山、四明山、天台山等；中部核心区以太湖为中心，是苏南平原和浙北平原，地势低平，呈浅碟形。整个江南以太湖为枢纽，上纳山地之水，下泄至东海。宁绍北部虽被杭州湾喇叭口与杭嘉湖南部切开，但同属浙北平原，呈现出与太湖地区基本相同的水乡景观。[②]

施坚雅的区域分界法通过李伯重到朱小田再次回到江南地区，江南的多样性自然生态终于越来越多地进入江南学者，尤其是江南社会文化史学者的眼界之中，这无论如何也是一个巨大的进步，虽然从施坚雅、陈桥驿算起，迄今已经迂回了三四十年之久。当然我们还不能停留在社会文化史学者眼中相对静态的自然生态差异之上，尚需更进一步，也更深入地去发掘斯波义信、黄宗智的理论洞见，同时参考谢湜循此思路对江南高乡与低乡所作的“时空连续体”分析，我们才有可能得到一个相对比较完整、清晰，融合人与自然交互作用的，因此也总是变化着的江南生态景观。

这样的生态系统，并非只包括太湖流域这个单一的生态区域，而实际上是一个相对完整的复合生态系统。从自然生态的角度来说，它包括山地，包括平原，也包括海洋，更包括这三者之间因为水、土、生物及其他要素之复杂互动而构成的整体。过去的研究无不集中于土地这一关键资源，而恰恰是这个所谓的“地”（古字为“埊”），按照西晋张华《博物志》的解释，是由山、水、土和草木等多种要素共同组合而成的[③]；而这一组合，与带来冷暖干湿等各种气候变化的“天”也密不可分地联结在一起，由此形成真正立体的自然生态江南，而非平面化的水土江南。从人文生态来说，它涉及人对这一地域自然环境的认知，以及在此基础上对当地资源的占有、转换、利用、分配、交换和消费，体现为该地对山、水、土、物以及人本身之不同组合和综合调配的水利灌溉、稻作经济、蚕桑生产和市镇发展。而从一个较长的历史时段来看，作为该区域经济核心的，也并非后来的太湖平原，而是在山地、平原和海洋之间因时而异地交

---

① 唐力行：《结缘江南：我的学术生涯》，载王家范：《明清江南史研究三十年：1978—2008》，上海古籍出版社 2010 年版，第 26-60 页；《近世苏州徽州的互动及其经济社会变迁的差异》，载熊月之、熊秉真：《明清以来江南社会与文化论集》，上海社会科学院出版社 2004 年版，第 111-127 页。

② 朱小田：《江南社会史研究中的东海类型——一个问题的引论》，《江苏社会科学》，2015 年第 5 期，第 207 页。

③ 《康熙字典》引《博物志》：“地以名山为辅佐，石为之骨，川为之脉，草木为之毛，土为之肉。”（清道光七年（1827）奉旨重刊本，丑集中，土部，第 3 页）。

相切换，并因三者之间的差异、切换和变动引发人与资源相互关系的空间分异和转换，从而推动江南经济、政治、文化与环境的共同演化。从空间的层次而言，这样一种复合式的山海生态系统，实际上是由更多微观层次上的山海生态系统，以一种分形的方式层叠、嵌套而成，而整个江南自身（狭义江南）又构成了另一种更为广大的山海生态系统的组成部分。从宁绍平原到太湖平原，从长江三角洲到中国东部各江河流域的平原，无不是位处类似的山海生态系统之中。中国西部地区则是一个与此相反相成的另一类型的生态系统，或者可称之为“负山海生态系统”。总之，整个中国就是一个复杂的多层次嵌套的山海生态系统。我们习惯所指的中国道路，在很大程度上既是这些不同的山海生态系统交互作用的产物，也是导致这些山海生态系统进一步变化的动力。这样的一种山海生态系统，并非某种稳固不变的自然系统，而始终处于动态的变化之中；这样的变化，同时又离不开栖居其间的人类活动的作用，因而它自始至终就是一个不断变动着的动态平衡系统。

此种导向，颇接近于美国20世纪六七十年代以来兴起的“生态区域主义”（或称“生物区域主义”）；国内学者提出的“历史流域学”[①]概念，与此也多有契合之处。意味深长的是，施坚雅以山脉河流为标准确立的中国宏观区域体系，并不像有些学者诟病的那样，因其主要依据19世纪中后期的资料和数据，故并不适用于历史时期的中国；恰恰相反，其所界分区域的原则正是中国古代，至少是唐以前行政区划的基本原则，即“山川形便”，而这一原则最早的源头至少可以追溯到战国时期的《禹贡》[②]；至于中国考古学界对史前文化的分区，也有学者判断，与施坚雅模式也极为相似。然而，这里并不是想以此来论证某种新时代的“西学中源”说，而只是要表明对任何一种理论，即便是过去的理论，不要轻言过时，对江南的研究也同样如此，我们需要以一种虔诚的敬畏之心，对待江南研究中或大或小的学术贡献，然后再由此前行。学术的累积和发展，不是走在平路上，而是要攀越崎岖的山径，才有可能登上人类学术的高峰，远眺无边无际的文明海洋。

（原载《历史研究》2020年第2期；
夏明方：中国人民大学清史研究所教授。）

① 王尚义、张慧芝：《历史流域学论纲》，科学出版社2014年版。

② 周振鹤：《犬牙相入还是山川形便？——历史上行政区域划界的两大原则》（上、下），《中国方域：行政区划与地名》，1996年第5、6期；施坚雅：《中国封建社会晚期城市研究——施坚雅模式》，王旭等译，吉林教育出版社1991年版，第4-5页。

中国农业灾害史研究的基本问题及学术旨向

卜风贤

摘　要：农业灾害史作为灾害史研究的分支方向受到学界各方关注并取得长足发展。虽然目前关于农业灾害历史演进、历史农业灾情特征及农业减灾救荒史等基本问题的专题研究进展顺利，但仍存在研究方向不明确、研究领域未能充分拓展以及研究范式固化等问题。有必要从传统农业、粮食安全和农业遗产等三个维度进一步推进农业灾害史研究，以期从科技史、社会经济史和文化史三个方向充分拓展农业灾害史的学术空间，形成既具有显著灾害史分支学科特性，又能兼容统筹于农业史学科体系的农业灾害史学术领域。

关键词：农业灾害史；传统农业；粮食安全；农业遗产

中国灾害史研究自20世纪二三十年代肇兴，至今已有丰富的学术积累。中国古代自然灾害的主要承灾体是农业生产，故农业灾害史在灾害史研究中占有重要地位。农业灾害史是以农业生产受灾、成灾以及减灾、防灾为研究对象的灾害史分支方向，灾害史研究中与地方社会和民生经济相关的问题大多都会涉及农业生产，因此综论灾害史研究进展就会发现，农业灾害史看似偏狭，实则广泛涉及灾害史研究的多个方面。经过多年的发展，农业灾害史的专题研究已有显著进步，因此有关农业灾害史的综述和评价也亦步亦趋，一度蔚为大观。[①]近年来，随着灾害史研究的迅速发展以及因此而激发的灾害史学科新动向，诸如灾害文化史、灾害社会史、区域灾害史、历史灾害文献和典型灾荒案例研究的勃然兴起，原本基于产业分化的农业灾害史研究反倒出现一定程度的停滞、困顿甚至茫然失措，发展方向不明确、学术空间备受挤压以及研究范式固化等问题相继显现。农业灾害本属于自然灾害系统的主体部分，农业灾害史研究也应该为灾害史研究开辟蹊径、提供助力，但是21世纪以来农业灾害史研究反倒迷失了方向，与灾害史研究的整体发展不甚协调。在此学术背景下，基于农业史学科探究农业灾害史研究的再生之路，无论对于农业灾害史这一独具特色的学科领域，抑或是作为灾害史体系内的分支学科，都有一定的积极促进作用。

一、农业灾害史研究的回顾与评述

农业灾害史研究作为专门学术方向予以讨论，与农业灾害学的学科建设具有密切关系，因

① 关于农业灾害史研究的综述和评议性成果主要有：于洪飞、顾慰连、赵华鹰：《农业灾害学引论》，《沈阳农业大学学报》，1990年第4期，第271-277页；张波、李洪斌、冯风等：《农业灾害学刍论》，《西北农林科技大学学报》，1993年第2期，第1-6页；吴滔：《建国以来明清农业自然灾害研究综述》，《中国农史》，1992年第4期，第42-49页；卜风贤：《中国农业灾害史研究综论》，《中国史研究动态》，2001年第2期，第2-9页。

此其学术缘由不会早于20世纪90年代。[①]但是多学科视野下的农业灾害及农荒政策研究却早有先例可循，如30年代冯柳堂在《中国历代民食政策史》中就已经明确指出中国古代灾害与农业生产的内在关系："重要农产物，如黍、稷、稻、粱、丝、麻、粟、帛之类，咸受自然界之支配。水旱无常，灾荒代有。"[②]故此，研究宏观性的民食政策，也多有论述农业灾害的章节内容。这种因为灾害研究而讨论农业灾害史问题的经济史、社会史、文化史以及科技史成果，不但从20世纪二三十年代灾害史研究兴起以来就已然出现，即使在近年的灾害史研究领域也是相当普遍的学术现象。农业灾害问题是灾害史研究中顺理成章的论题旨趣，并不需要专门的学理探究，很多时候灾害史研究中也没有专注于农业灾害的产业属性予以讨论，农业灾害多混杂于灾害史的一般问题之中铺陈叙述。唯有农业史研究中的灾害史内容才会特别强调自然灾害与农业生产的紧密关系，并从农业生产的产前、产中和产后的过程中分析论证农业灾情以及灾害应对等问题。20世纪90年代以前，比较有代表性的农业史著作如唐启宇《中国农史稿》和梁家勉《中国农业科学技术史稿》中论述灾害，就与《中国救荒史》之类灾害史著作中偏重荒政救济的农荒议论具有显著区别。当然，农业史中的灾害研究也没有建构农业灾害史方向的明确意向，农史学家仅仅把自然灾害作为农业史的相关内容进行补充说明，既无专门研究农业灾害史的学术意识，也没有开辟农业灾害史分支领域的学术兴趣。所以，在灾害史学科建设的大背景下考察农业灾害史的学术历程就会发现，虽然农业灾害在灾害史研究中具有特殊意义，但是20世纪90年代以前，农业灾害史研究并未因此进行专门的理论和实践探索并转变为相对独立的学术领域。

（一）多学科视野下的农业灾害史研究

1. 农业灾害史的独特性质

灾害史研究中往往选取长时段或一定区域内的灾害事件为主要研究对象，或者选定典型灾害事件进行专门研究，这是过去几十年灾害史研究的常规做法。农业灾害虽有一定独特性质，但在灾害史研究早期并无独当一面的学科优势和学术队伍。因此，早期所谓农业灾害的历史研究仅限于灾害史主题下的涉农问题而已。随着研究的深入，灾害史研究中除了关于农业灾情和农民生活等必然的农业灾害景象研究以外，有关农业灾害和社会结构、经济发展以及农业生产技术关系的研究也相继进入灾害史研究议题范围。可见，只有借助于农业灾害学的理论探讨，农业灾害史研究的特殊性才有所显现并呈张扬势态。此外，由于大灾大荒对农业的影响更加突出，一些重大灾荒事件研究中更会呈现出农业灾害史的学术倾向。学界对于历史上极为突出的灾害事件有颇多热议，如王晖、张华松、李亚光等研究大禹治水[③]，刘德新、刘志刚等重点讨

---

① 张波、冯风、张纶等：《试论农业灾害文献资源清理与共享》，《农业图书情报学刊》，1992年第3期，第11-14页。

② 冯柳堂：《中国历代民食政策史》，商务印书馆1934年版，第1页。

③ 王晖：《大禹治水方法新探——兼议共工、鲧治水之域与战国之前不修堤防论》，《陕西师范大学学报》，2008年第2期，第27-36页；王清：《大禹治水的地理背景》，《中原文物》，1999年第1期，第34-42页；张华松：《大禹治水与夏族东迁》，《济南大学学报》，2009年第2期，第1-4页；李亚光：《对大禹治水的再认识》，《社会科学辑刊》，2008年第4期，第114-118页。

论陕西旱灾[1]，夏明方、朱浒、郝平等一直关注“丁戊奇荒”，等等。[2]但从整体来看，农业灾害史的研究比较零散，个案研究明显多于通史研究，规划多年的通史性研究著作《中国农业灾害史研究》迄今未能问世。

2. 历史农业灾害区研究

灾害史的主要研究方法之一就是通过数理统计来揭示自然灾害的时空分布特征，很多学者在灾害史研究中都讨论了灾害发生的时间规律和空间特征，一些学者还初步划分了几种不同形式的历史灾害区。常见的灾害区划分可归纳为两种：一是以胡焕庸线和秦淮线为标准将中国划分为三个灾害区[3]；二是以我国历史时期自然地理特征和农业生产的区域发展性状为原则将全国划分为九个灾害区。[4]但由于技术方法的限制，历史灾害空间分布研究明显滞后于时间序列方面的研究，而且灾害区的划分也大多是对自然灾害区域分异特征的解释，并没有从自然灾害成因和机理方面揭示其空间特征。

由此，历史灾害时空分布的规律性特征与农耕区变迁建立起对应关系，无论是讨论自秦汉以来两千多年的灾害区与农耕区变动关系，还是描述小范围的灾害空间特征，莫不依赖农耕区划、作物布局、作物结构、水利建设、农村社会等因素解释其中存在的灾害发生频次特征。这也在一定程度上说明历史时期自然灾害的农业属性，即传统社会的自然灾害以农业生产及其相关的农民生活和农村社会为主要侵害对象。

3. 自然灾害与农耕社会的互动关系

中国是一个以农为本的社会，频发的自然灾害直接影响农业生产，导致农作物歉收、土地废弃、百姓财产遭受损失，进而制约经济发展并引起一系列社会问题。[5]为了应对自然灾害，国家和地方政府、乡村组织和民众农户会针对具体灾情采取减灾救荒措施，维持社会稳定。因此，自然灾害与社会的互动关系问题也是农业灾害史研究的重要组成部分。

自然灾害与社会互动关系中主要关注乡村社会的灾荒救助、重大社会灾难事件以及社会历史进程中的灾荒因素三方面。在乡村社会救灾救荒事业研究中，水利社会与治水社会的研究既有理论探讨[6]，也有实证研究成果[7]，而且越来越多的研究成果开始关注科学技术变革对水利

---

① 刘德新：《开封市西郊地层“崇祯大旱”事件的孢粉记录》，《地理研究》，2015 年第 11 期，第 2133-2143 页；刘志刚：《明末政府救荒能力的历史检视——以崇祯四年吴甡赈陕为例》，《北方论丛》，2011 年第 2 期，第 74-79 页。

② 朱浒：《“丁戊奇荒”对江南的冲击及地方社会之反应——兼论光绪二年江南士绅苏北赈灾行动的性质》，《社会科学研究》，2008 年第 1 期，第 129-139 页；夏明方：《清季“丁戊奇荒”的赈济及善后问题初探》，《近代史研究》，1993 年第 2 期，第 21-36 页；郝平、周亚：《“丁戊奇荒”时期的山西粮价》，《史林》，2008 年第 5 期，第 81-87 页。

③ 王铮、张丕远、刘啸雷：《中国自然灾害的空间分布特征》，《地理学报》，1995 年第 3 期，第 248-254 页。

④ 卜风贤：《周秦两汉时期农业灾害时空分布研究》，《地理科学》，2002 年第 4 期，第 463-467 页。

⑤ 郑金彪、张玫：《水旱灾害对清末安徽淮河流域农村社会的影响》，《安徽农业大学学报》，2016 年第 1 期，第 121-124 页。

⑥ 王铭铭：《“水利社会”的类型》，《读书》，2004 年第 11 期；行龙：《从“治水社会”到“水利社会”》，《读书》，2005 年第 8 期。

⑦ 钱杭：《共同体理论视野下的湘湖水利集团——兼论“库域型”水利社会》，《中国社会科学》，2008 年第 2 期，第 167-185 页。

社会发展与转型的重要推动作用[①]。此外，传统乡村社会中的宗族、富商、乡绅、儒士等也在减灾救荒中发挥积极作用，如敦煌私社的义聚兼有“备凝凶祸”和“赈济急难”的职能作用，也多受学界关注。[②]在重大社会灾难事件研究中，“丁戊奇荒”等灾荒案例研究已经由早期的灾情灾因等灾害史研究转向关注重大灾害发生后基层社会组织的瓦解、失序到重建的灾荒社会史研究。[③]对于自然灾害的深层次影响，即灾害对社会结构变化和社会历史进程的影响作用，过去一度较为关注王朝兴衰时期的灾害事件，但这种灾害对应朝代的研究模式还是流于形式，唯有从社会结构和社会变迁的灾害因素入手，才有可能解释中国古代社会的诸多内在特征[④]，特别是所谓“灾荒之国度”得以延续发展的传统农业作用力。比照中西方灾害史不难看出，传统农耕生产在抗灾救荒中发挥了重要作用，传统农村社会也奠定了地方安宁和国家稳定的基石。

4. 灾民生活史研究

灾荒对人民生活造成极大损害，不仅破坏农田和庄稼，造成农业减产，毁坏房屋建筑，甚至伤及人畜，也对社会经济发展构成严重的负面影响。因此，灾害经济史的研究包括灾荒的形成发展过程、灾荒的救助和灾荒与区域社会经济发展的关系等诸多方面。[⑤]灾民生活史研究以灾民这种特殊社会群体为主要研究对象，不但关注灾民的社会地位、生活状态、人口结构、群体组织[⑥]，也考察灾荒期间灾民群体自救图存的生活品格。[⑦]这类研究既属于社会史研究的进一步深化，也属于农业史研究的专门学术领域，在农史研究整体推进的学术背景下，对灾民生活史研究有望进一步促进多维视角下传统农村社会复杂性的分析与解读。

多学科视野下的农业灾害史研究构建了历史农业灾害研究的基本路径，体现了农业灾害史研究的独特性质，也形成了历史农业灾害区研究、历史灾害与农耕社会互动关系研究和灾民生活史研究等主要研究方向，在一定程度上解决了历史农业灾害发展变化的特殊性和规律性问题。但是，随着灾害史研究的发展，农业灾害史研究依然停留于农业灾情与农荒救济等问题的历史叙述，研究方法相对单一，对于历史农业灾害发展演变的复杂性、农本社会的灾荒特征以及历史农业灾害科技瓶颈等问题均鲜有涉及，由此又造成农业灾害史研究的范式固化问题，使得这一曾经生机勃勃的灾害史方向渐趋沉寂。因此，农业灾害史研究急需关注灾害史理论建设、

---

① 刘志刚、陈先初：《传统水利社会的困境与出路——以民国沅江廖堡地区河道治理之争为例》，《中国历史地理论丛》，2015 年第 4 期，第 57-70 页；廖艳彬：《传统延承与近代转型：民国江西泰和县槎滩陂水利社会的演变》，《学术研究》，2019 年第 11 期，第 121-126 页。

② 郝春文：《敦煌私社的“义聚”》，《中国社会经济史研究》，1989 年第 4 期，第 27-30 页。

③ 夏明方：《清季“丁戊奇荒”的赈济及善后问题初探》，《近代史研究》，1993 年第 2 期，第 21-36 页；李楠：《丁戊奇荒前后华北乡村社会网络的重塑——以美国公理会在鲁西北的活动为个案》，《清史研究》，2019 年第 4 期，第 110-122 页。

④ 复旦大学历史地理研究中心：《自然灾害与中国社会历史结构》，复旦大学出版社 2001 年版；许靖华：《太阳、气候、饥荒与民族大迁移》，《中国科学（D 辑）：地球科学》，1998 年第 4 期，第 366-384 页。

⑤ 张水良：《二战时期国统区的三次大灾荒及其对社会经济的影响》，《中国社会经济史研究》，1990 年第 4 期，第 90-98 页。

⑥ 池子华：《近代农业生产条件的恶化与流民现象——以淮北地区为例》，《中国农史》，1999 年第 2 期，第 11-18 页。

⑦ 白丽萍：《盛世中的灾荒书写——以乾隆二十至二十一年江苏省如皋县饥疫为例》，《湖北大学学报》，2018 年第 4 期，第 115-121 页。

方法创新以及近年来出现的若干新动向，以求有所突破和发展。

（二）值得注意的灾害史研究新动向

农业灾害史研究目前基本依托灾害史研究群体而开展工作，灾荒资料整理、灾荒理念、研究方法、问题范式等方面大多遵从灾害史的学术规范，并作为其分支学科谋求进一步发展。因此，灾害史的学术动向直接影响到农业灾害史的发展道路。

1. 大数据时代的灾害史研究

为了能够科学合理地应用历史灾荒文献资料，推进农业灾害史的发展，夏明方、阎守诚等利用现有技术手段对灾害史料进行整理，建立数据库，实现灾害史料信息共享。1999 年，阎守诚曾设想建立一个专门的自然灾害数据库，终因困难重重未能如愿。2014 年，夏明方主持国家社科基金重大项目“清代灾荒纪年暨信息集成数据库建设”，着力推进统计灾害年表，进行历史灾害数据库建设。此外，中国气象局有“中国历史气候基础资料系统”，中国科学院地理科学与资源研究所有“历史环境变化数据库”，中国水利水电科学研究院则有“水旱灾害网络共享数据库”，这些数据库为研究中国气候历史变化与自然灾害的时空演变规律提供了坚实的基础。国际上也有专门的灾害数据库，如国际灾难数据库（The OFDA/CRED International Disaster Database）为灾害史研究提供基础资料。但是，迄今为止国内外还未能建立一个能够全面记录历史时期世界各地自然灾害发生完整过程和灾情信息，亦即包括从天气、地质等自然变异现象到成灾过程，乃至对人类社会影响及响应的综合性灾害史料数据库，以便更全面地揭示灾害成因和环境后果，以满足气候变化、灾害分异、灾害影响与适应、防灾减灾应用等多方面研究的资料需求。这项工作既需要解决资料处理的技术问题，也依赖灾害史理论和方法的突破，只有结合历史上灾荒文献的记录特点，将定性的、多元的、非标准化的文献资料转化为定量的、统一的、标准的现代灾害数据，才有望契合历史灾害数据库建设的学术追求。

2. 灾害史研究重心下移

农业灾害史研究遵循灾害史研究的一般范式。早期灾害史研究多集中于灾害史概论、灾害发生因素和灾害事件演变等方面，如竺可桢等人的研究论文，主要由来自气象学、生物学和地理学等领域的自然科学学者主导。2000 年以后，一批历史学者加入研究行列，社会变迁逐渐成为灾害史研究的重要取向之一。[①]随着研究队伍的壮大，更多的灾害文献史料得到挖掘利用，灾害的自然演变和相关社会变迁成为主要研究对象，呈现出综合灾害史、减灾技术史、灾害文化史、灾害社会史、灾害经济史及区域灾害史等多个分支方向繁荣发展的景象。

不少学者总结了灾害史研究的重心问题[②]，但近年来，越来越多的灾害史选题聚焦于清代和民国时期，唐宋及唐宋以前时期的历史灾害问题研究所占比重日趋降低，这种情况既与灾害史料的利用有一定关系，也与史学研究者在观照现实的学术形势下优先选择近现代史中的灾荒问题有直接关联，农业灾害史研究中也应注意这一学术新动向。

---

① 朱浒：《中国灾害史研究的历程、取向及走向》，《北京大学学报》，2018 年第 6 期，第 120-130 页。

② 卜风贤：《灾害史研究的自然回归及其科学转向》，《河北学刊》，2019 年第 6 期，第 73-79 页；夏明方：《中国灾害史研究的非人文化倾向》，《史学月刊》，2004 年第 3 期，第 16-18 页。

此外，后灾荒时代的农史问题也值得研究者关注。灾害事件的结束并不意味着灾荒影响的终结，灾后人民生活和社会、经济等的恢复也是重中之重。灾害史研究中已有学者对此做出初步探索，关注到后灾荒时代的一些农史问题，如灾后积欠、遏籴与禁遏籴等问题。[①]灾荒问题不仅是自然灾害本身及其对人类环境造成的影响，还应包括人类社会对灾害做出的应对，这也是灾荒研究的重点内容，需要从区域间互动的角度进行全方位考察，解读灾荒发生中的农业生产及农村社会原因。

3. 中西灾害史比较下的农业、农村与农民

中西方国家在历史时期都发生过很多自然灾害，农业生产受到破坏，引发灾荒。但由于中西方的自然环境差异等原因，灾荒的发生频次、规模大小、危害程度，以及应灾响应等方面有所不同。首先，相比较于西方国家，中国被称为“饥荒的国度”，发生的灾荒频次是西方的数倍之多。中国古代的农业灾害史料丰富，有利于灾害史研究者进行灾害事件的频次统计研究。据邓云特统计，中国古代发生的灾害事件达5258次。该数据还是在很多资料没有完全挖掘的情况下所取得的，可想而知实际数量远超于此。西方灾害史研究成果也很丰富，但因为缺乏长序列的灾害事件记录资料，西方学者在灾害事件历史编年和频次统计方面的成果很少，仅据康纳雷斯·瓦尔夫特（Cornelius Walford）对欧洲灾害史上的灾害事件频次统计来看，大致有1231次灾荒，频次远远低于中国[②]。其次，自然灾害对农业生产的损坏与冲击也不一样。中国古代灾害以水灾、旱灾、蝗灾、雹灾、疫灾、地震等为主，其中水灾、旱灾、蝗灾危害最大。欧洲水灾虽然也很严重，但旱灾、蝗灾危害很小，霜冻才是第二大灾害。再次，中国古代因为灾荒死亡的人口数量惊人，冯焱等1996年统计中国历史时期的重大灾害死亡人数总计达13 722.9万人，国外重大自然灾害死亡人数为10 654万人，中国是世界因灾死亡人数最多的国家[③]。最后，虽然中西方灾害的发生都持续不断，但是灾后农村社会秩序也有不同表现，灾民反应不尽相同。古代中国在重灾之后农民起义等动乱事件此起彼伏，而欧洲国家灾害发生后农村秩序相对平稳，加之国家、宗教团体和乡村农民积极的应灾举措，灾后发生动乱战争的相对较少。

目前我国农业灾害史研究已经成为相对独立的学科方向且有一定研究基础。就研究区域而言，不仅有全国性研究，也有区域性研究；从研究主题来说，既有农业减灾科技史研究，也有农村灾害史研究、灾荒文化史研究、历史灾荒人物研究以及农业灾害与社会经济发展互动研究。但农业灾害史研究的整体规划尚不成熟，学术问题太过分散，在灾害史学科发展中难以形成独具特色的农史优势。从学术史回顾与发展现状两方面来看，农业灾害史研究其实已经陷于研究方向不明确、研究领域未能充分拓展以及研究范式固化等困境之中。

有鉴于此，我们需要思考农业灾害史的独特性、特殊性以及现实关联性，充分拓展灾害史研究的农史空间。首先，农业灾害史研究的独特性质取决于农史研究基础，而农史研究的主体

---

① 金勇强：《北宋元祐江南灾荒与灾后积欠问题研究》，《中国社会经济史研究》，2015年第2期，第26-33页；金勇强、熊梅：《灾荒中的粮食流通困局：宋代遏籴与禁遏籴现象考察》，《中国农史》，2013年第3期，第57-66页。

② Walford C, “The famines of the world: past and present”, *Journal of the Statistical Society of London*, 1878, Vol. 41, No. 3, pp. 433-535.

③ 冯焱、胡采林：《论水旱灾害在灾害中的地位》，《海河水利》，1996年第3期，第4-9页。

对象为传统农业以及借此得以发展的科学技术。因此，传统农业维度是农业灾害史研究有别于一般灾害史研究的独特之处。其次，农业生产的本质属性为粮食生产，关注粮食安全并以此开展民食生计方面的灾害史研究才是农业灾害史的学术宗旨，也是农业灾害史的特殊表现。最后，农业灾害史研究兼具古为今用和遗产整理的双重任务，基于农业遗产维度的农业灾害史研究既要廓清历史灾害史实，也要挖掘利用具有现代价值的历史灾害文化资源，建立历史农业灾害数据库、传承赓续农业减灾技术、弘扬除害庆丰年等农业灾害方面的民俗文化，以及构建减灾博物馆、灾害人物纪念馆、重大灾害事件历史遗址等文化景观。依托农史学科基础，寻求农业灾害史研究的突破点并占据相应学术高地，借此提升农业灾害史研究的学术影响力。

二、传统农业维度的灾害史研究

我国是一个传统农业大国，自然灾害影响到了农业生产的各个环节，甚至包括农业历史的全过程。农业灾害是自然灾害危害人类社会的主要形式，我国的传统农业就是在与自然灾害的不断斗争中发展壮大起来的，也在应对灾害的过程中不断进行技术革新和调整适应，从而增强了传统农业的抗灾抗逆能力，走上了减灾稳产的农业发展道路。

（一）古农书中的灾害书写

灾害书写是灾害文学中的一种叙事方式，但因为近年来基于灾害文本的历史学研究对灾害概念的探究愈加细致入微，对历史语境下的灾害文本指向更加考究，[①]灾害史研究中有必要将灾害书写用于历史灾害知识体系、灾害观念、思想文化以及灾害记录格式的研究。历史灾害书写即对历史灾荒文献资料进行文本化处理，提取相关的灾害知识、灾害思想以及减灾防灾技术等内容进行文献研究。经过对我国现存灾害史料考察，历史灾害书写形式主要有《五行志》、古农书、荒政书以及灾荒策论四大体系，其中我们应特别注意古农书。

从春秋战国至明清时期，我国官私书目中收录的古农书就有500多种，现今仅存300多种。王毓瑚在《中国农学书录》中将我国历史上的农书分为农业通论、农业气象、耕作、农具、作物、虫害防治、园艺通论、蔬菜、花卉、蚕桑、畜牧、水产等14类。在这些古农书中包含着丰富的灾害信息，如《氾胜之书》《农桑辑要》《种艺必用》《王祯农书》《陈旉农书》等书中详细记载了“稗既堪水旱”“凡晚禾最怕秋旱”“虫蝗不能伤”“霜雪不能凋”等水旱灾、蝗灾和霜冻等灾害信息。不同于地方志、《五行志》和救荒书的记载，古农书的灾害书写重点介绍灾害种类和相应的减灾技术，其中涉及灾害种类极多，水、旱、风、雨、雹、霜、雪、蝗虫几乎都有；在灾害记录上也不像地方志和《五行志》等有专门的门类设置，而是在分门别类的农业技术项目中加入了减灾防灾的措施。除了灾害种类各有涉及之外，地方志、《五行志》和救荒书都详细记载了灾害事件及社会应对状况，而古农书基本没有这些文本记录。

传统农业技术主要包括两大技术系统：一是体系化的农耕生产技术；二是没有体系化的农

---

① 闵祥鹏：《中古干旱与旱灾史料的文本指向及其历史语境》，《云南社会科学》，2019年第2期，第155-161页。

业减灾技术。古农书中记载的农业减灾技术较为丰富，也涉及农业生产的很多环节，但都非常零散，并未构成体系化的农业减灾系统。古农书中的灾害书写也不够成熟，虽然提及各种灾害类型，却多是旱灾、风霜、虫灾、草害等与农业生产相关性较大的自然灾害。古农书也记载了相应的减灾技术，如《氾胜之书》中用于防旱抗旱的区田法以及《四时纂要》中的除虫法。在灾害记录上也有差异，古农书记载水灾多是内涝积水，《五行志》则多为江河水患。古农书虽然涉及减灾技术，但偏重灾害的应对技术，缺少详细的灾害解释。

因为传统农业技术体系中包含了相当丰富的农业减灾技术内容，古农书中将农业减灾技术措施融入农耕生产技术之中，既突出了古农书专论农事的特点，也反映出农业减灾技术的依附性特点。因为古农书中的农业减灾措施分散于各农事作业章节之中，从而使得农业减灾技术措施之间缺乏农业减灾的协作关系。从减灾技术史角度考察，古农书中农业减灾技术措施显得零散而不系统，但是从农业减灾技术与农耕生产技术之间的依附关系看，自然灾害与减灾技术已经成为传统农业生产过程中的重要组成部分。研究传统农业必然触及自然灾害与减灾技术问题，基于传统农业维度的农业灾害史研究既可以探究农业减灾技术体系化发展中的内在缺陷，也可以研究自然灾害对传统农业生产的影响作用，以期由此推进减灾技术史的深入发展。

（二）“三才理论”中的灾害知识

传统农业生产讲究天时、地利、人和，天、地、人相互统一才能协调人与自然的关系，进而促进农业生产。先秦诸子就有“天（农时）”的论述：“不违农时，谷不可胜食也。”（《孟子·梁惠王上》）其后，《吕氏春秋·审时》据此阐释了农业生产的基本原则：“夫稼，为之者人也，生之者地也，养之者天也。”汉代农学家将“天（农时）”置于传统农业的首要位置，“凡耕之道，在于趋时、和土、务粪泽”。[①]明代马一龙《农说》在强调“农为治本，食乃民天”的同时，也肯定了“三才理论”的农事作用，“合天时、地脉、物性之宜，而无所差失，则事半而功倍”。[②]传统农业生产需要经历耕作、播种、施肥、灌溉、收获等环节，每一环节都需要合适的时机，只有不违农时，才能保证农业生产的正常进行。

农业生产中的三才因素是一条灾害基准线，合乎三才则农作有成，违背三才则灾荒连年。农家论及灾害影响时常常言及“农时”、“地宜”和“人力”的作用关系，如《齐民要术·耕田》引述《礼记·月令》条文强调适时农作的重要性：“孟夏之月，劳农劝民，无或失时。命农勉作，无休于都。”[③]传统农业根据多年的经验掌握了适宜的农时，不违农时需要因地制宜、因天气变化制宜、因作物制宜。

农业生产中之所以不能失时，是因为农作物得时则顺畅，失时则病殃。《吕氏春秋·士容论》对此已有精深分析：“得时之稼兴，失时之稼约。”所谓约，“青病也”[④]，而且“得时者多米”“得时者忍饥”。[⑤]不同的地区或土壤条件下耕地和播种时间不同。《劝农书·地利》

---

① 石声汉：《氾胜之书今释·耕田》，科学出版社1956年版。
② 马一龙：《农说》，《四库全书存目丛书》子部第38册，齐鲁书社1995年版，第28页。
③ 贾思勰：《齐民要术校释》，缪启愉校释，中国农业出版社1998年版，第44页。
④ 夏纬瑛：《吕氏春秋上农等四篇校释》，农业出版社1979年版，第114页。
⑤ 夏纬瑛：《吕氏春秋上农等四篇校释》，农业出版社1979年版，第115页。

有言："地利不同，有强土、有弱土、有轻土、有重土、有紧土、有缓土、有燥土、有湿土、有生土、有熟土、有寒土、有暖土、有肥土、有瘠土，皆须相其宜而耕之，苟失其宜，则徒劳气力。"[①]中国幅员辽阔，不同区域气候条件不同，作物生长发育受此影响巨大，"寒暑一失代谢，即节候差而不能运转一气。在耕稼盗天地之时利"。[②]加之农作物种类繁多，稻、黍、豆、瓜果、蔬菜等或连作混播，或间作套种，不同作物播种、收获时间不同，农业生产中需要处处因时制宜，"获禾之法：熟过半，断之"[③]，"获豆之法：荚黑而茎苍，辄收无疑"。[④]可见，适宜的农时对于传统农业非常重要。适宜的农时取决于适宜的天时条件，即温度、水分、日照等，而农业灾害最直接的影响因素也是气候变化。因此，虽然灾害的发生影响农业生产的正常进行，但是根据不同灾害情况适当地调整农事时间，就能有效减轻农业损失。而且适宜的农时能够保障正常的农业生产，避免灾荒的发生。正所谓"用民必顺（不夺农时），故无水旱昆虫之灾，民无凶饥妖孽之疾"。[⑤]

不违农时的同时也要因地制宜。《齐民要术・种谷第三》："地势有良薄，山泽有异宜。顺天时，量地利，则用力少而成功多。任情返道，劳而无获。"[⑥]违反地宜原则，即不能正视耕地肥力，合理耕作利用地力瘠薄的田地，"良田宜种晚，薄田宜种早"，"薄地宜早，晚必不成实也"。[⑦]违反地宜原则也指农耕生产没有根据耕地状况选择适宜的作物品种，"山田种强苗，以避风霜；泽田种弱苗，以求华实也"。不论是良田薄田的早种晚种，还是山田泽田的强苗弱苗，都会因为违反地宜原则而招致农业灾害并导致减产绝收，使本可以避免的灾害发生成灾，使本可以预防控制的灾害造成严重的农业灾情。

农业生产中人力是否尽用也是农业灾害的重要诱因之一。《汉书・食货志》中引述贾谊《论积贮疏》的语句以强调农事作业中的人力作用，"一夫不耕，或受之饥；一女不织，或受之寒"。[⑧]其后，传世农书强调人力作用时屡屡引用这句千古名言。宋代《陈旉农书・稽功之宜篇第十》对此也有进一步引申发挥，由农事论及重农，由农夫论及农官，由农作生产论及农本之道。该书认为人力影响农业并导致饥荒的途径蔓延至社会生活的多个层面，"一夫不耕，天下有受其饥者；一妇不蚕，天下有受其寒者。然崇本抑末之道，安在明劝沮之方而已。况国家之于农，大则遣使，次则命官主管其事，然则在其位者，可不举其职而任其责哉"。[⑨]

（三）传统农业的减灾要素

传统农业的灾害记录充斥于古农书中，其中虽然总结概括了一些传统农业抗灾救荒的技术内容，但多依附于相关农业技术条目下，农耕技术在古农书中的主体地位从未受到减灾技术的

① 袁黄：《劝农书・地利》，《续修四库全书》975册，上海古籍出版社2002年版。
② 陈旉：《陈旉农书校注》，万国鼎校注，农业出版社1965年版，第28页。
③ 石声汉：《氾胜之书今释・区种法》，科学出版社1956年版，第32页。
④ 石声汉：《氾胜之书今释・大豆》，科学出版社1956年版，第33页。
⑤ 《孔子家语卷七・礼运第三十二》，《四部丛刊》初编本。
⑥ 贾思勰：《齐民要术校释》，缪启愉校释，中国农业出版社1998年版，第65页。
⑦ 贾思勰：《齐民要术校释》，缪启愉校释，中国农业出版社1998年版，第65页。
⑧ 班固：《汉书卷二十四・食货志》，中华书局1962年版，第1128页。
⑨ 陈旉：《陈旉农书校注》，万国鼎校注，农业出版社1965年版，第40页。

制约影响。即使在农耕技术体系化建构完成的魏晋南北朝时代，《齐民要术》中也没有独立分化的减灾技术体系，减灾技术的依附特征由此可见一斑。

经整理发现，古农书中的减灾技术要素是以农业生产的进行作为线索来记载，主要的减灾技术有整地耕作、作物播种、栽培管理和收获储藏四大类。整地耕作有“防旱保墒”“区种法”“轮作法”，以及南方的“水田整地技术”等；作物播种也有“防旱保墒”、“防冻”和“选种”等；还有合理的储藏防虫技术等。精耕细作的传统农业支撑起了中华民族的传统农业文化，农业减灾技术措施在历史减灾中发挥了重要作用，提高了我国历史时期减灾行动的主动性，有效减少了灾害损失，从另一方面来看，频次高、强度大的自然灾害也迫使传统农业生产技术不断向前发展。

传统农业维度的灾害史研究，旨在突出体现灾害史的农业技术特性，因此，其关注点也集中于农事作业中的灾害要素及其减灾措施。其中，古农书中的灾害书写与“三才理论”中的灾害知识偏重于农业灾害的科学认识。传统农学的“三才理论”从天、地、人三个方面解释农业生产，也使得传统农业从理论到实践的诸多环节中不可避免地加入了与天时、地利相关的一些灾害因素，从而形成了传统农业生产体系的减灾传统。厘清传统农业生产中的农事作业与减灾因素的内在关系，将有助于我们从科技史方面进一步推进农业灾害史研究。

三、粮食安全维度的灾害史研究

粮食安全是灾害环境下沟通历史与现实的一条捷径。基于粮食安全的灾害史研究可以从理论和现实两方面思考农业灾荒问题，借此推动农业灾害史与农业经济史的融会贯通，并针对以下问题有所突破。

（一）影响中国“18亿亩耕地红线”的灾害因素

中国传统社会是农为邦本的重农时代，农业生产的首要任务就是开垦土壤，种植作物。先秦时期《管子·问》就有“所辟草莱有益于家邑”之说，汉代班固也强调拓展耕地面积的重要性，“辟土殖谷曰农”。[①]在传统农业生产力水平低下的条件下，只有通过不断扩大耕地面积才可以养育更多的人口，维持国家粮食安全需要。但是耕地面积又不可能无限扩大，五口之家的劳动力所经营农田的规模必须维持在一个动态平衡的水平。这种与劳动力水平相适应的、能够满足粮食安全需求的耕地面积，大概相当于我们今日所谓之耕地红线。从春秋战国至魏晋南北朝时期，一户农家的耕地规模一般是百亩之田。《孟子·梁惠王上》：“百亩之田，勿夺其时，数口之家可以无饥矣。”《汉书·食货志》：“今农夫五口之家，其服役者不下二人，其能耕者不过百亩，百亩之收不过百石。”[②]《晋书·食货志》对农户经营土地也有类似论述：“百亩之田，十一而税，九年躬稼，而有三年之蓄，可以长孺齿，可以养耆年。”[③]隋唐至明清时期，

① 班固：《汉书卷二十四·食货志》，中华书局1962年版，第1118页。
② 班固：《汉书卷二十四·食货志》，中华书局1962年版，第1132页。
③ （唐）房玄龄等：《晋书卷二十六·食货志》，中华书局1974年版，第780页。

农户家庭的耕地面积日趋缩减，三五十亩土地就可以养家糊口。《宋史·杜生传》：“昔时居邑之南，有田五十亩，与某兄同耕。追兄子娶妇，度所耕不足赡，乃尽以与兄，而携妻子至此，蒙乡人借屋，遂居之。”[①]明清以来人多地少趋势愈演愈烈，但因为农业科技水平已有很大提升，人们可以耕种少量土地养育一家人。民国时期江淮地区的一户农家维持十亩左右的耕地面积，已经可以衣食无忧了。《当涂县志·民政志》：“五口之家，佃田十五亩，中稔之年，每稻一担，售银四元，完租而外，可免冻馁。若自耕农，则有田十亩，亦可生活。”[②]

1996年中国的耕地数量是19.51亿亩，但到2006年中国耕地面积已降至18.27亿亩。为了保障人民生活，党中央提出了坚守“18亿亩耕地红线”不动摇的政策。根据近年来粮食产量情况，2018年我国粮食总产量达65 789万吨，粮食进口总量11 555万吨，两项合计77 344万吨，进口粮食总量达到了我国粮食供给的15%。[③]假如“18亿亩耕地红线”不保，加之农业灾害影响，粮食产量就会出现大幅度下降，影响到全国人民的正常生活。

我国历朝历代都把粮食安全问题作为治国安邦的首要问题。影响粮食安全的因素很多，自然灾害是影响粮食产量最重要的因素之一。农业灾害与气候、季节、地域环境、风险管理能力等方面都有很强的关联性，因为我国地跨热带、亚热带、温带和寒带，加之东西地理环境差异巨大，形成了复杂多变的天气系统，且灾害类型多样，因此，我国是气象灾害频发的国家之一。在各种农业灾害中尤以水灾、旱灾最为严重。据统计，我国气象灾害中旱灾占57%，水灾占30%，风雹灾占8%，霜冻灾占5%。[④]由于地域辽阔，东部地区为季风区域，季风进退的强度和时限常常引起大面积的旱涝灾害。西部地区主要为高原，是我国的干旱半干旱以及高寒区，特殊的地理环境使得这里气候寒冷，降水稀少，土壤冻土严重。而且，受季节的影响，夏秋时期水旱灾和虫灾明显，冬季则易遭受低温、霜冻等灾害。自然灾害的发生直接影响着农业生产，据统计，2000—2004年我国的平均受灾面积为4865.9万公顷，比1950年增长了118.64%，农业受灾面积扩大，粮食产量显著减少，进一步加剧了对国际市场粮食进口的依赖程度。[⑤]

（二）阿马蒂亚·森“饥荒理论”及其在灾害史研究中的应用

随着科学技术的发展，我国农业产量不断提升。但是由于人口的增长，粮食问题仍然是人们最为关注的问题之一。尤其是历史上曾发生过的多次大饥荒，如1928—1930年北方八省大饥荒、1942年河南大饥荒，更是警醒人们要重视粮食安全问题。

阿马蒂亚·森认为饥荒是因为灾民没有得到足够的食物，而非现实中不存在足够的粮食。饥荒是一种特殊的灾难现象，“饥荒意味着饥饿，反之则不然；饥饿意味着贫穷，反之也不然”。而且饥荒的形成不仅是因为“食物消费水平突然下降”，还与社会经济因素相关，他通过对1940年以来发生在印度、孟加拉国和非洲一些国家的灾荒的实证研究，认为饥荒不仅源于食

① （元）脱脱等：《宋史卷458·杜生传》，中华书局1977年版，第13452页。

② 鲁式谷：《当涂县志卷2·民政志》，民国抄本，爱如生中国方志库。

③ 参见中华人民共和国国务院新闻办公室：《中国的粮食安全》（白皮书），其中明确指出，“目前，我国谷物自给率超过95%”。本文就粮食进口总量所占比重予以简单计算，其中包括大豆等油料和饲料在内，仅仅据此说明粮食进口之重要性。

④ 顾益康：《中国特色农业现代化道路新探索》，《观察与思考》，2012年第2期，第20-27页。

⑤ 王国敏、周庆元：《农业自然灾害风险分散机制研究》，《求索》，2008年第1期，第48-50页。

物的缺乏，更源于食物分配机制上的不平等。①

根据阿马蒂亚·森的“饥荒理论”，饥荒的发生与政府行动息息相关，政府如果能够有效地救济和合理分配粮食，那么饥荒是可以避免的。从食物获取权理论来看，直接权利和贸易权利的失败导致粮食分配和控制不均，造成饥荒。

令人遗憾的是，阿马蒂亚·森的饥荒理论没有注意到中国灾荒的历史根源，即在传统农耕生产条件下的技术水平及其对灾荒发生的瓶颈作用，这一认识可以概括为中国灾害史的科技瓶颈。自春秋战国至明清时期，中国农耕生产一直沿用铁农具和牛耕动力，在这种生产力水平下农业耕作的土地面积、作物产量水平等都会受到极大限制，尽管传统农业生产通过技术革新催生了精耕细作的作业方式，但是并未从根本上提升农业社会的灾荒应对能力，因此饥荒成为传统中国的常态现象。面对这种特殊的历史事实，我们不能一方面把灾荒归咎于中央集权制度，而另一方面又去盛赞中央集权制度下治水社会的巨大成就。在传统科学技术状态下，因应灾害应对的制度因素和人力作用都是有限的，传统农业时代不具备消除灾荒的制度力量。这种应对灾荒的被动的、不利的局面只有在工业化建设初具规模时才有望得到根本改变，现代化生产和科学技术的普遍应用极大地增强了农业生产力，提高了农作物产量水平，改善了食物结构。这也就是为什么改革开放四十多年来纵然灾害频发，但我国粮食安全仍稳如泰山的根本原因。因此，利用阿马蒂亚·森的饥荒理论研究中国饥荒问题，首先应将其置于一定的科学技术背景下去考察，离开了灾荒发生的科技瓶颈而套用制度诱因的个案研究，不可能全面准确地理解和解释中国灾荒的历史与现实问题。

基于耕地面积和粮食安全两方面的分析可见，在农业灾害史研究中虽然可以通过灾害损失、灾害应对的投入与收益以及灾荒时期的粮食价格变动等因素论证分析其中的经济要素，但就农业灾害的本质特征而言，民以食为天，国无粮不稳，粮食安全是传统农业时代关系国计民生的重要经济指标。农业灾害史视野下的各种经济要素分析，都要围绕粮食安全的时代主题去阐释。因此，通过粮食安全维度的经济史视角进行农业灾害史研究可以评估历史时期的灾害风险，也可以对农业生产过程中的粮价变动、灾害损失、灾害投入与减灾收益等进行计量分析，以期揭示历史农业灾害演进过程中蕴含的特殊经济规律。

四、农业遗产维度的灾害史研究

我国作为农业古国，有着历史悠久、结构复杂的传统农业景观和农业耕作方式。通过对历史农业遗产的分析研究，能够从中了解农业社会与自然灾害的相互关系。从灾荒社会的发展历程来看，我国经历了几千年历史的朝代更迭，灾荒与社会的互动基本维持“耕垦开发—灾荒遍野—救荒济民”的模式。回顾过去几十年的研究，学界基本以此为主讨论了灾害与社会的互动关系，如复旦大学历史地理研究中心出版的《自然灾害与中国社会历史结构》一书就以自然灾害个案为切入点，探讨了“丁戊奇荒”“江汉洪涝灾害”等历史典型灾害事件对地方人口以及

① 阿马蒂亚·森：《贫困与饥荒：论权利与剥夺》，王宇、王文玉译，商务印书馆2017年版，第39页。

社会的不利影响。[①]又如卜风贤认为魏晋时期动荡不安的社会环境降低了农业承载力，使得黄河中下游灾荒流行、土地荒芜。随着学科的发展和技术手段的进步，虽然涉及灾害记忆、灾荒观念等方面的资料增多，但是以农业遗产为对象的灾害社会研究重心仍然停留在二者的互动关系之上，并没有深究灾害与社会的作用机制以及灾荒社会的类型特征。农业遗产是自然灾害与社会长期作用的结果，除了关注自然灾害与传统社会的互动影响外，还要将环境史中行之有效的深描方法推广应用于历史灾荒社会的形态特征、类型结构、作用机制和转化过程等深层次问题的研究领域。[②]

由于现代科学技术的发展，传统的农耕技术和文明逐渐消亡，随之而来的是对土地的过度使用或荒废，甚至一些传统农田景观逐渐消失。通过对农业遗产的研究能够发现农业生产与自然环境相互适应的互动关系，为现代农业发展提供借鉴。

（一）灾害事件的历史记忆

"本固邦宁"是我国传统古训，"国以民为本，民以食为天"，农本观念就是重要的农业文化遗产。农业遗产研究也是农史学科的重要内容，包括农业遗址、农业物种、农业工程、农业景观、农业聚落、农业技术、农业工具、农业文献、农业特产、农业民俗文化等十个方面。[③]

我国历史上记录灾荒的文献起源早、数量多。据不完全统计，从西周开始算起，仅仅是专门记载与灾害相关内容的篇目数量就达到了 23 000 多篇，涉及古代文献 4675 部，可见我国古代灾害事件发生数量惊人。在我国有文献记载的四千多年的历史之中，几乎无年不灾、无年不荒。[④]早期的灾害记录多是发生在京师地区或者是给社会造成重大损失的灾害事件，见于正史《本纪》或《五行志》部分。两宋时期形成了成熟的报灾检灾制度，明清时期则发展得更加完善[⑤]，灾害记载日益繁多，地方志中的灾害志也演变成为另一种系统记录灾害事件的文献。

造成重大损失的灾害事件更容易被人们所关注和铭记，在社会历史上留下的灾害记忆更为深刻，所形成的灾害文化影响更为久远和广泛。历史时期发生的与农业遗产有关的重大灾害事件主要有大禹治水、关中大地震、丁戊奇荒等，它们都会影响我国传统农业生产。见载于史志文献的历史灾害记忆只是我国农业遗产的一个方面，农业灾害史研究还要从单一的灾害史记忆研究转向农业考古遗址、古农书、农业景观、农业聚落、农业民俗文化等多方面，逐步推进历史灾害的农业文化遗产研究。

（二）灾害文化的历史传承与民俗化表现

灾害的神话传说、禳灾信仰与祭祀仪式等表达了灾害史研究的社会文化取向，属于灾害文化史的研究范畴。灾害文化研究也是社会科学研究的一个方面，属于灾害民俗学的研究范畴。在灾害民俗学中，灾害文化被定义为人类在与自然灾害共生过程中总结形成并代代相传的集体

---

① 复旦大学历史地理研究中心：《自然灾害与中国社会历史结构》，复旦大学出版社，2001 年版。
② 陈业新：《环境史"深描"人和自然的关系》，《中国社会科学报》，2014 年 7 月 9 日，第 5 版。
③ 王思明、卢勇：《中国的农业遗产研究：进展与变化》，《中国农史》，2010 年第 1 期，第 3-11 页。
④ 邓拓：《中国救荒史》，武汉大学出版社 2012 年版，第 7 页。
⑤ 张文：《中国古代报灾检灾制度述论》，《中国经济史研究》，2004 年第 1 期，第 60-68 页。

智慧、传统知识及经验总结。①作为民俗学的灾害文化研究致力于从灾害记忆传承的角度探讨灾害记忆的形成构建过程，而作为灾害史的灾害文化研究则将灾害的神话与传说、禳灾仪式与信仰等作为灾害事件与防灾减灾手段等来考察。不同学科领域存在不同的思维模式，但只是作为科学研究的不同手段，最后都是通过对灾害事件全方位的历史考察，以期总结经验教训并服务于当代防灾减灾事业。

灾害文化的表现方式是多种多样的。一方面是可见的物质实体、文字记载或民间习俗，比如古代庙宇对应不同的需求，治虫灭蝗拜城隍或者刘猛将军，祈求风调雨顺则拜龙王等。与之相伴而生的是祭祀仪式与礼仪，古代社会信奉“天人感应说”，认为对上天表达虔诚与恭敬能感动天上的神灵，保佑人间风调雨顺，因此，在古代文献之中有很多关于祭祀礼仪的记载；同时与古代庙宇所对应的博物馆文化，在文化本质上与古代庙宇的迷信色彩截然不同，当代抗灾博物馆的文化功能已经转变为纪念、借鉴和科普灾害知识。此外，灾害文化也可以表现为无形的思想意识等，比如代代相传的民间传说、歌谣谚语，以及人们在与灾害对抗过程中所形成的改造自然、战胜灾害的民族精神等。

（三）历史灾害场景复原与科普展示

从19世纪末开始，农业遗产研究就以古代农业典籍和其他历史文献资料为主要资料。经过万国鼎、王毓瑚、石声汉等前辈对农史资料的挖掘摸底，研究领域涉及土壤耕作、粮食作物栽培、农业通史、区域农业史、农业制度考察、农业生产工具、农田水利、蚕桑等各个方面。

我国有悠久的农业发展史，经历了原始农业、古代农业、近代和现代农业阶段，留下了丰富的农业历史遗产。原始农业阶段，我国就有世界最早的水稻栽培和黄河流域禾黍类作物栽培，形成特有的稻作文化和粟作文化。另外，我国还是大豆的原产地，桑蚕养殖和茶叶栽培的故乡。春秋战国开始，我国开始精耕细作，不仅学会使用牲畜耕作运输，而且改进生产工具，发展水利事业，极大地促进了农业发展。但是，我国传统农业发展并非一帆风顺，灾害的发生常常打破人与自然的平衡关系，最为典型的就是围湖造田和毁林开荒。围湖造田古已有之。南宋时期曾因军事需要，政府大规模介入江汉地区湖区，将水域围垦成田。新中国成立后因“大跃进”运动也曾有洞庭湖围湖造田高峰期。围湖造田虽然带来了一时的经济增长，但是却也打破了自然资源和生态之间的平衡，使得湖区水旱灾害频发，生态环境恶劣。为了缓解这种状况，政府强制实行退田还湖，恢复湖区生态环境。毁林开荒也是为了获得更多的耕作土地，但盲目地垦荒会造成水土流失，导致土地荒漠化。因此，学界较为关注这两种案例。②

此外，农史学界也比较关注农业生产技术、农田水利和救荒制度等。为了保障农业生产，

---

① 刘梦颖：《灾害民俗学的新路径：灾害文化的遗产化研究》，《楚雄师范学院学报》，2019年第4期，第39-44页。

② 关于围湖造田和毁林开荒的学术成果有很多，如徐斌：《从“水”的视角出发：围湖造田历史的重新思考——以江汉地区垸田为例》，《中国经济与社会史评论》，2018年，第125-143页；舒长根：《农业生产活动对鄱阳湖区生态环境的影响》，《农村生态环境》，1996年第4期，第11-14页；李景保、邓铭金：《洞庭湖滩地围垦及其对生态环境的影响》，《长江流域资源与环境》，1993年第4期，第340-346页；赵珍：《清代西北地区的农业垦殖政策与生态环境变迁》，《清史研究》，2004年第1期，第76-83页；王建文：《中国北方地区森林、草原变迁和生态灾害的历史研究》，北京林业大学博士学位论文，2006年。

减轻灾害的破坏，我国劳动人民在农业技术和水利建设等方面做出了巨大贡献，如选种技术、中国犁等农具、水车等水利工具以及物候知识等。目前，国内学术界的研究大多集中于通史研究，主要成果有《中国农业科学技术史稿》《中国耕作制度史研究》《中国农田水利史》《中国犁文化》等，但对历史灾害场景研究涉及较少。在科普展示方面，相对于历史灾害场景复原而言，农业减灾技术的科学展示具备丰富内容，在中国农业博物馆等均展示有大量农业生产工具。

历史灾害文献如汗牛充栋，难以计数，但是历史灾害场景的复原却是极其困难的。一方面，不同类型的古代灾害文献在记载同一灾害事件时的侧重点不同。灾害记录要素一般包括灾害信息、灾情信息以及灾害效应信息三个方面，在古代文献之中少有囊括全部要素的灾荒文献记录。历代正史《五行志》中的灾害要素通常只有灾害及灾情信息，而灾害效应信息往往可以在《本纪》《列传》中找到相关记载。如宣帝本始三年（公元前 71 年）灾害事，《汉书・五行志》中记述为“夏，大旱，东西数千里”[①]，但《汉书・宣帝纪》中却说“大旱，郡国伤旱甚者，民毋出租赋。三辅民就贱者，且毋收事，尽四年”。[②]由《五行志》可知灾害发生时间为宣帝本始三年夏天，灾害事件为大范围的旱灾，而由《宣帝纪》可知此次灾害的社会效应是政府减免了租赋以救荒济民。另一方面，不同类型历史文献的灾害书写内容反映的社会群体是不同的。灾害志以“灾异说人事”，主要将灾异事件对应统治者以及地方管理者的不当行为，试图使其修德，救荒书主要反映封建政府的救荒救灾机制，此二者的书写主体是政府；古农书主要记载农业防灾减灾技术，书写主体主要是底层人民；集部文献的作者既包括官员又有民间知识分子，其书写主体更加全面。

我国古代灾荒文献虽然数量庞大，但是有关同一灾害事件的记载多是零散的，因此，我们在考察灾害事件的时候务必要整合各类灾害文献，同时结合考古学和民族学等学科材料，相互佐证验证文献记载的真实性，这样才能还原历史农业灾害事件发生的完整过程。

五、结语

农业灾害史研究中比较重视灾害事件的历史考察及规律探究，对于相当重要的灾害防治思想和独具特色的灾害文化则鲜有涉猎，使得农业灾害史研究领域留存了一片亟待耕耘的学术领地。随着近年来农业遗产研究的日益兴盛，基于农业遗产维度的农业灾害史研究也有了新的切入点，即对农业灾害史中的重要事件进行历史记忆的专门研究，对代表性人物的灾害防治思想进行历史钩沉和文化史辨析，通过历史灾害博物馆建设开展面向社会公众的防灾减灾科学普及。这些工作既有一定的科学研究意义，也具有极其重要的济世功能，在当前农村社会建设中可以很好地发挥服务现实的文化功能。

在灾害史研究的诸多分支方向中，农业灾害史研究因为与农业生产密切相关而呈现出独特学科属性，即兼有灾害史的自然属性、社会属性与农业生产的产业属性，这也是农业灾害史研究在理论、方法、资料和问题导向方面有别于一般灾害史研究的特殊之处。正因为农业灾害史

① 班固：《汉书卷二十七・五行志》，中华书局 1962 年版，第 1393 页。
② 班固：《汉书卷八・宣帝纪》，中华书局 1962 年版，第 244 页。

研究具有一般灾害史性质，20 世纪灾害史研究的发展阶段出现了一批农业灾害史方面的研究成果，或专门论述农业灾害的历史问题，或因为灾害史研究而涉及农业灾害问题。但在农业灾害学理论体系有所建构以后，农业灾害史研究的专门化特征愈加显著，完全致力于研究农业史中的灾害问题，或者有关历史时期农业生产与自然灾害互动关系的专题研究反倒显得举步维艰。相对于灾害史研究中灾害与社会应对研究、新文化史视野下的灾害研究以及历史灾害案例研究等方面的突出成就，最近一二十年间农业灾害史研究进步缓慢，困难重重。有鉴于此，根据农业灾害史的农业产业属性和农史学科特征，从传统农业维度的科技史研究、粮食安全维度的经济史研究以及农业遗产维度的文化史研究三个方面，探索农业灾害史研究的新问题新路径，以此推动农业灾害史研究进入新的发展阶段。这一目标理想，不仅是农史学家对农业灾害史研究的长久期盼，也是灾害史研究面临自然回归与科学转向的问题后一种破茧而生的努力和尝试。①

（原载《中国社会科学评价》2020 年第 3 期；
卜风贤：陕西师范大学西北历史环境与经济社会发展研究院教授。）

① 卜风贤：《灾害史研究的自然回归与科学转向》，《河北学刊》，2019 年第 6 期，第 73-79 页。

中国历代疫病应对的特征与内在逻辑探略

余新忠

摘　要： 瘟疫是一种古老的存在，中国在长期应对瘟疫的过程中，积累了比较丰富的历史经验。从这些举措和经验出发，通过现实观察和历史省思，探索其对现实的启示，是非常有意义且必要的。但若不能将这些举措和经验放在中国乃至全球的整体史视野下来考察，在全面总结其特点与内在逻辑的基础上来展开省思，可能就会失之偏颇或难得要领。为此，本文在已有相关研究的基础上，立足整体和全局，总结了中国历代应对疫病的特征和内在逻辑。中国历代虽然在疫病应对上积累了丰富且值得重视的经验，但并没有形成系统性的认识。官方虽然对疫病救疗有相对积极的姿态，但却缺乏制度性的建设。在关键性的控制和切断疫病传播方面少有建树。历代王朝开展疫病防控的出发点更多是展现其仁政和德治，受统治理念和历史条件等因素的限制，对于实效的考量有限，也相对缺少对个人生命及其价值的真正重视。

关键词： 传统中国；疫病应对；内在逻辑；生命价值

瘟疫与人类相伴而行，中国自然也不例外①。在中国汗牛充栋的历史记载中，瘟疫的地位虽不显眼，但只要细心梳理和思考，就不难发现，其在漫长的历史进程中留下的诸多雪泥鸿爪，足以供我们进一步去挖掘和思考历史舞台幕后的影响因子和历史逻辑，去探究人与自然、国家和社会等诸多关系中生命的存在状态和方式。

自 20 世纪八九十年代以来，随着中国疾病医疗史研究的日渐兴起，已有一些研究者对中国历史上的疫病流行及其应对做了较好的探讨②，并进而省思了历史经验对于当代卫生防疫建设以及应对重大公共卫生应急事件的启示③。从这些研究中，可以看到历代先人积累了颇为丰富的应对疫病的知识与防治举措，但并没有留下系统性的防疫知识，也没有形成制度性的防疫

① 关于中国疫病的历史，目前已经有些比较初步的梳理性著作，比如张志斌的《中国古代疫病流行年表》（福建科学技术出版社 2007 年版）、李文波的《中国传染病史料》（化学工业出版社 2004 年版）和张剑光的《三千年疫情》（江西高校出版社 1998 年版）等，从中可以大体了解中国历代疫病的流行情况。

② 目前这方面已有不少的研究成果，比较重要的主要有班凯乐的《十九世纪中国的鼠疫》（朱慧颖译，中国人民大学出版社 2015 年版）、饭岛涉的《鼠疫与近代中国：卫生的制度化与社会变迁》（朴彦等译，社会科学文献出版社 2019 年版）、余新忠的《清代江南的瘟疫与社会：一项医疗社会史的研究（修订版）》（北京师范大学出版社 2014 年版）、邓铁涛主编的《中国防疫史》（广西科学技术出版社 2006 年版）、曹树基和李玉尚的《鼠疫：战争与和平——中国的环境与社会变迁（1230-1960）》（山东画报出版社 2006 年版）、梁其姿的《麻风：一种疾病的社会医疗史》（商务印书馆 2013 年版）和韩毅的《宋代瘟疫的流行与防治》（商务印书馆 2015 年版）等。

③ 这类论述每当社会出现重大疫情，特别是 2003 年的 SARS 和今年的新冠疫情期间，往往会比较多地出现于各类报刊中，但比较具有学理性的研究似乎并不多见，这里略举数例：梁峻等：《中国疫病史鉴》，中医古籍出版社 2003 年版；余新忠等：《瘟疫下的社会拯救：中国近世重大疫情与社会反应研究》，中国书店 2004 年版，第 395-409 页；韩毅：《宋代政府应对疫病的历史借鉴》，《人民论坛》，2013 年第 13 期，第 78-80 页；余新忠：《明清以来的疫病应对与历史省思》，《史学理论研究》，2020 年第 2 期，第 96-101 页；等等。

举措。那么，该怎么理解这一似乎矛盾的现象，又如何能够从中得到有益的历史启示呢？如要对此作出回答，我想需要以一种全局的眼光来系统地认识中国历代瘟疫应对的特征和内在逻辑。故谨对此做一探索。

一、疫病应对的特征

根据现有的研究，在传统时期，人们应对疫病的办法，大体上可以分成两类：一类是灾疫发生后人们直接的应对举措；另一类则为与疫病相关的预防措施或卫生习俗。关于前者，国家方面采取的举措主要有：设（医）局延医诊治、制送成药、建醮祈禳、刊布和施送医方、掩埋尸体、设置留养和隔离患者的场所和局部的检疫隔离等。社会和个人方面，举措有：施送医药、刊刻散发医方、恳请官府开展救疗、建立留养所等收治患者、开办医药局开展疫病诊治、闭门不出或逃离疫区以及焚香或焚烧苍术、白术等药物以驱避疫气等①。而就后者来说，比较突出的是明中期以后出现的种人痘，另外还有清洁环境、勤沐浴等以保持个人卫生、驱避蚊蝇、强调生活有节以保持正气充盈、提倡饮用开水和食用葱蒜以防疫气等有利于卫生的习俗观念②。上述中国历史上的疫病应对经验，可以说内容颇为丰富，而且对照现实，似乎也大体类同，故现有的一些研究据此对中国传统的防疫经验大加赞赏，称："三千年来的历史说明，中国是个勇于并善于抗击疫病的国度，有着战胜各种传染病的传统。"③

在传统时期，中国在应对疫病上取得的诸多成绩无疑值得肯定，而且，中国医学在疫病（伤寒、温病）治疗中，也颇有成绩。如果历史地看，中华民族在这方面显然不输于其他任何民族。但是否就此可以为我们古代防疫成绩而沾沾自喜呢？恐怕也未必。首先，上述举措、经验是从历史长河中众多的史料中"精选"出来的，并不是中国古代社会每遇瘟疫，都会普遍采用的。今天很多人在考察和评估中国古代的防疫举措时，实际上是将不同时空中发生的经验汇集到一个平面来进行的，由此得出的认识难免会失之偏颇。其次，只要进入历史的情境，便很容易看到，面对瘟疫，当时社会展现给我们的更多的是恐慌失措和人口损伤，而比较少积极的应对，更不用说行之有效的系统性防控了。对此，我们不妨以比较晚近的嘉道之际的大疫为例，来做一说明。嘉庆二十五年（1820 年），数年前在印度暴发的霍乱，通过海上的商贸船只，在东南沿海登陆，并于第二年迅速通过水陆交通要道，特别是长江和运河传遍全国大部分地区。这是真性霍乱首次传入中国，由于传染性强，病死率高，引起了社会的极大恐慌。"人人恐惧，讹言四起"④，"传闻已甚一时，竟视为丰都地狱"⑤。当时时局尚属稳定，而且恰逢新君旻宁登极未久，但面对这一大疫，官方的应对，在北京，只是道光谕令京师的官员，修治药丸施送，

---

① 邓铁涛：《中国防疫史》，广西科学技术出版社 2006 年版，第 30-35、52-60、92-105、140-149 页；张剑光：《三千年疫情》，江西高校出版社 1998 年版，第 20-25、34-38、133-144、203-214、256-261、321-328、431-440 页；韩毅：《宋代瘟疫的流行与防治》，商务印书馆 2015 年版，第 134-234、409-525 页；余新忠：《清代江南的瘟疫与社会：一项医疗社会史的研究（修订版）》，北京师范大学出版社 2014 年版，第 219-253 页。

② 范行准：《中国预防医学思想史》，人民卫生出版社 1953 年版，第 14-81、100-133 页；余新忠：《清代江南的瘟疫与社会：一项医疗社会史的研究（修订版）》，北京师范大学出版社 2014 年版，第 163、219 页。

③ 张剑光：《中国抗疫简史》，新华出版社 2020 年版，第 4 页。

④ 张畇：《琐事闲录》（卷上），咸丰三年活字本，第 11b 页。

⑤ 郑光祖：《一斑录・杂述二》，中国书店 1990 年影印道光二十五年刊本，第 23a 页。

买棺殓埋路毙尸体。而地方上，也不过零星地看到有些官员和民间社会力量延医设局施治或修治丸药分送[①]。

而更值得注意的是，历代对于瘟疫的救治，基本缺乏制度性的规定。虽然中国历来都十分重视荒政，对于水旱蝗等天灾的救济以及备荒，都制定了具体而系统的规定，特别是到明清时期，国家荒政在制度上已相当完备。然而，瘟疫虽然也可被视为灾荒的一分子，但疫病的防治显然不同于一般灾荒的救济，普通的赈济钱粮、蠲免赋税乃至赈粮施粥，并不适用于防疫。但检视众多荒政书等文献，并未见有特别针对瘟疫的救济条款。制度性的机构，只有主要服务于宫廷的太医院（署）与此稍有关系，还有宋元时期要求各地设立的救济贫病的惠民药局，稍具这方面的功能。可见中国传统上并没有发展出针对疫病防治的制度性规定。而且宋元时期在疫病救助上相对积极的政策，到了人口更多、瘟疫更为频繁的明清时期还变得日渐消极了。不过，与此同时，民间社会力量则在其中发挥了较为积极的作用，特别是到明清时期，官府较好地利用了日渐兴起的民间社会力量，特别是其中的乡贤，鼓励和引导其借助日渐丰富的地方医疗资源和不断兴盛的慈善力量和组织，开展形式多样的临时救疗活动，创设医药局等日常救疗设施，并推动这些机构由纯粹的慈善机构逐步向经常、普遍地以诊治疫病为主要目的的方向发展[②]。

疫病之于文明社会，就如同病菌之于人体，引发社会的诸多反应和应对，乃是自然的现象，特别是对于中国这样历史悠久、文明底蕴深厚的国家，形成相当丰富的疫病认识和应对经验，自在情理之中。尽管我们取得了很多成绩，但也不得不说，中国社会并没能集腋成裘，总结发展出一套系统的疫病防治举措，并催生出现代卫生防疫机制。疫病的防治，当以控制传染源、切断传播途径和保护易感人群为要，最核心的是要尽可能地控制人流以防疫病扩散。就此而论，当时比较多采用的施医送药、发布医方等举措实际上未得要领。当然，如前所述，当时已有不少检疫隔离甚至人工免疫的内容，比如，清初，满族入关后，出于对其原本较少感染的天花的恐惧，专门设置了“查痘章京”，来检查民众中痘疹患者并令其隔离居住。同时，也有一些在瘟疫暴发时，安置患者单独居住的事例[③]。不过这些在历史上只是偶一为之，且与近代制度性的强制举措大有不同，像查痘，只是特别情况下的暂时性行为，而单独安置患者，不仅是比较偶然的事例，而且从记载来看，似乎更多是为了患者治疗和照顾的便利，较少提及防止传染。符合人工免疫内涵的种人痘，固然是中国非常重要的发明，但只是个例，而且也属于民间的商业性行为。不仅如此，虽然人们从直观上已意识到疫病的传染性，而采取种种自保的行为，比如躲避和保持一定的距离，但这种行为，不仅未能得到当时医学理论上的支持，而且还成了主流观念反对、批判的对象。比如，南宋著名士人程迥在《医经正本书》中称：“盖有舍病人远去，自于他处致疾者；亦有与病人同床共舍，居然不病者。是知非传染也。……迥平生于亲戚、朋友、部曲、仆使之病，皆亲至卧内，款曲问候，商量药证，不啻数十百辈矣。考古验今，是

① 余新忠：《嘉道之际江南大疫的前前后后——基于近世社会变迁的考察》，《清史研究》，2001 年第 2 期，第 1-18 页。

② 余新忠：《明清以来的疫病应对与历史省思》，《史学理论研究》，2020 年第 2 期，第 96-101 页。

③ 杜家骥：《清代天花病之流行、防治及其对皇族人口之影响初探》，载李中清、郭松义：《清代皇族人口行为和社会环境》，北京大学出版社 1994 年版，第 154-157 页；余新忠：《清代江南的瘟疫与社会：一项医疗社会史的研究（修订版）》，北京师范大学出版社 2014 年版，第 196-197 页。

知决无传染”，所以完全没有必要避疫①。而朱熹虽然承认疫病有可能传染，但若因可能传染而躲避不照顾亲人，则“伤俗害理，莫此为甚”。故从恩义的角度，即便会感染也不当避，何况“染与不染，亦系乎人心之邪正、气体之虚实，不可一概论也”②。清初的梁章钜亦对这种避疫习俗甚为痛恨，指责说：“一为不慈，一为不孝，在僻陋乡愚，无知妄作，其罪已不胜诛，乃竟有诗礼之家，亦复相率效尤，真不可解。”③这样的言论在当时十分普遍，除了斥责，还出现了大量赞颂人们不避瘟疫照顾得病亲人而终无恙的记载，充分显示了古代反对避疫的主流伦理价值取向④。

综上，我们不难总结出传统疫病应对的以下三个特征：一是国家虽一直对瘟疫及其救治给予关注，但始终未能像对其他灾害的预防（备荒）和赈济那样，形成一套完备的制度性规定，而几乎缺乏制度性的规定，主要由民间社会自行开展疫病的救治。二是中国社会在长期的历史过程中，积累了丰富而值得肯定的疫病应对经验，但这些经验基本是零散、感性而片段的，缺乏系统的整理和总结，未能发展出体系性的疫病救治知识。三是针对疫病防治的关键环节检疫隔离，虽然出于直观的感知和本能反应以及某些特定的目的，出现了大量躲避、隔离乃至检疫的行为和事例，但这样的做法，一直没有得到主流社会和思想的鼓励和支持，在理论和实践上难以取得发展。

二、疫病应对的内在逻辑

从上面的总结中，笔者感到，至少有两个现象值得关注和省思。其一，在传统时期的疫病应对中，社会力量表现得相对更为活跃，国家虽然也有所作为，但并没有从制度建设上担负起其责任，从国家的角度来说，很难说有多少值得骄傲之处。其二，尽管累积了颇为丰富的疫病应对经验，但似乎缺乏一种积极的力量，去推动社会总结乃至提升疫病防治的知识和举措，而且，在关键性的疫病传染这一议题上，还形成了对防控传染相当强烈的阻碍和反动力量。也就是说，在疫病应对上，存在着比较明显的民间社会和国家力量之间的紧张。何以如此？

关于第一个现象，原因可能主要有以下两点：首先从技术上来说，在当时的社会医疗条件下，国家要想全面担负起复杂的疫病防治责任，存在着巨大的困难。一方面，官办医疗机构效率和能力有限，不可能满足民间疾疫救治的实际需求。另一方面，瘟疫的救疗操作起来，要比饥寒的赈济复杂得多，不仅存在着疫情千变万化和患者个体性差异等复杂情况，而且古代医疗资源存在着很大的地区不平衡性，使得国家对于疫病的应对，无论是资源的储备还是调配，都

① 程迥：《医经正本书·辩四时不正之气谓之天行即非传染第五》，中国书店1985年版，第3-4页。

② 朱熹：《晦庵先生朱文公文集卷71·偶读谩记》，载朱杰人、严佐之、刘永翔：《朱子全书》（第24册），上海古籍出版社2002年版，第3417页。

③ 梁章钜：《浪迹丛谈 续谈 三谈》，《续谈》卷二，《温州旧俗》，陈铁民点校，中华书局1981年版，第285页。

④ 范行准：《中国预防医学思想史》，人民卫生出版社1953年版，第91-100页；郑洪：《南宋时期有关防疫的伦理争议》，《医学与哲学》，2006年第4期，第36-37页；梁其姿：《中西传统的公共卫生与疫疾的预防》，载赖明诏等：《2003，春之煞：SARS流行的科学和社会文化回顾》，联经出版社有限公司2003年版，第68页；余新忠：《清代江南的瘟疫与社会：一项医疗社会史的研究（修订版）》，北京师范大学出版社2014年版，第192-194页。

困难重重。而且，更重要的是，当时的医学对疫病的病原、病因的理解还非常粗浅，缺乏科学的认识。而中医的治疗讲究阴阳、寒热、虚实、表里的差异，若不能对证施药，可能会适得其反，所以，即便有资源和能力，也未必能够取效。其次，瘟疫作为颇为特别的灾害，虽有碍民生，但毕竟不像水旱蝗等自然灾害会对王朝的统治产生直接的危害[①]。

关于第二个现象，之所以在阻断疫病传染的隔离防控上，一些直观性的认知和本能性的行为反而会受到抑制，首先无疑与当时的医学对此缺乏科学认识有关。若以现在的眼光来看，这样的说教实在可以说是中国防疫思想的反动和倒退[②]。不过历史地看，这样的解读可能有失简单。近代以前，人们对于疫病传染往往源于直观的感受，缺乏科学的认识，并不明白其传染的内在机理，难以确认疫病如何传染，甚或是否传染。一方面，疫病的致死率、传染性各不相同，个人易感程度也千差万别，所以出于畏惧之心，不顾人伦道德简单隔离和弃置，不对疫病者进行必要的救治，是否真的是合理的应对，即便是从现在认识来说，也是可议的。另一方面，由于缺乏科学的认识，当时的一些隔离或远避他乡的行为，不仅未必能起到隔离的成效，而且还可能造成疾疫的传播。在这种情况下，批判为了一己之私而弃亲人于不顾的反伦理行为，在中国传统社会特别重视伦理道德的情形下，应该是可以理解的，尽管显然不利于人们去更好地思考理解疫病的传染性及其隔离应对。

其次，也因为这一认知和行为与当时国家极力倡导的意识形态——“仁”“孝”观念相冲突。中国传统政治主张“内圣外王”，推崇“道德治国”，宣扬实行“仁政”和“以孝治天下”。国家对“仁爱”“忠孝节义”等道德的倡导和宣传，虽然不无虚伪的成分，但其无疑是历代王朝立国的根本。面对受感染的亲人或尊长，弃之而不顾，或避之而不予侍奉，显然是“不仁不义”“不忠不孝”之举，乃是大逆不道，为主流观念大加挞伐也就理所当然了。至于说社会缺乏整体的推动力量，原因就复杂了，就如同中国社会何以没有发展出科学这一问题一样，见仁见智，很难有比较确当的解释。不过有一点，在笔者看来，是十分重要的，即与疫病救治关联在一起的医学和医生在传统社会地位低下。虽然“医”作为一种“仁术”，在宋元以后受到士人的赞赏，但作为职业的医生和医术本身，则仍广受贱视[③]。清代著名医家徐大椿曾对此有精当的概括：“医，小道也，精义也，重任也，贱工也。”[④]这种情况下，不难想见，必然很难吸引比较多的才俊之士来从事这方面的工作。

如果简单地概括，似乎可以说，中国历代在瘟疫应对中出现前述特征与现象，根本上还在于国家缺乏对于瘟疫救治的真正重视。然而，历代王朝一向标榜“爱民如子”，而且也往往多会在各种文书特别是赈济灾荒的诏令中表达统治者的“恫瘝在抱”“民胞物与”之仁心，瘟疫伤害的直接是“子民”的生命与健康，为何会缺乏真正的重视呢？

福柯曾基于西方历史经验总结说，在传统的君主专制统治体制中，“君主的权利，就是使

---

① 余新忠：《清代江南的瘟疫与社会：一项医疗社会史的研究（修订版）》，北京师范大学出版社 2014 年版，第 221-222、306 页。

② 实际上，这也是诸多现代研究几乎众口一词的说法。

③ 余新忠：《“良医良相”说源流考论——兼论宋至清医生的社会地位》，《天津社会科学》，2011 年第 4 期，第 120-133 页。

④ 徐大椿：《医学源流论·自叙》，载刘洋《徐灵胎医学全书》，中国中医药出版社 2015 年版，第 115 页。

人死或让人活”[1]，而不像现代政治体制中，国家对于民众的生命、健康、卫生和寿命等负有责任。中国传统国家在本质上应该也是如此，作为“王权支配社会”的国家，王权的合法性来源于“天授”和武力，理论上，由王权支配的朝廷对臣民拥有绝对生杀予夺的大权，自然也不存在承担维护民众生命和健康等责任的问题。不过在具体的实践中，中国发展出了一套非常具有弹性的刚柔结构的体制，主张通过提倡推行“仁政”乃至“民本”思想来维护自己统治的长治久安，强调君主是“天下之父母”，应“抚育黎元”，“关心民瘼”[2]。故而，历代统治者都十分重视灾荒的救济，建立了完备的荒政制度。对于瘟疫的救治，我们也不能说不关注，实际上，前面谈到的诸多事例，也已表明国家确有关注及相应的举措，特别是瘟疫与其他灾害关联在一起时，更是如此，像宋代的皇帝还因此下罪己诏[3]。而对瘟疫的救治之所以让人觉得不像对其他灾荒那样重视，应该说跟前述瘟疫救治本身的复杂性和国家在技术与能力上的有限直接相关。在当时条件下，不对瘟疫救治做比较刚性的制度性规定，而倡导鼓励民间社会开展救疗，一定意义上不失为国家在认识到瘟疫防治的极端复杂性和自身能力不足基础上的明智之举。也就是说，其内在的逻辑是，不是国家不想管，而是难以措手，与其做难有实效的制度规定，不如放手任由民间社会自行发挥力量。

当然，仅此也不足以解释现象的全部，我们还需注意到历史的局限性和中国文化中的某些不足。传统的“王权”无论怎样倡导“仁政”“爱民”，高举“民本思想”的大旗，但其政权毕竟本质上姓“王”不姓“民”，不可能首先从民众的利益出发来施政。瘟疫对民众生命和健康的巨大危害显而易见，国家对瘟疫的救治尽管困难重重，难以建立统一的制度，但无疑也还有很多可以着力之处。只要看看古代众多官方文献，实在很难认为朝廷和地方官府在整体上对瘟疫的救治有多么重视，这除了技术上的原因外，也是因为，瘟疫几乎不会引发社会动乱，直接危害其统治秩序。这就是说，只要对民众生命和健康的损害不会危及江山的稳固，即使损害严重，也难以成为施政的重点，其施政的真正出发点是江山的稳固。就此而论，统治者所谓的“爱民”不过是“爱江山”的托词，个体生命很大程度上只是追求江山稳固的工具，生命本身的价值和自具的目的性往往就被消解在整体性的目标之中。本着这样的统治理念，面对瘟疫，王朝统治者考虑更多的自然就会是如何将灾害或危机尽可能地转换为展现其仁政爱民和统治合法性的契机，而非民众的生命和健康本身。从这一逻辑出发，面对难以措手的瘟疫，在民间普遍将其归为“天行”的情况下，统治者表明其关心并给予一定的救治自然也就够了。

近代以降，西方现代民主政治制度的发展催生了“生命政治”的诞生，新的统治权力从原来的“使人死或让人活”的权力逐步转变为“使人活和让人死”的权力。而这种新的“生命政治”因为负有对民众生命和健康等的责任而推动了近代公共卫生机制的产生和发展，同时也让

---

① [美]米歇尔·福柯：《必须保卫社会》，钱翰译，上海人民出版社 2018 年版，第 264 页。

② 刘泽华：《中国的王权主义》，上海人民出版社 2000 年版，第 1-143、400-448 页；张分田：《民本思想与中国古代统治思想》，南开大学出版社 2009 年版，第 1-5、743-750 页。

③ 邓铁涛：《中国防疫史》，广西科学技术出版社 2006 年版，第 30-35、52-60、92-105、140-149 页；张剑光：《三千年疫情》，江西高校出版社 1998 年版，第 20-25、34-38、133-144、203-214、256-261、321-328、431-440 页；韩毅：《宋代瘟疫的流行与防治》，商务印书馆 2015 年版，第 134-234、409-525 页；余新忠：《清代江南的瘟疫与社会：一项医疗社会史的研究（修订版）》，北京师范大学出版社 2014 年版，第 219-253 页。

政权获得干预生命的合法权利[①]。而中国自鸦片战争以来，随着国门的洞开和民族危机的日渐深重，也在外力的刺激下开启了现代化的征程。在这一过程中，以频繁出现的瘟疫为契机，中国逐步引入并创建了由国家主导、着眼于国家强盛的现代卫生防疫机制，成为中国现代化历程中颇为显眼的特色。虽然现有的研究往往都将瘟疫与现代公共卫生直接联系起来论述，但实际上，瘟疫只不过是契机而已，根本的动力还在于中国文明自身强大的内生力和自强精神，以及历来对于社会灾患的关注和重视。就此，我们显然无法轻易忽视中国疫病应对传统的意义，实际上，在现代卫生防疫机制的引建过程中，“很多情况下，只是将民间的、零散的、非制度性的内容纳入到官方的、制度化的形式中去而已”[②]。不过，与此同时，也须认识到，在当时内外交困的历史背景下，时人不可能有足够的余裕去细致清理传统疫病救治的遗产，思考其与现代卫生制度的有机榫接。故而，在引建中往往会凸显其“强国保种”、实现国家强盛这方面的意义，而未能较好地关注和体认卫生防疫本身具有的维护个体生命和健康的权利的意义，使得晚清民国的卫生防疫具有过于强烈的政治意涵和色彩[③]。

三、结语

美国著名的历史学家麦克尼尔在《瘟疫与人》中，以“微寄生”和“巨寄生”两个概念来认识人类生命的生存状态，认为“人类大多数世界上的生命都生活在一种由病菌的微寄生和大型天敌的巨寄生所构成的脆弱的平衡体系之中，而所谓人类的巨寄生则主要是指同类中的其他人”[④]。由致病微生物引发的瘟疫，无疑是人类所处的微寄生关系的重要表现形式，借由微寄生乃至疫病，人类与自然的勾连变得更加细密而深广。不仅如此，在展现人与国家关系的巨寄生体系中，瘟疫的影响也从未缺席，不仅自古就与饥荒、战争一道成为影响人类规模扩张的三大敌人，而且也因此成为影响人类文明机制和历史进程的重要的自然性力量[⑤]。由是观之，在人类的历史上，瘟疫实际上站在了人与自然、个人和社会与国家等诸多关系的连接点上。

处于诸多连接点上的瘟疫，在给人类生命健康带来诸多伤害的同时，也对人类社会自身所存在的问题提出了警示。无论是历史还是现实，都在显示，瘟疫不只是天灾，也是人祸，天灾或不可控，人祸自应努力避免。而要避免重蹈覆辙，反省和批评无疑是最好的武器。而对反省和批评来说，若不能立足历史来展开，必然就会缺乏深度和力度。

通过对中国历史上疫病应对特征和内在逻辑的梳理与省思，我们或许可以庆幸自己生活在一个美好的时代，无论在技术、制度建设还是资源配置能力等方面，相较于过往，我们都有了

---

① [美]米歇尔·福柯：《必须保卫社会》，钱翰译，上海人民出版社 2018 年版，第 262-286 页；米歇尔·福柯：《生命政治的诞生》，莫伟民、赵伟译，上海人民出版社 2018 年版，第 419-428 页。

② 余新忠：《清代江南的瘟疫与社会：一项医疗社会史的研究（修订版）》，北京师范大学出版社 2014 年版，第 221-222、306 页。

③ 余新忠：《清代卫生防疫机制及其近代演变》，北京师范大学出版社 2016 年版，第 322-328、386-411 页。

④ [美]威廉·麦克尼尔：《瘟疫与人》，余新忠、毕会成译，中信出版社 2018 年版，第 6 页。

⑤ [美]弗雷德里克·F. 卡特赖特、迈克尔·比迪斯：《疾病改变历史》，陈仲丹、周晓政译，山东画报出版社 2004 年版，第 1-3、231-243 页；[美]沃尔特·沙伊德尔：《不平等的社会：从石器时代到 21 世纪，人类如何应对不平等》，中信出版集团 2019 年版，第 237-284 页。

根本性的改观，更为重要的是，“始终把人民群众生命安全和身体健康放在第一位”[①]，已经成为当前施政的核心指导思想。但历史的内在逻辑有着强大的惯性，如果我们不能汲取近代的教训，在引建现代公共卫生机制的过程中，对传统疫病应对的遗产做出必要的省思和清理，更多地关注和体会这套机制背后隐含的尊重个体生命和健康本身的价值和权利的意义，那么，瘟疫的警示意义就会大打折扣。反之，只要我们能深入体会把握“生命安全重于一切”的核心指导思想，回归卫生的本义，以多元协同的思路更专业地开展卫生防疫，那么，现实的灾难自将会成为更有意义的“历史推手”。

（原载《华中师范大学学报（人文社会科学版）》2020 年第 3 期；
余新忠：南开大学历史学院教授。）

① 习近平：《全面提高依法防控依法治理能力 健全国家公共卫生应急管理体系》，《求是》，2020 年第 5 期。

医疗史与知识史

——海外中国医疗史研究的趋势及启示

陈思言　刘小朦

摘　要：近二十年来，知识史在海外历史学界渐受重视，多位学者对其概念和研究范畴进行了探讨。同时，科学史与医学史研究中，探讨“知识”生产与流传问题的论著也逐渐增多。在此影响下，海外中国医疗史研究也借鉴了诸多研究方法。相关论题主要集中于前近代中国医学知识的建构、传播与变迁，民族主义与国家建构背景下近代“中医”的形成，医学人类学视野下的中医现代性等三个方面。反观国内的医疗史研究，至今仍受内外史区隔所限，历史学者关注医学知识、医学思想史等涉及内史研究的“核心问题”仍显不足。本文认为，关注西方中医知识史的研究，有意识地在国际学术脉络中展开医学知识史的研究，不仅可以破除内外史的研究壁垒，也能够促使新议题和新研究方向的生发。

关键词：医疗史；知识史；海外中国医史研究

国际医学史研究已日渐成熟，观其发展过程，基本经历了初期的传统科技史研究，中期的社会史研究和20世纪80年代以来内外史壁垒消解后多元的社会文化史研究。西方对中国医学史的学术兴趣即肇始于医疗史研究范围拓展的20世纪七八十年代，研究议题基本隶属于整个国际医史研究的范畴，但又有其自身特点，具体而言，其研究方向大致分为两类：其一以李约瑟为代表，这一批学者从反思欧洲中心论出发，目的在于扩展科学的定义，并在中国历史中寻找可以与欧洲近代“科学”相类比的自然知识体系。不过，这类研究仍然以现代科学去评价古代知识，更加注重中国医学的理论发展、合理性和有效性。另一类研究受到西方社会中替代疗法兴起的影响，中国医学正好提供了一种不同于现代生物医学的治疗体系，因此也吸引了不少学者投入中医历史的研究中去，这类作品更具普及性，促进了整个西方社会对中医的认知。正是在这两种背景下，中国医学常常被描述为一个连续统一的、理性的医学体系，相关论述也常常集中在中国医学的核心概念及其与西方医学的对比之上。①

从20世纪末开始，受社会学、人类学的影响，以及伴随西方史学中的文化转向，对中国医学本质论、整体论的看法受到挑战，过程论与建构论的观点逐渐流行。西方科学史研究中也越来越注重知识的生产过程，相较于知识本身，学者越来越注重知识生产的社会环境。加之美国中国史学界开始摒弃“冲击—反应说”，强调从中国发现历史。关于中国医学知识的研究也在这种背景下逐步展开。具体而言，历史学、人类学等多个领域的研究者先从“中医”（traditional

---

① 西方对中国医学研究的早期发展，可参见 Hinrichs T J, “New geographies of Chinese medicine”, *Osiris,* 1998, Vol. 13, pp. 297-325.

Chinese medicine）这一概念入手进行反思，指出这一概念是特殊的政治和社会环境中被创造出来的，不仅“中医”这个名词的出现是很晚近的事情，当代中医的理论和实践有很多方面实际上是在近代以来被创造或重新发明的。以此反观传统时期的中国医学知识与实践，亦经历过数次重要变迁。[①]本文首先介绍近二十年来欧美学界知识史、科学史、医学史研究的新趋势；再从前近代中国医学知识的建构、传播与变迁，民族主义与国家建构背景下近代“中医”的形成，医学人类学视野下的中医现代性等三个方面梳理西方的中国医学知识史研究；最后从知识史的角度出发，反思中国医学史研究的可能方向。

一、知识史、科学史与医疗史

何谓“知识史”（history of knowledge）？医学，毫无疑问可以作为人类总体知识之一环，那知识史与传统的思想史、学术史又有何种区别呢？本节将首先简要介绍“知识史”这一领域在欧美学界近年来的发展，以及科学史如何与知识史的研究结合，并以此为背景反思医疗史领域如何将知识史的视角引入。

余新忠的新近文章已经指出西方知识史研究发端于1924年马克斯·舍勒（Max Scheler）提出的“知识社会学”，并简要回顾了这一研究领域的发展与福柯（Michel Foucault）“知识考古学”的影响。[②]虽然知识史出现已有数十年，但至今这一领域尚缺乏一个较为公认的严格学术定义。近十数年才有较多的学者自认自己的研究领域为“知识史”，以知识史命名的学术机构和期刊方才开始出现。[③]正如“知识”本身宽泛的含义一样，“知识史”的研究范畴过于宽广，甚至无所不包。因此，相关学者也开始致力于为此学科作出一个具有操作性的定位并界定研究范畴。

彼得·伯克（Peter Burke）在完成编写两卷本的《知识的社会史》之后，在2016年出版《什么是知识史》一书，对“知识史”这一领域作了详细阐释，包括其概念、研究范畴、存在的问题和研究前景。他着重强调了知识概念和知识存在的多样性，以及书写知识的历史的多样性。[④]与此同时，德国学者开始将知识史（wissensgeschichte）作为区别于科学史和学术史（wissenschaftsgeschichte）的新兴领域看待，并为这一领域进行了更为准确的定位。西蒙尼·莱希格（Simone Lässig）是较为突出的代表。她将知识史定义为“将‘知识’视为一种现象的社会文化史，它几乎涉及人类生活的各个方面，并用知识作为透镜来以全新的角度对我们熟悉的

---

① Unschuld P, *Medicine in China: A History of Ideas,* University of California Press, 1985; Farquhar J, *Knowing Practice: The Clinical Encounter of Chinese Medicine,* Westview Press, 1994; Hsu E, *The Transmission of Chinese Medicine,* Cambridge University Press, 1999; Hsu E, *Innovation in Chinese Medicine,* Cambridge University Press, 2001.

② 余新忠：《融通内外：跨学科视野下的中医知识史研究刍议》，《齐鲁学刊》，2018年第5期，第28-35页。

③ Östling J, Heidenblad D L, Sandmo E, et al., “The history of knowledge and the circulation of knowledge: an introduction”, In Östling J, Sandmo E, Heidenblad D L, et al., *Circulation of Knowledge: Explorations in the History of Knowledge*, Nordic Academic Press, 2018, pp. 9-33; Chassé D S, “The history of knowledge: limits and potentials of a new approach”, *History of Knowledge*, https://historyofknowledge.net/2017/04/03/the-history-of-knowledge-limits-and-potentials-of-a-new-approach/, 2020-05-28.

④ Burke P, *What is the History of Knowledge?* Polity, 2016.

历史发展和历史材料进行审视”。在她看来，知识史的研究范畴并不仅仅包括经过提炼写入书籍的学术性知识，也包括实用性的、社会性的或隐性知识。做知识史的研究不应仅仅利用文本，还应该充分利用图像和实物材料。我们不应仅仅关注作为“产品”的知识，还应该考虑到创造、传播和转化知识的行动者、实践和过程。[①]

西蒙尼·莱希格将知识社会学、科学史、全球史、跨国史、殖民史等领域对“知识”的建构与流通的研究作为知识史出现的先导。她反对在知识与非知识之间划分明确的界限，认为知识的内涵与外延是流动的，并随时空而变化。将“知识”作为历史分析工具，一者可以促使学者思考结构与能动性的复杂关系，注重知识跨越边界的流动，再者可以关注到复杂多样的“空间”中知识的创造、证明、正典化，以及被质疑、反对和去合法化的过程；三者更加注重知识的变迁与转化，及其在社会文化变迁中的作用。[②]

与此同时，欧美科学史学界也对知识史的兴起抱有开放与欢迎的态度，甚至有人认为，当今科学史变得更像知识史了。帕梅拉·史密斯（Pamela H. Smith）回顾近年来欧美对近代早期（约 1400—1750 年）科学史研究的趋势，总结出三个重要面向：一是对被视为近代科学原型的知识体系的研究，比如天文学与治疗术；二是对被现今科学视为伪科学的知识的研究，如炼金术与占星学，这些知识实际上对理解当时人对自然的认识非常重要；三是对精英知识传统之外的知识体系，如女性、工匠甚至家庭中对于自然的认知的建构。除此之外，全球史与（后）殖民研究也越来越多地着眼于非西方的“科学”传统，以及“知识”的跨地域流通。[③]这些研究在扩展与深化着对“科学”这一事物理解的同时，也使得“科学”一词变得非常成问题。欧洲近代早期工匠的知识可以算作“科学”吗？同时期家庭照顾中女性对药物和疾病的知识属于科学的一部分吗？中国传统的天文学、冶金术、医学等是“科学”吗？面对这些问题，一些学者提出拓展科学的定义，摒弃根据现代标准定义的科学，或将科学视为任何阶层的历史行动者都可以进行的对于自然事物的认知与利用，或将多种科学传统置于其特定的时空下进行探讨。[④]“科学”的使用在这些研究中成了需要探讨的问题，因此，“知识”一词越来越多地出现在了科学史作品，尤其是以前近代或非西方世界为研究对象的作品当中，作为替代“科学”的名词。

与此同时，现代意义上的科学与科学世界观也在科学史学者的研究中被历史化，实验主义、客观性等现代科学认知不再被认为是不证自明的“事实”，而自有其被建构的历史。[⑤]当今欧美科学史界的领军人物之一洛琳·达斯顿（Lorraine Daston）观察到近二十年来科学史研究的

---

① Lässig S, “The history of knowledge and the expansion of the historical research agenda”, *Bulletin of the German Historical Institute,* 2016, Vol. 59, pp. 38-44.

② Lässig S, “The history of knowledge and the expansion of the historical research agenda”, *Bulletin of the German Historical Institute,* 2016, Vol. 59, pp. 29-58.

③ Smith P H, “Science on the move: recent trends in the history of early modern science”, *Renaissance Quarterly*, 2009, Vol. 62, No.2, pp. 345-375.

④ Smith P H, *The Body of the Artisan: Science and Experience in the Scientific Revolution,* University of Chicago Press, 2004; Elman B A, *On their Own Terms: Science in China, 1550-1900,* Harvard University Press, 2005.

⑤ Shapin S, Schaffer S, *Leviathan and the Air-Pump: Bobbes, Boyle, and the Experimental Life,* Princeton University Press, 1985; Daston L, Galison P, *Objectivity,* Zone Books, 2007.

对象已经从现代意义上的科学家拓展到草药医生、帝国时代的探险家、文艺复兴时期的文献学者、维多利亚时代的鸽子迷、绘制植物和动物插图的艺术家等；科学知识生产的空间也从实验室和天文台拓展到植物园、铁匠铺、图书馆、田野、船只甚至是家庭之中。当科学史已经不再仅仅关注严格意义上西方的、现代的“科学”的时候，那用什么词汇来描述这个领域呢？达斯顿给出的答案便是“知识史”。①

达斯顿进一步反思了“知识史”这一名词的问题：它涵盖的范围太广了。按照研究知识类型的分类，当今知识史研究对象大约分为两类：一是广义上的人类认识自然的科学和实践知识，二是与之相对的人文知识。②为了使知识史的研究更具可操作性，达斯顿认为知识史的探索可以从检讨知识分类和层级入手，关注不同文化传统中认知形式的变迁。作为一个跨学科的领域，知识史也要善于观察与反思各个学科提出问题的方式。③

认知方式（ways of knowing）和认识论（epistemology）在科学史与知识史的研究中成为重要的研究对象。这种认识论不仅仅是传统意义上的科学家认知世界的方式，也包括其他群体对于“科学”认知方式的贡献。帕梅拉·史密斯提出的工匠的认识论（artisanal epistemology），亦即通过身体与动手操作产生的具身化的认知（making and knowing，embodied cognition）便在科学史界颇具影响力。④达斯顿提出的“历史认识论”（historical epistemology）更加启发了科学史和知识史的发展。她将这一概念定义为“将我们的思想结构化、形成论点和论据、证实我们解释标准的类别的历史”⑤。历史认识论的观点便将知识权威、正统性和真理的诸多概念问题化，考察现代科学的认识论如何逐步主导社会的历程。对于实用性技术知识和历史认识论的研究，在西蒙尼·莱希格看来也是广义的历史学和科学史的交叉领域。⑥

德国科学史家尤尔根·雷恩（Jürgen Renn）也特别强调知识史对于科学史的意义。他更加注重将科学史放在全球史的视野下进行考察，并将知识的演进看作科学史叙事的主干。他认为引入非科学知识的研究视野更有助于理解科学知识的演进过程，任何一种科学概念的普适性并非某种特殊形式的理性的必然特征，而是在知识的历史演进中逐步形成的。⑦全球史视野下的科学史更强调知识的多向“流通”（circulation）而非单向“传播”（dissemination）。⑧而且知

① Daston L, “The history of science and the history of knowledge”, *Know: A Journal on the Formation of Knowledge,* 2017, Vol. 1, No. 1, pp. 131-154.

② 关于科学与人文在西方社会的分离，参见 Snow C P, *The Two Cultures and the Scientific Revolution,* Cambridge University Press, 1959.

③ Daston L, “The history of science and the history of knowledge”, *Know: A Journal on the Formation of Knowledge,* 2017, Vol.1, No.1, pp.142-154.

④ Smith P H, *The Body of the Artisan: Science and Experience in the Scientific Revolution,* University of Chicago Press, 2004; Smith P H, Meyers A R W, Cook H J, *Ways of Making and Knowing: The Material Culture of Empirical Knowledge,* University of Michigan Press, 2014.

⑤ Daston L, “Historical epistemology”, In Chandler J K, Davidson A I, Harootunian H D, *Questions of Evidence: Proof, Practice, and Persuasion Across the Disciplines*, University of Chicago Press, 1994, pp.282-289.

⑥ Lässig S, “The history of knowledge and the expansion of the historical research agenda”, *Bulletin of the German Historical Institute,* 2016, Vol. 59, p.36.

⑦ Renn J, “From the history of science to the history of knowledge-and back”, *Centaurus,* 2015, Vol. 57, No.1, pp.37-53.

⑧ Östling J, Sandmo E, Heidenblad D L, et al., *Circulation of Knowledge: Explorations in the History of Knowledge,* Nordic Academic Press, 2018.

识并非仅仅是在创造之后再流通，流通本身也在创造着新的知识。①

尽管尚未有医学史家明确说明医学史与知识史的关联，但作为与科学史密切联系的领域，医学史也在很大程度上有着与知识史相似的关怀。吉安娜 • 波玛塔（Gianna Pomata）以医学史中的方书（formula，recipe，prescription）和医案（medical case）为例，将之归纳为“认知型文类”(epistemic genre)，并强调其在跨文化知识之中的作用。②哈罗德 •库克(Harold J. Cook)则着重关注近代早期全球化视野下医学物质与知识随着贸易网络的流通③，并试图将近代早期医学史的叙事融入到更广泛的科学史中去。④埃莱娜 • 梁（Elaine Leong）则关注英国近代早期方书与家庭日常知识的生产。⑤这些欧洲近代早期医学史的研究都不约而同地关注到了知识的生产与传播。在一本近年来的反思生物医学时代历史书写的论文集中，作者回顾了近来历史研究——特别是与医学史相关的研究——运用的各种理论与方法，包括文化转向、身体史、视觉文化、物质文化等等，对于知识的制作、传播以及知识与权力的关系也在导论中不断被强调。⑥

由以上回顾可以看出，近二十年来在欧美学术界——尤其是以德国学者为代表——知识史作为一个新兴的领域被逐渐重视，并与传统的科学史、思想史等领域关系密切，其理论视角和方法的更新也对医学史领域有着诸多影响。虽然在海外中国史研究中，尚未有关于知识史的正式提法，但毫无疑问对于知识的关注并不缺乏，甚至对于中国“科学”的研究也是科学史与知识史新认识的思想来源之一。在本文以下部分，我们便着重回顾海外中国医学史研究中，具有“知识史”视野，或以“知识”为关注点的研究，以期对国内的医学史研究有所助益。

二、前近代中国医学知识的建构、传播与变迁

海外对传统时期中国医学知识史的研究多集中在宋以降的时段，又多以明初为断限分为宋到明初和明清两个阶段讨论中国医学的转型。因为自东汉中国医学经典与基本理论逐步整合成型之后，伴随着印刷术的推广、新社会秩序的形成、理学的发展等因素，宋至明初的医学学术知识的演进、传播均呈现出一种新态势。⑦艾提婕（T. J. Hinrichs）与琳达 • L. 巴恩斯（Linda L. Barnes）编纂的《图解中国医疗史》虽然针对的目标受众是以英文为母语的普通读者与本科生，但参与撰写的作者群皆是世界范围内相关领域的著名学者，其中对于历代医学知识变迁的

① Smith P H, *Entangled Itineraries: Materials, Practices, and Knowledges across Eurasia*, University of Pittsburg Press, 2019.

② Pomata G, “The recipe and the case: epistemic genres and the dynamics of cognitive practice”, In *Wissenschaftsgeschichte und Geschichte des Wissens im Dialog - Connecting Science and Knowledge,* V & R Unipress, 2013, pp.131-154.

③ Cook H J, *Matters of Exchange: Commerce, Medicine, and Science in the Dutch Golden Age,* Yale University Press, 2007.

④ Cook H J, “The history of medicine and the scientific revolution”, *Isis*, 2011, Vol.102, No.1, pp.102-108.

⑤ Leong E, *Recipes and Everyday Knowledge: Medicine, Science, and the Household in Early Modern England*, University of Chicago Press, 2018.

⑥ Cooter R, Stein C, *Writing History in the Age of Biomedicine,* Yale University Press, 2013.

⑦ Leung A K, “Medical learning from the Song to the Ming”, In Smith P J, von Glahn R, *The Song-Yuan-Ming Transition in Chinese History*, Harvard University Asia Center, 2003, pp. 374-398.

叙述有颇多值得借鉴之处。[①]在断代研究方面，郭志松（Asaf Goldschmidt）的《宋代中国医学的演进》指出了宋代医学的诸多关键的特征：古典医学的复兴、医学的制度化、伤寒学的兴起，以及药物疗法的进展。除了医学理论的内部演进，作者更加注重考察当时的社会、经济、政治状况对医学发展的促进作用，他着重论述了四个方面：首先，皇帝对于医学的个人兴趣提升了医学的社会地位并促进了古典医学知识的复兴；其次，通过科举考试进入官僚体系的文官重视医学在社会统治中的积极作用，并开始积极推动医学教育、考试和医疗慈善机构的建立；再次，宋代的社会经济状况和瘟疫的流行迫使皇帝和官员从古代医学智慧中寻找解决现实问题的方法；最后，校正医书局对医学经典的校订刊刻极大促进了医学知识的传播，也使得医生和学者得以重新思考医学知识和实践。[②]除了这项综合性的研究，宋代医学的各个侧面也受到关注。其一，儒医的兴起是中国古代医者身份结构的一次重要转向[③]；其二，医学经典的校正和出版既促进了正统医学知识的传播，也转变了官僚系统的统治方式[④]；其三，五运六气学说的完善为宋代以后的医学理论发展提供了思想资源[⑤]。这三者虽然并非全然是医学知识的变革，但毫无疑问为宋代乃至金元医学的转型奠定了重要的社会和思想基础。

元代的蒙古族统治者更加注重医学在国家治理中的作用，其庙学和医户制度在医学教育和医者身份结构的重塑中产生了重要影响。此外，由于元代科举长时间废止，许多读书人投身医学，自宋代发端的儒医现象进一步深化。金元时期更是出现了被后世医家尊崇的“金元四大家”，在中国医学发展史上有着重要的地位。秦玲子（Reiko Shinno）的著作便对元代医学发展的政治、机构、社会等因素进行了细致的考察。[⑥]“金元四大家”各具特色的医学理论也导致了后世所谓医学门户或学派的出现，进而深刻改变了医学传承的方式。吴以义的研究便追溯了医学知识在刘完素、朱震亨门人之间的传递，指出了师徒传承与书籍在医学知识传播中的重要地位。[⑦]费侠莉（Charlotte Furth）对朱震亨的研究讨论了当时的社会与思想环境对其医学理论革新的影响，并着重考察了他身后儒医形象的建构过程。[⑧]梁其姿（Angela Ki-che Leung）的研究则将宋代至明代初期的医学进行长时段的考察，力图在其中寻找医学发展的延续性。她将这一时段的医学分为学术传统和非学术传统两种，并系统总结了各自的医学理论与实践的特征和传承方式。她指出了这一时期的医学学派并非以学术观点为区隔，而是以传承脉络划

---

① Hinrichs T J, Barnes L L, *Chinese Medicine and Healing: An Illustrated History,* Harvard University Press, 2013.

② Goldschmidt A, *The Evolution of Chinese Medicine: Song Dynasty, 960-1200,* Routledge, 2009.

③ Hymes R P, “Not quite gentlemen? Doctors in Sung and Yuan”, *Chinese Science*,1987, Vol. 8, pp. 9-76.

④ Hinrichs T J, “Governance through medical texts and the role of print”, In Chia L, de Weerdt H, *Knowledge and Text Production in an Age of Print: China, 900-1400*, Brill, 2011, pp. 217-238.

⑤ Despeux C, “The system of the five circulatory phases and the six seasonal influences (wuyun liuqi), a source of innovation in medicine under the Song (960-1279)”, In Hsu E, *Innovation in Chinese Medicine*, Cambridge University, 2001, pp. 121-166.

⑥ Shinno R, *The Politics of Chinese Medicine under Mongol Rule,* Routledge, 2016.

⑦ Wu Y Y, “A medical line of many masters: a prosopographical study of Liu Wansu and his disciples from Jin to the early Ming”, *Chinese Science,* 1993-1994, No. 11, pp. 36-65.

⑧ Furth C, “The physician as philosopher of the way: Zhu Zhenheng (1282-1358)”, *Harvard Journal of Asiatic Studies*, 2006, Vol. 66, No. 2, pp. 423-459.

分。[①]席璨文（Fabien Simonis）则进一步意识到“金元四大家”和医学门户是在 16—18 世纪被逐渐建构起来的，朱震亨及其追随者所倡导的都是综合各家学说以应万变之病情。[②]

由此可见，正如郭志松所指出的，12 世纪末的中国医学与 10 世纪末的中国医学在各个方面有着极大的差异。宋代到明初中国医学发生了一次影响深远的转型，对于此后明清时期的医学理论与实践，乃至医学与医者的社会地位都有着重大的影响。[③]

明清时期——或者用美国学者通用的中华帝制晚期（大约指 16 世纪至 19 世纪早期）——则是另一个医学知识的转型时段。梁其姿对于明清医学普及化的研究颇具代表性。她注意到了自 14 世纪书籍市场中开始出现和流行的医学指南和入门书籍，并着重考察了其中的知识形式和传播状况。她指出了明清时期医学的普及化与医药贸易齐头并进，共同形塑了明清医学知识的版图。医学知识的权威并没有被掌握在政府或医学从业者之中，任何有一定文化的士人都可以通过阅读书籍掌握一定程度的基本医学知识。[④]

在学术医学传统方面，温病学兴起和伤寒学的复兴无疑是明清医学知识发展的两个重要方面，韩嵩（Marta E. Hanson）对此有着非常深入的研究。她的《说疫：中华帝制晚期的疾病和地理想象》以明清时期的“温病”概念的演变为线索，着重考察了地理观念对于当时疾病、身体观念以及医学知识的形塑作用。该著作提醒我们，疾病与医学知识并非封闭的知识体系，同时也与时人对于世界的想象以及地方社会状况密切相关。[⑤]韩嵩另有一篇文章探讨乾隆时期《医宗金鉴》的编纂，她指出这项朝廷赞助的医书编纂工程，一方面是满族统治者重新定义并吸纳汉族知识的行为；另一方面，太医院的御医也借此机会将来自江南医学的学术传统确立为正统，他们运用考据学的方法重建古代医学典籍，并由此引致了伤寒学在清代的复兴。[⑥]正如艾尔曼（Benjamin A. Elman）所论述的，《伤寒论》的兴衰在东亚医学史上有着重要的指示意义，提示着我们关注前近代东亚医学知识特性的变迁。宋代以前，《伤寒论》大概以节抄本或片段的形式在为数不多的医者之间流传。直到宋代校正医书局校订出版了权威性的版本，《伤寒论》方才确立了医学经典的地位。正因为文本的不稳定性，不同时代的医者和学者不断地争论文本的阐释方式和医方的实际效用。[⑦]蒋熙德（Volker Scheid）亦在威斯敏斯特大学（University of Westminster）组织了一项关于张仲景和《伤寒论》的跨国历史研究计划，他指出《伤寒论》为不同时期医学正统的确立和医学知识的革新提供了重要的思想资源。清代对

① Leung A K, “Medical learning from the Song to the Ming,” In Smith P J, von G R, *The Song-Yuan-Ming Transition in Chinese History*, Harvard University Asia Center, 2003, pp. 374-398.

② Simonis F, “Illness, texts, and ‘schools’ in Danxi medicine: a new look at Chinese medical history from 1320-1800”, In Elman B A, *Antiquarianism, Language, and Medical Philology: From Early Modern to Modern Sino-Japanese Medical Discourses*, Brill, 2015, pp. 52-80.

③ Goldschmidt A, *The Evolution of Chinese Medicine: Song Dynasty, 960-1200,* Routledge, 2009, p. 1.

④ Leung A K, “Medical instruction and popularization in Ming-Qing China”, *Late Imperial China,* 2003, Vol. 24, pp. 130-152.

⑤ Hanson M E, *Speaking of Epidemics in Chinese Medicine: Disease and the Geographic Imagination in Late Imperial China,* Routledge, 2011.

⑥ Hanson M E, “The *golden mirror* in the imperial court of the Qianlong emperor, 1739-1742”, *Early Science and Medicine*, 2003, Vol. 8, pp. 111-147.

⑦ Elman B A, “Rethinking the Sino-Japanese medical classics: antiquarianism, language, and medical philology”, In Elman B A, *Antiquarianism, Language, and Medical Philology: From Early Modern to Modern Sino-Japanese Medical Discourses*, Brill, 2015, p. 3.

医学经典的研究同时与考据学风密切相关，艾尔曼将医学考据学视为东亚医学知识争议中的核心环节，正是在学者不断追求更加“准确”与“可信”的经典文本的同时，不同的阐释和医学传统被重新发现。①

不同的分类方法和文本的出现也对医学知识的建构有着重要作用，这方面的研究主要集中在本草与医案之上。明清本草学的研究集中在李时珍及其《本草纲目》的研究中。梅泰理（Georges Métailié）系统分析了《本草纲目》中的分类学框架，他认为《本草纲目》的创新之处在于其对自然知识的分类方法，而非对药物种类或用途的扩展。②那葭（Carla Nappi）则对《本草纲目》进行了细致的文本分析，她强调了自然事物的转化，以及李时珍如何确定知识来源的可靠性并将其在传统儒学价值体系下统合起来。她所关注的是知识成型的过程而非具体的分类法。③费侠莉注意到了医案这一文体在医学知识生产中的作用，虽然医案在中国早期历史中便已出现，但直到明代才形成一个稳定的文本形式。医案对我们理解历史上的疾病与治疗方案，以及医学知识形成和争议的过程有着重要的意义。④蔡九迪（Judith T. Zeitlin）对孙一奎医案的研究则将医案作为一系列写作和出版的过程，并在特定的社会和思想环境下被传播和阅读。⑤

延续宋元时期对医者形象地位以及医学流派的探讨，赵元玲（Yuan-ling Chao）的作品是较为突出的代表。她发现，随着明清时期士人从医现象的进一步扩展，儒医和世医间的竞争更加激烈。以“医不三世，不服其药”的阐释为代表，儒医为证实自身行医的正当性，强调文本知识在医学中的作用。赵元玲同时也注意到了温病学的兴起，她发现，温病学派的医家多属于世医，而儒医大多秉持《伤寒论》的经典传统。她的研究也进一步证明了医者身份塑造与医学知识建构之间的关系。⑥蒋熙德对孟河医派的历史人类学研究深化了对医学派别的理解。作者并不把医派当作一个理所当然的分类，而是一种知识和认同创造的动态过程。孟河医派在不同历史时期的内涵与外延不断变化，而其内部的认同仍通过个人及其社会网络不断传承。这一长时段的研究时间跨度从17世纪到21世纪，其中第一部分主要讲述清代孟河医派的形成与传衍，通过对费氏家族的个案研究，分析家族内部知识与儒医性格的传承，以及医学知识通过家族社

① Elman B A, “Rethinking the Sino-Japanese medical classics: antiquarianism, language, and medical philology”, In Elman B A, *Antiquarianism, Language, and Medical Philology: From Early Modern to Modern Sino-Japanese Medical Discourses*, Brill, 2015, pp. 1-18.

② Métailié G, “The *Bencao gangm*u of Li Shizhen: an innovation in natural history?”, In Hsu E, *Innovation in Chinese Medicine*, Cambridge University Press, 2001, pp. 221-261.

③ Nappi C, *The Monkey and the Inkpot: Natural History and Its Transformations in Early Modern China,* Harvard University Press, 2009.

④ Furth C, “Producing medical knowledge through cases: history, evidence, and action”, In Furth C, Zeitlin J T, Hsiung P C, *Thinking with Cases: Specialist Knowledge in Chinese Cultural History*, University of Hawaii Press, 2007, pp. 125-151.

⑤ Zeitlin J T, “The literary fashioning of medical authority: a study of Sun Yikui’s case histories”, In Furth C, Zeitlin J T, Hsiung P C, *Thinking with Cases: Specialist Knowledge in Chinese Cultural History*, University of Hawaii Press, 2007, pp. 169-204.

⑥ Chao Y L, *Medicine and Society in Late Imperial China: A Study of Physicians in Suzhou, 1600-1850,* Peter Lang, 2009; Chao Y L, “The ideal physician in late imperial China: the question of sanshi”, *East Asian Science, Technology, and Medicine*, 2000, No. 17, pp. 66-93.

会网络的地域性传播问题。①

身体与性别也是医学知识建构的一环，在相关研究中，身体与性别并非不证自明的自然范畴，而是一种社会与知识建构的产物；反之，身体与性别观念也形塑了社会中的医疗实践和性别关系。费侠莉对于中国古代妇科的研究阐述了中国医学认知中的身体性别，以及性别观念对于医学知识生产与流传的关系。②吴一立的研究则接续了费侠莉对于宋至明代的关注，着重探讨清代妇科与产科之中的性别隐喻、知识建构与流传。③白馥兰（Francesca Bray）从人类学技术与性别研究的视角出发，探讨了明清时期中国的性别知识和权力关系在社会空间、劳动分工以及医学知识之中的建构。④韩嵩在关于明清时期医学地理观的研究中也注意到了南北不同的身体想象和治疗行为的差异，这种差异建立在北方满族统治者对于南方环境、身体与疾病的想象之上，进而建构出了一个南方的医学传统。⑤乔安娜·格兰特（Joanna Grant）对于汪机《石山医案》的分析注意到了医学实践中的性别展现，以及医家眼中对于男女身体、疾病的不同认识。⑥这些研究都注意到了中国古代身体观念的复杂性及其与社会关系的相互形塑作用，不过大多数学者都会认为，传统医学中以十二经络和五脏六腑为基础的身体结构自东汉末年成型以来直至西方医学传入都较少变化。蒋熙德最新的研究则挑战了这种认识，他通过对医学典籍的仔细研读，发现明末新安医家方有执从《伤寒论》的重新阐释中得到启发，将传统医学经络的图像表现形式从气血流注之通道修改为人体内身体部位的划分方式。这种新的理解与医学图像表现形式进一步通过江南医家群体逐步传播，并被吸纳到了主流医学知识当中。⑦蒋熙德的研究提醒我们，任何对于中医观念的既有认知都不是不证自明的，深入到历史情景中，我们可能会发现更多意料之外的知识建构过程。

除了学术知识传统，西方研究者也越来越注重所谓民间知识体系（vernacular knowledge）的研究。文树德与中国医史学者郑金生合作，共同研究他数十年来搜集的上千种中国手抄本医书。他们发现传统中国社会中流传的很多民间医学知识与学术医学传统的知识有着非常大的不同，在他们的初步研究和整理工作中，也证明了这一视角巨大的进展空间。⑧宋安德（Andrew Schonebaum）便利用这些手抄本医书，以及明清时期的小说、戏剧文本具体考察了民间流行的医学知识的图景。作者发现明清诸多文学性文本中有着很多民间医学知识，普通人大多也从

---

① Scheid V, *Currents of Tradition in Chinese Medicine, 1626-2006,* Eastland Press, 2007.

② Furth C, *A Flourishing Yin: Gender in China's Medical History, 960-1665,* University of California Press, 1999.

③ Wu Y L, *Reproducing Women: Medicine, Metaphor, and Childbirth in Late Imperial China,* University of California Press, 2010.

④ Bray F, *Technology and Gender: Fabrics of Power in Late Imperial China,* University of California Press, 1997; Bray F, *Technology, Gender and History in Imperial China: Great Transformation Reconsidered,* Routledge, 2013.

⑤ Hanson M, "Robust northerners and delicate southerners: the nineteenth-century invention of a southern medical tradition", *Positions,* 1998, Vol. 6, No. 3, pp. 515-550.

⑥ Grant J, *A Chinese Physician: Wang Ji and the "Stone Mountain Medical Case Histories",* Routledge Curzon, 2003.

⑦ Scheid V, "Transmitting Chinese medicine: changing perceptions of body, pathology, and treatment in late imperial China", *Asian Medicine,* 2015, Vol. 8, pp. 299-360.

⑧ Unschuld P U, Zheng J S, *Chinese Traditional Healing: The Berlin Collections of Manuscript Volumes from the 16th Through the Early 20th Century,* Brill, 2012.

这些文本中获得医学知识，这些文本不仅是民间知识传播的载体，同时也在医学知识的建构中有着重要作用。①同时，从晚明开始商业的发展也在改变着医学知识，这方面最为突出的是边和对于明清药材贸易的研究，她追溯了明清药材贸易的扩大与跨地域贸易的出现，这些新的发展逐步导致了城市中新型药铺的出现。这些商业活动一方面使得药物知识不再是医家的专擅之技，另一方面新型药物知识也在贸易活动中逐渐发展。②此外，边和还通过对赵学敏及其《本草纲目拾遗》的研究，纠正了以往对于赵学敏生平与作品的历史叙述，她指出作为流寓幕客的赵学敏在交游中接触到了多样的文献以及一手的民间知识，并且试图凭借当下的经验超越前代经典，这也反映了18世纪民间文化对于士人文化的挑战。③

西方医学对于中医知识建构的影响也是重要的主题之一，这一类型的研究也往往将中国医学的发展置于（早期）全球化的背景之下。自明末传教士来华便带来西方的医学知识和药物，虽然在19世纪之前西方医学对中国医学的影响有限，但这些外来知识、技术与药物确实吸引了少数医家思考理解这些外来事物，并进一步发展了新的知识。吴一立探讨了王清任《医林改错》中新的解剖学知识及其对西方解剖学的态度。④梁其姿描述了西方牛痘术传到广东后，通过商人与政府的推广，一步步被地方社会接受的过程。⑤到了19世纪末，西方医学的影响进一步深入。吴章（Bridie J. Andrews）以肺结核为例，论述了中国医者如何创造性地将西方的细菌学说吸纳到中国医学理论中去的历史过程。⑥雷祥麟通过对晚清中西医汇通派代表唐宗海"气化"学说的研究，发现这一理论实际上受到了当时新近传入中国的蒸汽机与西方解剖学的启发。⑦

物质文化的视角也往往被运用于医学的全球史研究中，最典型的例子便是东西方药物贸易与知识的流动。韩嵩与吉安娜·波玛塔对于近代早期中国医方在西方的转译与传播做了出色的研究。⑧那段讲述了一种西方医学的神奇药物底野迦（Theriac）在中国传播与接受的过程以及中国医者描述、评价与吸纳外来药物的方式。⑨另外，那段以人参为个案，通过分析中国医学、

---

① Schonebaum A, *Novel Medicine: Healing, Literature, and Popular Knowledge in Early Modern China*. University of Washington Press, 2016.

② Bian H, "Assembling the cure: materia medica and the culture of healing in late imperial China", PhD Dissertation, Harvard University, 2014.

③ Bian H, "An ever-expanding pharmacy: Zhao Xuemin and the conditions for new knowledge in eighteenth-century China", *Harvard Journal of Asiatic Studies*, 2017, Vol. 77, pp. 287-319.

④ Wu Y L, "Bodily knowledge and western learning in late imperial China: the case of Wang Shixiong (1808-1868)", In Chiang H, *Historical Epistemology and the Making of Modern Chinese Medicine*, Manchester University Press, 2015, pp. 80-112.

⑤ Leung A K, "The business of vaccination in nineteenth-century canton", *Late Imperial China*, 2008, Vol. 29, pp. 7-39.

⑥ Andrews B J, "Tuberculosis and the assimilation of germ theory in China, 1895-1937", *Journal of the History of Medicine and Allied Sciences*, 1997, Vol. 52, pp. 114-157.

⑦ Lei S H, "Qi-transformation and the steam engine: the incorporation of western anatomy and re-conceptualisation of the body in nineteenth-century Chinese medicine", *Asian Medicine*, 2012, Vol. 7, pp. 319-357.

⑧ Hanson M, Pomata G, "Medical formulas and experiential knowledge in the seventeenth-century epistemic exchange between China and Europe", *Isis*, 2017, Vol. 108, No. 1, pp. 1-25.

⑨ Nappi C, "Bolatu's pharmacy: theriac in early modern China", *Early Science and Medicine*, 2009, Vol. 14, pp. 737-764.

植物学与商业文本中的描述，揭示了近代早期对于自然事物认知方式的一种转变。[①]梁其姿与陈明对于阿魏这一药物跨欧亚的流动进行了长时段的研究，指出了不同时期和地域对于阿魏认知的传播与变化。[②]他们的研究都指出了物质本身的流动性和不确定性，与其说历史上存在着一种确定性的物质“人参”或“阿魏”，不如说历史上有着各种不同的被称为“人参”或“阿魏”的物质。它们的物性（materiality）及物质存在方式（objecthood）亦随着知识体系、认知方式的变化而呈现出不同的历史样貌。

三、近代“中医”的形成

从20世纪六七十年代起，中西医学、民族主义、国家建构等多重因素交织下近代中医的形成一直是西方中国医学知识史研究讨论的重要议题。诸多研究者力图将中医知识的变革放在传统与近代的关联性、中医理论与实践的同步抑或差异性的脉络中重新审视。郭适（Ralph C. Croizier）基于自己思想文化史的训练，聚焦于考察医学和文化、思想发展间的关系。他敏锐地发现20世纪初当新文化和科学主义在中国思想界取得绝对优势时，传统医学并没有随之消逝。传统医学在乡村的幸存并不让人意外，但他发现很多支持传统医学的人是所谓的“现代人”。因此，他在《近代中国的传统医学：科学、民族主义与文化变迁的张力》一书中要回答的核心问题便是：为何许多服膺于科学和现代性的知识分子坚定地支持前科学时代的医学体系？他们从自身的民族身份认同出发，使用“中医”一词来保护本土的传统。具体而言，他分三个阶段讨论了晚清近代中医的发展：传统医学与西医在19世纪的相遇、民国时期中西医论争，以及中华人民共和国成立后到20世纪60年代中医的发展。他指出文化和民族因素使中医得到以现代科学为导向的改革者的支持。他着重分析了1949年后中医发展中“红”和“专”之间的紧张关系，认为中医在此时得到支持是源于其实用价值。[③]郭适的《近代中国的医学复兴主义思想》一文延续了他在上述研究中的思路，具体关注20世纪中国的医学复兴运动，他认为这一运动是复兴运动的一部分，它并不代表要保存和复兴完整的传统，而是对社会变迁的回应，这反而创造了一些新事物取代了保存旧传统。他进而梳理了20世纪初到60年代，各种人对传统医学改造的复杂过程及与之相伴的政治文化因素，并进一步指出一代代改革者的主要矛盾在于既要保存传统医学的精髓又要符合现代科学。中西医在一定程度上的结合虽然使中医更加流行，却破坏了中医的独立性。这种结合仅停留在实践层面，造成现代中医理论和实践的脱节，并没有真正实现1949年后改革者们提出的“中医科学化”。[④]

郭适是较早关注到中医现代性问题的学者，他的着眼点主要在于近代中国社会发展中重大

---

① Nappi C, “Surface tension: objectifying ginseng in Chinese early modernity”, In *Early Modern Things: Objects and their Histories, 1500-1800,* Routledge, 2013, pp. 31-52.

② Leung A K C, Chen M, “The itinerary of hing/awei/asafetida across Eurasia, 400-1800”, In Smith P H, *Entangled Itineraries: Materials, Practices, and Knowledges across Eurasia*, University of Pittsburg Press, 2019, pp. 141-164.

③ Croizier R C, *Traditional Medicine in Modern China: Science, Nationalism, and the Tensions of Cultural Change,* Harvard University Press, 1968.

④ Croizier R C, “The ideology of medical revivalism in modern China”, In Leslie C, *Asian Medical System: A Comparative Study*, University of California Press, 1977, pp. 341-355.

事件对中医的影响，其研究在今天看来虽不够深入细致，但已意识到现代中医与传统时代的医学不同，并特别注意到在中医现代化过程中，民族主义因素不容忽视。此外，郭适的研究成果出版于20世纪60年代，受到条件限制，无法参考1949年后的档案，只能依靠香港媒体以及部分台湾人士的访谈。金·泰勒（Kim Taylor）的研究以郭适的作品为参照，在资料上更为丰富，她采用中华人民共和国卫生部中医司所编的档案、中医工作文件汇编、中医杂志，并采访了主要的改革参与者。她指出现在中医并非传统中医的延续，而是根据20世纪的需求提炼了传统的概念，如果没有中国共产党的提倡支持，中医会和如今大相径庭。因此，她选取1945—1963年为时间断限，考察了中医如何建立服务新的社会环境的功能以及医学本身为满足社会变革的需求而进行的改造。[①]金·泰勒在讨论20世纪40年代"新针灸学"的文章中，以朱琏1951年出版的《新针灸学》为考察对象。朱琏是一位肩负行政职务的西医，她在《新针灸学》中的身体描绘体现了一定的政治意图，她把身体分成不同的部、区、线，印证了解放区或边区的划分，反映了共产党在战争时代的地缘政治。通过朱琏的个案考察，金·泰勒试图论证医学疗效上的考量如何符合党的行政标准。[②]

中医的制度化、标准化亦是中医现代性讨论的重要问题。蒋熙德和雷祥麟的《中医的制度化》一文认为中医是多元的、不断变化的实践，讨论了1949年后中医如何参与现代中国建立的多元医疗卫生体系。这一过程并不是线性的，也非经过深思熟虑的结果，它的出现折射出了近代中国所走过的曲折道路。该文讨论了国医运动、"中西医结合"、三级医疗卫生保健网的建立等中医制度化过程中的重要事件和方针政策，并敏锐地指出被用来代表现代中医实践核心特色的"辨证论治"其实是1954—1956年中医制度化的产物。[③]蒋熙德另有一篇文章探讨"症"的概念在中医历史中的位置。此文写作方式较为特别，作者讲述了"症"在历史发展中两个不同的系谱。第一个系谱讲述了"症"如何在20世纪末到21世纪初成为传统中医智慧和前沿生物科学研究沟通的桥梁；第二个系谱则考察了从11世纪到20世纪初"症"在中医理论和实践体系中的起起伏伏。通过这段复杂历史的呈现，他进一步呼吁医学人文学者要注重考察现实医学实践中正在成形的论断的历史建构过程。[④]

吴章和雷祥麟共同关注现代性、科学主义和民族主义在中国医学发展过程中的相互作用。吴章侧重于解释日本对中国医学变革的影响，雷祥麟则阐明了国家/政权在中医变革中所起的作用。吴章考察了从19世纪中期至20世纪中期，中国医学由多元的私人性活动转变为标准化的、由国家支持的双轨系统，解释了西医和中医如何相遇及现代化的问题。具体而言，她关注由草药师、巫医、接骨大夫、产婆以及医学传教士等多种力量构成的中国医学逐渐转变为单一的中西医竞争的过程。在此过程中，力量逐渐增强的西医力图控制医疗领域，而从日本针灸学中吸取经验的中医尝试合理化自身的知识体系和实践，最后中国医学领域形成了一种在很大程

---

① Taylor K, *Chinese medicine in early communist China, 1945-1963,* Routledge, 2004.

② Taylor K, "A New, scientific, and unified medicine: civil war in China and the new acumoxa, 1945-1949", In Hsu E, *Innovation in Chinese medicine,* Cambridge University Press, 2001, pp. 343-369.

③ Scheid V, Lei S H, "The institutionalization of Chinese medicine", In Andrews B, Bullock M, *Medical transitions in twentieth century China*, Indiana University Press, 2014, pp. 244-266.

④ Scheid V, "Convergent lines of descent: symptoms, patterns, constellations, and the emergent interface of system biology and Chinese medicine", *East Asian Science Technology and Society*, 2014, Vol. 8, pp. 107-139.

度上屈从于民族主义政治策略的新医疗方式——我们现在所说的“中医”(TCM)。[①]雷祥麟试图回答中医是如何从现代性的对立面转变成中国探索自身现代性标志的问题，他认为中国医学的独特之处恰恰在于它和现代性既相互竞争又边界模糊的关系。中医并没有像很多传统事物一样逐渐消逝，它是一个独特的案例，不仅在现代性和科学的冲击下留存了下来，还受到了国家认可。雷祥麟认为相对于把中医看作是科学和现代性的“幸存者”而言，物种形成的概念更适合用来书写现代中医的历史。因为中医的支持者们并不是想保存传统医学也不是想简单进行现代化，而是努力创造一种“新中医”，一种混杂的、被其批评者称为“非驴非马”的医学体系。为了超越之前的书写模式，雷祥麟强调中医、西医和国家三者是相互作用的关系，应该把三者进行综合叙述，而不是书写三部独立的历史。[②]

医案亦是承载中医知识的一种文类，吴章《从医案到病历：中国医学文类的现代化（1912—1949）》一文关注现代化过程中医案记录形式的变化。该文说明了医案和病历不仅能够使人想起其书写者的价值，亦建立了我们今天称之为“专业”的概念。早期医案形式各不相同，在民国时期受到生物医学模式的影响，产生了新的形式，包括患者、病名、病因、症候、诊断、疗法、处方以及效果，但这种新文类并未在旧与新之间划定一条界线，旧式的医案可以被修改以符合新形式。[③]

姜学豪（Howard Chiang）编纂的论文集《历史认识论和现代中医的形成》则明确提出要在历史认识论层面讨论中医知识在全球和区域中转变的问题。该书的编写试图把中医研究的历史认识论放入适切的思想文化系谱中，通过利用历史认识论超越医学化议题的限制，同时描绘现代中医的客体、权力及存在的历史，以此联结各种社会力量、挑战全球化趋势下东亚医学知识内部的认识形式。编者发现中医史的研究正在经历巨大的转变，学者们已经独立或集体地参与到重新描绘该学科中去，并用前人甚少涉及的方式将其置于转化、传播及全球流通的情境中。这是一个以问题为导向的研究领域，即学者们探讨在中国内外不同形式认知的出现，而非把传统的存在当作理所当然。该书旨在展示对新的中医史的跨国、跨学科的研究，力图制造一个涉及历史学者和科学哲学研究者对话的场所，通过语法分析和重新检视最基本的要素，消解将中医看作是历来如此、铁板一块的研究范畴的观念，试图以此激发该领域内的新问题和新方向。[④]

四、医学人类学视野下的中医现代性研究

西方学者对亚洲医学一直很有兴趣，但很长一段时间内，这种兴趣仅限于把非西方医学当作西方医学补充的潜在对象。另外，由于印度学家和汉学家对亚洲医学这一议题并不感兴趣，

① Andrews B J, *The Making of Modern Chinese Medicine, 1850-1960,* University of British Columbia Press, 2013.

② Lei S H, *Neither Donkey nor Horse: Medicine in the Struggle over China's Modernity,* University of Chicago Press, 2014.

③ Andrews B J, “From case records to case histories: the modernization of a Chinese medical genre, 1912-1949”, In Hsu E, *Innovation in Chinese medicine*, Cambridge University Press, 2001, pp. 324-336.

④ Chiang H, *Historical Epistemology and the Making of Modern Chinese Medicine,* Manchester University Press, 2015.

这使得其被湮没在亚洲宗教、艺术和哲学研究背后。此后逐渐有西方研究者关注亚洲医学的学术源流和临床实践的社会背景，但西方研究者大多站在西医优越的立场上研究亚洲医学，认为亚洲医学很快会消逝于现代化的浪潮中，然而这一预测被证明是失败的，亚洲医学传统仍在持续。随着现代化概念研究范式的衰退，亚洲医学史的文化研究得以展开。[①]最初的亚洲医学文化研究生发于人类学领域，以查尔斯·莱斯利（Charles Leslie）所编的《亚洲医学体系：一项比较研究》为代表。在绪论中莱斯利提出四个关注点，对亚洲医学研究具有长足影响：①现代亚洲医学，如印度的阿育吠陀（Ayurveda）医学、阿拉伯的尤纳尼（Unani）医学，以及中医具有内在思想的一致性；②与其他地区医学体系相似，亚洲医学体系各组成部分均植根于不同的文化体系中；③亚洲医学体系不能脱离其历史发展脉络进行研究；④学者应该拒绝使用“西方”“科学的”“现代”这样的词汇进行工业社会主导下的医学传统的身份认同。[②]

西方学者对中医的集体性研究最初即隶属于医学人类学的区域研究浪潮，《亚洲医学体系：一项比较研究》一书中与中医相关的文章可分为中医在东亚的传播[③]，传统医学演变背后思想及社会变迁的动因[④]，中医在中国特定区域的发展现状[⑤]，以及传统医学在近代中国的复兴[⑥]。

在《亚洲医学体系：一项比较研究》出版将近二十年后，查尔斯·莱斯利主编了另一本有关亚洲医学研究的书（论文集）《亚洲医学知识的研究路径》，其中文树德和冯珠娣（Judith Farquhar）两位学者共同提出从认识论的角度讨论传统医学在近代演变的议题。文树德从认识论的角度讨论了20世纪中国传统医学合法性的变化。他认为，在中国传统时期的社会思想观念支持下的社会体系构成了其医学认识论的根基，这是传统医学存在合理化的社会背景。19世纪至20世纪，随着传统社会结构解体，传统社会意识形态支持下的帝制形态消逝，新的意识形态和改变社会结构的尝试使得中医失去了合理存在的土壤。作者进一步梳理了这些使中医在认识论层面合法化的尝试，如中西医汇通、中医科学化等，但传统医学并没有标准解决中西医观念的冲突，故而这种根本的认识论问题将会一直影响中西医的共存。[⑦]冯珠娣则从中医个案研究的认识论层面反思了此前西方的中医研究中存在的问题，这些研究设想了一个存在于古典时期的普遍的、完整的、具有内在一致性的医学知识体系，而排除了对具体社会实践的理解的需要。这种认识无益于阐明任何时期的中医思想和实践行为，因而她力图突破这种研究方法，

---

① Leslie C, Young A, *Paths to Asian Medical Knowledge,* University of California Press, 1992.

② Leslie C, *Asian Medical System: A Comparative Study,* University of California Press, 1977.

③ Otsuka Y, “Chinese traditional medicine in Japan”, In Leslie C, *Asian Medical System: A Comparative Study,* University of California Press, 1977, pp.322-340.

④ Porkert M, “The intellectual and social impulse behind the evolution of traditional Chinese medicine”, In Leslie C, *Asian Medical System: A Comparative Study,* University of California Press, 1977, pp.63-81.

⑤ Topley M, “Chinese traditional etiology and methods of cure in Hong Kong”, In Leslie C, *Asian Medical System: A Comparative Study,* University of California Press, 1977, pp.243-271; Unschuld P U, “The social organization and ecology of medical practice in Taiwan”, In Leslie C, *Asian Medical System: A Comparative Study,* University of California Press, 1977, pp.300-321.

⑥ Croizier R C, “The ideology of medical revivalism in modern China”, In Leslie C, *Asian Medical System: A Comparative Study,* University of California Press, 1977, pp.341-355.

⑦ Unschuld P U, “Epistemological issues and changing legitimation: traditional Chinese medicine in the twentieth century”, In Leslie C, *Asian Medical System: A Comparative Study,* University of California Press, 1977, pp.44-61。相关论述亦可参见 Unschuld P U, “Traditional Chinese medicine: some historical and epistemological reflections”, *Social Science and Medicine*, 1987, Vol. 24, pp.1023-1029.

考察中医当下的实践的形式。她发现在以往临床相关的研究中，病历已经成为医生的知识、日常事务和权力关系的具像化呈现，分析病案有助于揭示医疗实践的深层特征。她同时强调在分析作为医学实践组成部分的病案文本时，不能把它当作是中国版的科学知识，而应当作是一种只能被它的实践者具身化的活的医学经验。①

随着研究的深入，医学人类学领域内中医现代化研究开始变得丰富多样，不再仅仅是以单篇论文的形式附属于东亚区域研究，开始有专著出版。冯珠娣《认识实践：中医的临床遭遇》对中医现代化过程中理论与实践的脱节有深入论述。她基于 1982 年在广州中医药大学的学习经历，发现中医的文本知识和临床实践间存在不少矛盾。她进而思考，既然有这种矛盾存在，医生们如何判断自己的解释正确与否。通过田野访谈，她发现医生们普遍把解决方法诉诸经验或实践。基于此，作者试图从中医的临床经验和实践出发，探讨这种矛盾的形成过程。作者认为中文语境中的“实践”和“经验”这样的词汇并非用以区隔理论和实践，或是课本学习和实践活动。临床实践是理解现代话语中“传统”中国医学的重要场合，医生的实践和经验再现了具有特殊历史重要性的认识论形成过程，故而作者力图探讨现代中医日常的治疗工作如何跟大量文本化的古代治疗经验相联结。②

继冯珠娣深入论述中医现代化过程中理论与实践脱节的问题后，蒋熙德强调中医实践的被建构性质，即认为中医是多元的、不断变化的实践行为。他的专著《中医在当代中国：多元性与综合体》关注机构、政治、历史，以及“非人的媒介”（nonhuman agents）在塑造和重塑中医过程中的角色。为纠正把中医当作铁板一块及还原论的观点，他强调中医实践的被建构性，是多元的、不断变化与综合的实践行为。该书主要内容可分为三部分，第一部分阐述中医研究的理论和方法论问题，主要围绕多元性展开。第二部分从五个不同的角度阐述，包括政治家和国家、患者和医生、教育体系、关系网及医生的知识体系等，作者试图说明现代中医是一个交叉的网络，不可被简化。第三部分反思中医在当下生活中的位置，作者认为关于现代中医地位的讨论受制于生物医学模式的霸权，因而人类学的任务应包括阐明其中的迷思，从而促进关于我们生活的决策。值得注意的是，该书的第七章“辨证论治”，解构及历史化了被认为是现代中医核心特征的“辨证论治”。蒋熙德运用“传统的发明”这一分析方法揭示了辨证论治如何被塑造以及被实践和政治同化，并以此作为使中医区别于西医的核心特征。③相似的讨论亦可见于他的《形塑中医：当代中国的两个案例研究》一文中。该文重新审视中华人民共和国成立后 50 年北京中西医结合的实践，比较了两位颇有名望的中医对西医的态度，一位是资历深厚思想保守的世医，另一位是从中医药大学毕业的经历过上山下乡的年轻医生。蒋熙德试图说明尽管这两位医生声称他们对西医有着不同的态度，但都把西医的基本医理整合进了自己的中医医疗实践中。作者认为这种在医疗过程中整合中西医的行为是基于医生个体改善疗效的努力，可被看作是选取了不同的治疗策略，并把它们相结合创造的一种新疗法，因而西医的诊断亦可

---

① Farquhar J, “Time and text: approaching Chinese medical practice: through analysis of a published case”, In *Paths to Asian Medical Knowledge*, University of California Press, 1992, pp.62-73.

② Farquhar J, *Knowing Practice: The Clinical Encounter of Chinese Medicine,* Westview Press, 1994.

③ Scheid V, *Chinese Medicine in Contemporary China: Plurality and Synthesis,* Duke University Press, 2002.

成为中医诊断的一部分，共同决定中医的遣方用药。[①]

此后，在全球化研究趋势的影响下，亚洲医学理论与实践的讨论亦逐渐被置于全球化的背景下，除了关注亚洲不同区域内的医学知识和实践外，学者们开始集中探讨民族主义、跨国主义和医学间的关系。约瑟夫·S. 阿尔特（Joseph S. Alter）所编的《亚洲医学及全球化》即明确提出民族主义和医疗卫生在全球范围内的联结。该书聚焦于医疗方式的实践和思想层面，涉及印度、中国、英国、日本、新加坡、德国等国的医疗体系。编者发现一国的卫生管理经常从其他地方借鉴，这样的行为消解了民族国家的实体界限，这实则是在民族主义和跨国主义关系间的明显悖论。该书旨在探讨这一悖论的性质，因为它与医疗实践和医学知识发展相关。具体而言，该书关注医学与民族国家的政治、宗教、经济、文化相联结的过程、原因和方式，以及医学如何超越这些界限。其中选取的涉及中医及与中医相关的治疗方式的文章旨在说明现代中医的理念、治疗方式深受科学主义的影响，而属于东亚文化圈的中医与南亚文化圈的印度医学之间亦有着不可忽视的相互作用。[②]

蒋熙德和休·麦克弗森（Hugh MacPherson）所编的有关东亚医学的论文集则将中医现代性的讨论从中医知识在中国本土的建构，拓展到整个东亚地区传统医学知识的建构过程，及其在全球范围内的传播与接受过程。该书旨在重新审视一个有着较多争论的问题，即传统的东亚医学怎样被整合入当今由生物医学控制的医疗卫生体系。这样的争论从东亚社会新的民族国家决定跟随西方模式实现医疗体系的现代化开始出现，至今已有一个世纪。随之而来，传统医学和生物医学在日本、中国、韩国、越南等国的关系不可避免地和西方帝国主义的历史、现代民族国家的发展以及将科学技术整合融入传统医学的过程绑定在一起。不同的亚洲国家用不同的方式解决传统与现代、保护民族文化的渴望及与西方政治经济势力竞争的希望之间的矛盾。而在西方，施行东亚医学的治疗方法已从个人的、边缘性的行为，逐渐成为集体性的、接近主流的行为，因而我们该重新审视医学是什么、治疗者应做什么、治疗者和他们的患者怎样与彼此相联结，以及怎样与知识、技术、管理的网络相联结。该书指出当今人类学和医学史研究的关注点不再将固定的传统或文化的不同当作探讨传统东亚医学的起点，而是关注那些为“医学”“科学”“传统”制造了不同意义的观念如何被建构、协商及利用。但总体上来说，西方的治疗者、临床医生以及管理者的认知并未随着学术研究的推进而改变，他们相信自己所做、所探究或管理的治疗行为可以清晰地被描述在教科书中。类似的紧张关系也存在于临床实践和研究的领域内，西方人很少学习亚洲语言，因而很少能够阅读古代或当代的亚洲医学文献，即当西方的研究者声称他们探讨了针灸或中医的效用时，他们选择性地忽略了支撑这些实践多样性的文献系统。总之，该书力图指导新一代的研究者接触新的研究路径、议题，使之能够突破这一领域的诸多限制，证明长期存在于传统东亚医学研究领域内的“两种文化”壁垒实则可被

① Scheid V, “Shaping Chinese medicine: two case studies from contemporary China”, In Hsu E, *Innovation in Chinese medicine*, Cambridge University Press, 2001, pp. 370-404.

② Alter J S, *Asian Medicine and Globalization,* University of Pennsylvania Press, 2005.

消解。[①]

五、启示：知识史与医学史研究中的“内外融通”问题

西方学界关于中国医学知识史的讨论已突破“内”“外”史的界线，并趋于细致化，就具体议题而言，涉及社会、经济、政治状况对医学理论演进的作用，师徒传承与书籍等因素在医学知识传播中的地位，不同的分类方法和文本的出现对医学知识的建构作用，妇科与产科之中的性别隐喻、知识建构与流传，中西医学、民族主义、国家建构等多重因素交织下近代中医的形成等等，就涉及的学科而言，涵盖历史学、人类学、哲学等多个学科维度，其中不乏涉及对于专业的中医知识的讨论，就研究者的训练背景而言，涉及历史学、医学、人类学，可见，疾病与医学的知识和技术史，早已不是所谓的“内史”研究者的专利。

然而，与西方医疗史研究在中医知识技术史方面蓬勃发展的态势相比，国内医疗史研究的“妥当性”至今仍受质疑[②]，余新忠把近年来国内医疗史研究的问题归结为“内外”二字，其中相当重要的一点就是“内史”和“外史”的区隔依然分明，医学和史学的学科壁垒造成相互之间缺乏认同的情况依然严重，更有医学出身的学者把史学界的医史研究称为“没有医学的医学史”[③]，即医学界的学者认为目前历史学者从事的医疗史研究基本都是关注有关医学的社会文化变迁，并没有触及医学知识、医学思想等“核心问题”。为了回应这种质疑，突破“内史”“外史”的壁垒，近来中文学界有不少学者以问题为导向、以深化跨学科研究为旨趣，致力于医学知识史的研究，从明清医学知识的传播[④]、传统法医学知识的建构[⑤]、晚清民国中医知识的转型[⑥]、身体感的历史[⑦]等方面进行新议题的拓展。

从一定意义上来讲，所谓“没有医学的医学史”的评价并非无的放矢。无论中国大陆史学界还是台湾生命医疗史研究群，较早的研究大致可以用“从医疗看中国史”来概括，这些历史学者重视医疗问题与社会文化的关系，将医疗作为研究中国社会不可或缺的一环，但通过“医

---

① Scheid V, MacPherson H, *Integrating East Asian Medicine into Contemporary Healthcare: Authenticity, Best Practice and the Evidence Mosaic,* Elsevier, 2011, 其中，关于中医的研究有 Farquhar J, “Pulse-touching: qualities and the best practitioner”, pp. 39-54; Ward T, “Multiple enactments of Chinese medicine”, pp. 55-74; Pritzker S, “Standardization and its discontents: four snapshots in the life of language in Chinese medicine”, pp. 75-88; Zaslawski C, Lee M S, “International standardization of East Asian medicine: the quest for modernization”, pp. 89-104; Lei S H, Lin C L, Chang H H, “Standardizing tongue diagnosis with image processing technology: essential tension between authenticity and innovation”, pp. 105-122.

② 梁其姿：《为中国医疗史研究请命（代序）》，载梁其姿：《面对疾病：传统中国社会的医疗观念与组织》，中国人民大学出版社 2012 年版，第 2 页。

③ 余新忠：《当今中国医疗史研究的问题与前景》，《历史研究》，2015 年第 2 期，第 22-27 页。

④ 冯玉荣：《医学的正典化与大众化：明清之际的儒医与“医宗”》，《学术月刊》，2015 年第 4 期，第 141-153 页。

⑤ 张哲嘉：《“中国传统法医学”的知识性格与操作脉络》，《“中央研究院”近代史研究所集刊》，2004 年第 44 期，第 1-30 页；张哲嘉：《清代检验典范的转型——人身骨节论辨所反映的清代知识地图》，载生命医疗史研究室：《中国史新论：医疗史分册》，联经出版事业股份有限公司 2015 年版，第 431-473 页。

⑥ 皮国立：《气与细菌的近代中国医疗史——外感热病的知识转型与日常生活》，台湾中国医药研究所 2012 年版。

⑦ 皮国立：《虚弱史：近代华人中西医学的情欲诠释与药品文化》，台湾商务印书馆 2019 年版。

疗”这一透镜，历史学者研究中的核心问题还在于如何看待中国历史上的社会与文化。譬如从医者研究看社会群体，从疾病研究反思国家与社会的关系，从卫生角度切入中国的现代性问题，无怪乎“内史”学者往往声称难以从中得到对于“医学”本身研究的启发。然而在“内史”学者渐渐也重视起社会文化因素之后，大多数研究往往只把宏观的社会文化状况当作研究的背景，研究的内核也没有脱离原来“内史”关注医学内部发展的范式。而从知识史的角度出发，则要进一步揭开医学体系本身的“黑箱”。医学作为社会总体知识的一环，其形成、发展与交流不能单独于政治、社会、文化等因素而存在，医学知识也不可避免受到这些因素的形塑。因此，社会文化因素在医学史研究中则并非可有可无之“外”，也是丰富和深化对医学认识必不可少之“内”。

以疾病史研究为例，“内史”研究或关注历史上一种疾病的产生与治疗手段，或探讨历史上的疾病如何与现代病名对应；“外史”研究则探讨瘟疫流行时期的社会应对，或反思国家与社会之关系，或检讨现代检疫制度形成中的权力纠葛。这种“内”与“外”的分立则在罗森博格（Charles E. Rosenburg）提出的“框构疾病”（framing disease）中得到统一，在他看来，疾病作为一个医学论述的“框架”，是治疗和政策介入的必要前提。疾病不仅仅是生物性的实体，同时也是医学知识体系和讨论中通过专业语言建构出来的分类框架、公共政策正当性的保障、个人社会身份认同的一部分、文化价值观的体现以及医病互动的前提。一定程度上，只有在疾病被“命名”之后，我们才真正在社会关系中存在，才可以被感知、回应、与探讨。[①]实际上，在所谓传统内外史的研究的思路中，疾病便是一个“黑箱”一样的存在，它被视为一种生物学的实体，所以无需对这一概念作出解释。然而“框构疾病”的概念则揭开这个“黑箱”内部形成的机制，无论“内史”关注的古今病名异同，还是“外史”关注的社会应对，起始都是疾病被“框构”的一环。

这样的例子在医学史研究中还有很多，在此不再一一列举。与西方传统医学的研究不同，中医作为一种延续至今的“传统”，其知识版图在延续传统时期的经典以外，无论在理论还是实践上都发生了诸多的变化。这就更要求我们自己检视历史材料及其形成过程，并将我们如今习以为常的诸多“中医”概念陌生化，重新追索其在历史中形成、变化与传播的历程。相较于具体议题丰富多样日趋成熟的西方学界的研究，国内的医学知识史研究仍处于起步阶段，尤其中医知识现代性的讨论仍显不足，所以我们需要参照和借鉴西方业已成熟的研究视角和方法，有意识地将自己的研究置于国际医学知识史研究的脉络中展开，尽可能地消解内外史之间的区隔，实现相互融通。[②]综合国际学界的研究理路和议题，我们可以从以下几个方面展开思考，使医学知识史的研究走向多元和深入。

第一，医学知识生产的“空间”、地方性与民间医学知识。医学知识生产的“空间”的多样性近来已成为欧美医学史研究颇具创意的议题，如市场、药店、家庭都成为医学知识生产的

---

① Rosenburg C E, “Introduction, framing disease: illness, society, and history”, In Rosenburg C E, Golden J, *Framing Disease: Studies in Cultural History*, Rutgers University Press, 1992, p. xiii.

② 余新忠：《当今中国医疗史研究的问题与前景》，《历史研究》，2015 年第 2 期，第 22-27 页。

重要考察范畴。[①]科学知识的地方性也是其中的重要议题，“地方”也不再仅仅是地理概念，同时也是社会文化的建构。[②]这些讨论都使得医学史的关注点不再是自然哲学家与精英科学家/医生的知识系统，而是民间治疗者与民间知识。如前所述，海外的中国医疗史研究者日渐重视中国的民间知识体系，开始搜集并利用中国手抄本医书，讨论民间医学知识与学术医学传统的差异，以及民众如何从这类文本中获取医学知识，这些民间医书如何在医学知识建构中发挥重要作用，这些研究显示出了民间医学文献的巨大潜力。国内关于民间医学知识或医学知识的地方性研究稍显不足，涉及医学知识地域性的研究，或通过对某种药材的讨论来展现促使其产地变动的诸多因素[③]，或是关注医药知识传承方式的地方性特色[④]，而对于“地方”“空间”等概念缺乏足够的反思[⑤]。

第二，医学知识的区域或全球流传与容受。中医现代性的集体研究风气是从对亚洲医学的比较性研究起步，如在比较的视野中考察传统印度医学、阿拉伯医学以及中医的内在思想、根植的文化体系，中国医疗卫生体系在全球范围内与其他医疗体系产生的联结，以及在这一过程中民族主义和跨国主义间的矛盾。以往学者们对传统时期中医在东亚的传播的研究往往聚焦于医书版本的演变，对医药知识本身被东亚各国医家接受、本土化改造等现象和原因关注不够。故而在今后的讨论中，可以从两个方面拓展这一议题：一方面，将中医现代性的讨论从中国本土的建构，拓展到整个东亚地区传统医学知识的建构过程，及其在全球范围内的传播、接受过程；另一方面，借鉴全球史和（后）殖民医学的研究，在全球背景下重新审思现代中医的形成过程，研究视角亦不能仅仅局限于中西医的冲突与融合，日本现代汉医、苏联医学等医疗体系对现代中医的形成亦有相当重要的影响。在全球史的研究中，对物质文化的研究亦不可忽视，往往通过一种药物、一件文物或是一种技术的全球流动，便可在微观的角度重构历史知识的版图。尤需注意的是，传播与流通的过程并不仅仅是医学知识在不同地点转移的历史，同时，新的知识也在流通中被生产、讨论与接受。

第三，从历史认识论的角度思考中医知识的形成。从认识论的角度开拓中医知识史的研究议题颇具启发意义，冯珠娣的研究从认识论层面反思了西方的中医研究的问题，即把古典时期

---

① Harkness D, *The Jewel House: Elizabethan London and the Scientific Revolution,* Yale University Press, 2007; Jenner M S R, Wallis P, *Medicine and the Market in England and Its Colonies, c.1450-c.1850,* Palgrave Macmillan, 2007; Curth L H, *From Physick to Pharmacology: Five Hundred Years of British Drug Retailing,* Ashgate, 2006; Leong E, “Making medicines in the early modern household”, *Bulletin of the History of Medicine,* 2008, Vol. 82, No. 1, pp. 145-168.

② Livingstone D N, *Putting Science in its Place: Geographies of Scientific Knowledge,* University of Chicago Press, 2003; Cooper A, *Inventing the Indigenous: Local Knowledge and Natural History in Early Modern Europe,* Cambridge University Press, 2010.

③ 汪燕平：《从地道到科学：近代甘草产地和形象的变迁》，《中国历史地理论丛》，2019 年第 2 期，第 5-17 页。

④ 朱绍祖：《明清至民国禹州“药都”的形成与地域社会变迁》，南开大学博士学位论文，2019 年，第 194-198 页。

⑤ 杨祥银最新对东华三院的研究反思了殖民权力对医疗空间的塑造，然而未能讨论知识相关的议题，参见杨祥银：《殖民权力与医疗空间：香港东华三院中西医服务变迁（1894-1941 年）》，社会科学文献出版社 2018 年版。

的医学知识体系设想为完整的兼具内在一致性，而排除了对具体的社会实践的理解，实际上医生的实践和经验是具有特殊历史重要性的认识论形成过程。姜学豪进一步提出要从历史认识论的角度重新思考现代中医的形成。历史认识论是科技史研究的重要范畴。基于此，西方科学和医学史研究者认为关于知识制作的最基本的要素，如“客体”“文本”“传统”“疾病”“疗效”“叙事”等，也有自身的历史，故而从历史认识论的角度重新思考中医知识的形成，可激发新的问题意识和研究方向。

（原载《史林》2020 年第 3 期；
陈思言：南开大学历史学院博士研究生；
刘小朦：香港大学香港人文社会研究所博士研究生。）

科学史理论与应用

初窥五轮塔：一个有关起源、传播与形上基础的跨学科研究

刘　钝

摘　要：五轮塔的外观、次序及其形上意义与柏拉图《蒂迈欧篇》中描述的宇宙图景高度相似；换言之，柏拉图借助几何化的元素学说描绘宇宙构成与变化的思想，在日本的五轮塔中被物化和具象地表现出来了，很难设想二者之间没有任何联系。一方面，日本的佛教虽然传自中国与朝鲜，但是这两个国家乃至日本之外的亚洲其他地区，都找不到中古时代五轮塔的踪迹。可以断言，作为佛教寺庙建筑的石造五轮塔始于日本。另一方面，源于印度的密宗在公元7—8世纪兴盛于唐代中国，随遣唐使来华的僧人将汉译佛经及相关图籍带回日本。晚唐武宗之后，佛教在中国遭到沉重打击，东方密宗的中心逐渐转移到日本。经过历代来华僧人及其弟子门生的整理，形成具有特色的和系佛教经典宝库。在和系《大藏经》中，存在许多关于五轮塔形制的文字和图形，它们的母本是汉译或梵文的佛经。这些手抄经文中的线图先被摹画或镌刻在纸、布、陶器、金属等材料上，逐渐演变成不同材质的立体五轮塔，包括墓塔、供养塔和各类小型的五轮塔状器物。至于佛教密宗有关世界“五大”的观念与古希腊元素学说的关系，则是世界范围文明交流史上一个富有挑战性的大问题，通过五轮塔的起源与传播可以吸引更多的学者深入探索。

关键词：五轮塔；蒂迈欧篇；元素说；佛教密宗；日本；起源；传播

一、文献综述与缘起

五轮塔是日本佛教寺庙墓地的一种标志性建筑，有时也被做成供养塔或小型贮宝器，从12世纪开始流传至今。关于五轮塔的形制、演变以及它与佛教东传的关系，日本学者已经做过大量研究。早期研究者之一的川胜政太郎（1905—1978）[①]，主要从事艺术史和佛教建筑考察，他的《石造美术概说》[②]、《石造美术入门》[③]等书，都有相当篇幅涉及五轮塔。另一位卓有成就的研究者是斋藤彦松（1918—1997）[④]，他供职的京都大谷大学是日本佛教净土真宗的学术大本营，他本人精通梵文，其文大多发表在日本《印度学佛教学研究》上，对日系佛藏即《大正新修大藏经》中相关史料的发掘厥功甚伟。在1960年的短文《五轮塔内容と系列

---

① 川胜政太郎，东京国学院大学文学博士，主要从事石造艺术研究，1930年创建史迹美术同考会并任《史迹と美术》创刊主编（这一刊物今日仍在出版），编纂有《日本石造美术辞典》（东京堂，1978年）等。

② 川胜政太郎：《石造美术概说》，京都スズカケ出版部1935年版。

③ 川胜政太郎：《石造美术入门》，东京社会思想社1967年版。

④ 斋藤彦松，京都大谷大学教授，早年在鹿儿岛市创建梵字研究所并自任所长，今鹿儿岛博物馆内仍保留斋藤彦松梵字资料室。

の研究》①中，斋藤彦松称前辈的研究不多，但提到三位“先学的研究成果”，除了栂尾祥云（1881—1953）②的《曼荼罗之研究》③外，另外两位是跡步信渊和田久保周誉④。1958 年，薮田嘉一郎（1905—1976）⑤将若干早期研究论文编成文集出版，书名《五轮塔の起原——五轮塔の早期形式に関する研究论文集》⑥；后来他又编辑续集，与有关宝箧印塔的研究论文合为一帙出版，此即《宝箧印塔の起原・续五轮塔の起原》⑦。除了川胜政太郎和他本人外，两书的论文还来自多名其他早期研究者，如田岡香逸（1905—1992）、千千和实（1903—1985）、石田尚丰（1922—2016）、村田治郎（1895—1985）、佐佐木利三、黑田昇义等。日本一些具有佛教背景的机构也参与了对五轮塔的调研，位于奈良的元兴寺文化财研究所连续发布有关五轮塔考察的年度报告，曾担任该所副所长的大阪大谷大学教授狭川真一（生于 1959 年）在 2001 年度的报告中发表有关五轮塔出现之背景的论文⑧；他又与别人合作，编辑出版《中世石塔の考古学——五轮塔・宝箧印塔の形式・编年と分布》一书⑨，可以说是对薮田嘉一郎工作的补充；近年来，狭川真一又对不同地方的特定五轮塔进行勘察并发表多篇报告⑩。神户大学文学部客座教授、奈良国立博物馆工艺考古室主任内藤荣（生于 1960 年）著有《舍利庄严美术の研究》⑪，其中第三部专论“重源の舍利信仰と三角五轮塔の起源”；除此之外，他还有两篇论文讨论个别具有特殊意义的五轮塔⑫⑬。宫崎健司⑭、加藤繁生⑮对 2011 年在京都某神社发现的木造五轮塔做了研究。

以上述及的文献，大致反映了日本学者在佛教史与艺术史领域考察五轮塔的代表性成果，全都以专著、论文集和学术论文的形式公之于世。2003 年，大众文艺类杂志《春秋》刊出一篇有趣的文章，作者是专攻印度思想史的东海大学文学部教授定方晟（生于 1936 年）。在这篇

---

① 斋藤彦松：《五轮塔内容と系列の研究》，《印度学佛教学研究》，1960 年 8 卷 1 号，第 182-183 页。

② 栂尾祥云，日本佛教密宗学者，曾赴印度和欧洲留学，任真言宗高野山大学校长、高野山密教研究所所长。

③ 栂尾祥云：《曼荼罗之研究》，吴信如译释，中国藏学出版社 2011 年版。

④ 跡步信渊《五轮塔の研究》（参见《密宗学报》，1933 年第 224 期），田久保周誉《法界婆塔の研究》（参见《丰山学报》，1954 年第 2/3 号），两文笔者未见。

⑤ 薮田嘉一郎，日本艺术史家、出版家，1951 年在京都创建以日本史、考古、工艺、美术书籍出版与拓本修裱为宗旨的综艺社，社名来自入唐弘法大师空海（774—835）的综艺种智院。

⑥ 薮田嘉一郎：《五轮塔の起原——五轮塔の早期形式に関する研究论文集》，京都综艺舍 1958 年版。

⑦ 薮田嘉一郎：《宝箧印塔の起原・续五轮塔の起原》，京都综艺舍 1966 年版。

⑧ 狭川真一：《五轮塔の成立とその背景》，载《元興寺文化財研究所研究报告 2001》，元興寺文化財研究所 2002 年版。

⑨ 狭川真一、松井一明：《中世石塔の考古学——五轮塔・宝箧印塔の形式・编年と分布》，东京高志书院 2012 年版。

⑩ 包括“高野山西南院の五轮塔”（参见《古代研究》，元兴寺，1981 年），“伯耆の五轮塔 2 例”（《史迹と美术》56-4，1986 年），“松江の中世石塔访问记”（《松江市史研究》第 6 号，2015 年），“慈尊院五轮塔实测记”（《考古学・博物馆学の风景》，芙蓉书房，2017 年），“真如亲王墓传承五轮塔”（《医王山鏡智院清泷寺》，2017 年），“福岛县いわき市の古式五轮塔实测记”（《日引》15 号，2019 年）等。此外，他的祝寿文集还收有数篇其他人撰写的关于五轮塔的文章（《墓と石塔の考古学——墓と石造物に戏れて实は半世纪》，狭川真一还历纪念会，2019 年）。

⑪ 内藤荣：《舍利庄严美术の研究》，东京青史出版 2010 年版。

⑫ 内藤荣：《重源の舍利信仰と三角五轮塔の起源》，载《镰仓期の東大寺复兴——重源上人とその周辺》，京都法藏馆 2007 年版。

⑬ 内藤荣：《三角五轮塔の起源と安祥寺毗卢遮那五轮率塔婆》，《美术史论集》2008 年第 8 号，第 1-23 页。

⑭ 宫崎健司：《久多の木造五轮塔》，《大谷学报》2014 年第 2 号，第 24-42 页。

⑮ 加藤繁生：《久多の五轮塔——在銘最古の木造五轮塔》，《史迹と美术》2017 年第 874 号。

题为《五轮塔と多面体》的短文中，作者大胆猜测五轮塔的形状也许受到柏拉图（约前427—前347）的影响，连接二者的媒介是佛教；他又说柏拉图《蒂迈欧篇》（*Timaeus*）的基础是几何学，而在佛教文化中缺乏这样的传统，可以说佛教被柏拉图的美学思想所吸引，将外在的结果赋形于五轮塔上[①]。但是这只是一个提纲式的短文，佛教与希腊美学是如何关联的，作者未作讨论。

受到定方晟文章的启发，笔者六年前开始关注五轮塔的形上基础及其背后的文化传播问题，并将一些粗浅心得在不同场合作了披露，包括2018年10月6日在日本中部大学（春日井市）召开的“东亚科学文化的未来国际会议”上发表的《五轮塔の形而上学》，以及2019年9月15日在雅典召开的国际科学史研究院（International Academy of the History of Science）首届学术大会上的主题演讲“从蒂迈欧到五轮塔——佛教五轮塔的跨文化研究”（From Timaeus to Gorintō：a transcultural study on the Buddhist five-ringed tower）[②]。2020年初，中部大学国际人文研究所主办的学刊《竞技场》（*Arena*）特别号刊发拙文《五轮塔の形而上学》[③]，由爱知大学经济学部葛谷登教授译成日文并加评论与注释。

尽管前贤已有许多出色阐述和丰富成果，笔者自己也做过一点粗浅的尝试，但五轮塔的起源与传播仍然是一个富有挑战性的大题目，许多细节有待深入发掘和探讨。最明显的一个疑问是，如果日本的五轮塔是通过佛教发展和传播的，为什么在东传佛教的源头中国和朝鲜半岛都找不到中古时期的五轮塔遗迹？中国的青藏地区、东南亚诸国乃至南亚次大陆是否有类似的建筑物呢？和系佛典中保存的五轮塔的信息，是来华僧人的创造发挥，还是另有所本呢？佛教密宗中的“五大”（梵音panca-dhatavah）观念，与婆罗门教和其他印度早期哲学思想有无关系？2000多年前，印度、波斯与希腊文明之间是否存在交流的可能？笔者见识和学力有限，无法回答所有这些问题，但把它们提出来供学人思考和研究是值得的。

文称“初窥”有三个理由：第一，到目前为止国内似乎尚未见到有人专门从事五轮塔的学术研究，大概也没有中文论文发表；第二，在对日本学者研究成果作一全面综述的基础上，笔者力图突破佛教文献与佛教艺术的局限，尝试在古代与中世纪世界文明交流的大背景下观察与思考；第三，现在发表的只是一个初步考察结果，许多材料笔者没有见到，即使手头掌握的资料也没能完全消化，希望在不太远的将来对此课题做进一步的研究。

二、《蒂迈欧篇》与正多面体

柏拉图在《蒂迈欧篇》中，将古代爱奥尼亚学派的元素学说与自己学派珍视的几何学结合

---

① 定方晟：《五轮塔と多面体》，《春秋》2003年第454号，第12-15页。

② 近年来笔者就五轮塔这一主题发表的演讲还有：第八届东方天文学史国际会议报告《五轮塔的形而上学》（“The metaphysics of the Gorintō”）（2014年3月26日，合肥）；纳尔斯（Narses）科学与宗教国际会议报告《柏拉图多面体与五轮塔》（“Platonic solids and the five-ringed tower”）（2015年9月4日，雅典）；中国科学技术大学研究生高水平讲座“五轮塔的形而上学与独孤信印的几何学”（2016年12月12日，合肥），清华大学科学史系创系周年演讲“从蒂迈欧到富勒烯——古代艺术与器物中的几何学一瞥”（2018年5月16日，北京）；第11届国际科学与艺术对称研讨会（Symmetry: Art and Science）报告“Behind the Katachi: metaphysics and possible sources of the five-ringed tower”（2019年11月11日，日本金泽）。

③ 刘钝：《五轮塔の形而上学》，《*ARENA* 名古屋风媒社2020特别号》，第106-132页。

起来。书中借助一个名叫蒂迈欧（Timaeus of Locri，公元前400年左右在世）的人与苏格拉底（约公元前469—前399）的对话，提到构成世界的四大元素对应四种正多面体：火对应正4面体，土对应正6面体即立方体，气对应正8面体，水对应正20面体；又将不同的物理属性赋予这些元素或正多面体，例如火（与正4面体）对应小、轻、热、尖锐，水（与正20面体）对应大、圆、柔、流动，土（与正6面体）对应重、稳、冷、坚硬，气（与正8面体）居于火、水之间，以此来解说地上万物的生成与变化①。

柏拉图在书中又提到“还有一种（由若干个正多边形面组成的）形体，即第五种（正多面体），神用它来装点太空”②，但是没有言及这种立体的形状。考虑到柏拉图学派已经知道只有五种正多面体，一般人认为这里的“第五种”指具有12个正五边形面的正12面体。《蒂迈欧篇》Lamb英文译本对此注释道：“神如何‘用它’是含糊的：这里也许指黄道十二宫。”③如果这一猜测正确，第五种正多面体就对应天上的元素，因为古希腊人通常以黄道十二宫代表广袤无垠的星空，这一传统可以追溯到古代巴比伦。另外一个英文译本甚至直接说第五种正多面体就是正12面体，是神用来划分黄道十二宫的模型④。

在笔者看来，后一种说法有过度诠释的嫌疑。柏拉图并没有为第五种正多面体命名，也没有为它指定对应的元素，不过他提到气时，说“有一种非常透明的气体叫以太”⑤。作为柏拉图的弟子，亚里士多德（公元前384—前322）继承了元素生成与变化学说，他认为土、水、气、火都属于地上元素（terrestrial elements），因其自身性质占据不同的天然位置，沿着直线运动，不断变化着并构成人类所能感知的世界；此外，还有一种居于高位区域（upper region）的天上元素（celestial element），构成了天体与星空。这种天上元素不生不灭，没有重量，没有冷热干湿变化，沿着圆周运动。亚里士多德就将它称为以太⑥。

经过后来众多学者的评注和解说，五种元素对应五种正多面体（表1）成了希腊古典时代自然哲学和宇宙论的一个重要理论模型。例如，柏拉图的忠实学生、阿卡德米学园继承人色诺克拉底（Xenocrates，约公元前396—约前313），写过一本名为《柏拉图生平》的书，其中提到柏拉图把所有的生物按照形式与组成部分细分，直到五种基本的元素为止，这样他真正确定了与之对应的五种形体，也就是以太、火、水、土和气⑦。

---

① 柏拉图：《蒂迈欧篇》，谢文郁译注，上海人民出版社2003年版，第39-64页。

② 原文是：“there still remained one other compound figure, the fifth, God used it up for the Universe in his decoration thereof.”

③ 原文是：“How God ‘used it up’ is obscure: the reference may be to the 12 signs of the Zodiac.” 参见Plato, “*Timaeus* 55c”, In Lamb W R M, *Plato in Twelve Volumes*, Vol. 9, Harvard University Press, William Heinemann Ltd., 1925, Tinaues 55c.

④ 原文是：“there is a fifth figure [which is made out of twelve pentagons, the dodecahedron—this God used as a model for the twelvefold division of the Zodiac.” 参见Plato, “*Timaeus* 55”, In Jowett B, *Works of Plato*, Vol. 5, 4th ed., Guangxi Normal University Press, 2008, p. 358.

⑤ 原文是：“there is the most translucent kind which is called by the name of *aether*.” 参见Plato, *Timaeus* 55c, *Timaeus* 58d.

⑥ Aristotle, *On the Heavens*, In Hankingson R J, *On Aristotle's On the Heavens*, 1.1-4, Bloomsbury Publishing Plc., 2002, pp. 269-270, esp. 270b.

⑦ 原文是：“thus he [Plato] divided up living things, dividing them into forms and parts in every way, until he arrived at the five elements of living things, which indeed he specified as the five shapes and bodies, namely *aether*, fire, water, earth, and air.” 参见Aristotle, *On the Heavens*, p. 31.

表 1　五种正多面体及其对应的五大元素

正 6 面体 土	正 20 面体 水	正 8 面体 气	正 4 面体 火	正 12 面体 以太
重，稳，冷，坚硬	大，圆，柔，流动	居中	小，轻，热，尖锐	无重量，不冷不热， 不干不湿
世俗的，变化的，沿直线运动				神圣的，永恒的， 圆周运动

长久以来，柏拉图和亚里士多德所阐述的宇宙构成与演化图景主宰着西方数理科学的发展，图 1 是一幅流传很广的宇宙构造图，出自德国学者阿皮亚努斯（Petrus Apianus，1495—1552）的《宇宙志》（*Cosmographia*，1524 年）。当时哥白尼的《天球运行论》还没有出版，这幅图给出的宇宙图景是建立在亚里士多德-托勒密地心说基础上的：地球位于中央，中心有几块土地，上面依稀可辨树木、村庄等景物，环绕大地的是海洋，外面一圈布满云朵表示大气，再外一圈是火，至此都是人间世界，由土、水、气、火这四种地上元素构成；火上的同心圆依次为月亮、水星、金星、火星、木星、土星与恒星圈，月上世界是纯净永恒的星空，由天上元素以太构成。图 2 是为人所熟知的开普勒（Johannes Kepler，1571—1630）宇宙模型，发表在《宇宙的神秘》（*Mysterium Cosmographicum*，1596 年）一书中：作者已经抛弃了地心说，设想地球和五大行星的轨道分别位于大小不等的 6 个球面上，从里到外按照正 8 面体、正 20 面体、正 12 面体、正 4 面体、正 6 面体的顺序依次套切，太阳居中心。

图 1　阿皮亚努斯书中的插图

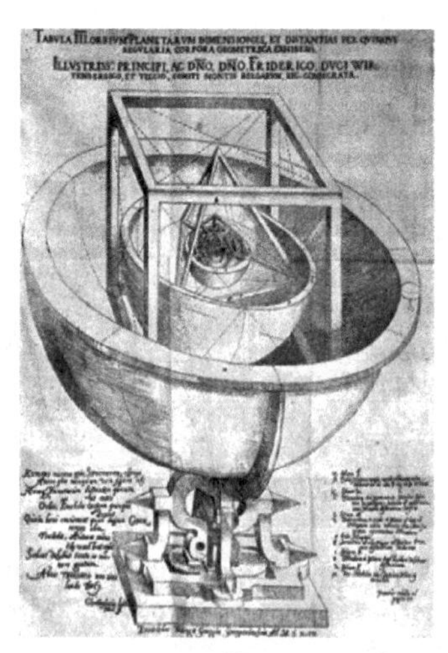

图 2　开普勒书中的插图

阿皮亚努斯的宇宙图景清晰表达了天与地的划分（以月球圈为界）和四种地上元素的位置关系，但是不涉及《蒂迈欧篇》中描述的那种几何化的五大元素；开普勒倒是构造了一个基于正多面体几何关系的宇宙模型，但是不涉及构成宇宙的质地即五大元素。有没有将正多面体和元素学说同时形象化地表现出来的例子呢？

三、五轮塔的寓意和佛教密宗“五大”

（一）石造五轮塔

五轮塔（日音 Gorintō）是日本佛教寺院的一种典型建筑，作为供养塔或墓塔，流行于平安时代（794—1192 年）后期，也就是公元 12 世纪前后。根据日文维基百科，现存最早的石制五轮塔是奈良市春日山石窟的佛毗沙门天持物塔，建成时间为保元二年（1157 年）。笔者没有找到有关图像，毗沙门天源自印度神话的俱吠罗，佛教中成为四大护法天王之首即多闻天王，日本造型通常为一手托宝塔的神佛，由此推测这里说的只是多闻天王石像手中的小塔。一些带有铭文并经学者认定的早期石制五轮塔有：岩手县平泉町中尊寺释尊院墓地内的一座，建成于仁安四年（1169 年）；大分县臼杵市中尾有两座，分别建成于嘉应二年（1170 年）和承安二年（1172 年）；福岛县石川郡泉村岩法寺墓地有一座，建成于治承五年（1181 年）①。下面是两座早期五轮塔的图像（图 3、图 4），可以看出都已残缺不全。

图 3　岩手县中尊寺五轮塔（1169 年）

资料来源：川胜政太郎：《平安时代の五轮石塔》，载薮田嘉一郎：《五轮塔の起原》，京都综艺舍 1958 年版，第 7 页

图 4　福岛县岩法寺五轮塔（1181 年）

资料来源：川胜政太郎：《平安时代の五轮石塔》，载薮田嘉一郎：《五轮塔の起原》，京都综艺舍 1958 年版，第 9 页

完整的五轮塔有五层，每层形态各异：由上至下分别是团形（一说宝珠形、莲花形）、半月形、角锥形（一说屋盖形）、球形和立方形，各自对应空、风、火、水和地这五种元素（图 5），也就是佛教密宗所主张的“五大”。图 6 是镰仓时代（1192—1333 年）后期一个比较规范的石造五轮塔，质地为花岗岩，整高 2.35 米。

（二）与《蒂迈欧篇》宇宙图景的比较

与《蒂迈欧篇》描述的几何化宇宙-物质图景相比：五轮塔的底层是“地”，其上为“水”，这与古希腊图景完全一致；五轮塔居中间位置的是“火”，而古希腊人认为“火”比“气”轻，因此在“气”之上；五轮塔次高层的“风”，从性质上与古希腊的“气”最相近，只是后者在

① 参见川胜政太郎：《平安时代の五轮石塔》，载薮田嘉一郎：《五轮塔の起原》，京都综艺舍 1958 年版，第 4-10 页；千千和实：《初期五轮塔の资料三题》，载薮田嘉一郎：《宝箧印塔の起原·续五轮塔の起原》，京都综艺舍 1966 年版，第 91-94 页。

五种元素中处于中间位置；五轮塔中占据最高位置的“空”，对应古希腊的“天上元素”（或稍后出现的概念“以太”），观念上也有相通之处。概言之，被五轮塔形象化表达的佛教密宗“五大”，与古希腊五种元素的含义、轻重以及相应的位置基本上是一致的，只是“火”与“气”（“风”）的位置颠倒而已。

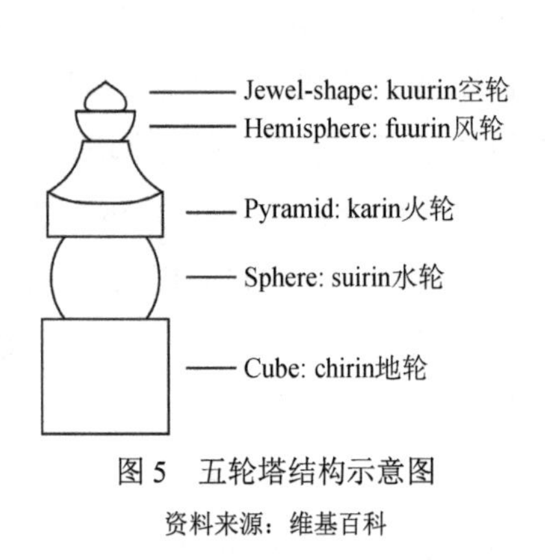

图 5　五轮塔结构示意图

资料来源：维基百科

图 6　京都府木津川市岩船寺五轮塔

资料来源：维基百科

再来看各层的形状。从五轮塔的下面三层看，不难发现与古希腊几何化元素说的相似之处。先看最下面的立方体，无论是五轮塔还是《蒂迈欧篇》，都以这一形体代表最稳固、最坚实的大地，也就是元素“土”。地轮上面是大致呈球状的水轮，从建筑稳定性的角度来说，把球体置于塔身的中下部位并不合理；或许正是这一点透露了五轮塔与《蒂迈欧篇》有关的印记——后者以正 20 面体代表水，因为书中说它的体积最大，也最易流动，是五种正多面体中最接近球体的[①]。位于五轮塔中央的火轮，其形状通常是个类似大屋顶的截头四棱锥，而《蒂迈欧篇》中以正 4 面体代表火，这是因为它（在所有五种正多面体中）拥有最少的平面，也最活跃、最尖锐和最具穿透力；不过在实际施工中，三棱锥（正 4 面体）造型无法满足稳定条件，工匠就将三棱锥改成四棱锥并截取顶部，就成了一个屋盖形，久而久之人们反倒忘记其原来的意思了[②]。并不是所有的正多面体形状都在五轮塔中得到体现，比如两头尖的正 8 面体就很难放置在建筑物上。应该承认，五轮塔的上面两层与正多面体的关系并不明显，但是考虑它们各自的形上意义还是可以发现与古希腊宇宙图景的相似性的。具体来说，五轮塔的次高层是代表“风”的半月形，似乎对应天上与人间分野的月球圈，在《蒂迈欧篇》则是距离太阳最近的“火”；五轮塔顶层的“空”在佛教里有复杂的含义，简单来说就是空虚、空寂、纯净、永恒、非有，这与柏拉图称“以太”是“一类最澄净透明的气”十分相近。最初的空轮是一个点，也就是印度数字“零”的记号，后来变成一个小圆球，日文称“团”，也就是汤团、饭团、泥团的意思，再后来大概为了与水轮的大圆球区别，逐渐改成宝珠形或莲花形[③]。

---

① 实际建筑中，五轮塔中的水轮当然不可能是完美的球体，同样底层的立方也不一定是严格意义上的正 6 面体。

② 不过日本确实也有中部呈三角锥状的五轮塔，学者称之为“三角五轮塔”，并认为与中国有关，有关细节留待后文讨论。

③ 斋藤彦松：《五轮塔成因の研究》，《印度学佛教学研究》1981 年第 1 号，第 381-384 页。

顶部小圆球与半月形的日月组合在世界上出现得很早，覆盖地域也非常辽阔，波斯、亚述、埃及和印度的庙宇、造像甚至王冠中都可以见到①。这一组合图案在公元 8 世纪左右经印度传入西藏，藏语称作“Nyi zla”，如今在藏青蒙地区的喇嘛庙建筑、唐卡及神器中仍随处可见②。至于代表“空”的顶层莲花形（对应的颜色是青或蓝），连同代表“风”的半月形一道，也可视为一个莲花宝座，而蓝莲花崇拜在印度-伊朗雅利安传统中有着悠久的历史③，在佛教世界则演化成佛陀与智慧的象征。日本佛教密宗中的天台、日莲等门派，就以《妙法莲华经》作为最基本的经文。

（三）佛教东传与日本密宗

佛教发源于公元前 6—前 5 世纪的印度，公元 1 世纪，也就是东汉初年传入中国。密宗本是印度佛教的一个支派，出现于公元 2—3 世纪，不久也传到中国，唐代初至中期而大盛。所谓“开元三大士”善无畏（Śubhakarasiṃha，637—735）、金刚智（Vajrabodhi，669?—741）、不空（Amoghavajra，705—774）都是来自印度的密宗大师。随着他们的到来，密宗的重要经典以及相关的仪轨（亦作“轨仪”）、图画、坛场（曼荼罗）都被引介到中国来。《大日经》与《金刚顶经》是密宗的两部根本大法，分别代表胎藏界与金刚界：前者讲求色法，说明物质世界的本体与现象；后者讲求心法，说明精神世界的本体与现象。此后又经本土高僧一行（683—727）、惠果（746—805）等人发扬，形成有别于印度本土的唐密。唐朝开国以来的前面十几个皇帝多崇敬佛教，密宗更是一枝独秀，一些密宗大师还成了皇帝（后）的座上宾与国师。

另一方面，自唐太宗贞观年间（627—649 年）开始日本正式派出遣唐使，方兴未艾的佛教密宗也随着留学僧人的行迹传到东瀛。公元 804 年的第 18 次遣唐使团中④，同船的两位僧人空海（774—835）与最澄（767—822）成了日本密宗的开山祖师。其中空海受学于长安青龙寺惠果阿阇黎门下，得到金刚与胎藏二部纯密传承，回国后创立真言宗，是为“东密”，空海则被奉为密宗八祖⑤。最澄则于天台山国清寺师事道邃、行满等禅师学习心法，又从沙门顺晓受习密教，回国后再受灌顶于空海大师，将天台教法密教化，创立了天台密教，也就是“台密”。

东密在空海之后，还有常晓（?—865）、圆行（799—852）、慧（惠）运（800—871）、宗叡（808—884）；台密在最澄以后，则有圆仁（794—864）、圆珍（814—891）。连同空海与最澄两位“平安二宗”，并称“入唐八家”。他们将唐密的经典与相关图籍带到日本，加上自己的

---

① Inman T, *Ancient Pagan and Christian Symbolism*, 2nd ed., Trübner & Co., 1875. pp. 77, 95, 132-133.

② 藏族学者宗喀・漾正冈布教授承示。

③ 琐罗亚斯德教将古埃及和美索不达米亚地区崇尚的蓝莲花视为神话传说中的“豪姆”(Hawm)，对光（以日和火为代表）顶礼膜拜，将融水-火-日三者为一体的莲花崇拜发挥到极致。随着亚历山大东征，莲花崇拜进入印度，形成印度文化中的“苏摩”(Soma) 崇拜。Hawm 与 Soma 两词同源。苏摩的回春功效使得莲花在印度密教文化中与性力关联，而“水-火-日-莲花”的艺术造型又与“智慧”“知识”相关，对后来的佛教与伊斯兰建筑造型与装饰图案产生了深远影响。参见穆宏燕：《印度-伊朗“莲花崇拜”文化源流探析》,《世界宗教文化》2017 年第 6 期，第 61-70 页。

④ 日本派送遣唐使的次数有不同说法，此从维基百科所引东野治之与王勇。

⑤ 这是日本真言宗的说法，分付法八祖与传持八祖两种。付法八祖先后是：大日如来，金刚萨埵，龙猛菩萨，龙智菩萨，金刚智三藏，不空三藏，惠果和尚，空海大师。传持八祖先后是：龙猛，龙智，金刚智，不空，善无畏，一行，惠果，空海。

疏解与阐发，发展出日本的密宗流派与密藏。其后不久，唐武宗李炎（814—846）时期发生了“灭佛”事件（845年），佛教在中国受到沉重打击，提倡咒术与密修的唐密更是首当其冲。

可以这样说，源于印度的佛教密宗，自“开元三大士”入唐后，在其本土已乏大德阿阇梨传人，为应对婆罗门教复兴的挑战不得已引入性修、瑜伽等内容，再加上伊斯兰势力的入侵，佛教及其密宗在印度一蹶不振。从唐贞观至元和（627—820年）的近二百年间，密宗的大本营在中国。而自武宗灭佛之后，佛教密宗的中心就转移到日本了。有关“五大”与“五轮”的思想也随着和系佛藏[①]的充实而流播东瀛。

（四）五轮塔形态的演进

日本平安时代以后的寺庙建筑受中国影响很大，但是形如五轮塔那样的墓塔或供养塔，与亚洲各地的佛塔、藏经塔、舍利塔都不相同。塔（梵音 Stūpa），佛界通常译作率都婆、率塔婆、窣堵坡、卒塔婆等，原指安置佛陀或高僧舍利等物的地面建筑，以堆土、瓦、砖、木、石为材料，遍布佛教文化影响的国家和地区，形式则花样繁多。

根据意大利著名印藏学家图齐（Giuseppe Tucci，1894—1984），印度佛塔共分八大类型，每一种都可在我国西藏找到。图7为其中菩提塔的立面，该塔源于古印度摩揭陀国，顶部有个明显的日月合形，十三层的相轮构成一个三角形，这些要素都可以在后来的五轮塔中觅到踪迹，鼓状的塔瓶则很像五轮塔中的水轮。实际上，图齐在题为“小乘与大乘佛教中塔的象征性”一节里提到，“随着密教的兴起，围绕佛塔而衍生，并且成为佛教核心行持的营造范式的象征性就不能不变”，他特别提到塔顶的日、月合形，说它们象征世界的生成以及通过秘密智慧摄入至上真实的复杂过程；又说（某些）塔的次第层叠的组成部分与金刚乘及其曼荼罗中非常重视“五大”理论有关。图齐也引述了密宗经典《尊胜佛顶修瑜伽法轨仪》有关“五大”与“五轮”的内容，不过全书没有提到我国西藏修造过五轮塔以及类似的刻石图像或擦擦（藏音 tsha tsha，泥土混合大喇嘛骨灰制成的塔形小像）[②]。

村田治郎认为五轮塔与古印度晚期的率都婆和我国西藏的古喇嘛塔有关，相似之处有四点：①底部都是一个四方台座；②有一个覆钵式（或球状）的塔身；③佛塔（率都婆和喇嘛塔）相轮外廓成三角形；④相轮上面有弦月与宝珠状的装饰。图8显示它们之间的演进关系：图中1为古印度晚期率都婆，现存建筑以北京妙应寺白塔[③]为代表，注意其中的相轮已被简化成了一个三角形；2—4为平面五轮图，笔者将在下一节讨论；5为西藏古喇嘛塔，村田治郎认为与古印度晚期佛塔同源，但没有直接影响日本的五轮塔；6为五轮塔，由古印度晚期佛塔与各种

---

① 主要由日本僧人从海外请回及自撰各类经、律、论、疏、图、像之总和。大正年间由高楠顺次郎和渡边海旭发起，1934年印行《大正新修大藏经》计100册，含3493部13 520卷。

② 图齐：《梵天佛地》第一卷《西北印度和西藏西部的塔和擦擦——试论藏族宗教艺术及其意义》，魏正中、萨尔吉主编，上海古籍出版社、意大利亚非研究院2009年版，第3-12、26-30页。

③ 妙应寺俗称白塔寺，位于北京市西城区阜成门内大街路北，是元世祖忽必烈营建大都城时，为迎奉释迦牟尼佛舍利而聘请尼泊尔工匠阿尼哥（Araniko，1244—1306）主持修建的，1271年动工，1279年完成。此前阿尼哥曾为藏传佛教法王八思巴在吐蕃造塔，后随八思巴奉元。因此有人说妙应寺塔为藏塔，村田治郎将其归为古印度晚期佛塔也不为错。

佛典中保存的五轮图渐次演化而成①。

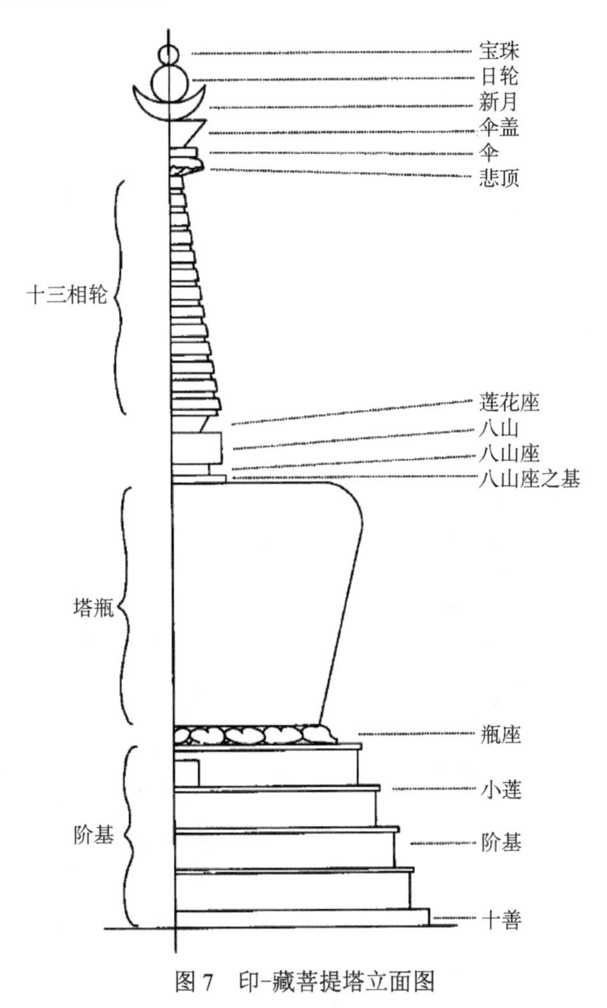

图 7　印-藏菩提塔立面图

资料来源：图齐：《梵天佛地》第一卷《西北印度和西藏西部的塔和擦擦——试论藏族宗教艺术及其意义》，魏正中、萨尔吉主编，上海古籍出版社、意大利亚非研究院 2009 年版，第 7 页

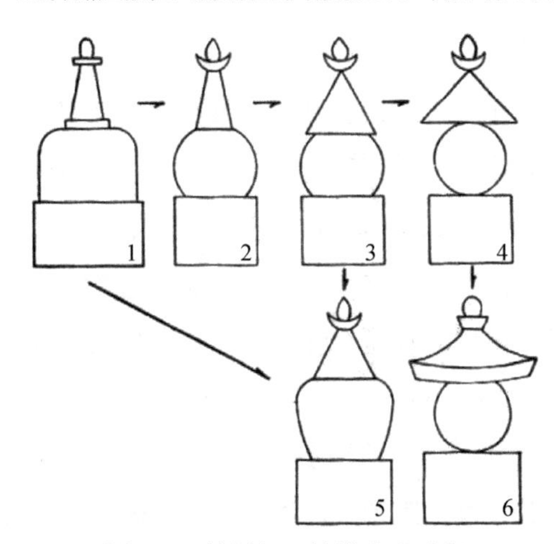

图 8　五轮图与五轮塔成形过程

资料来源：村田治郎：《五轮塔の形の起原（改稿）》，载薮田嘉一郎：《五轮塔の起原》，京都综艺舍 1958 年版，第 40 页

① 村田治郎：《五轮塔の形の起原（改稿）》，载薮田嘉一郎：《五轮塔の起原》，京都综艺舍 1958 年版，第 39-41 页。

石造五轮塔最早出现在日本密宗的寺院里，高野山、春日山、比叡山等地都有许多平安时代密宗僧人修造的五轮塔。及至镰仓时代中期，各种石造五轮塔已经遍布日本，不仅真言宗、天台宗等密教寺院继续建造，其他佛教门派的寺院甚至一些神社也都相继采纳五轮塔作为墓塔或供养塔。就建材而论，早期五轮塔主要用容易加工的石灰岩（图 9），平安时代晚期则开始使用花岗岩等硬质石材，镰仓时代更有若干有名的石工集团活跃于日本各地。这与中国南宋传来的石工技术不无关系，最著名的归化匠人是生于浙江宁波附近的伊行末（？—1260），他在奈良东大寺重建过程中承担了重要责任。伊行末传人“伊派”（伊野）、“猪派”（猪野）、“井派”（井野）在各地建造了许多大型五轮塔。石清水八幡宫为纪念海难死者修造的航海纪念塔，高达 6 米，后来修造的京都市丰国神社耳塚高达 7 米（图 10）。

图 9　松江市伝大野次郎左卫门墓塔（14 世纪末）

资料来源：狭川真一：《松江の中世石塔访问记》，《松江市史研究》，2015 年第 6 号，第 120 页

图 10　京都市丰国神社耳塚（1597 年）

资料来源：Kenpei's photo

（五）五轮塔与种子字

多数五轮塔上镌有称为“种子”的悉昙体（或天城体）梵字（图 11），即𑖀（अ，阿字门，音 a）、𑖪𑖽（व，缚字门，音 vam）、𑖨𑖽（र，啰字门，音 ram）、𑖮𑖽（ह，诃字门，音 ham）、𑖏𑖽（ख，佉字门，音 kam），分别代表地、水、火、风、空这“五大”①。

种子字是密宗表示佛或菩萨的梵文音节符号，不全是梵文字母，有时由不同的半字组合成一个称为阿叉罗的多义符号，例如上列五个种子字，除了代表“五大”外，还代表五佛（五大如来）、形状、颜色、业用、方位、五脏、五官、季节等。

有的五轮塔上则刻着表示“五大”的汉字，前述天台宗和日莲宗的五轮塔常用妙、法、莲、华（花）、经这五个字（图 12），净土宗则喜用南、无、阿弥、陀、佛这六个字（火轮上镌“阿弥”两字）。

---

① 以上为多数五轮塔上悉昙体种子字写法，除代表“地”的𑖀（音 a）外，其余四个种子字都带尾鼻音记号，也就是在原字符上加一点，罗马注音分别是 vam、ram、ham、kam。同此，括号中的天城体梵字，除 अ 外，其余四字上面也应有一个标识尾鼻音的小点。少数五轮塔及书写经文则对尾鼻音以及尾擦音（字符右边加两点）不加区分。

图 11　高野山奥之院刻有梵字的前田利长供养塔（17 世纪初）
资料来源：blog.livedoor.com

图 12　下田市了仙寺刻有“妙法莲华经”字样的今村正长夫妇墓之五轮塔（17 世纪中）
资料来源：维基百科

（六）五轮身体观

前文意大利人图齐所引《尊胜佛顶修瑜伽法轨仪》，是“开元三大士”之首的善无畏从梵文译出，其中表述的一个重要思想就是五轮身体观：“五轮即是五智轮，五智便成五分身。”[①]具体来说，空轮顶上，风轮眉上，火轮心上，水轮脐中，土轮腰下。善无畏翻译的另一种仪轨《破地狱轨》[②]则提到五轮与五脏、五方及五佛的对应，具体来说地轮对应肝脏和东方阿閦佛、水轮对应肺脏和西方无量寿佛、火轮对应心脏和南方宝生佛、风轮对应肾脏和北方释迦牟尼佛（或不空成就尊）、空轮对应脾脏和中央大日如来佛[③]。

该经又称：“方圆三角半月团形，地水火风空五大所成故，此率都婆变成摩诃毗卢遮那如来。”摩诃毗卢遮那（mahāvairocana）就是大日如来，在胎藏界密宗里其人造物的表现形式就是五轮塔，在金刚界密宗的五佛说中则特别对应空轮。日本宫城县正和二年（1312 年）御岛自然形碑铭文称“夫五轮塔婆者遮那遍照之三性大日也”，德岛县石井町嘉历四年（1329 年）内谷弥三卑板碑铭文言“本地法身，法界塔婆，大日如来，三摩耶形”，就都表达了五轮塔就是大日如来化身的意思[④]。

其实这一思想在善无畏及其弟子一行翻译的《大毗卢遮那成佛神变加持经》（即《大日经》）中就有多处反映，例如其卷七《持诵法则品第四》：“如前转阿字，而成大日尊。法力所持故，与自身无异。住本尊瑜伽，加以五支字。下体及脐上，心顶与眉间。……阿字遍金色，用作金

① 笔者修订本文时正值新冠疫情蔓延而滞留境外，无法利用大型图书馆藏经，文中引号内经文未加说明的皆由电子文本检出，主要利用工业和信息化部备案粤 ICP11074067 号“生死书网站大藏经”（http://www.dzj.fosss.org/），南怀瑾基金会在线资料库“实修驿站 • 佛教经典 • 密教部”（http://www.shixiu.net/dujing/fojing/mijiaobu/），以及台湾“中华电子佛典协会”（台北）在线“大正新修大藏经”（https://tripitaka.cbeta.org/T）。

② 全名《佛顶尊胜心破地狱转业障出三界秘密三身佛果三种悉地真言仪轨》。

③ 五佛对应五方的名称各家说法不一。

④ 斋藤彦松：《大日如来表现形式の研究》，《印度学佛教学研究》1964 年第 2 号，第 576，579-580 页。

刚轮。加持于下体，说名瑜伽座。鑁（同‘缚’）字素月光，在于雾聚中。加持自脐上，是名大悲水。囕（同‘啰’）字初日晖，形赤在三角。加持本心位，是名智火光。唅（同‘诃’）字劫灾焰，黑色在风轮。加持白毫际，说名自在力。佉字及空点，相成一切色。加持在顶上，故名为大空。”

东密开山祖空海所传《胎藏梵字次第》《十二真言王仪轨》《五轮投地次第》，以及《胎藏略次第》等书也都论及五轮身体观[①]。

平安时代早期天台宗僧人安然（841—901?）作《观中院撰定事业灌顶具足支分》，主要阐释《大日经》中涉及治地择时定日筑坛等仪轨及曼荼罗画法，其卷六《胎藏大法曼荼罗》有言“凡阿阇梨欲建立大悲胎藏建立弟子时，当先住于瑜伽而观自身。从脐以下当作金刚轮，其色黄而坚；次从脐以上至心当作水轮，其色白；次从心以上至咽当作火轮，其色赤；次从咽以上至顶当作风轮，其色黑”（《观中院撰定事业灌顶具足支分》，大正七五．二一三[②]，https://zh.wikipedia.org/wiki/%E5%B9%B3%E5%AE%89%E6%99%82%E4%BB%A3）。

平安时代后期东密传人、新义真言宗（智山派）开祖觉鑁（1095—1144），发挥密宗胎藏界的义理，作《五轮九字明秘密释》阐发《大日经》中的胎藏界五轮身体说。该书被认为是将净土思想融入东密的一部作品，“五轮”指大日如来的三摩耶形五轮塔，“九字”指阿弥陀佛的九字真言[③]。书中包括一幅坐位人形的五轮图（图 13）：人之下半身为方形对应金刚地轮（金刚轮脐以下），腹部为圆形对应水轮（大悲水轮脐中），胸部为三角形对应火轮（智火轮心上），脸部为半月形对应风轮（风轮眉上），头部为宝珠形对应空轮（大空轮顶上）[④]。

图 13　《五轮九字明秘密释》中的人身五轮图

资料来源：薮田嘉一郎：《五轮塔の起原》，京都综艺舍 1958 年版，第 84 页

在和系《大藏经》中还有大量人身即五轮（塔）的内容，斋藤彦松在 1985 年发表的镰仓、

① 斋藤彦松：《曳覆曼荼罗の研究》，《印度学佛教学研究》1963 年第 1 号，第 263-266 页。

② 引号中经文及括号内注明方式均依原作者，其中“大正”指《大正新修大藏经》，“大正图”表示《大正新修大藏经・图像部》，中文数字表示经文所在册数及起始页码。以下同。

③ 佐藤もな：《中世真言宗における净土思想解释——道范〈秘密念佛抄〉をめぐって》，《インド 哲学佛教学研究》，2002 年第 9 期，第 85-87 页。

④ 薮田嘉一郎：《五轮塔の起原》，载薮田嘉一郎：《五轮塔の起原》，京都综艺舍 1958 年版，第 84-85 页。

吉野时代（1333—1392 年）五轮塔研究资料中就引用了如下多条："法界五大与自身大无二无别，故法界即自身"（《秘钞问答》，大正七九.四一三），"我等身体是五轮也"（同上五一八），"一切众生皆系五轮即体也"（《白宝口抄》，大正图七.五一五），"五体五轮也"（同上七.二十七），"自身即五轮法界塔婆"（《开心抄》，大正七七.七五三），"五体则地水火风空五大成身"（《了因诀》，大正七七.一七七）[①]。

有一首名为《五轮碎》的乱曲（能乐中的一种高级曲目），将这种思想联系到平安时代早期的著名诗人纪贯之（872—945），他在参拜宇佐八幡宫时领会了和歌的奥义，听到神灵讲述身体与五轮、季节相对应的故事。虽然从时间上这个故事的真实性令人怀疑，但薮田嘉一郎还是引用了这首称"明石浦"的完整谣曲，并提请五轮塔的研究者们重视这一材料[②]。

四、文字、图像与各种小型供养塔

现有的研究表明，有关五轮塔的文字记录和平面图像在日本出现的时间，比作为佛教寺院墓塔的石造建筑物要早一些。以下专门讨论寺庙建筑物之外的五轮塔资料，包括佛经以外的文字记录、平面图像和用于供奉或珍藏法物的小型五轮塔。

（一）早期有关文字记录

镰仓时代东大寺高僧宗性（1202—1278）等编有《日本高僧传要文抄》，内中"弘法大师传"称空海七七忌辰后，门徒们前往探视法体，但见法相颜色不衰，须发还稍稍长出一些，遂为其整理衣衫，加叠石坛，又令石匠制作五轮卒婆塔，放置各种范本陀罗尼，其上更建宝塔安置佛舍利。按空海于公元 835 年入寂，宗性已是 400 多年以后的人，加上文中多涉神怪，学者多认为此条不可采信[③]。

长庆十一年（1606 年）京都醍醐寺御影堂重修时，在圆光院旧址发掘出一个刻有"应德二季（1085）年乙丑七月□日"等字的石柜，内中放有一座铜制五轮塔。根据《醍醐寺新要录》，当时为建造木殿而清平地面，在一佛坛高处发现石柜，柜中所藏五轮塔样式前所未见，其火轮呈三棱锥状（"皆三角也，诚叶ㇾ理者也，但今度始而见了"），还被涂成红色，其余各轮也都涂着不同颜色，水轮胎内还藏有薄如纸般卷起来的铜箔，表面哑光，上有墨书文字[④]。另一份报告则提供了石柜、五轮塔的轮廓图及各部分尺寸，可知五轮塔整高一尺三寸二分，底座地轮立方边长四寸，书写文字（主要是佛名与经名）的铜箔长二尺七寸、高四寸一分，还提到地轮内放的是（御）骨灰，是白河天皇（1053—1129）皇后中宫贤子（1057—1084）的藏骨器[⑤]。

---

① 斋藤彦松：《五轮塔资料の研究·日本佛典镰仓吉野期编》，《印度学佛教学研究》1985 年第 1 号，第 100 页。

② 参见薮田嘉一郎：《五轮塔の起原》，京都综艺舍 1958 年版，第 69-70 页。

③ 参见薮田嘉一郎：《五轮塔の起原》，京都综艺舍 1958 年版，第 103-104 页。

④ 参见斋藤彦松：《唐代五轮塔の研究》，《印度学佛教学研究》1958 年第 2 号，第 419-420 页；以及斋藤彦松：《醍醐寺五轮塔の美术史的研究——日本制立体五轮塔の成立问题を含めて》，《印度学佛教学研究》1966 年第 1 号，第 230-231 页。

⑤ 参见内藤荣：《三角五轮塔の起源と安祥寺毗卢遮那五轮率塔婆》。《美术史论集》2008 年第 8 号，第 1-23 页。

醍醐寺是真言宗醍醐派总本山，由空海孙弟子理源大师圣宝（832—909）始建于公元874年。自得到醍醐天皇（885—930）尊崇以来规模不断扩大，成为平安朝一个重要的皇家寺院。中宫贤子本为重臣藤原师实（1042—1101）养女，深得白河天皇宠爱，先后为他生了5个子女，包括日后的堀河天皇善仁（1079—1107）。应德元年（1084年）九月，未满28岁的中宫贤子死于宫中，白河天皇异常悲恸，翌年七月将其遗骨安置于上醍醐之圆光院中。不意500余年后她的藏骨五轮塔被重新发现，贤子遗骨现葬于上醍醐白河皇后陵。如果《醍醐寺新要录》的记录可信，那就说明早在1085年，日本就出现了用于贮藏骨灰与佛经的小型五轮塔[①]。

千千和实的论文也提供了两条早期记录，第一条是京都教王护国寺的档案《教王护国文书》，第二条见于平信范（1112—1187）的日记《兵范记》。教王护国寺亦称东寺，是真言宗两大总本山之一，上述文书档案中有一份“东寺新造佛具等注进状”，提到“佛舍利安置五轮塔，其内中石轮、水精（晶）五轮塔、金塔各一基”，时间是康和五年（1103年）。这里石轮、金塔不知何指，如果连同上句一道理解成五轮塔，那么正如作者指出的，这就是目前所知道的日本石造五轮塔的最早记录；然而从文句来看，安置佛舍利的应该仅仅是“水精五轮塔”，“石轮”“金塔”则另有所指[②]。

平信范是日本平安末镰仓初时代的重要政治家与军事家，所撰日记[③]具有重要史料价值。他在仁安二年（1167）七月二十七日的日记中记叙了将重臣藤原（近卫）基实（1143—1166）遗骨从西林寺移葬净妙寺的情况，内中提到“先穿穴……次奉殡穴底……次埋土，其上立五轮石塔”。川胜政太郎也研究过这条资料，认为可能是日本最早地面石造五轮塔的记录。他还感叹洛南木幡（在京都府宇治市）的藤原家族墓地仍可见累累堆土，但无人知晓何处为藤原基实墓穴所在，期望有朝一日考古发掘会找到五轮石塔的残迹[④]。

在醍醐寺旧遍智院一份题为“同院港顶堂事”的档案中，提到宽喜三年（1231年）八月二十三日，成贤（1162—1231）弟子尊其口述，依照尊胜秘密曼荼罗布置灌顶堂法坛，中心“一尺六寸之三角火轮形塔婆立，此塔即[illegible]所成也。深思レ之深思レ之，南天铁塔十六丈，即周遍法界之体十六丈大菩萨生也”。又言“此塔即是一行者身，并一切众生身分也”（《遍口钞》，大正七八.六九一）。十六丈南天铁塔是佛教密宗传说中三祖龙树从二祖金刚萨埵受得密法之处，有至高无上的神圣意义。这里的一尺六寸三角五轮塔就是大日如来的象征[⑤]。

---

① 有人认为《醍醐寺新要录》中“应德二季（1085）”那条材料是后人追记的，因此否认白河皇后的骨灰藏于五轮塔内，参见薮田嘉一郎：《五轮塔の起原》，京都综艺舍1958年版，第137页。

② 参见千千和实：《初期五轮塔の资料三题》，载薮田嘉一郎：《宝箧印塔の起原·续五轮塔の起原》，京都综艺舍1966年版，第85-86、91-93页。

③ 平信范日记稿本25卷，含《人车记》《信范卿记》《平信记》等，总名《兵范记》，包括作者从21岁至73岁（1132—1184年）期间的绝大多数日记，今存京都大学图书馆。收入笹川种郎编辑、矢野太郎校订之《史料大成17》（内外书籍，1936年）。

④ 参见川胜政太郎：《平安时代の五轮石塔》，载薮田嘉一郎：《五轮塔の起原》，京都综艺舍1958年版，第6页。

⑤ 参见内藤荣：《三角五轮塔の起源と安祥寺毗卢遮那五轮率塔婆》，《美术史论集》2008年第8号，第1-23页。

（二）较早期的平面图像

五轮塔平面图像的出现，大约比地面石造五轮塔要早一些。川胜政太郎指出，兴建于保安三年（1122 年）的京都法胜寺（今左京区冈崎公园内），其小塔院遗址发现两种瓦当，中心图像都与五轮塔类似：其中的水轮呈圆形，上接呈三角形的火轮（图 14）。他又提到长宽二年（1164 年）改铸的旧大和国成身院铜钟（今藏神户市德照寺），内面铸有五轮塔阳纹图案（图 15）。此外他还指出，广岛县严岛神社珍藏的平清盛（1118—1181）①纳经箱的箱盖上也镶嵌着金属五轮塔图案，经文则框在五轮形状的线图之内，制成时间是仁安二年（1167 年）②。

薮田嘉一郎观察法胜寺瓦当上的图像，指认其空轮完全符合五轮塔的标准，但火轮上可见四角，降楼形的宝塔露出来，水轮是舍利瓶形的，作为基础的地轮则是低矮的方台，因而不是纯粹的五轮塔，而显露出显、密两宗混合的特征③。田冈香逸则提供了旧成身院铜钟内阳铸图案的拓印图像；可以看出，除了作为基座的地轮不是立方体以外，其余部分都与五轮塔相配④。

图 14　京都市法胜寺遗址出土瓦当上的五轮塔

资料来源：内藤荣：《三角五轮塔の起源と安祥寺毗卢遮那五轮率塔婆》，《美术史论集》2008 年第 8 号，第 23 页

图 15　神户市德照寺藏梵钟内面阳纹五轮塔

资料来源：田冈香逸：《石造五轮塔初现の年代について》，载薮田嘉一郎：《宝箧印塔の起原・续五轮塔の起原》，京都综艺舍 1966 年版，第 78 页

曳覆曼荼罗是日本佛教寺院葬礼上使用的一种遗体覆盖物，又称经衣、无常衣，以布、纱或纸制成，上面通常绘有祈祷求福的曼荼罗及经文、真言，也有一些绘有五轮塔（图 16）。这一习俗大概起源于平安时代中晚期的东密小野派，今有 11 世纪中叶的“亡者曳覆书样”传世。为了应对不时之需，有的寺庙藏有不同种类的木质印版。兵库县真言宗朝光寺藏版高 75.9 厘米、宽 33.7 厘米、厚 2.5 厘米，两面凸版，背面顺次雕刻“天盖”“枕幡”“墓所点”三项内

① 日本平安时代后期的武将与公卿，1156 年保元之乱后赢得后白河天皇的信赖，1159 年平治之乱中打败了源义朝巩固地位，1167 年升任太政大臣（相国），隔年出家，女儿嫁给高仓天皇成为皇后，使平氏政权达到鼎盛时代。

② 参见川胜政太郎：《平安时代の五轮石塔》，载薮田嘉一郎：《五轮塔の起原》，京都综艺舍 1958 年版，第 2-3 页。

③ 薮田嘉一郎：《续五轮塔の起原》，载薮田嘉一郎：《宝箧印塔の起原·续五轮塔の起原》，京都综艺舍 1966 年版，第 133-134 页。

④ 田冈香逸：《石造五轮塔初现の年代について》，载薮田嘉一郎：《宝箧印塔の起原・续五轮塔の起原》，京都综艺舍 1966 年版，第 78 页。

容，正面则是以五轮塔为中心的曼荼罗，五轮塔内外写着汉、梵两种文字的真言，如“大威德心中心咒”“圣无动一字心咒”“即身成佛明”“决定往生净土真言”等，应该是早期遗物[①]。广岛县府中市西龙寺藏版高 90.5 厘米，五轮塔周围也配以汉、梵两种字体真言，确定为镰仓时代遗物。爱知县稻泽市万德寺藏版高 108 厘米，正面五轮塔高达 70 厘米，其水轮内雕胎藏界曼荼罗九佛种子，周围是各种真言，制版时间是永正十七年（1520 年）。

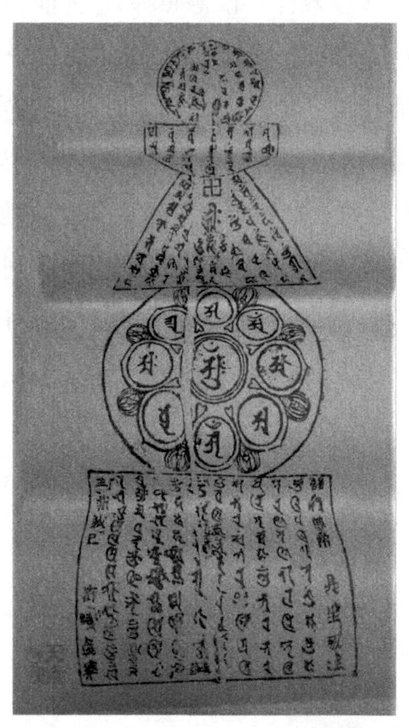

图 16　今日某大法寺使用镰仓时代藏版印制的曳覆曼荼罗

资料来源：一魁斋正敏 Tweets（2020）

另一件受到学者关注的图像是东京国立博物馆收藏的《饿鬼草纸》画卷（图 17），在长卷接近左端有一个五轮塔的图像。此画为 12 世纪末的作品，当时石造五轮塔已非常流行。

图 17　东京国立博物馆藏佚名《饿鬼草纸》（局部）

资料来源：维基百科

① 斋藤彦松：《曳覆曼荼罗の研究》，《印度学佛教学研究》1963 年第 1 号，第 263-266 页。

另外，还有在舟形板碑与石壁上雕刻的五轮塔，以鹿儿岛县南九州市的清水摩崖造像群为代表（图 18、图 19），时间上从镰仓时代晚期到室町时代（1336—1573 年）不等。较早凿成的多为线刻，其后发展成浮雕。

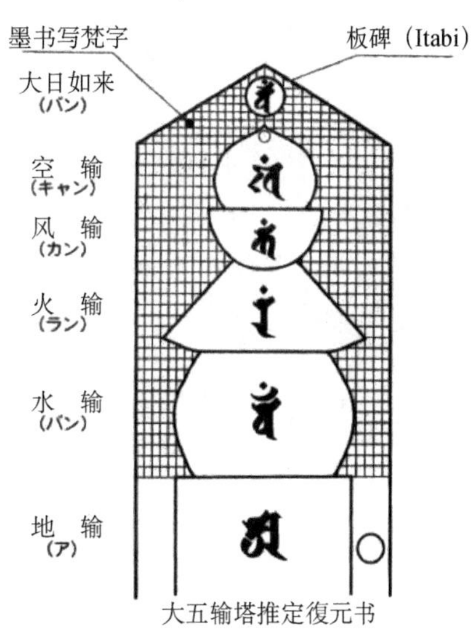

图 18　清水摩崖五轮塔板碑及复原图

资料来源：在线清水摩崖佛群，https://magaibutsu.jp/magaibutsu.html

图 19　清水摩崖线刻图像编号 13—19（左起，其中 17、18 号为宝箧印塔，余为五轮塔）

资料来源：在线清水摩崖佛群，https://magaibutsu.jp/magaibutsu.html

（三）作为法器的五轮塔

本节讨论的五轮塔，主要为用来存放舍利子、骨灰、经文的贮宝器或作为僧人随身携带的供奉物，不同于寺庙墓地的石造建筑；此外还要论及作为法器附件的五轮塔形装饰物。

1. 各种材质的供养塔与贮宝器

从平安时代晚期以迄近世，各种材质的小型五轮塔遍布于日本佛教寺庙。上面提到的京都教王护国寺的佛舍利水晶塔、醍醐寺藏白河皇后贤子的彩色铜造藏骨塔就都属于此类。藏有早期水晶五轮塔的还有山口县阿弥陀寺（1197 年）（图 20）和三重县新大佛寺（镰仓早期）；保存着早期铜制五轮塔的则有滋贺县胡宫神社（1198 年）、兵库县净土寺（镰仓早期）（图 21）

等地[①]。

图 20　山口县阿弥陀寺水晶五轮塔

资料来源：内藤荣：《三角五轮塔の起源と安祥寺毗卢遮那五轮率塔婆》，《美术史论集》2008 年第 8 号，第 22 页

图 21　兵库县净土寺黄铜五轮塔

资料来源：内藤荣：《三角五轮塔の起源と安祥寺毗卢遮那五轮率塔婆》，《美术史论集》2008 年第 8 号，第 22 页

现存最早的陶质五轮塔属于旧播磨国大字须贺院，由天台宗僧人禅慧制于天养元年（1144 年），近世在兵库县神崎郡长福寺的经塚出土[②]（图 22）。

京都安祥寺是与醍醐寺齐名的东密真言宗大寺，嘉祥元年（848 年）由文德天皇（827—858）之母藤原顺子（809—871）赞助、托付入唐僧慧（惠）运创建。在保存至今的《安祥寺伽蓝缘起资财帐》中提到“毗卢遮那五轮率都婆一基”，在另一处还注明“坚木，五尺五寸”“田邑天皇御愿”等，可见此塔为木质。当时和制五尺五寸约当 170 厘米，几与人同高，推测是文德天皇（别称田邑帝）纪念父皇的供养塔[③]。如果记录准确，这应该是在日本最早出现的五轮塔了，可惜物已不存无从考证了。

2011 年 12 月，京都市大谷大学博物馆对外宣布，在位于左京区久多的志古渊神社，发现了一座丝柏制成的五轮塔（图 23），塔高 29.3 厘米、宽 8.4 厘米、深 7.8 厘米，底座印有“平治元年（1159 年）十二月九日”和“施入僧寂念”“入道西念”等墨迹。这是至今日本国内发现的最古老且保存最完好的木造五轮塔。京都市左京区北端与滋贺县相邻的久多地区，被认为是平安时代藤原道长创建的法成寺领地，至今仍保留着丰富的文化遗产，据推测该木塔原是附近某佛寺的供奉物[④]。

2. 关于“三角五轮塔”

火轮的形状特别受到某些研究者的关注。一般来说，位于五轮塔中部的火轮像一个四角翘起来的屋盖，底面近乎正方形，四个斜面近似等腰三角形，整体可以看成四棱锥的近似形体；

① 参见斋藤彦松：《唐代五轮塔の研究》，《印度学佛教学研究》1958 年第 2 号，第 420 页；内藤荣：《三角五轮塔の起源と安祥寺毗卢遮那五轮率塔婆》，《美术史论集》2008 年第 8 号，第 14、22 页。

② 参见川胜政太郎：《平安时代の五轮石塔》，载薮田嘉一郎：《五轮塔の起原》，京都综艺舍 1958 年版，第 3 页。

③ 参见内藤荣：《三角五轮塔の起源と安祥寺毗卢遮那五轮率塔婆》，《美术史论集》2008 年第 8 号，第 12-13 页。

④ 宫崎健司：《久多の木造五轮塔》，《大谷学报》2014 年第 2 号，第 24-42 页。

但在早期制作的五轮塔特别是小型的供养塔中，火轮近似于三棱锥形，这就是所谓的“三角五轮塔”。这里的“三角”指中部为三角形，相应的近似四棱锥形则为“四角”。

图 22　兵库县长福寺经塚出土陶质五轮塔

资料来源：薮田嘉一郎：《五轮塔の起原》，京都综艺舍 1958 年版，第 77 页

图 23　京都志古渊神社木造五轮塔

资料来源：京都市情报馆

斋藤彦松 1958 年发表《唐代五轮塔的研究》，标题似乎暗示五轮塔来自中国，至少与平安时代早期随遣唐使入华的日本僧人有关。在他看来，中国的五轮塔都是“三角五轮塔”；日本在平安时代早期也是“三角五轮塔”，中晚期则是“三角”“四角”并存，到了镰仓时代就只有“四角”五轮塔了。但是迄今为止，还没有发现中国唐宋时期的五轮塔建筑及器物。斋藤彦松说的“唐代五轮塔”，系指唐密仪轨（具体指善无畏所译《佛顶尊胜心破地狱转业障出三界秘密三身佛果三种悉地真言仪轨》）中保留的五轮塔线图，图中的火轮就是一个三角形。至于日本早期的“三角五轮塔”，除了上文提到的醍醐寺（圆光院）彩色铜造五轮塔、阿弥陀寺与新大佛寺的水晶五轮舍利塔、胡宫神社与净土寺的黄铜五轮舍利塔以外，还有奈良东大寺伴墓与京都智恩寺的五轮石塔等，下面要介绍的醍醐寺白铜率都婆铃也在此列①。

以上提到的“三角五轮塔”，许多都与一位生活于平安-镰仓过渡期的日本僧人重源（1121—1206，图 24）有关。重源弘法的特点是不拘门派，他本在真言宗的醍醐寺出家，之后又向净土宗始祖法然（1133—1212）学习。据说他曾三次前往中国（南宋）访问，在天台山阿育王寺等处学习佛法和建筑技术，回国后创立的佛教寺庙建筑“天竺样”，实际上是“和样”融合“南宋样”的结果。他也为日本的东大寺尊胜院、东大寺别院、高野新别院、摄津渡边别院等地制作了安放舍利子的五轮塔，在其著作《南无阿弥陀佛作善集》中留有详细记录。有人提出日本五轮塔与宋代中国有关，主要就是考虑了重源的经历②。

胡宫神社藏舍利子容器（图 25）就是一个典型的“三角五轮塔”，其中部是一个截头三棱锥，而不是多数石造五轮塔那样近似截头四棱锥的屋盖式。该塔制成于建久九年（1198 年），通高 38.7 厘米，黄铜镀金质地，底部立方体内放置储藏舍利子的水晶球，球高 4.7 厘米，安放

① 斋藤彦松：《唐代五轮塔の研究》，《印度学佛教学研究》1958 年第 2 号，第 419-420 页。
② 石田尚丰：《三角五轮塔考》，《ミウジアム》1957 年第 73 号，第 26-29 页。

在一个高 7.6 厘米的碗形金属底座上。塔底的铭文显示它原是重源为安置敏满寺大殿的阿弥陀佛施入的，原附“舍利寄进状”称内中的舍利子是空海请来之物[①]。

图 24　净土寺藏重源上人坐像

资料来源：奈良国立博物館：《圣地宁波——日本佛教 1300 年の源流》，奈良国立博物館 2009 年版，图版 43

图 25　胡宫神社藏五轮塔形舍利子容器

资料来源：奈良国立博物館：《圣地宁波——日本佛教 1300 年の源流》，奈良国立博物館 2009 年版，图版 44

斋藤彦松、石田尚丰等人都认为“三角五轮塔”提供了中国来源的证明，重要的依据是唐代密宗佛典中就有五轮塔线图，其中的火轮就是一个三角形；此外在重源生活的时代同时出现许多“三角五轮塔”，似乎也提供了旁证。不过，也有人认为重源未曾入宋，三角五轮塔是为了使时人相信他曾游学中国，有意渲染异国情调，将截头四棱锥改成截头三棱锥而已。例如，薮田嘉一郎就不同意中国来源说，认为重源制作的“三角五轮塔”，是融合东密、台密与净土宗的结果[②]。

内藤荣同意斋藤彦松提到的水晶和铜造“三角五轮塔”都与重源有关，同时他还推测前面提到的醍醐寺圆光院出土白河皇后贤子的埋骨塔（1085 年下葬，1606 年被重新发现）、宽喜三年（1231 年）修建于下醍醐遍智院的“一尺六寸之三角火轮形塔婆”，以及安祥寺的“毗卢遮那五轮率（都）塔婆”，都属于“三角五轮塔”。关于白河皇后埋骨塔，他给出了连同所在石柜在内的线图及各部分尺寸，特别强调其火轮各面“皆三角也……但今度始而见了”的铭文。这一点特别值得赞赏，在以往涉及五轮塔的论文中似不多见。按此塔之火轮高 3 寸 3 分，边长 4 寸，比值 0.826，而正 4 面体之高与棱长之比为 $\sqrt{2/3}$ ，约等于 0.816，因此内藤荣说这个火轮是一个棱长为四寸的正 4 面体[③]。他又观察地轮，指出常见的五轮塔中地轮之高明显小于其边长，而前述几种“三角五轮塔”（图 20、图 21，以及图 25）的地轮基本是一个正 6 面体。关于“三角五轮塔”的来源，他没有沿用斋藤彦松的“唐代五轮塔”的说法，但是提到了更多唐密经典中的有关叙述，以及平安时代后期京都仁和寺收藏的一幅唐本曼荼罗图（详见下

---

① 本文引用的“三角五轮塔形舍利容器”和“重源上人像”两条说明分别由清水健、岩田茂树撰写。参见奈良国立博物館：《圣地宁波——日本佛教 1300 年の源流》，奈良国立博物館 2009 年版，第 290-291 页。

② 薮田嘉一郎：《重源の五轮塔》，载薮田嘉一郎：《五轮塔の起原》，京都综艺舍 1958 年版，第 139-141 页。

③ 他也测量了净土寺黄铜“三角五轮塔”（图 21），得知其底座三边分别为 16.4 厘米、16.2 厘米、16.5 厘米，近似于一个正三角形，而三条斜边因为嵌入风轮内，估算约为 15.5 厘米。

五（三）节）[①]。

“三角五轮塔”透露了汉译佛经中的五轮塔线图对早期五轮塔建造的影响，也暗合《蒂迈欧篇》以正 4 面体代表火的宇宙模型。

3. 佛像与五轮塔

前面提到，五轮塔就是大日如来佛的化身。镰仓时代有些庙宇把微型五轮塔放置在佛像胎内或身边，下面是三个例子。

第一个是奈良市元兴寺极乐坊的太子孝养像，20 世纪 60 年代初人们对其修葺时，发现在木造圣德太子像头部后方用胶粘着两个木造五轮塔，周边还有梵文说明。两个五轮塔，大一点的长 34 毫米，一旁梵文字说明是“金刚界五佛明，金胎大”；小一点的长 18.5 毫米，旁边梵文说明“胎藏法五佛明，胎大日”，下面还有“金胎大日种子，大日上品悉地真言”等梵文。胎内藏文书说明此像为文永五年（1268 年）三月十一日所造[②]。圣德太子（572—621）是用明天皇（542？—587）二皇子，辅政时遣使入隋、唐中国学习，推行新政改革，弘扬佛教，被后人称为“日本的释迦牟尼”；也有人认为“圣德太子信仰”完全是后世编造出来的。

第二是流失海外的一座大日如来坐像（图 26、图 27），2003 年由东京都立川市真如苑以重金购回，现收藏于该苑所属的真澄寺。该像为木造，表面漆金箔、玉石眼珠，像高 61.6 厘米，制成于建久四年（1193 年），推测出自僧人运庆（1148？—1224）或其弟子之手。相关的检测报告已经发表在东京国立博物馆馆刊上[③]。

图 26　真如苑真澄寺收藏的大日如来坐像

资料来源：日本真如苑

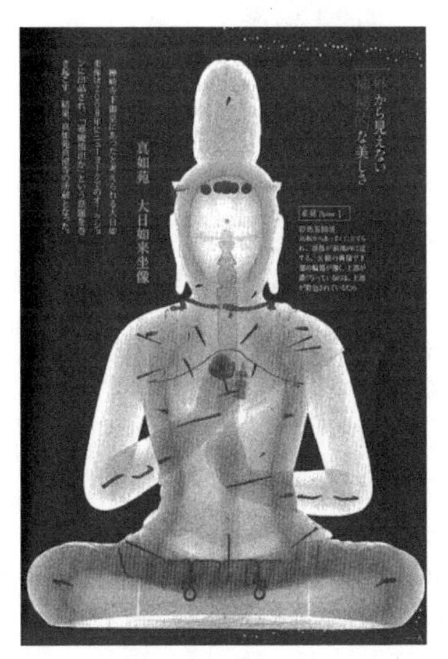

图 27　X 射线扫描显示的胎内五轮塔

资料来源：日本真如苑

① 内藤荣：《三角五轮塔の起源と安祥寺毗卢遮那五轮率塔婆》，《美术史论集》2008 年第 8 号，第 1-23 页。

② 斋藤彦松：《圣德太子信仰と大日如来研究——元兴寺五轮塔研究一》，《印度学佛教学研究》1961 年第 1 号，第 148-149 页。

③ 参见山本勉：《新出の大日如来像と运庆》，*Museum*（东京国立博物馆研究）2004 年第 589 号，第 2-4、7-42 页；丸山士郎：《真如苑真澄寺所藏大日如来坐像の X 线断层写真（CT）调查报告》，*Museum*（东京国立博物馆研究）2017 年第 669 号，第 45-66 页。

第三是京都市泉涌寺的一座木造观音像。泉涌寺是真言宗泉涌寺派的总本山，但台、密、禅、律兼修，与朝廷关系十分密切，曾是多位天皇的御寺。开山祖师俊芿（1166—1227）曾入华拜天台大师学习，敕号大兴正法国师，一般称他为月轮大师。泉涌寺观音堂供奉的木造观音菩萨坐像，因造型优美被人称为“杨贵妃观音”（图 28）。1998 年对雕像进行修复时，人们发现胎内另有装置，当时只作了简报。2009 年配合奈良国立博物馆举办“圣地宁波”展览，研究人员对此像使用 X 射线扫描，证实胎内藏着一个小型五轮塔（图 29），塔高 3.6 厘米，塔底放有三颗舍利子，位于高 144 厘米的观音坐像的胸部中央，目前还无法判定何种材质所制。

泉涌寺心照殿（博物馆）研究员西谷功是观音雕像这一项目的主要参与者，根据他的研究，这尊木雕是俊芿弟子湛海（1181—？）从中国南方带回来的，外观与普陀山观音像十分相似，似乎出自中国匠人之手。当时渡海远航的风险极高，而普陀山观音被认为具有守护海船安全的法力。湛海曾四度前往中国，1228 年他第三次入宋，1230 年 6 月带着观音像连同其他圣品返回日本①。西谷功认为此观音胎藏五轮塔与真澄寺大日如来坐像胎内藏塔的情况十分相似，年代上也相隔不远，况且观音像的木材为中国不多见的扁柏，说明很可能是在日本制造的，但是也不排除湛海请匠人在中国仿制普陀观音，又将自己随身携带的供养塔放置进去的可能性②。

图 28　泉涌寺“杨贵妃观音”坐像

资料来源：奈良国立博物館：《圣地宁波——日本佛教 1300 年の源流》，奈良国立博物館 2009 年版，图版 87

图 29　X 射线扫描图像显示雕像胎内五轮塔

资料来源：西谷功：《杨贵妃观音像の“诞生”》，载《南宋・镰仓佛教文化史论》第二部第六章，勉诚出版社 2018 年版，第 446 页

4. 作为法器装饰的五轮塔

铃铎是源于印度的佛教常用法器，以金属材料制成，外表呈钟状，上有纽柄，内系铜珠，分为独钴铃、三钴铃、五钴铃、宝铃、率都婆铃（塔铃）等五类，通常与五种杵一道置于佛坛上的固定位置，是真言宗、天台宗僧人诵经时所用的重要呗器。“入唐八家”中的圆行与慧（惠）

① 西谷功：《泉涌寺僧と普陀山信仰——观音菩萨の请来意图》，载奈良国立博物館：《圣地宁波——日本佛教 1300 年の源流》，奈良国立博物館 2009 年，第 260-263 页。

② 西谷功：《杨贵妃观音像の“诞生”》，载《南宋・镰仓佛教文化史论》第二部第六章，勉诚出版社 2018 年版，第 445-452 页。

运，先后于承和六年（839 年）、十四年（847 年）携率都婆铃一具返回日本（事见《灵岩寺和尚请来法门道具等目录》和《安祥寺资财帐》）。斋藤彦松根据醍醐寺登记宝物第 10 号“白铜率都婆铃”（图 30）的形状，断言他们从中国带来的都是五轮塔形的铃铎[①]。醍醐寺那个“白铜率都婆铃”的顶端的确是一个五轮塔，空轮做成三股（钴）纽柄，火轮是一个三棱锥，即所谓的“三角五轮塔”，从下面的俯视图（图 31）就可以看出来，制作年代与地点不详，斋藤彦松推测来自唐代中国[②]，薮田嘉一郎则认为出自重源之手[③]。

斋藤彦松在另一篇文章里，还提到一个锡杖上的五轮塔形饰头（大正二十.一一五）[④]（图 32）。此外，前文提到的春日山石窟毗沙门天像手中的小塔也可视为一种法器装饰。

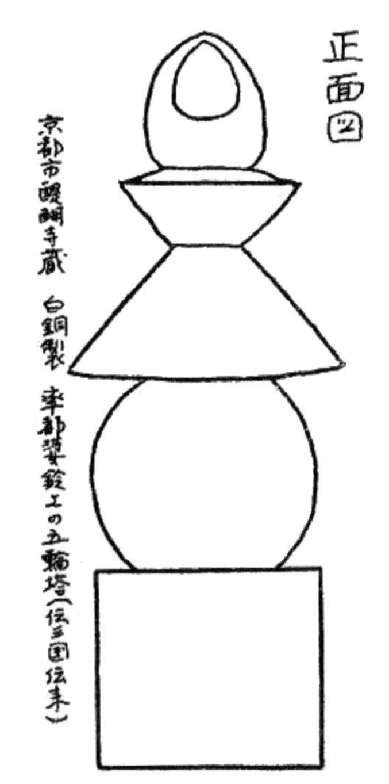

图 30　醍醐寺率都婆铃正视图

资料来源：斋藤彦松：《五轮塔资料の研究・佛教经轨编》，《印度学佛教学研究》，1981 年 29 卷第 2 号，第 693 页

图 31　醍醐寺率都婆铃俯视图

资料来源：斋藤彦松：《五轮塔资料の研究・佛教经轨编》，《印度学佛教学研究》，1981 年 29 卷第 2 号，第 693 页

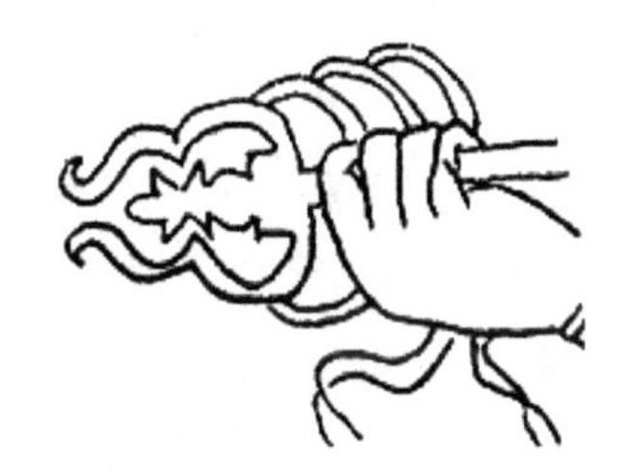

图 32　《大正新修大藏经》中的锡杖饰头图

资料来源：斋藤彦松：《五轮塔资料の研究・佛教经轨编》，《印度学佛教学研究》，1981 年 29 卷第 2 号，第 693 页

五、经疏、曼荼罗中的“五大”以及若干早期线索

（一）汉唐佛经中的记载

五轮塔是古代印度哲学中“五大”观念的物化结果，而“五大”最早起源于古《奥义书》，

① 这一结论有些武断，“率都婆”是塔的泛称，未必就是五轮塔，况且《安祥寺资财帐》只言“毗卢遮那五轮率都婆”而不及“婆铃”；再则中国境内尚未发现唐代的五轮塔形器物。

② 斋藤彦松：《唐代五轮塔の研究》，《印度学佛教学研究》1958 年第 2 号，第 419-420 页。

③ 薮田嘉一郎：《重源の五轮塔》，载薮田嘉一郎：《五轮塔の起原》，京都综艺舍 1958 年版，第 137-138 页。

④ 斋藤彦松：《五轮塔资料の研究・佛教经轨编》，《印度学佛教学研究》，1981 年 29 卷第 2 号，第 690-693 页。

后来先后为婆罗门教与佛教吸收。在唐密兴起之前，有关“五大”的思想已经出现在多种汉文佛经中。东汉安息国三藏安世高翻译的《四谛经》中，提到“人为六持爱：一为地、二为水、三为火、四为风、五为空、六为识”（大正一. 八一四）。安世高生活的公元 2 世纪，正是佛教密宗在印度兴起的时期，后来中国的密宗有时也在“五大”之外再加上“识”合称“六大”。

北凉时天竺僧昙无谶（385—433/439？）译《大般涅槃经》，内言“坚是地性，湿是水性，热是火性，动是风性，无所挂碍是虚空性”（大正十二. 三六五）。后秦时罽宾国沙门佛陀耶舍诵出、竺佛念传译的《长阿含经》言佛告比丘有四大天神：“何等为四？一者地神，二者水神，三者风神，四者火神。”（大正一. 一）南朝天竺僧人真谛（499—569）译《阿毗达磨俱舍释论》，多次述及“四大”及其性质：如“地、水、火、风聚中形量大故，复次能增广一切有色物生，及于世间能作大事，故名大”；“地界以坚为性，水界以湿为性，火界以热为性，风界以动为性，引诸大相续令生异处”（大正二十九. 一六一）。唐三藏玄奘（602—664）所译《阿毗达磨俱舍论》也有类似表述，如“大种谓四界，即地水火风，能成持等业，坚湿暖动性”，还提到风轮、水轮、金轮等（大正二十九. 一）。

将“五大”与人身和大日如来联系起来并赋形于五轮塔，则是唐密兴起之后的事情，最早出现在善无畏、一行翻译的《大日经》中，其中提到了“五形”（方、圆、三角、半月、空点）、“五字”（阿、嚩、啰、诃、佉）、“五指手印”（地轮、水轮、火轮、风轮、空轮）、“五轮（体）投地礼”等。一行的《大日经疏》则对相关内容作了进一步阐释与发挥。

除了斋藤彦松，薮田嘉一郎、村田治郎、石田尚丰等学者也都提到善无畏等人翻译的数部涉及密宗仪轨和陀罗尼法的佛经，如《宝悉地成佛陀罗尼经》（不空译）、《慈氏菩萨略修瑜伽念诵法》，特别是包含五轮塔图像的《三种悉地破地狱转业障出三界秘密陀罗尼法》（下简称《三种悉地》）和《尊胜佛顶修瑜伽法轨仪》（下简称《尊胜佛顶》）。以《三种悉地》为例，就有以方、圆、三角、半月和宝珠形表示的“五大”，内书悉昙体种子字，如地轮为 𑖀，说明“阿，金刚地部；一、阿字作地观、金刚座观”。然后给出五轮塔的线图，旁注“如来体性无生观”（图 33），意思是大日如来本性的人造物体现（《三种悉地》，大正十八. 九〇九）。

《尊胜佛顶》则给出正、倒两个图样（图 34），其中正图旁注“一本无此图”（《尊胜佛顶》，大正十九. 三六八）。至于两个塔形一正一倒的原因，《大日经疏》说明道：“次观坛地，即翻倒置之。最上作金刚轮，金刚轮下作（于）水轮，水轮下作火轮，火轮下作风轮，风轮下即是虚空轮也。所以者何？以一切世界皆是五轮所依持，世界成时先从空中而起风，风上起火，火上起水，水上起地，即是曼荼罗安立次第也。坏时，地轮最先坏，乃至但有空在，即是师自加持次第也。”（《大日经疏》，大正三九. 七二七）倒立者乃是世界生成的图像，正立者是世界毁灭时的图像。有的早期抄本上没有正立图像，似乎暗示作者或抄经人只是将五轮图案视为大日如来的化身，而不是物化的五轮塔建筑。

空海《御请来目录》含入唐学法携回日本的经律论疏等共 216 部 461 卷，其奏表称：“法本无言，非言不显。真如绝色，待色乃悟……加以密藏森深玄，翰墨难载，更假图画开示不悟。种种威仪种种印契，出自大悲一睹成佛。经疏非略载之图像，密藏之要实繁乎兹。”①这说明密宗的经疏都是隐秘的，需借助图像方能彰显而流传后世。

① 空海：《御请来目录》，载《大正新修大藏经》（卷 55），中国河北省佛教协会影印版 2008，第 1064 页。

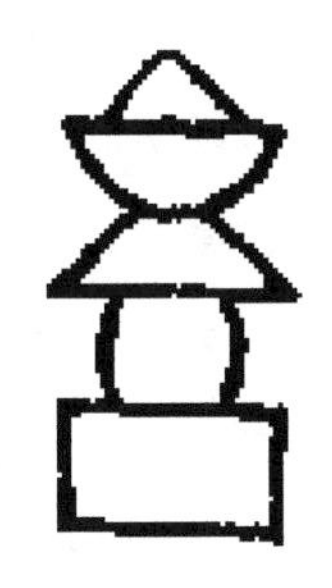

如来体性无生观

图 33　《三种悉地》中的五轮塔图

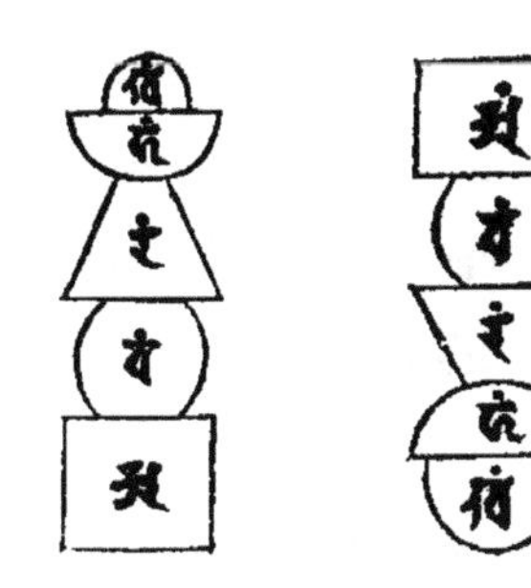

一本无此图

图 34　《尊胜佛顶》中的五轮塔图

（二）和系《大藏经》中的文字与图像

除了从中土携回佛教经卷图籍，日本僧人也撰写了大量新的经文和注疏，收藏在日本各地寺庙与图书馆中的写本、刻本成为中文佛教宝藏中不可忽视的内容，尤其是涉及密宗的文献，和系《大藏经》更是最重要的学术资源。平安时代，空海的《声字实相义》《秘密曼荼罗十住心论》《秘藏记》（传），安然的《观中院撰定事业灌顶具足支分》《胎藏金刚菩提心义略问答抄》，觉超（960—1034）的《胎藏三秘抄》《三密抄料简》等，就都涉及“五大”和“五轮”。镰仓时代此风尤盛，涉及的有《白宝抄》《白宝口抄》《遍口抄》《幸心抄》《薄双纸》《阿婆缚抄》《秘钞问答》《胎藏入理抄》《诸法分别抄》等①。诚如空海所言，“经疏非略载之图像，密藏之要实繁乎兹”，许多日本僧人都在写或抄经的同时临摹了相关的图像。

真言宗僧人惠什在《图像抄》（又称《十卷抄》）中述及“胎藏界五佛”，居首者即为大日如来，其法身形象就是五轮塔，原稿本所绘五轮塔图形下还有朱笔批语“可图例塔也，但有古本如此”，说明此图可以作为造塔的图样并有某个更早的来源②（图 35）。

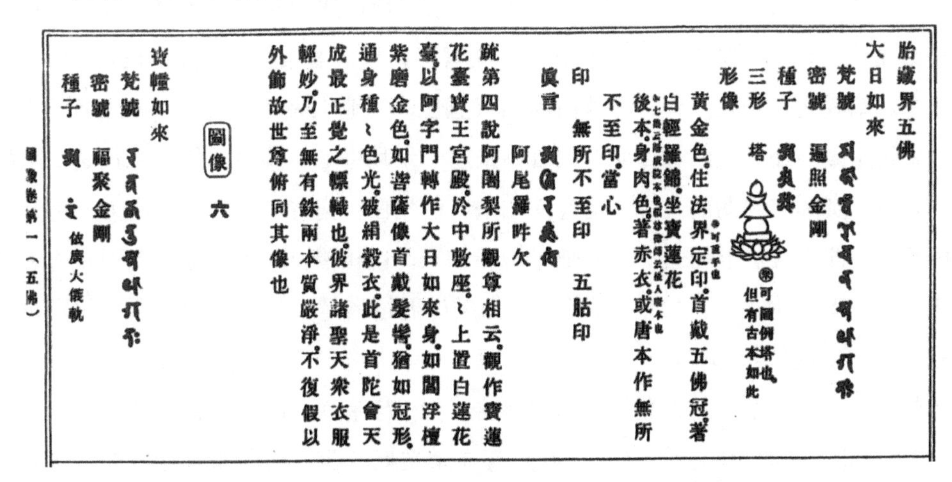

胎藏界五佛
大日如來
梵號
密號　遍照金剛
種子
三形　塔
形像
朱可圖例塔也，但有古本如此
黃金色，住法界定印，首戴五佛冠，著
白縠羅錦，坐寶蓮花
後本，身肉色，著赤衣，或唐本作無所
不至印，當心
印　無所不至印　五貼印
眞言
阿尾羅吽欠
疏第四說阿闍梨所觀尊相云，觀作寶蓮
花臺寶王宮殿，於中敷座，座上置白蓮花
臺，以阿字門轉作大日如來身，如閻浮檀
紫磨金色，如菩薩像首戴髮髻猶如冠形，
通身種種色光，被絹縠衣，此是首陀會天
成最正覺之標幟也，彼界諸聖天衆衣服
輕妙，乃至無有銖兩本質嚴淨，不復假以
外飾，故世尊俯同其像也
圖像　六
寶幢如來
梵號
密號　福聚金剛
種子　依廣大儀軌
圖象卷第一（五佛）

图 35　《图像抄》有关大日如来形象的绘图及批语

另一位真言宗僧人觉禅费时 40 余年辑成《觉禅钞》，收在《大正新修大藏经》之图像部，

① 斋藤彦松：《五轮塔资料の研究 · 日本佛典镰仓吉野期编》，《印度学佛教学研究》1985 年第 1 号，第 98-103 页。

② 惠什：《十卷抄》，载《大正新修大藏经》（图像部第三册卷 91），中国河北省佛教协会影印版 2008，第 3 页。

他也引用了上述《图像抄》的五轮塔图形及文字[①]。又有“造塔法”一节，引《不思议疏》《秘藏记》《造塔功德经》《大日经疏》等相关文字，又配以五轮塔图形说明。其后又引《五大互相融通》说明“身体塔同事”，即“腰下念阿字。地轮，黄色。脐念尾字。水轮，白色。胸念罗字。日轮，赤色。发际念吽字。风轮，黑色。顶上念剑字。虚空，青色。五色光具足”[②]（图36）。

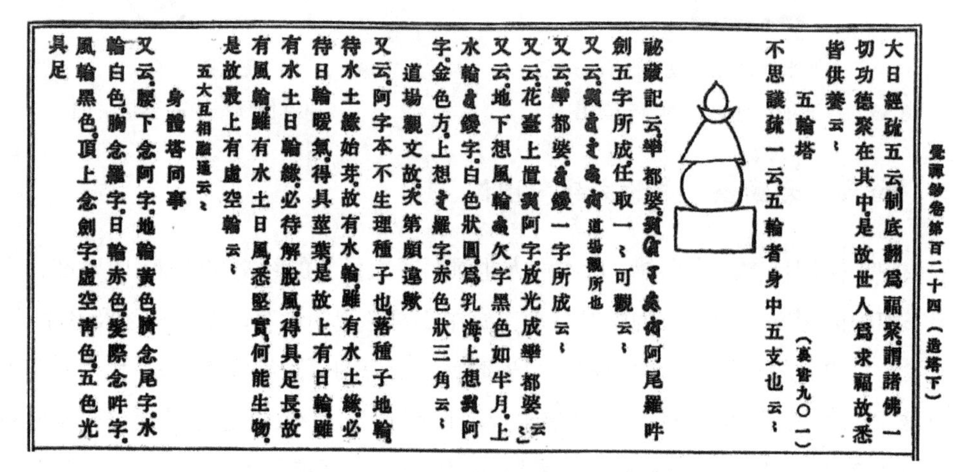
覺禪鈔卷第百二十四（造塔下）
大日經疏五云。制底翻爲福聚。謂諸佛一
切功德聚在其中。是故世人爲求福故。悉
皆供養云云
五輪塔　（裏書九〇一）
不思議疏一云。五輪者身中五支也云云
祕藏記云。都婆。阿尾羅吽
劍五字所成。任取一一可觀云云
又云。道場觀所也
又云。都婆。一字所成云云
又云。花臺上置阿字。放光成都婆云云
又云。地下想風輪。欠字黑色如半月。上
水輪。鑁字。白色狀圓。爲乳海。上想阿
字。金色方。上想羅字。赤色狀三角云云
道場觀文故。次第顚違歟
又云。阿字本不生理種子也。落種子地輪
待水土緣始芽。故有水輪。雖有水土緣。必
待日輪暖氣。得具莖葉。是故上有日輪。雖
有水土日輪緣。必待解脫風。得具足長。故
有風輪。雖有水土日風。悉堅實何能生物。
是故最上有虛空輪云云
五大互相融通云云
身體塔同事
又云。腰下念阿字。地輪黃色。臍念尾字。水
輪白色。胸念羅字。日輪赤色。髮際念吽字。
風輪黑色。頂上念劍字。虛空青色。五色光
具足

图 36 《觉禅钞》中有关五轮塔的内容

《觉禅钞》引用了《图像抄》的内容，可知觉禅在惠什之后；而《觉禅钞》中多次出现“大治”年号（1126—1131 年），由此可以推测惠什、觉禅都是平安时代后期的人，也就是生活于日本刚出现石造五轮塔的时候或之前不久。

（三）曼荼罗与护摩炉

曼荼罗（梵名 Mandala）意为坛场，是佛教密宗举行仪式和修行时的象征性空间布局，也有绘制在纸帛或其他平面材料上的。曼荼罗种类繁多，以大曼荼罗（梵名 Maha Mandala）为例，要求总聚诸尊之坛场及形体，用黄白赤黑青五色，配地水火风空五大，做到万象森列、圆融有序。无论胎藏界还是金刚界，都以大日如来居于坛场中心，其余四佛位列周边。胎藏界曼荼罗中：东方（实际位于图面上方）是宝幢如来，色相白；南方（位于图面右方）是开敷华王如来，色相赤；西方（位于图面下方）是无量寿如来，色相黑；北方（位于图面左方）是天鼓雷音如来，色相黄；中央大日如来，青色[③]。如果说五轮塔是大日如来的人造物体现，那么曼荼罗就是大日如来的组织形式。

五佛的排列又与佛教宇宙观的四大部洲形象（图 37）有关，这一观念早见于《阿含经》《楼炭经》《立世阿毗昙论》《俱舍论》《华严经》等显宗文献。四大部洲即东胜身洲、西牛货洲、南赡部洲和北俱卢洲，须弥山位于中央。《长阿含经》提到四洲的几何形状及大小：西洲“其

① 觉禅：《觉禅钞》卷一，载《大正新修大藏经》（图像部第四册卷 92），中国河北省佛教协会影印版 2008，第 391 页。

② 觉禅：《觉禅钞》卷百二十四，载《大正新修大藏经》（图像部第五册卷 93），中国河北省佛教协会影印版 2008，第 573 页。

③ 金刚界曼荼罗的排列是：东方（图面下方）阿閦佛，南方（图面左方）宝生佛，西方（图面上方）阿弥陀佛，北方（图面右方）不空成就佛，中央毗卢遮那佛。

土正圆，纵广九千由旬[①]”；东洲“其土形如半月，纵广八千由旬”；南洲“其土南狭北广，纵广七千由旬”；北洲“其土正方，纵广一万由旬”（《长阿含经》，大正一. 〇〇一）。

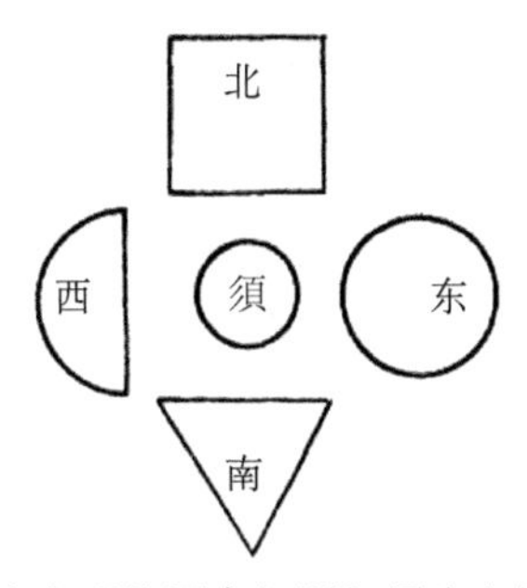

图 37　佛教宇宙观的四大部洲与须弥山的位置及形状

资料来源：斋藤彦松：《五轮塔资料の研究・佛教经轨编》，《印度学佛教学研究》，1981 年 29 卷第 2 号，第 692 页

这说明，最晚在公元 2 世纪，五佛与五方对应的观念就出现在中国。这与中国五行对应五方的传统思想有些相似，不同的是中国的五行从没有被赋予几何意义。到了佛教密宗在中土兴旺发达的唐代早中期，五方佛的思想被发挥到极致，“五大”和“五轮”成了密宗修行仪轨中的核心成分。内藤荣认为善无畏的《三种悉地》将五轮与五佛、五行、五脏、五方、五色、五根、四季（以及五谷、五音、二十八宿）结合起来，特别是对五行说的吸纳，体现了中国传统思想的浓厚色彩[②]。

他又研究京都仁和寺珍藏的一幅唐本曼荼罗图像（12 世纪临绘），如图 38：画面最左侧从上至下是三角、半月、圆、方四种图形，代表大日如来之外的四佛之赋形；中间一正一倒两个五轮塔，与《尊胜佛顶》中的图像一致（参见图 34）；右边则是金刚界五佛曼荼罗。

图 38　京都仁和寺藏唐本金刚界五佛五轮曼荼罗

资料来源：内藤荣：《三角五轮塔の起源と安祥寺毗卢遮那五轮率塔婆》，《美术史论集》2008 年第 8 号，第 22 页

斋藤彦松从一个特殊视角考察五轮塔的起源，那就是密宗修炼坛场所用的护摩炉（梵名

① 由旬（梵音 yojana）是古代印度长度单位，相当于一头公牛不间断行走一天的距离，对应华里数诸家说法不一。

② 参见内藤荣：《三角五轮塔の起源と安祥寺毗卢遮那五轮率塔婆》，《美术史论集》2008 年第 8 号，第 8 页。

Kunda），认为它与印度古代婆罗门教的祭火炉以及五方佛的排列都有关系。据称婆罗门教早有祭火驱魔的传统，见诸《奥义书》，也可能与波斯的拜火教有关。祭坛上先是单火，后来发展成三火并各有其名、方向和功用，如西祭火是家主火，南祭火是祖先火，东祭火是供养火，又配以圆、方、半月形火炉基座。后来又加上三角形与六角形，合成五火并存的护摩炉祭火坛。到了公元7世纪，祭火与“五大”思想合流，导致五轮塔的出现。以上论述过于简略，作者自己也说只是一个大致想法，不明之处尚多①。多年以后，他再次回到这一论题，援引台密和尚安然所传“造曼荼罗中秘密坛”的内容，“复次地轮正方，水轮圆，火轮三角，风轮半月轮形，最上虚空作一点具种种色……方是息灾，圆是增益，三角是降伏，半月是摄召，点是成办一切事，此虚空轮用心念作之，不以形相故也”（《观中院撰定事业灌顶具足支分》，大正七五. 二一三），认为地轮就是息灾炉，水轮就是增益炉，火轮就是降伏炉，风轮就是摄召炉，空轮成办一切炉。由此说明在公元9世纪日本僧人就在五轮塔与护摩炉之间建立了联系，从而为五轮塔的成因提供了一个解说②。他在另一处则指出空轮对应的护摩炉形状为莲花（图39）。

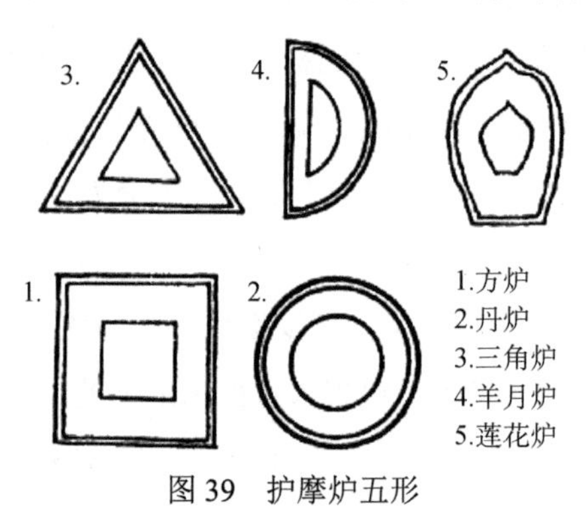

图39　护摩炉五形

资料来源：斋藤彦松：《五轮塔资料の研究・佛教经轨编》，《印度学佛教学研究》，1981年29卷第2号，第692页

《大日经》、《大日经疏》以及《尊胜佛顶》等都述及护摩、护摩炉或摆放护摩炉的祭坛。图40是保存在滋贺县石山寺中的写本《大日经护摩坛样》，右方文字说明坛的形状尺寸，左方是四种护摩炉的图样，旁注“已（以）上四种炉若依苏磨呼经可作基阶”，“苏磨呼经”可能是《苏婆呼童子请问经》，四种护摩炉的基本形状各为方、圆、三角、半月，分别对应地轮、水轮、火轮、风轮。

（四）可能来源的早期线索

亚历山大大帝（Alexander the Great，前356—前323）东征之后，希腊与东方文化获得直接交流与融合的机会，古希腊的哲学、艺术、天文学与占星术在印度孔雀王朝（前321/324—前187年）的梵文经典中都有所反映。融合了希腊元素的犍陀罗佛教艺术则繁荣于公元1—5世纪。萌生于2世纪的佛教密宗在笈多王朝（4—6世纪）臻于鼎盛。当时出现的一本星占书《亚瓦那加塔卡》（*Yavanajātaka*），梵文书名就有“来自希腊”的意思，据考是根据亚历山大里

① 斋藤彦松：《佛教美术にあらわれた古代婆罗门教祭火炉形の美术史的研究》，《印度学佛教学研究》1957年第1号，第164-165页。

② 斋藤彦松：《五轮塔成因の研究》，《印度学佛教学研究》1981年第1号，第381-384页。

亚星占家的作品翻译的。另外一本稍晚出现的《罗马卡悉檀达》(*Romaka Siddhanta*)，意思是“罗马人的学说”，内容涉及拜占庭天文学①。

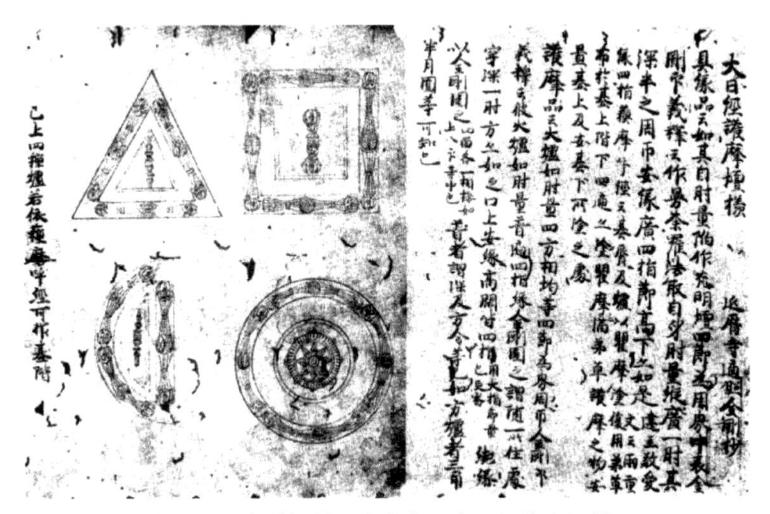

图 40　日本滋贺县石山寺藏《大日经护摩坛样》

资料来源：内藤荣：《三角五轮塔の起源と安祥寺毗卢遮那五轮率塔婆》，《美术史论集》2008 年第 8 号，第 23 页

1869 年，英国业余神话学家托马斯·因曼（Thomas Inman，1820—1876）出版了一本有趣的小书，书名为《古代异教徒和现代基督教的符号象征》(*Ancient Pagan and Modern Christian Symbolism*)②，内中搜罗了很多稀奇古怪的古代与中世纪的符号。1875 年该书再版时，收入了一篇很长的附录，题名“亚述‘果园’及其他标记”（The Assyrian ‘Grove’ and Other Emblems)，作者名叫约翰·牛顿（John Newton)，生平经历不详。从这篇附录来看，他显然不是印度古代文化或佛教领域的学者，但其独特的观察视角和丰富想象力，为我们思考五轮塔与西亚、南亚古代文明的关联提供了一些线索。文中给出了一幅五轮塔式的线图，没有交代来源，也没有提到“五轮塔”这个名称，而是泛称金字塔。从上至下依次注明“以太或天堂”“气”“火”“水”“土”（图 41)。

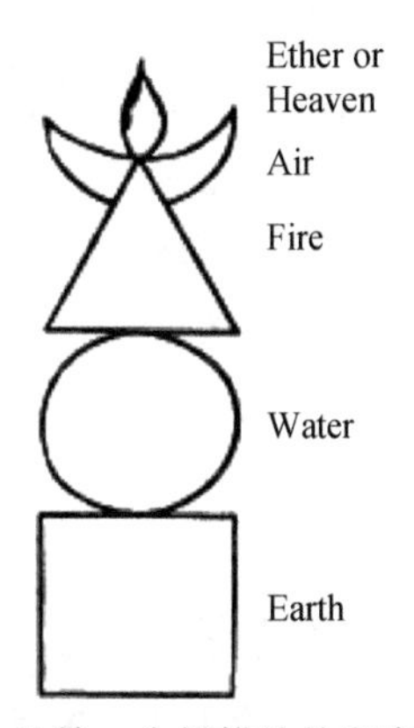

图 41　约翰·牛顿描绘的印度金字塔

资料来源：Newton J, “The Assyrian ‘Grove’ and Other Emblems”, 1875, p. 133

① Pingree D, “Astronomy and astrology in India and Iran”, *Isis*, Vol. 54, No. 2, 1963, pp. 229-246.

② 实际上这是作者两卷大部头《古代名称中的古代信仰》(*Ancient Faiths embodied in Ancient Names*，1868/1869 年）的一个缩写本。

约翰·牛顿认为，在印度神话中，金字塔扮演着重要的角色，它属于湿婆（Siva），等同于太阳、火、法鲁斯（phallus）[①]和生命。在图 41 中，宇宙由一个复杂的图形组合表示，它源自古代印度的纪念碑而在中国汉地与藏地都非常普遍。观察从下而上的层级变化：土（正方形）加上水（圆形）等于大地。造物主——神的标志是向上升腾的火焰（三角形），那是所有生命的创造者和代表，也是将大地与新月和天堂联结在一起的枢纽。插进新月中的箭或矛头是湿婆的象征，如同男根一样属于生命的神圣源泉，也体现了只有在大自然中才能发现的阴阳结合的完美智慧。这一图案常见于西藏寺庙屋顶的装饰，如同神圣的莲花与男根（二者都是佛陀的象征）一样，全都来自更古老的信仰。他还说在波斯光明之神密特拉（Mithra）的神秘仪式中，也有图 41 那样的符号，它们代表了灵魂在经历新生命时应该依序联结在一起的那些元素[②]。但是没有交代此说的根据。

下面他把话题转到印度阿姆劳蒂神庙（Amravati tope）[③]的一座浮雕，大约是公元 2 或 3 世纪的作品（图 42）。图中一群信众按性别分列神坛两侧，正围着男根或一个锥形石柱顶礼膜拜，石柱前方雕刻着圣树，树上的叶子如同火焰。这里生命的三个象征合为一体，因为石柱从宝座上立起，而宝座上有水和土的标志。宝座前端还有佛陀的脚。

图 42　印度阿姆劳蒂神庙的浮雕

资料来源：Newton J, “The Assyrian ‘Grove’ and Other Emblems”, 1875, Plate XIX：2

六、结论与问题

五轮塔的外观、次序及其形上意义与柏拉图的宇宙图景高度相似。换言之，《蒂迈欧篇》中那种以几何化的元素解释宇宙构成与变化的思想，在大约 1500 年后出现的日本寺庙建筑五

① 指男根崇拜图腾。

② 原文是：In the mysteries of Mithra, the symbols in Fig.178（Fig.41 in this paper） were also employed. They represented the elements to which the soul ought to be successively united in passing through the new birth.

③ 在马哈拉施特拉邦阿姆劳蒂县，马哈拉施特拉邦位于印度中部，西邻阿拉伯海，即《大唐西域记》所记摩诃剌侘国。

轮塔中具象化地表现出来。下面是在表1基础上加上日本密宗“五大”和“五轮”内容的比较（表2）。

表2　希腊元素与佛教密宗“五大”及“五轮”的比较

名称	希腊	密宗	希腊	密宗	希腊	密宗	希腊	密宗	希腊	密宗
	土	土轮	水	水轮	气	风轮	火	火轮	以太	空轮
几何赋形	正6面体	四方立方体	正20面体	圆形球体	正8面体	半月莲座	正4面体	三角屋盖锥形	正12面体	团形圆点宝珠莲花
物理属性	稳，重，坚硬，冷	黄色、金色，稳定	大，圆，柔，流动	白色，柔顺，流动	适中	黑色，无形，无质	小，轻热，尖锐	赤色，有形，无质	无重量，不冷不热，不干不湿	青色、杂色
空间位置	最低	底层脐下	次低	次底脐中	居中	次高眉上	次高	中层心上	最高	顶层头颅

佛教及其密宗都诞生于印度，唐代中期密宗在中国蓬勃发展，善无畏、一行、不空等大师将重要的密宗经典及仪轨翻译成中文并加注疏，使中土成为佛教密宗的中心。有关“五轮”和“五大”的思想集中反映在汉译密宗经典中，虽然《大日经疏》《三种悉地》《尊胜佛顶》等多部佛典中都有五轮塔的图像，当时的佛界人士只是将它们视作大日如来的化身而不是地面建筑的草图，因此，在中古时代的中国汉地没有出现五轮塔，也未见同时代的五轮塔形器物流传。晚唐“武宗灭佛”之后，佛教在中国遭到严重打击，密宗更是首当其冲，成为真正的“秘密教派”。而此前后相继入华的日本僧人回国后将唐密发扬光大，使日本成为新的密宗中心。

日本的佛经主要经由中国输入，经过历代入华僧人及其弟子门生的整理、注疏与发挥，形成具有特色的和系佛教经典宝库。在和系《大藏经》中，也有许多关于五轮塔形制的文字和图形，它们属于日本密宗（早期主要是真言宗和天台宗两大流派）传习的内容。到了平安时代晚期，和系佛藏手抄经卷中的线图先被摹画或镌刻在纸、布、陶、瓦、金属、岩石等材料上，逐渐演变成不同材质的立体五轮塔，包括墓塔、供养塔和各类小型的五轮塔状器物。

本文也涉及一些早期文明交流的信息，除了五（四）节专论“可能来源的早期线索”外，还有最早言及“五大”的《四谛经》，其译者安世高就来自号称古波斯继承者的帕提亚帝国，中国旧称“安息”[五（一）节]；它不断与希腊化的塞琉古帝国及罗马帝国征战，深受希腊文化的影响。最早将须弥山与四大部洲赋予几何形状的中文文献《长阿含经》，其译者佛陀耶舍是来自西域古罽宾国的婆罗门高僧[五（一）节]，著名的汉传佛教翻译大师鸠摩罗什（Kumārajīva，344—413）即出其门下。陈寅恪（1890—1969）评说后者译经三个特色：“一为删去原文繁重，二为不拘原文体制，三为变易原文。”①佛陀耶舍是否也有类似做法，有意迎合中土五行方位的说法呢？空轮由圆点到团形再到莲花的演变，以及以半月形风轮隔开虚空与地水火等可见元素，与古代印度-波斯的莲花崇拜[三（二）节]以及古希腊区分月上世界与月下世界（二节）的做法，三者之间也有一定的相似性。还有古印度的菩提塔与五轮塔的相似性[三（四）节]、护摩炉与拜火教的关系[五（三）节]，以及所谓的“三角五轮塔”与古希腊以正4面体代表火[四（三）2节]等等。不过以上所论都是零零散散的材料，缺乏有力的论据和系统

① 转引自胡适：《白话文学史第一篇》，台北远流1986年版，第172页。

的考证。

总体来说，本文没有涉及汉译佛经之前的材料，汉译佛经与梵文、巴利文原经或藏文佛经的关系，是笔者无力应对的难题。印度与东南亚佛教流行的地区，似乎也未见到与日本五轮塔类似的佛塔。善无畏等人所译佛经中的五轮塔，到底是照原本摹绘，还是师心自用的创造呢？此外，印度佛教密宗从婆罗门教中吸收了多少东西？五轮身体观与婆罗门教瑜伽派的脉轮（梵音 Chakra）理论有无关系？密宗的“五大”、中国的五行，以及希腊的元素学说，是否存在某种联系？从时间和空间上来说，希腊古典文明通过波斯与印度发生接触的可能性是很大的。日本五轮塔与柏拉图《蒂迈欧篇》之间的相似性为研究者提出了挑战：历史上是否存在过一条“希腊—波斯—印度—中国—日本”的知识传播路线呢？这是世界范围文明交流史上一个饶有兴趣的问题。提出这一问题，获得更多有能力的学者的关注与指教，也是这篇“初窥”的目的之一。

附录

近代中国的石造五轮塔

尽管唐代密宗经卷中已有五轮塔的简单线图，近代以前中国汉地似乎没有出现过石造五轮塔和小型的五轮塔状器物[①]。大概唐代中国的佛教建筑与雕塑艺术都已比较成熟，佛塔、藏经塔、舍利塔、经幢等寺庙建筑各具特色，也不需要借助化身物来表现佛体。密宗在唐初至中期的昙花一现，更杜绝了国人后来将经卷中的五轮塔图像变成地面建筑的机会。

20 世纪初年，国内有些人赴日学习密宗佛法，某些地区出现了地面石造五轮塔。其中之一位于岳麓山半山腰，塔高约 11 米，自上而下刻有金字的梵文空风火水土。主持修造的人是当时湖南督军赵恒惕（1880—1971），时在 1924 年，目的是超度三年前“援鄂”战争中阵亡的湖南将士[②]。赵恒惕早年留学日本陆军士官学校，是佛教密宗信徒。可惜的是，该塔在“文化大革命”期间被毁。2002 年，香港一家公司捐资在原址修复，据称修复用的石料大多取自老塔，还在岳麓书院旁的池塘边上找回了原来遭毁的顶端石球。不过修复后的五轮塔（图 1）内是一个中空立柱，塔身洞口铁门紧锁，已不复原貌。

赵恒惕只是当时湖南地方的最高长官，实际主持修建此塔的人，是当时在湖南弘法的江苏淮安人顾畴（1889—1973）。他是清初大儒顾炎武的后人，在自己的著作《宝箧印经释》中，提到一份名为“五轮塔缘起”的材料。至于出资修造这座五轮塔的人，最主要的是湖南湘潭人梁焕奎（1868—1930）。他是实业家、教育家，曾担任湖南留日学生监督，又精研佛学，特别笃信密宗。梁焕奎去世后，与夫人合葬于故乡黄坡冲古竹塘山阳（今湘潭市雨湖区姜畲镇塔岭乡古新村黄坡冲麒麟山），其墓地的地上建筑大致呈五轮塔的形状，仔细辨认还能看出多面体

① “汉地”这个词可能不够准确，但笔者想不出更好的替代说法。藏传佛教流行的藏青蒙等地和其他少数民族地区是否有地面建筑五轮塔，笔者眼下还缺乏准确可靠的信息。

② 有关岳麓山五轮塔的说明文字，多称此塔为赵恒惕原来的下属、北伐第八军军长唐生智 1927 年所建，用来纪念北伐战争中在湖南牺牲的将士，其实这是一种出于“政治正确”的伪说。

表面刻写的梵文（图 2）。遗憾的是，该墓亦被多次盗毁，塔今已不存[①]。

图 1　重修后的长沙岳麓山五轮塔

图 2　梁焕奎夫妇墓

注：墓前站立者为他们的儿子梁培伟和女儿梁培怿（摄于 1930 年，梁建雄提供）

此外，北京雍和宫南门外牌楼院也曾有过一座石造五轮塔，是八国联军占领北京后，日本侵略军为悼念阵亡士兵于 1901 年修建的。五轮塔连同一个招魂亭被安置在一高达 3 米的石条砌基座上，地轮边长 1.6 米，塔高 4.6 米，水轮上可见梵文“水”字。此塔现已不存，大概被拆毁于 1945 年。图 3 是 1901 年上海公益洋行发行的明信片，图 4 是美国探险家华尔纳（Langdon Warner，1881—1955）1923 年拍摄的照片[②]。

图 3　明信片上北京雍和宫牌楼院内日本侵略军于 1901 年修造的五轮塔

资料来源：老北京网

图 4　华尔纳拍摄的北京雍和宫牌楼院内日本侵略军于 1901 年修造的五轮塔

资料来源：老北京网

① 参见梁建雄：《长沙岳麓山五轮塔修建年代考》，https://wenku.baidu.com/view/399431cc90c69ec3d5bb75f6.html，2015-12-31；梁建雄：《祖父梁焕奎的文字及影像史料辑要》，https://www.meipian.cn/6p95lc1，2016-09-30。

② 参见佚名：《雍和宫的五轮塔和招魂亭》，http://www.obj.cc/forum.php?mod=viewthread&tid=94505&page=1&authorid=7138，2014-01-06。

西安南郊终南山深处的净业寺内有一座类似五轮塔的建筑，位于五观堂前庭院内，年代似较早，但不会早过明代，如图 5[①]。净业寺始建于隋开皇元年（581 年），历经多次毁坏，现在的木石建筑多为明清两代重建，这座石塔究竟是何时修造的还需要进一步研究。不过它不是标准的五轮塔，代表水的类球形体被置于次高层，以下是代表风的半月形体和代表火的截头棱锥形体，而标准五轮塔中间三层的次序应为风、火、水，说明该石塔的建造者并不了解五轮塔的寓意。

图 5　西安净业寺五观堂前准五轮塔（若愚摄影）

此外，自称藏密传人的湖南攸县人陈健民（1904—1987），生前在台湾台北县金山乡（现改为新北市金山区）也修造了一座五轮塔，今日依存。

近年来，随着中国政府对文化和旅游事业投入的增加，许多地方新造了一些五轮塔，许多佛教寺庙的法物流通处也有各种材质的供奉五轮塔出售。此外，中国和日本以外的其他地方也有一些与五轮塔若相契合的多层建筑物，其中的立方、圆球、屋盖、葫芦顶等形状，不过是出于美观或其他目的配置，不具备佛教密宗五轮塔所代表的象征意义。这些都不在本附录讨论的范围之内。

（原载《中国科技史杂志》2020 年第 3 期；
刘钝：清华大学科学史系教授，中国科学院自然科学史研究所研究员。）

① 参见若愚：《西安净业寺》，http://blog.sina.com.cn/s/blog_51ec9abf0102wk17.html，2016-02-27。

民国初期的跨国科学竞争

——以法国古生物学调查团的缘起为中心

韩 琦 陈 蜜

摘 要：地质学是民国初期最早实现建制化的现代学科。在当时人类起源中亚假说的影响下，中国北方地区成为各国竞相寻找早期人类遗迹的竞技场，其中以瑞典、美国和法国最为活跃。本文围绕法国古生物学调查团的筹建和考察过程，展现复杂的跨国科学活动，以及随之产生的优先权之争；分析丁文江如何在科学竞争中争取主动权；并探讨法国地质学家如何在国际竞争的学术环境中利用教会网络，参与到中国地质学的早期发展中。

关键词：法国古生物学调查团；丁文江；桑志华；德日进；安特生；优先权

20 世纪初的中国地质学是一个十分开放、颇具研究潜力的广阔领域，各国地质学家或受聘，或随考察团纷纷来华。在人类起源于中亚假说的影响下①，中国北方地区更成为各国竞相寻找早期人类遗迹的竞技场。新成立的地质调查所在其创始人丁文江（1887—1936）的领导下，善用“客卿”②，形成了一个汇聚“头等人才”的跨国科学团体③，其中又以瑞典、美国和法国的地质学家最为活跃。1923 年组建的法国古生物学调查团（Mission paléontologique française）也因缘际会成为跨国科学团体中活跃的一部分，其成员虽只有法国耶稣会士德日进（Pierre Teilhard de Chardin，1881—1955）与其同侪桑志华（Emile Licent，1876—1952）两人④，但是他们的科学考察却取得了举世瞩目的成就：相继发现了宁夏的水洞沟和内蒙古的萨拉乌苏遗址，这是在中国境内首次发现的旧石器时代古人类遗址，引起了当时国内外科学界的极大关

① 1900 年，美国纽约自然史博物馆馆长奥斯朋（Henry Fairfield Osborn，1857—1935）在《科学》撰文，认为亚洲是北半球哺乳动物的发散中心，其目光瞄准了中亚，参见 Osborn H F, “The geological and faunal relations of Europe and America during the tertiary period and the theory of the successive invasions of an African fauna ”, *Science*, 1900, No. 276, pp. 561-574. 1915 年，他再次强调了此前的观点，将亚洲视为动物及人类进化的主要舞台，参见 Osborn H F, *Men of the Old Stone Age*, Charles Scribner’s Sons, 1915. 同年，纽约自然史博物馆古生物学家马修（William Diller Matthew，1871—1930）发表文章论证中亚高原是人类的摇篮，在古生物学界产生很大影响，参见 Matthew W D, “Climate and evolution”, *Annals of the New York Academy of Sciences*, 1915, No. 24, pp. 171-318.

② 章鸿钊曾将早期来华西方地质学家称作客卿。参见叶良辅，章鸿钊：《中国地质学史二种》，上海书店出版社 2011 年版，第 82 页。

③ 丁文江：《我国的科学研究事业》，《申报》，1935 年 12 月 6 日第 7 版。

④ 德日进是法国著名地质学家、古生物学家、思想家，曾长期（1923—1946 年，其间多次往返中法）在中国从事科学活动，除了参加法国古生物学调查团，还参与周口店北京人挖掘项目，并担任地质调查所新生代研究室名誉顾问，是中国古哺乳动物研究的奠基人，第四纪地质学尤其是大陆地质学研究的先驱，以及旧石器考古学的开拓者。德日进的哲学思想在西方产生了深远影响，20 世纪 60 年代法国知识界一度出现“德日进热”，1965 年联合国教科文组织召开大会，同时纪念爱因斯坦和德日进这两位为人类进步做出巨大贡献的科学家、思想家逝世 10 周年，1981 年联合国教科文组织曾召开纪念德日进诞辰 100 周年的国际研讨会。

注。[①]调查团的综合研究报告《中国的旧石器时代》1928年在巴黎出版，被视作中国旧石器考古学的开山之作。[②]

然而长期以来，无论在萨拉乌苏、水洞沟遗址研究史的文章里，还是在德日进、桑志华来华科学活动的相关论述中，法国古生物学调查团都只是作为背景信息被一笔带过，其在科学史上曾经起过的重要作用未得到充分的重视和研究。近年来，随着对德日进和桑志华研究的深入，逐渐有学者开始重新关注该调查团。[③]西方科学史家也从不同角度对调查团进行了研究，但他们对于当时中国地质学界的学术环境以及在华天主教网络的作用着墨不多。[④]

在前人研究的基础上，本文将利用新发现的档案文献[⑤]，分析在西方地质学家纷纷来华的背景下，丁文江如何在争取合作与坚持优先权之间努力寻求平衡，以及法国古生物学调查团成立的历史背景、关键转折、筹建和考察过程，着重探讨法国地质学家如何在国际竞争的学术环境中利用教会网络，参与到中国地质学的早期发展中，并将旧石器考古学引入中国学者的视野，从而重现地质学本土化过程中的重要一环。

一、中国：古生物与古人类研究的竞技场

（一）丁文江、安特生与中国、瑞典合作框架的建立

地质调查所正式成立于1916年，但在本土的古生物学家成长起来之前，聘请高水平专家和与国外学术机构合作是其最为有效的途径，打开局面的是地质调查所首任所长丁文江。1920年，他聘请原美国哥伦比亚大学地史古生物学教授葛利普（Amadeus William Grabau，1870—1946）来华，担任北京大学地质系教授和地质调查所古生物室主任，标志着中国古生物学研究

---

① 法国《人类学》期刊（参见Boule M, “Le Paléolitique en Chine”, *L’Anthropologie*, 1923, No. 33, pp. 630-632）、《巴黎回声报》（*Echo de Paris*, 1924-04-27）、《生活报》（*La Vie*, 1924-02-05），英国《曼彻斯特卫报》（*The Manchester Guardian*, 1924-01-01）、《自然》（*Nature,* 1924-02-09）、《中国地质学会志》（参见“Geological notes and news”, *Bulletin of the Geological Society of China*, 1923, Vol. 2, No. 3-4, p. 113.）等都报道过法国古生物学调查团的活动。

② Boule M, Breuil H, Licent E, et al., *Le Paléolithique de la Chine*, Archives de l’Institut de Paléontologie Humaine, mémoire 4, Masson et Cie, 1928. 中译本参见布勒、步日耶、桑志华、德日进：《中国的旧石器时代》，李英华、邢路达译，科学出版社2013年版。

③ 参见戴丽娟：《周口店发掘时代的一名法国顾问——以新近出版的德日进书信集为基础材料的研究》，《“中央研究院”历史语言研究所集刊》，2008年第79期，第95-161页；戴丽娟：《在“边缘”建立“中心”——法国耶稣会士桑志华与天津北疆博物院》，《辅仁历史学报》，2009年第24期，第231-256页；邱占祥：《德日进与桑志华及北疆博物院》，载天津自然博物馆：《天津自然博物馆论丛2015》，科学出版社2015年版，第3-17页。

④ 法国学者阿尔诺·于雷尔（Arnaud Hurel）从学术史的角度，梳理了西方学者对中国史前时代研究的视角，即如何从历史学的文献考据转向考古学的田野考察，并回顾了法国古生物学调查团的成立背景，主要侧重法国方面的情况，参见Hurel A, “La possibilité d’un Paléolithique chinois-La première ‘Mission paléontologique française en Chine’ (1923-1924)”, *Organon*, 2015, No. 47, pp. 111-135. 英国学者克里斯·马尼亚斯（Chris Manias）在20世纪初全球史和科学殖民扩张的框架下，分析了步勒与桑志华之间的互动、合作及关系破裂的过程，但文中存在一些史实错误，参见Manias C, “Jesuit scientists and Mongolian fossils: the French paleontological missions in China, 1923-1928”, *Isis*, 2017, Vol. 108, No. 2, pp. 307-332.

⑤ 这些信件包括丁文江与安特生、步勒等人的通信，桑志华与步勒、德日进、步日耶、田清波等人的通信，现藏于美国纽约自然史博物馆、法国耶稣会档案馆（Archives Jésuites de la Province de France）、巴黎人类古生物学研究所档案室（Archives de la Fondation Institut de Paléontologie Humaine）。

的起点。[①]在葛利普的影响下，古生物学不久便成为中国地质学领域发展迅速、成果突出的分支学科。[②]但他的专长是研究无脊椎动物化石，对古脊椎动物化石的研究仍需要另外的合作。为推动古脊椎动物化石的采集与合作研究，瑞典人安特生（Johan Gunnar Andersson，1874—1960）扮演了关键角色。安特生是著名地质学家，曾担任瑞典地质调查所所长，1914 年接受北洋政府邀请，担任农商部矿务顾问，帮助寻找煤矿和铁矿。1915 年春，他与结束云南考察的丁文江相识，二人从此成为十分亲密的合作伙伴。丁文江为安特生的化石采集提供大力协助，安特生则为化石的研究和出版出力甚多。

作为矿务顾问，安特生最初的职责是勘查矿产，但是其学术兴趣逐渐从矿物学转向古生物研究以及脊椎动物化石的采集。[③]1916 年 5 月，他结束在山西南部的铜矿勘查任务，回京途中经过山西、河南交界的垣曲，在黄河北岸的堆积中发现了大量淡水贝类化石，这些化石后经研究属于始新世地层。[④]这一发现引起他对中国新生代地质，尤其是黄土成因的强烈兴趣，由此开始在中国北方地区大规模采集古哺乳动物化石。[⑤]为了获得尽可能多的化石地点消息，除了到中药铺寻找“龙骨”线索，安特生还给在华的传教士和其他外国人寄发征集化石的英文小册子，并通过一些中间人散发中文的征集布告。[⑥]

为了更系统地开展黄土研究和化石采集，安特生向瑞典国内寻求资助，于 1918 年 8 月制定了“依托中国基金在华自然史采集总计划”。1919 年，瑞典人类学和地理学会会刊 *Ymer* 报道了安特生在中国的地质、古生物考察成果及其计划。[⑦]同年，瑞典国会批准拨款 9 万克朗，支持安特生在中国的自然史研究[⑧]，由拉格雷利乌斯（Axel Lagrelius，1863—1944）主持成立的“中国委员会”负责管理和募集资金。同年，随着在中国采集到的古哺乳动物化石数量日益增多，鉴于中国尚无该领域的专家，安特生便邀请瑞典乌普萨拉大学古生物学教授维曼（Carl Wiman，1867—1944）进行合作。安特生与丁文江签订协定，所有化石由乌普萨拉大学和地质调查所平分，所有研究成果都发表在《中国古生物志》上。[⑨]同样借助安特生的推介，丁文江同意将地质调查所采集的古植物化石交由瑞典自然史博物馆的古植物学家赫勒（Thore Gustaf Halle，1884—1964）研究。

由此可见，地质调查所草创之初，丁文江与安特生出于对学术的共同追求以及彼此的欣赏

---

① 丁文江在 1919 年访美期间，通过美国地质调查所大卫・怀特（David White）博士的居间协调，促成了葛利普的来华。参见韩琦：《科学、外交与欧美之旅——丁文江在 1919》，《文汇报》“文汇学人”，2019 年 12 月 27 日第 2-3 版。

② 孙承晟：《“他乡桃李发新枝”：葛利普与北京大学地质学系》，《自然科学史研究》，2016 年第 3 期，第 341-357 页。

③ 韩琦：《从矿务顾问、化石采集者到考古学家——安特生在中国的科学活动》，载《法国汉学》18，中华书局 2018 年版，第 29-52 页。

④ Andersson J G, “Essays on the cenozoic of northern China”,*Geological Memoirs*, 1923, p. 25.

⑤ Andersson J G, “Essays on the cenozoic of northern China”,*Geological Memoirs*, 1923, p. 1.

⑥ 安特生曾给桑志华寄去 200 多份《农商部地质调查所悬赏征集龙骨龙齿布告》，委托后者在考察旅途中散发布告，动员当地民众搜集化石、提供信息。参见“Lettre de Andersson à Licent”, In Licent E, *Archives Jésuites de la Province de France* (Paris), 1918-02-25, JLI-81-1.

⑦ Andersson J G, “Professor J G Anderssons forskningar i Kina”, *Ymer, Svenska sällskapet för antropologi och geografi*, 1919, No. 39, pp. 157-173.

⑧ “Scientific Notes and News”, *Science*, New series, 1919, Vol. 50, No. 1299, pp. 478-479.

⑨ Andersson J G, “Essays on the cenozoic of northern China”, *Geological Memoirs*, 1923, p. 2.

与信任，建立起了良好的合作模式：外国机构通过出资金和专家获得部分采集品，中国组织和协助挖掘，拥有研究结果的发表权。1920 年之后，安特生的学术兴趣又从古生物学逐渐转向考古，双方签订的协议仍然基本延续这一合作模式。①安特生的专业学识及其带来的学术资源和人际网络，大大推进了中国地质学、考古学的发展。丁文江接受双方平分化石、石器样品，是基于现实情况和互利原则做出的合理妥协，同时他始终坚持研究成果必须在中国学术期刊发表，反映出他对优先权的清晰认识和坚定维护的态度。②

通过引进外国专家和建立合作，中国古生物学在古植物、无脊椎动物和脊椎动物等分支学科逐渐打开了局面。然而，在古人类学领域，无论是早期人类化石还是旧石器，要取得新发现，难度则要大得多。正如安特生指出的那样："目前我们所能说的是，在中国北部，我们尚未发现任何无争议的旧石器时代或新石器早期的证据。"③针对旧石器时代的缺席，他甚至提出干旱草原气候延迟了古人类迁入中国北方地区的猜想，同时也表示希望出现"幸运的发现"来推翻这一猜想。

（二）新的竞争者：美国中亚考察团

来自新大陆的美国人也希望获得这份"幸运"。1921 年，为验证人类起源中亚假说，由安得思（Roy Chapman Andrews，1884—1960）带队的美国纽约自然史博物馆亚洲考察团来到中国，寻找哺乳动物和古人类起源地。④此次考察被誉为 20 世纪"最伟大的化石探寻之旅"。事实上，安得思此前已经两次来华，为考察团探路。1919 年 5 月，他第二次前往蒙古期间试用了汽车，由此确认这一先进交通工具能够克服戈壁沙漠的恶劣天气，大大提高了考察效率。11 月返回北京后，安得思就开始高调宣扬美国中亚考察团的第三次考察计划，声称将运用飞机，预算高达 50 万美元，有多名科学家参加等。⑤回到美国后，他又通过美国亚洲学会官方杂志《亚细亚》（*Asia*）继续为考察团造势，提出美国学者将在中国境内"广泛地"开展考察活动。经费充足、装备精良的美国考察团一旦来华，势必打破原来中国、瑞典双方合作的平衡局面。面对强大对手的竞争压力，安特生、丁文江"感到情况紧急"（feel alarm），迅速采取应对措施，即划分考察范围，以免重复竞争。安特生致信安得思，对其过度宣扬，给人造成"既成事实"（fait accompli）印象表示不满，希望美国人的考察区域不要和地质调查所的重叠。⑥安

---

① 关于地质调查所与中国委员会就新石器考古出土文物相关合作协议的往来信件，参见 Fiskesjö M, Chen X C, *China before China: Johan Gunnar Andersson, Ding Wenjiang, and the Discovery of China's Prehistory*, Museum of Far Eastern Antiquities, 2004.

② 1930 年 10 月，丁文江曾因瑞典方面将部分研究成果发表在瑞典的学术期刊上违反双反协议，直接给瑞典王太子写信表示不满，由此可见他在优先权问题上坚持原则的态度。参见 Fiskesjö M, Chen X C, *China before China: Johan Gunnar Andersson, Ding Wenjiang, and the Discovery of China's Prehistory*, Museum of Far Eastern Antiquities, 2004, p. 69.

③ Andersson J G, "Essays on the cenozoic of northern China", *Geological Memoirs*, 1923, p. 139.

④ 美国中亚考察团全体队员对戈壁地区的第一次考察时间是 1922 年 4—9 月。1921 年 4 月，考察团团长安得思先行来到北京。参见宋元明：《美国中亚考察团在华地质学、古生物学考察及其影响（1921—1925)》，《自然科学史研究》，2017 年第 1 期，第 60-75 页。

⑤ 《美博物家之探险计划》，《申报》，1919 年 11 月 30 日第 10 版。

⑥ Letter from Andersson to Andrews, *American Museum of Natural History* (New York), 1921-04-06.

得思一到北京，丁文江就与其会面，商谈合作计划和考察地点的划分，并在会面当天下午给他写信，列举地质调查所感兴趣的地区，希望美国纽约自然史博物馆的古生物学家谷兰阶（Walter W. Granger，1872—1941）不要到这些地区采集哺乳动物化石[①]，同时也表示愿意告知一些其他合适的挖掘地点，并提供已有的信息和材料。[②]

如果说丁文江与安得思的会面及通信从地理空间上给美国人划出了活动范围，那么安特生1922 年发表的综述性文章《中国目前的古生物学研究》则有意从更专业的学术角度划出研究范围，以便让美国人在古生物研究上不要重复地质调查所已经做过的工作。他特别指出："美国纽约自然史博物馆考察团在古生物研究方面的兴趣应该在中国地质调查所已经完成的研究之外进行扩展。"[③]出于此目的，他在综述中从无脊椎动物、古植物、脊椎动物和古人类四个方面全面梳理了截至 1922 年中国古生物学研究的情况，文章末尾还附有地层年代表，清晰展示了已经发现的化石地点、种类及年代信息。

中国至此渐次成为 20 世纪初西方学者和探险家的学术竞技场，其缘由在中国地质学会成立大会上的外国学者发言中可见一斑。[④]例如，谷兰阶指出，美国古生物学界对于通过白令海峡从亚洲迁徙到美洲的古生物怀有很大兴趣，他也同样支持人类起源亚洲假说，并认为很有可能在中国找到支持该假说的证据。安得思在讲话中强调了中国在科学考察方面具有巨大潜力，而且中国科学家近水楼台，有更大的机会取得新发现，而不需要像西方国家耗费巨资组织考察团万里迢迢而来。他还特别指出："地质学会的领导者采用了科学精神中的最佳形式——合作精神，我本人十分荣幸亲自领教到了这一点。"隐约透露出他对于不得不受制于地质调查所感到些许不平之意。

总体而言，对于其他国家科学团体来到中国开展研究，丁文江持欢迎态度，但同时更注意避免重复研究（avoid duplication of work），在他的信中能多次读到类似表述。他采取的交涉方式迅速、直接、清晰，且反复强调，态度明确而坚定，有理有节，表现出他作为领导者和外交家的风范。这样的立场对于处于起步阶段、各方面实力明显落后于西方国家的中国地质学来说无疑是非常有必要的，尤其对于古生物研究这样高度依赖材料的领域。只要守住了空间上的地盘，留住了关键的研究资料，也就为今后自身的独立研究保有开阔的前景。

（三）步勒对亚洲发现人类化石的期待

美国考察团来华的时候，法国的科学机构尚未派遣代表到中国，但法国学者对中国古生物

---

① 谷兰阶，美国中亚考察团首席古生物学家，与动物学家波普（Clifford H. Pope，1899—1974）于 1921 年 6 月底抵达北京。

② 丁文江列出的地区包括：直隶、山东、河南、山西、陕西、甘肃六省，四川的夔州和万县，以及热河附近的部分地区。不久，丁文江和安特生将万县盐井沟地点信息提供给美国人。8 月，谷兰阶前往盐井沟进行化石挖掘。参见 "Letter from V. K.Ting to Andrews", *American Museum of Natural History* (New York), 1921-4-18；韩琦：《美国所藏丁文江往来书信（1919—1934）》,《自然科学史研究》，2017 年第 1 期，第 112-134 页。

③ Andersson J G, "Current palaeontological research in China", *Bulletin of the American Museum of Natural History*, 1922, Vol. 46, No. 8, pp. 727-737.

④ "Proceedings of the First General Meeting", *Bulletin of the Geological Society of China*, 1922, Vol. 1, No. 1-4, pp. 4-11.

学、古人类学的发展一直密切关注，其中就有法国国家自然史博物馆古生物学教授步勒（Marcellin Boule，1861—1942）[①]。他与美国同行持相似观点，也认为“亚洲是人类的摇篮”[②]，并多次撰文报道中国境内的相关新发现，发表在由他主编的《人类学》杂志“科学动态”专栏。随着新发现的增加，他对于在中国找到旧石器时代遗址怀有越来越高的期待：1916 年，他曾评论鸟居龙藏（1870—1953）对东胡人的考证[③]；1917 年，他认为松本彦七郎描述的骶骨化石“证明了中国存在更新世人类化石”，“预示着美好的未来”[④]；1920 年，结合桑志华提供的信息和安特生在周口店的发现，他乐观地预言：“到了那一天，人们发现和这些已灭绝动物骨骼化石在一起的人类遗迹，古人类历史将增添全新且极其重要的一章。一切都让我们相信，这一希望是建立在坚实基础上的。”[⑤]1921 年，在其最有影响力的代表著作《化石人类》中，同样可以读到他对发现“亚洲古人类”充满信心。[⑥]

不难想见，若有机会研究亚洲古人类或同时代的哺乳动物化石，对步勒而言是很有吸引力的，但他既没有安特生作为北洋政府矿务顾问的实地便利，也不具备美国纽约自然史博物馆的雄厚资金，而且他同时担任法国国家自然史博物馆古生物学实验室主任以及 1910 年成立的人类古生物学研究所所长的职务，不可能亲自前往万里之外的中国。因此，他亟须寻找合适的代表，一位在华的联络人，为法国方面参与研究中国的古生物化石创造合适的条件和机会，而桑志华正好承担了这一重要任务。

（四）桑志华的华北考察与北疆博物院的建设

桑志华是法国耶稣会士、博物学家、昆虫学家。1876 年出生于北部省（Nord）的容比马尔希蓬镇（Rombies-et-Marchipont），1914 年来到中国，1938 年返回法国，是北疆博物院（今天津自然博物馆）的创建人。在华期间，他考察了中国北方大部分地区，行程 5 万公里，所著《黄河流域十年实地调查记（1914—1923）》和《黄河流域十一年实地调查记（1923—1933）》

---

① 步勒是 20 世纪上半叶欧洲最权威的古生物学家之一，因研究 la Chapelle-aux-Saints 地点 1908 年所发现的尼安德特人化石而闻名，被认为是古人类学领域的典范。他担任法国国家自然史博物馆古生物学教授 34 年（1902—1936 年），并担任法国人类古生物学研究所首任所长 32 年（1910—1942 年），同时长期主持《古生物学年鉴》（*Annales de Paléontologie*）、《人类古生物学研究所档案》（*Archives de l'Institut de Paléontologie Humaine*）、《人类学》（*L'Anthropologie*）等重要学术期刊。

② Boule M, Breuil H, Licent E, et al., *Le Paléolithique de la Chine*, Archives de l'Institut de Paléontologie Humaine, mémoire 4, Masson et Cie, 1928, p. i.

③ Boule M, “Mouvement scientifique”, *L'Anthropologie*, 1916, No. 27, pp. 154-157. 为考证东胡人的起源，鸟居龙藏夫妇于 20 世纪初对蒙古东部和东北地区进行了人类学、考古学考察，未发现任何曙石器或旧石器遗址，从而得出结论认为上述地区未曾经历旧石器时代，参见 RyuzoT, Kimiko T, Etudes archéologiques et ethnographiques, “Populations primitives de la Mongolie Orientale”, *Journal of the College of Science*, Tokyo Imperial University, 1914, Vol. 36, article 4, pp. 1-141.

④ Boule M, “Sur quelques mammifères fossiles de Honan”, *L'Anthropologie*, 1917, No. 28, p. 165. 日本学者松本彦七郎在一篇发表于 1915 年的文章中描述过来自河南的一块人类骶骨化石，步达生将其与辽宁沙锅屯遗址出土的人类化石对比后，认为其属于现代人，而不是松本推断的更新世古人类。参见 Hikoshichirô M, “On some fossil Mammals from Ho-nan, China”, *Science reports of the Tohoku Imperial University*, 2nd series, Geology, 1915, No. 1, pp. 29-38.

⑤ Boule M, “Découvertes paléontologiques en Chine”, *L'Anthropologie*, 1920, No. 30, pp. 619-620.

⑥ Boule M, *Les Hommes Fossiles, éléments de paléontologie humaine*, Masson et Cie, 1921, pp. 457-458.

详细记录了历次考察经过。[①]桑志华年轻时就立志继承17—18世纪来华耶稣会士的科学传统，通过科学事业“愈显主荣”。为此，他制定了明确的计划，内容包括考察地域（中国北方各省，即黄河、白河流域）、采集范围（地质学、动物学、植物学、经济学、人种学）、研究途径（建立完整标本系列、寄送给欧洲或本地专家进行鉴定、出版研究结果）。他最主要的目标是将北疆博物院建设成为一所常设学术机构，成为博物学的资料与信息交流中心，培养当地精英对于自然史的兴趣，并为在华西方人提供学术服务。[②]该计划得到了耶稣会总会长维恩兹（Franz Xavier Wernz，1842—1914）、香槟省会长普利耶（L. Poullier）和献县教区会长金道宣（Raphaël Gaudissart，1854—1938）的支持。1913年6月，桑志华在南锡（Nancy）大学取得动物学博士学位[③]，10月前往大英博物馆查阅了大量关于中国北方的文献资料，发现了一些先前研究尚未涉及的领域。1914年初，他到法国国家自然史博物馆查阅资料，结识了德日进，并由后者介绍给步勒。2月，他从法国出发，乘坐西伯利亚铁路火车来华，3月到达天津。

桑志华来华后，从1914年7月至1922年10月，共进行了13次考察，每次历时半个月至一年半不等，到达山西、直隶、河南、陕西、内蒙古、甘肃、青海、山东等北方大部分地区，行程3万公里。教会上级允许他不必承担主持弥撒、讲解教义等传教活动，充裕的时间是他能够顺利考察的必要条件，故而可以将所有精力用于实现科学事业的规划。资金方面，除了教会，他还得到来自法国使馆、中法实业银行（The Banque industrielle de Chine）等机构或长期或一次性的资助[④]。

华北各地的传教士为桑志华提供了很多化石地点信息。来华初期，他先是得到直隶东南代牧区三位神父的大力协助，后来正定府遣使会士也为他提供了大量植物标本的信息，而对其考察提供最大帮助的则是内蒙古、甘肃的圣母圣心会传教士，他最重要的古生物学发现都是在这些地区获得的。[⑤]1921年，桑志华广为印发《召告传教士以及有关采集与寄送自然史物件之说明》[⑥]，得到了传教士们的积极响应，如当时在泥河湾传教的樊尚（Ernest Vincent）神父就为

---

① 这两部调查记是桑志华根据考察日记整理出版的，尽管流水账的表述形式削弱了可读性，但其中的翔实记录和海量信息，对于研究20世纪初的自然史、传教史、相关地区人文地理，提供了十分难得的一手文献。参见 Licent E, *Dix années (1914-1923) dans le bassin du Fleuve Jaune et autres tributaires du golfe du Pei Tcheu Ly*, La Librairie Française, 1924；以及 Licent E, *Comptes-Rendus de onze années (1923-1933) de séjour et d'exploration dans le bassin du Fleuve Jaune, du Pai ho et des autres tributaires du Golfe du Pei Tcheu ly*, Mission de Sienhsien, 1935-1936.

② 参见 Licent E, *Douze années d'exploration dans le nord de la Chine en Mongolie et au Tibet (1914-1925)*, Musée Hoangho Paiho, 1926, pp. 3-4. 关于桑志华来华建立北疆博物院的相关研究，参见戴丽娟：《在“边缘”建立“中心”——法国耶稣会士桑志华与天津北疆博物院》，《辅仁历史学报》，2009年第24期，第231-256页。

③ Licent E, *Recherches d'anatomie et de physiologie comparées sur le tube digestif des homoptères supérieurs*, Université de Nancy, 1912.

④ 该银行为中法合资银行，1913年成立，1922年倒闭，1925年重组为中法工商银行（Banque franco-chinoise pour le Commerce et l'Industrie）。

⑤ 从1914年到1923年，即桑志华来华的前十年，为他提供自然史信息的传教士共计275位，其中人数最多的是圣母圣心会，达95人，圣方济各会47人，耶稣会39人，遣使会29人，还有12位中国神父。参见 Bernard H, “Une méthode d'exploration scientifique: Le Père Licent dans la Chine du Nord et la collaboration des missionnaires”, *Bulletin catholique de Pékin*, 1925, No, 12, pp. 443-454; 1926, No. 1, pp. 17-23.

⑥ 关于该说明的介绍参见戴丽娟：《在“边缘”建立“中心”——法国耶稣会士桑志华与天津北疆博物院》，《辅仁历史学报》，2009年第24期，第 231-256页。

他提供了化石消息[①]。

在教会以及传教士信息网络的支持下，桑志华凭借顽强的毅力和出色的组织能力，采集了数量惊人的标本，涉及地理、植物、动物、地质、矿物、人类学、古生物学诸领域，截至 1925 年，他“对整个华北、内蒙古以及青海地区的考察已经完成，这些地区的代表性标本系列基本上都建立起来”，而且还发现了有待考察的另外 50 多个地点。[②]桑志华采集的材料起初存放在天津耶稣会崇德堂，随着标本数量的迅速增加，越来越迫切地需要专门场所来存放。1920 年 12 月，献县耶稣会主教决定在天津创建工商大学，并同意在同一地址修建北疆博物院[③]；1922 年 4 月，博物院北楼动工，10 月份完工；1925 年西楼动工，1928 年 5 月正式对外开放；1929 年南楼动工，次年竣工，博物院至此全部建成。建设周期长主要原因是经费不足，桑志华在十年间竭尽所能，通过各种渠道筹集建设和维护经费。1922 年建成的北楼，为第二年组建的法国古生物学调查团提供了活动基地。

经过近十年的不懈努力，桑志华积累了丰富的实地经验，熟悉了华北的自然人文条件，掌握了大量的地点信息，并初步将北疆博物院打造成了京津地区颇具知名度的科学机构。但他主要依赖的仍然是教会的力量，而要实现将北疆博物院建设成为集采集、研究、出版和发行于一体的现代化学术中心，必须找到更专业的合作者，他首先想到的就是法国国家自然史博物馆。那么他与一直颇为关注中国的步勒是否能一拍即合，达成合作呢？

二、竞争促成的合作

（一）庆阳地点的发现

1916 年初，桑志华就从中国寄出第一封致步勒的信，请求后者提供资助。信中他先请步勒根据随信寄去的化石照片鉴定属种，接着提到眼下很有希望挖出整具化石骨架，但挖掘工程有难度，需要经费支持，并强调：“事情很紧急；（要知道）化石地点，如果有的话，是在一个有欧洲人往来通行的地区。作为法国人，很自然地，我首先想到和法国国家自然史博物馆，以及与您联系。”[④]步勒回信中将照片上的头骨鉴定为披毛犀，并要求桑志华寄来牙齿化石以便进一步确认。对于桑志华的资助申请，他很遗憾地表示，由于战争原因，博物馆的科研经费大幅削减，无法提供；如果桑志华继续寄送化石，博物馆可以承担相关费用。[⑤]根据桑志华随

① 陈蜜、韩琦：《泥河湾地质遗址的发现——以桑志华、巴尔博对泥河湾研究的优先权为中心》，《自然科学史研究》，2016 年第 3 期，第 320-340 页。

② 根据桑志华的记载，他的标本中包括 8000 件高等植物、350 种木材、大量低等植物 2500 件鸟类、300 件爬行动物、大批两栖动物、800 件鱼类、体积达 2 立方米的昆虫、2000 多件人类学物件、6000 件矿石、一批古生代和中生代化石、15—18 吨的第三和第四纪的化石，还有 3 万公里的行程路线图，沿途考察笔记，以及 7000—8000 张照片。参见 Licent E, *Douze années d'exploration dans le nord de la Chine en Mongolie et au Tibet* (*1914-1925*), Musée Hoangho Paiho, 1926, pp. 3-4.

③ Licent E, *Dix années* (*1914-1923*) *dans le bassin du Fleuve Jaune et autres tributaires du golfe du Pei Tcheu Ly*, La Librairie Française, 1924, p. 1358.

④ "Lettre de Licent à Boule", In Licent E, *Archives Jésuites de la Province de France* (*Paris*),1916-01-29: JLI-81-10.

⑤ " Lettre de Boule à Licent", In Licent E, *Archives Jésuites de la Province de France* (*Paris*) , 1916-02-25: JLI-81-10.

后寄去的牙齿化石，步勒确认了这确实是披毛犀化石，出土地层的年代为更新世，他还特别指出："要是能找到人工打制的燧石或其他石制品，将非常有价值。"①了解到自己的化石意味着可能发现古人类遗迹，桑志华再次向步勒表示希望获得资助，并表示很有可能取得重要发现，因为他已经在考察途中发现了"不少位于河边的洞穴，值得去挖掘"②。步勒没有回复这封信，可能是用沉默表示拒绝。

如果说战争期间步勒拒绝资助情有可原，那么战争结束后他对于与桑志华合作仍然显得不甚积极。从 1918 年 3 月到 1919 年 8 月，桑志华在青海、甘肃进行了长达 18 个月的考察。1919 年 6 月，他根据圣母圣心会神父费品璋（Emiel de Vleeschouwer，1888—1969）提供的线索③，来到甘肃庆阳的三十里铺，发现了多处化石地点。由于当地土质异常坚硬，且化石碎裂严重，桑志华的工具不适用，无法进行大规模挖掘。④考察接近尾声时，他写信告诉步勒新化石地点的发现以及第二年重返庆阳的计划，并希望步勒提供技术指导及两处欧洲考察地点的相关资料作为参考。⑤步勒在回信中详细回复了如何处理黄土地层中出土化石的技术细节，还指出桑志华提到的参考资料实际上和化石的挖掘和处理没有关系，似乎暗示其不够专业。⑥1920 年 8 月 10 日，按计划重返庆阳的桑志华在赵家岔的黄土底砾层找到 2 件石英石片、1 件下颌骨、多件鸵鸟蛋壳化石⑦，以及大量其他种类化石，当天他就给步勒写信汇报了这些发现，并首次提出"得派一位古生物学专家来研究这个国家和我找到的化石"⑧。步勒仍然没有回复这项提议。虽然他一直密切关注中国古生物学的进展，但出于种种原因，桑志华单方面提出的合作请求，还不足以让他决定调动有限的学术资源研究中国出土的化石，他态度的最终转变与中国地质学界当时的竞争环境，尤其是丁文江、安特生的介入有很大关系。

（二）丁文江、安特生的介入

桑志华迟迟未等到步勒关于派遣专家来华的回复意见，与此同时，他在庆阳的发现引起了地质调查所的高度关注。此前，桑志华野外考察的采集对象集中为现生动植物标本和民俗人类学物件，与地质调查所的古生物采集属不同领域。在安特生、丁文江看来，他与 19 世纪后半

---

① "Lettre de Boule à Licent", In Licent E, *Archives Jésuites de la Province de France* (*Paris*), 1916-05-15: JLI-81-10.

② "Lettre de Licent à Boule", In Licent E, *Archives de la Fondation Institut de Paléontologie Humaine* (*Paris*), 1916-08-11.

③ 费品璋神父 1912 年来华，1913—1921 年任三十里铺（副）本堂。参见古伟瀛、潘玉玲：《在华圣母圣心会士名录，1865—1955》，见证月刊杂志社（台北）2008 年版，第 140 页。

④ Licent E, *Dix années* (*1914-1923*) *dans le bassin du Fleuve Jaune et autres tributaires du golfe du Pei Tcheu Ly*, pp. 1108-1113.

⑤ " Lettre de Licent à Boule", In Licent E, *Archives de la Fondation Institut de Paléontologie Humaine* (*Paris*), 1919-08-25.

⑥ " Lettre de Boule à Licent", In Licent E, *Archives Jésuites de la Province de France* (*Paris*), 1919-10-20: JLI-81-10.

⑦ Licent E, *Dix années* (*1914-1923*) *dans le bassin du Fleuve Jaune et autres tributaires du golfe du Pei Tcheu Ly*, La Librairie Française, 1924, p. 1310. 桑志华当时并没有辨认出是鸵鸟化石，以为是某种"类陶片"（pseudo-poterie），后来他修正了这一看法。

⑧ "Lettre de Licent à Boule", In Licent E, *Archives de la Fondation Institut de Paléontologie Humaine* (*Paris*), 1920-08-10.

叶来华的耶稣会士博物学家并没有本质不同。①

事实上，桑志华来华之前就对古生物化石产生兴趣，来华后一直密切关注相关进展，等待机会将北疆博物院研究领域扩展到古生物学。庆阳化石的发现就是他实现“专门化”的转折点。②为了争夺优先权，他在挖掘期间就抓紧完成了两篇报告（1920 年 7 月 17 日写于辛家沟，1920 年 8 月 20 日写于赵家岔），第一篇发表在法文报纸《北京政闻周报》（*La Politique de Pékin*），第二篇单独印成小册子③，并给安特生寄去一份④。安特生在回信中对桑志华的发现表示祝贺，并强调“我们也从不同省份采集到了大量的哺乳动物化石，目前正由乌普萨拉大学的维曼教授进行研究，撰写专著”，还代表丁文江转达地质调查所愿意提供化石鉴定。此外，当时安特生正在撰写关于鸵鸟蛋化石的论文，对桑志华报告中的相关内容格外关切，“我认为您最初猜测的陶片很可能是鸵鸟蛋壳碎片”，并提出想到天津亲眼看一下化石。⑤安特生如此关注这批庆阳化石，是因为它们与他稍早前在河南、山西发现的化石都是以第三纪三趾马动物群为主⑥，他和丁文江希望通过合作，避免与桑志华出现竞争。由于当时桑志华仍在返程途中，未能及时回信，安特生担心信件寄丢，还专门给法国天津领事馆写信确认桑志华的地址，急切心情可见一斑。桑志华返回天津后回信说化石太多，仍需要一段时间整理，一旦准备好就会写信通知。⑦

1921 年元旦，安特生再次提出希望和丁文江一起前往北疆博物院⑧，桑志华回复说由于展柜未制作好，化石还在箱子里，暂时仍然无法接待。⑨2 月初，安特生第三次向桑志华提出希望前往北疆博物院，丁文江、翁文灏也将同行，并直接提出了担心出现竞争的顾虑，“丁、翁二位先生非常希望能在翁先生动身前尽可能地了解您所完成工作的范围和性质，以免出现重复性研究”⑩。不久，安特生与丁文江先后于 2 月 8 日、9 日到访北疆博物院，翁文灏因故未前

---

① 这些传教士中为中国人所熟知的有：上海徐家汇博物院创始人、耶稣会士韩伯禄（Pierre Marie Heude, 1836—1902）；在贵州采集大量植物标本，并向法国引入桑蚕的巴黎外方传教会神父 Abbé Perny；同为外方传教会、以极大热忱在云南地区进行植物考察的 Pierre Jean Marie Delavay（1834—1895）；遣使会则有 1844—1846 年到蒙古、西藏进行长途考察的古伯察（Evariste Régis Huc，1813—1860）和秦噶哔（Josephe Gabet，1808—1853），以及因发现麋鹿和大熊猫而为人所熟知的谭卫道（Armand David, 1826—1900）。

② Licent E, *Douze années d'exploration dans le nord de la Chine en Mongolie et au Tibet* (*1914-1925*), Musée Hoangho Paiho, 1926, p. 7.

③ 这两篇报告标题分别为“辛家沟古生物学和古人类学挖掘”（Fouilles paléontologiques et paléoanthropologiques au Sinn Kia Keou）、“辛家沟及周边地区（甘肃东北）古生物挖掘”(Les Fouilles paléontologiques du Sinn Kia keou et environs (Kansou N.E.)，参见 Emile L, *Archives de la Fondation Institut de Paléontologie Humaine* (*Paris*). 桑志华也将这两篇报告寄给了步日耶和步勒，希望在法国发表。

④ Andersson J G, “Essays on the cenozoic of northern China”, *Geological Memoirs*, 1923, p. 72.

⑤ “Lettre de Andersson à Licent”, In Licent E, *Archives Jésuites de la Province de France* (*Paris*), 1920-10-18: JLI-81-1.

⑥ Andersson J G, *Children of the Yellow Earth*, Kegan Paul, Trench, Trubner & Co., Ltd., 1934, pp. 77-82.

⑦ “Lettre de Licent à Andersson”, In Licent E, *Archives Jésuites de la Province de France* (*Paris*), 1920-12-14: JLI-81-1.

⑧ “Lettre de Andersson à Licent”, In Licent E, *Archives Jésuites de la Province de France* (*Paris*), 1921-01-01: JLI-81-1.

⑨ “Lettre de Licent à Andersson”, In Licent E, *Archives Jésuites de la Province de France* (*Paris*), 1921-01-27: JLI-81-1.

⑩ “Lettre de Andersson à Licent”, In Licent E, *Archives Jésuites de la Province de France* (*Paris*), 1921-02-03: JLI-81-1.

往。安特生建议桑志华与乌普萨拉大学合作研究三趾马化石，丁文江希望桑志华将所发现化石的研究发表在《中国古生物志》上[①]，桑志华对安、丁的答复是他已决定将化石交给步勒研究，但化石都会留在中国[②]，至于研究结果在何处发表，则要“给步勒写信商议”。

丁文江拜访的第二天，桑志华就致信步勒，正式提出合作请求，他在信中不仅汇报了地质调查所对庆阳化石颇感兴趣，也提到瑞典、美国科学家在中国的情况，同时表明自己坚定的法国优先立场，直接将学术研究与国家利益联系在一起：

> 丁先生来拜访我，想知道我打算将采集到的化石让谁来研究。安特生先生也来了。他们采集的材料都在乌普萨拉的维曼先生手里。随着美国考察团的到来，他们也计划和奥斯朋建立联系。交谈中，我表示：作为法国人，从个人角度，我坚持我的化石要在法国进行研究。于是丁先生问我研究结果是否可以发表在他正在筹备的名为《中国古生物志》的专刊上，他告诉我头两期很快就会出版。我回答说既然我的化石将由您来研究，我不能做任何决定，也不能在和您商议之前给出任何承诺。[③]

为了进一步向步勒表明自己在中国已经打下的基础，他还随信寄去了一份筹建中的北疆博物院的小册子。[④]他同时还致信法国旧石器考古学家步日耶（Henri Breuil，1877—1961）[⑤]，希望后者帮助说服步勒，促成合作。桑志华告诉步日耶：“这些北京的先生们对这项合作表现得颇为急切，因为我带回来的材料在他们看来相当重要。”他还强调北疆博物院“将成为一所法国的机构，这会让步勒感兴趣并参与合作的”[⑥]。

在与桑志华会面后不久，丁文江也按照他之前与美国人交涉的惯例直接给步勒写信，提出希望将庆阳化石研究报告发表在《中国古生物志》，并表示如果步勒更愿意在巴黎印刷图版，地质调查所将承担相关费用。丁文江还特别强调桑志华的化石与维曼正在研究的化石为同一时期的动物群，为了避免无用的重复研究，他建议步勒与维曼联系商讨合作研究事宜。[⑦]

---

① Licent E, *Dix années (1914—1923) dans le bassin du Fleuve Jaune et autres tributaires du golfe du Pei Tcheu Ly*, p. 1373.

② “他们对于化石都会留在中国还是感到很满意的。”参见 “Lettre de Licent à Breuil”, In Licent E, *Archives de la Fondation Institut de Paléontologie Humaine* (*Paris*), 1916—1930, 1921-02-10.

③ “Lettre de Licent à Boule”, In Licent E, *Archives de la Fondation Institut de Paléontologie Humaine* (*Paris*), 1916—1930, 1921-02-10.

④ “Le Musée-Laboratoire d’Histoire naturelle Hoang ho Pai ho”, In Licent E, *Archives de la Fondation Institut de Paléontologie Humaine* (*Paris*), 1916—1930, 1920-12-08.

⑤ 步日耶是法国著名史前考古学家，天主教神父，被誉为“史前学教皇”（pape de la Préhistoire），石器工业年代划分和史前洞穴壁画研究是其代表性学术成就。1910 年人类古生物学研究所成立，步日耶与步勒一起作为核心学术领导者加入该研究所。1929—1947 年他担任法兰西学院教授，1938 年入选碑铭与美文学院院士。步日耶不仅研究了法国古生物学调查团发现的石器，而且曾先后两次（1931 年和 1935 年）来华，实地考察周口店遗址，确认了周口店的用火遗迹和石器的人工属性。

⑥ “Lettre de Licent à Breuil”, In Licent E, *Archives de la Fondation Institut de Paléontologie Humaine* (*Paris*), 1916—1930, 1921-02-10. 桑志华的信寄到法国的时候，正值复活节假期，步勒在摩纳哥休假，步日耶将他收到的这封信交给德日进，后者寄给了步勒。也就是说，步勒先读到桑志华寄给步日耶的信，回到法国后才读到寄给他本人的信。

⑦ “ Lettre de V. K. Ting à Boule”, In Licent E, *Archives de la Fondation Institut de Paléontologie Humaine* (*Paris*), 1916—1930, 1921-02-15.

（三）步勒态度的转变

地质调查所的介入，促使步勒改变了之前的保留态度，“十分乐意地”接受与“亲爱的同胞”进行合作，并表示将由其本人或者他“最杰出的合作者之一”德日进负责化石的研究。他认为丁文江让他和维曼合作的建议“完全不可行”，强调庆阳化石应该“完整地”交给他研究才能得出科学的结论，并交代桑志华在寄来化石的同时，务必提供详尽的地点和地层信息。鉴于桑志华坚持化石都要留在中国，步勒提出法国国家自然史博物馆“将不承担化石往返寄送的费用”，而且考虑到化石处理的费用支出，应该留下几件重复的样本作为“报酬”才合理。[①]在同一天给丁文江的回信中，步勒同意将研究报告发表在《中国古生物志》上，但对于丁文江的合作提议，他认为“没有必要对桑志华神父的化石进行挑选。如果我们想得出全部有价值的结论，所有的化石都必须经过我们的手”。至于丁文江最关切的重复研究问题，他则轻描淡写地表示，如果研究结论与维曼的出现任何相同或差异，“我们能做的就是把它们考虑进来”[②]。丁文江很快回信强调地质调查所比桑志华更早开始采集化石[③]，并再次表达对可能出现重复研究的担心：“这批材料与桑志华神父的化石很相似，这会带来很大的问题。”他仍然不放弃说服步勒与瑞典合作，提出了更具体的根据动物类别进行研究的建议：

> 不过我认为我们可以很容易找到一个对双方都有利的安排。我们可以将材料按照动物学分类进行分组。例如，桑志华神父告诉我他的材料中有很多爬行类，而我们的材料里则没有。维曼先生可以将他手头所有的爬行类寄给您，用来交换他手中主要类别的化石。[④]

丁文江还提议步勒与维曼最好能互相访问对方的博物馆，亲自看一下各自手中的化石。但步勒并未采纳这些建议，而且当维曼主动和他联系询问如何分工的时候[⑤]，他只是“原则上”认可合作对双方都有利，但“从实际操作上”仍然坚持双方各自研究、互相告知研究结果才是唯一可行的做法。他告诉维曼只要读了他即将发表的庆阳化石初步研究报告，“很容易”就可以知道双方的材料有哪些重复的地方。[⑥]在之后致丁文江的信中，他也明确拒绝了与瑞典交换化石的方案，表示“我们只要研究桑志华神父采集的化石就够了”[⑦]。就这样，代表法国国家

---

① “Lettre de Licent à Andersson”, In Licent E, *Archives Jésuites de la Province de France* (*Paris*), 1921-04-14: JLI-81-10. 共和派的步勒对桑志华的法国优先的爱国立场深感共鸣，他在这封回信中，也是唯一一次，称桑志华为“亲爱的同胞”（Cher Compatriote）。

② “Lettre de Boule à V. K. Ting”, In Licent E, *Archives de la Fondation Institut de Paléontologie Humaine* (*Paris*), 1916—1930, 1921-04-14.

③ 桑志华则认为自己比地质调查所更早开始关注古生物化石：“您已经知道，丁先生——您大约一年前在巴黎见过他——领导的北京地质调查所，进行古生物研究大概有 4 年了，范围遍及中国各地。这方面我比他们想得更早，而且更早在甘肃省开始化石采集。”参见 “Lettre de Licent à Boule”, In Licent E, *Archives de la Fondation Institut de Paléontologie Humaine* (*Paris*), 1916—1930, 1921-02-10.

④ “Lettre de V. K. Ting à Boule”, In Licent E, *Archives de la Fondation Institut de Paléontologie Humaine* (*Paris*), 1916—1930, 1921-05-27.

⑤ “Lettre de Wiman à Boule”, In Licent E, *Archives de la Fondation Institut de Paléontologie Humaine* (*Paris*), 1916—1930, 1922-09-13.

⑥ “Lettre de Wiman à Boule”, In Licent E, *Archives de la Fondation Institut de Paléontologie Humaine* (*Paris*), 1916—1930, 1922-09-20.

⑦ “Lettre de Boule à V. K. Ting”, In Licent E, *Archives de la Fondation Institut de Paléontologie Humaine* (*Paris*), 1916—1930, 1922-12-18.

自然史博物馆的步勒，尽管已经意识到“必然会出现难以避免的重复研究”①，仍然没有选择与中国地质调查所以及瑞典的三方合作，而是决定与本国在华耶稣会士桑志华合作，由此介入了中国地质学界，尤其是古生物学的研究中。

步勒对研究中国化石的态度从消极到积极的转变，有以下几方面的因素。首先，对于第一次世界大战（简称一战）以来经费紧张的法国国家自然史博物馆来说，对海外化石的研究不得不慎重选择，桑志华 1916 年提供的只是化石地点信息，尚未获得特别有价值的发现，步勒自然兴趣不大；而 1920 年找到的庆阳化石不仅数量多，保存较好，而且同时找到了石器，意味着离发现人类遗迹又近了一步，研究价值已不可同日而语；加之根据他给桑志华提出的条件，巴黎方面几乎不需要承担什么费用，还能得到重复的化石标本，显然非常有吸引力。其次，中国地质调查所和瑞典方面将其视作竞争对手反而在一定程度上激起了步勒的好胜心；在他看来，与桑志华合作，他能掌握主导权，有可能独立获得重要研究成果，倘若与起步更早、化石数量更多的维曼合作②，则很可能处于从属和次要的地位，这对于享誉欧洲、心高气傲的步勒来说不太容易接受。最后一个十分关键的因素是人：一战结束后德日进回到步勒的古生物学实验室继续博士学业，有了这位他最欣赏的学生提供协助，步勒也就有信心与瑞典人一争高下，况且德日进本人对于研究中国化石态度亦十分积极，一再鼓励桑志华将化石寄到巴黎③，对庆阳化石的初步研究实际上也是他完成的。

（四）德日进的加入

步勒的肯定回复促成了桑志华的积极回应。桑志华也很清楚庆阳化石的价值，希望尽快看到研究结果，便很快挑选出代表性样品，并对每件化石进行双重编号，分别对应分类顺序和出土地点，然后经过清理和复原，固定在木板上，一共装满 32 箱寄往法国。④1922 年 3 月，这批化石几经波折到达巴黎。由于桑志华使用胶水不当，德日进不得不重新清洗和加固化石，耗费了不少时间。⑤好在他刚刚通过博士学位论文答辩⑥，可以集中精力研究这批“看起来非常有意思”的化石。11 月 20 日，德日进在法国科学院的会议上宣读了初步研究报告，描述了三

① “Lettre de Boule à Licent” , In Licent E, *Archives Jésuites de la Province de France* (*Paris*), 1921-04-14: JLI-81-10.

② 乌普萨拉大学收到了 400 箱化石，研究已接近尾声，参见 In Licent E, *Archives de la Fondation Institut de Paléontologie Humaine* (*Paris*), 1916—1930, 1922-09-13.

③ 参见 “Lettre de Teilhard de Chardin à Licent”, In Licent E, *Archives Jésuites de la Province de France* (*Paris*), 1921-01-20: JLI-84-20; “Lettre de Teilhard de Chardin à Licent”, In Licent E, *Archives Jésuites de la Province de France* (*Paris*), 1921-03-27: JLI-84-20。此外，德日进主动将步日耶收到的桑志华来信转寄给正在度假的步勒，并在信中提醒事情很“紧急”，也反映出他的这一积极态度，参见 “Lettre de Teilhard de Chardin à Boule”, In Licent E, *Archives de la Fondation Institut de Paléontologie Humaine* (*Paris*), 1916—1930, 1921-03-27.

④ “Lettre de Licent à Teilhard de Chardin”, In Licent E, *Archives Jésuites de la Province de France* (*Paris*), 1921-07-04: JLI-84-20.

⑤ 桑志华 1921 年 7 月就已将化石寄出，但由于在马赛海关耽误了一段时间，迟至第二年 3 月才寄到巴黎，参见 “Lettre de Teilhard de Chardin à Licent”, In Licent E, *Archives Jésuites de la Province de France* (*Paris*), 1922-03-23: JLI-84-20.

⑥ 1922 年 3 月 22 日德日进通过博士学位论文答辩，其论文发表在《古生物学年鉴》，参见 de Chardin P T, “Les Mammifères de l’éocène inférieur français et leurs gisements”, *Annales de Paléontologie*, 1916—1921, No. 10, pp. 169-176; 1922, No. 11, pp. 1-108.

趾马、长颈鹿、鼬鬣狗、鼬科等哺乳动物化石，年代属于第三纪晚期的蓬蒂期，这是德日进关于中国北方地区化石的首个研究成果。①

1921 年赞比亚卡布韦发现的罗德西亚人（*Homo rhodesiensis*）头盖骨化石引起轰动②，进一步加快了科学界寻找人类起源地的步伐。德日进意识到“关于史前人类，或者说古人类方面，‘证据’的数量增长得很快”，他也渴望找到相关新材料，因此对于没能在寄来的庆阳化石中发现灵长类颇感遗憾，建议桑志华再仔细辨认是否有类似猴子牙齿的化石，倘若找到立即邮寄给他，并提示在今后的挖掘中多关注“三趾马以上的地层”，“可能在其中找到人类遗迹！”③

如何在竞争中抢得优先权同样是桑志华最关切的话题，他多次催促德日进抓紧撰写报告，认为当务之急是赶在维曼之前发表，以“占住位置”。④报告一旦发表，不要等单行本，直接寄一份副本给他，他准备等考察回来就到法国公使馆做一场报告，届时奥斯朋将来华并在受邀之列，他还特别强调“这件事非常重要”。⑤

除了与化石相关的技术细节和研究进度之外，桑志华还在通信中频繁讨论德日进的来华事宜。⑥步勒接受研究庆阳化石让桑志华备受鼓舞，而德日进本人对新材料和新地域的向往更让他看到这位理想合作者来华的希望⑦，桑志华便不失时机地发出热切邀请：

> 如果您能来这里多好啊！您会有充分的材料完成一项杰出的工作！您将在我写给步勒先生的信中看到，我要重返赵家岔进行挖掘。不过我们还能在其他地点开展工作，而且有希望获得中国政府的帮助，至少得到支持，以胜过美国人。也有必要在传教士中发出更有力的号召，让他们提供化石地点信息。这样，我们总有一天能找到古人类。
>
> 您对此怎么看呢？先听听会长们怎么说吧。要知道这是在中国，从我们所关切的特殊角度，尤其从许多方面来看，这都是一个全新的国度。北疆博物院已经开始建设了，您来

---

① 德日进的这篇初步报告就是步勒在写给维曼回信中提到“即将发表”的那篇，报告篇幅较短，仅 3 页，带有抢在瑞典人之前宣布优先权的意味。参见 de Chardin P T, “Sur une faune de Mammifères pontiens provenant de la Chine septentrionale”, *Compte-Rendu de l’Académie des Sciences*, séance du 20 novembre, 1922, No. 175, pp. 979-981.

② Woodward A S, “A new cave man from Rhodesia, South Africa”, *Nature*, 1921, No. 108, pp. 371-372.

③ “Lettre de Teilhard de Chardin à Licent”, In Licent E, *Archives Jésuites de la Province de France* (*Paris*), 1922-05-25: JLI-84-20.

④ “Lettre de Licent à Teilhard de Chardin”, In Licent E, *Archives Jésuites de la Province de France* (*Paris*), 1921-07-04: JLI-84-20.

⑤ “Lettre de Licent à Teilhard de Chardin”, In Licent E, *Archives Jésuites de la Province de France* (*Paris*), 1922-06-13: JLI-84-20. 桑志华 1922 年 10 月结束萨拉乌苏考察返回天津。奥斯朋实际来华时间是 1923 年 9 月，关于其来华的具体活动，参见 Hsiao-pei Y, *Constructing the Chinese: Paleoanthropology and Anthropology in the Chinese Frontier, 1920-1950*. Diss. Harvard University, 2012.

⑥ 从 1921 年 1 月 20 日两人恢复通信，到 1923 年 4 月 7 日德日进乘船出发来中国，保留下来的信件共计 22 封，当时中法单程邮路大约需要 1 个月，可见两人通信之频繁。

⑦ 德日进在信中多次表示了对前往新地域进行田野考察的向往之情：“法国第四纪地层出土的化石主要都是‘本地的’，几乎只限于犀牛、驯鹿、马、鹿以及其他相似的种类。……现在要找的是人类遗迹！……您进行的是真正的工作。在古生物学和地质学领域，终归只有现场调查是作数的。我已经厌倦了没完没了地处理同样的化石。我们需要新的材料。比起在巴黎，我更希望和您一起工作。”参见 “Lettre de Teilhard de Chardin à Licent”, In Licent E, *Archives Jésuites de la Province de France* (*Paris*), 1921-01-20: JLI-84-20. “在古生物学方面，我们比其他任何科学领域都缺少材料。”“就个人而言，如果某种合适的时机促使我去和您一起工作，我会非常高兴的。”参见 “Lettre de Teilhard de Chardin à Licent”, In Licent E, *Archives Jésuites de la Province de France* (*Paris*), 1921-03-27: JLI-84-20.

的话不会面对一片荒野。此外，当您完成论文后，很可能在北京深受欢迎。要知道维曼把委托给他的化石研究完之后，只寄回其中一小部分，这自然让北京方面颇感不悦。而您将到这里实地开展工作，不仅可以研究北疆博物院的，而且也能研究北京的博物馆的馆藏。

两三年内，在步勒先生和法国国家自然史博物馆的支持下，您将可能取得享誉学界的、属于中法双方、属于科学界与教会的成果。①

桑志华此信想用科学发现的远景和恭维的话语来"诱惑"德日进，不过德日进并没有马上应允。面对诸多顾虑——天主教大学的教学任务、只有巴黎才能提供的研究条件，尤其是经费的短缺，德日进还是认为尚不具备成行的条件②，甚至曾建议桑志华从已经在天津、来自同教省的神父中物色"一位年轻的地质学家"进行合作③。1922 年 8 月，在布鲁塞尔召开的国际地质学大会上，德日进与翁文灏相识，后者给他看了维曼研究安特生所发现化石的报告，其中涉及单角长颈鹿、犀牛、猫科动物等，与桑志华发现的化石相似。通过和翁文灏的交流，德日进了解到瑞典、美国学者关于中国地质学研究的最新情况，更加向往到中国进行实地考察。④

对德日进来说，前往中国最大的障碍是经费问题，要解决这个困难必须得到步勒的支持，而说服后者需要新的契机，即出现一个更有希望发现"缺环"（missing link）的地点。就在他期待出现"幸运的必要条件"的时候⑤，1922 年 8 月，从内蒙古萨拉乌苏河畔（今内蒙古自治区鄂尔多斯市乌审旗境内）传来发现化石的消息，最终促成了德日进的来华和法国古生物学调查团的成立。

三、新发现促成调查团成立

（一）传教士网络与萨拉乌苏地点的发现

萨拉乌苏化石地点的发现很大程度得益于在华的传教士网络。为桑志华提供化石地点消息的是两位比利时圣母圣心会神父狄文治（Léon de Wilde，1879—1976）和田清波（Antoine Mostaert，1881—1971）。⑥狄文治 1904 年来华，1914—1922 年担任小桥畔本堂神父。田清波

① "Lettre de Licent à Teilhard de Chardin", In Licent E, *Archives Jésuites de la Province de France* (*Paris*), 1921-07-04: JLI-84-20.

② "Lettre de Teilhard de Chardin à Licent", In Licent E, *Archives Jésuites de la Province de France* (*Paris*), 1921-10-12: JLI-84-20.

③ "Lettre de Teilhard de Chardin à Licent", In Licent E, *Archives Jésuites de la Province de France* (*Paris*), 1922-07-31: JLI-84-20.

④ " Lettre de Teilhard de Chardin à Licent", In Licent E, *Archives Jésuites de la Province de France* (*Paris*), 1922-10-06: JLI-84-20.

⑤ "Lettre de Teilhard de Chardin à Licent", In Licent E, *Archives Jésuites de la Province de France* (*Paris*), 1922-05-25: JLI-84-20.

⑥ 圣母圣心会由比利时神父南怀义（Theophiel Verbist，1823—1868）创建于 1862 年，1864 年从遣使会手中接管蒙古代牧区。1883 年，蒙古代牧区划分为三个传教区，即东边赤峰、热河一带的东蒙古代牧区，中间西湾子、集宁一带的中蒙古代牧区，西边绥远、陕北及宁夏一带的西南蒙古代牧区。1922 年，也就是桑志华第一次到萨拉乌苏地点进行挖掘的那一年，西南蒙古代牧区又分为绥远代牧区和宁夏代牧区。宁夏代牧区管辖范围包括内蒙古河套地区、陕北三边和宁夏地区（不含今固原地区）。田清波主持的城川教堂和狄文治主持的小桥畔教堂，1922 年以前属于西南蒙古代牧区，之后属于宁夏代牧区。1914 年 7 月，桑志华到山西北部进行第一次考察，在大同与圣母圣心会建立联系，他的大部分考察地点位于该会的传教地区，得到该会诸多神父的热情接待，以及他们提供的化石地点消息或寄送的标本。

1905年来华，1912—1925年任城川本堂神父，1925—1948年任教于辅仁大学，在北京、天津从事蒙古语言、历史、文化研究，出版了《鄂尔多斯志》[①]、《鄂尔多斯蒙古语词典》等多部专著[②]，是享誉国际的蒙古学家。

然而很少有人知道，田清波在萨拉乌苏古生物遗址的发现过程中也曾起过关键作用。1918年5月，桑志华第一次到访小桥畔及周边教区，结识田清波、狄文治等神父[③]。1920年，他重返庆阳考察，往返途中均取道小桥畔，拜访神父们，“就像回家一样”[④]。1921年，田清波也收到了桑志华寄发的《召告传教士以及有关采集与寄送自然史物件之说明》，并从教徒处获悉，在一位叫旺楚克（Wansjok）的蒙古人农场里，发现了大量已灭绝动物的化石，便与狄文治神父一起上门了解情况。经过几番交往，旺楚克及其全家都皈依了天主教，并主动配合将挖掘出的化石运送到城川教堂保管[⑤]。7月，田清波到天津处理教务，本打算当面告诉桑志华发现化石的消息，不巧桑志华已动身去山东考察，二人没能碰上面。回城川后他便给桑志华写信，详细描述了到旺楚克家农场实地考察的情况，随信寄去两张化石照片，建议尽快来挖掘，因为一方面已经有龙骨商贩得到消息，挖走了一些化石，另一方面旺楚克一家已定居城川，考虑将农场卖掉；如果桑志华确定来挖掘，他将劝旺楚克暂时不要卖掉农场。[⑥]不久，旺楚克又挖出一具完整骨架，发现地点距离之前发现化石的两个地点仅几百米，可见农场中有多个化石地点。田清波当天就赶到现场查看，此前他也关注过庆阳的化石报告，所以在给桑志华的信中特别强调这里的地层情况与庆阳的不同，庆阳化石是被水流带来后沉积形成的，在同一地点会找到多种不同的动物化石，而萨拉乌苏的动物则是死亡后就地被埋藏后形成化石，因河岸陡坡坍塌露出地面而被发现，从已出土的化石来看，农场中的埋藏量相当丰富。他还描述了几处化石地点的地层剖面情况，并和小桥畔萨拉乌苏河段的黄土进行对比，表现出相当水准的博物学素养。[⑦]

（二）来自萨拉乌苏河畔的邀请

圣母圣心会神父的消息让桑志华备受鼓舞，因为此前德日进、步日耶都曾建议他关注第四纪黄土层的化石，其中有更大机会发现古人类遗迹，萨拉乌苏显然正符合这一期待。1922年夏，他第四次来到鄂尔多斯，田清波、狄文治两位神父向他展示了收集到的化石，包括两具几乎完整的披毛犀骨架[⑧]，以及其他多件保存良好的大型动物化石，如鹿角、犀牛下颌骨、大象

---

① Mostaert A, “Ordosica”, *Bulletin of the Catholic University of Peking*, 1934, No. 9, pp. 1-98.

② Mostaert A, *Dictionnaire Ordos*, Monumenta Serica, Monograph V, Peking, 1941-1944.

③ Licent E, *Dix années (1914-1923) dans le bassin du Fleuve Jaune et autres tributaires du golfe du Pei Tcheu Ly*, pp. 672-704.

④ Licent E, *Dix années (1914-1923) dans le bassin du Fleuve Jaune et autres tributaires du golfe du Pei Tcheu Ly*, pp. 1267-1276, 1334-1338.

⑤ Licent E, *Dix années (1914-1923) dans le bassin du Fleuve Jaune et autres tributaires du golfe du Pei Tcheu Ly*, pp. 1267-1276, 1510-1511.

⑥ “Lettre de Mostaert à Licent”, In Licent E, *Archives Jésuites de la Province de France (Paris)*, 1921-08-22: JLI-83-12.

⑦ “Lettre de Mostaert à Licent”, In Licent E, *Archives Jésuites de la Province de France (Paris)*, 1921-11-06: JLI-83-12.

⑧ 其中一具后来赠送给步勒，至今仍然是法国国家自然史博物馆古生物展馆的常设展品。

脊椎等，加上随后在旺楚克农场挖掘中的收获，此行一共运回 37 箱化石①，大都出自黄土或黄土底砾层，还发现个别石器，以及两件疑似人类化石②。由于化石埋藏地点多、数量大，受经费限制，桑志华无法一次彻底挖掘，决定第二年重返。他意识到这是重新向巴黎方面争取资助以及促使德日进来华的大好机会，便从萨拉乌苏河畔向他发出了正式邀请。③

这份邀请对德日进很有吸引力，他在回信中写道："从个人角度，我已经告诉过您，我但求能去与您会合。"经费问题却让他很发愁："但是钱哪！……要知道眼下在欧洲，经费很紧缺。……所有的钱都在美国。"尽管对经费问题并无把握，他还是让桑志华提供合作考察所需预算数目，表示愿意尽力去筹钱。④收到德日进的肯定回复，桑志华"高兴得直跺脚"，不仅就预算问题给出十分详细的回复，而且对德日进来华表示出充分的诚意，更对合作考察的结果充满了信心：

> 我可以给您安排足足两年的工作，或者为您将一项收益巨大的工作集中安排在 6 个月。……我认为我们可以在 6 个月以内完成一项极其出色的工作。……要是您来天津，您将看到这 9 年来取得的成果，我想这会带给您信心，尽管到目前为止，古生物部分已完成及后续工作都是我一个人来承担，化石的研究工作已经由您开启了。⑤

同时他也不忘强调调查团成立后的领导权与化石归属问题：

> 我将担任调查团团长。鉴于巴黎博物馆承担了考察费用，故单件化石将交给巴黎博物馆，重复多件的化石将留在北疆博物院，并且由北疆博物院视情况挑选出一些送给北京的地质调查所。⑥

步勒此前一直未对桑志华提出派遣古生物学家到中国的请求给出正面回答，可能是担心即使派遣专家也不能保证找到有价值的新地点，尤其在美国考察团到中国之后。但萨拉乌苏地点的发现，让他意识到，外派一位专家能为法国方面带来更大的学术收益，加上两位耶稣会神父热切的合作意愿，这一次终于对成立调查团给予了充分支持。德日进迫不及待地将好消息告诉桑志华：

> 虽然还有不少困难有待解决，但我并不绝望，相信这个夏天，我能与您共饮黄河上游

---

① Licent E, *Dix années (1914-1923) dans le bassin du Fleuve Jaune et autres tributaires du golfe du Pei Tcheu Ly*, pp. 1267-1276, 1508, 1530.

② 一件人头骨是旺楚克的儿子找到的，另一件人股骨是狄文治发现的。后来经德日进鉴定均为现代人，不是古人类化石。

③ 桑志华写信的时间是 1922 年 8 月 13 日，地点就在萨拉乌苏河畔。由于德日进没有保存信件的习惯，原信未能保存下来，但桑志华在其出版的调查记以及其他通信中曾多次提及。

④ "Lettre de Teilhard de Chardin à Licent", In Licent E, *Archives Jésuites de la Province de France* (*Paris*), 1922-10-06: JLI-84-20.

⑤ 按桑志华的计算，参照当时汇率，考虑人员、运输各方面开销，两人 6 个月考察需要 17 000 法郎，每人再加上一定的机动费用，最多需要 24 600 法郎，参见"Lettre de Licent à Teilhard de Chardin", In Licent E, *Archives Jésuites de la Province de France* (*Paris*), 1922-12-12: JLI-84-20.

⑥ "Lettre de Licent à Teilhard de Chardin", In Licent E, *Archives Jésuites de la Province de France* (*Paris*), 1922-12-12: JLI-84-20.

> 的河水。在四天的时间里，我得到了波德里亚主教①的鼓励（批准我一年的带薪假期），步勒先生和自然史博物馆也给了我可以说是热情洋溢的支持。只等会长们的意见了，但我对此不太担心。现在最棘手的就是筹到考察需要的经费。②

仅过一周，德日进就得到了教会上级的批准。③有步勒出面，资金也很快到位，德日进出发前分别从公共教育部和国家自然史博物馆拿到1万法郎，到达中国后，后续经费也陆续汇到。④

（三）德日进来华与法国优先权的确立

1923年4月7日，德日进从马赛乘船出发，5月23日抵达天津。至此，由桑志华和德日进组成的法国古生物学调查团正式成立。6月12日，考察团出发，原计划斜穿鄂尔多斯高原，以尽快到达萨拉乌苏，但因兵匪横行以及旱情严重，不得不沿黄河先往西再往南，绕道前往目的地，却由此意外地在宁夏府附近的水洞沟发现了“一个真正的旧石器地点，在一处十分完美的地层中”⑤。第一天试掘就得到数百件石器，德日进将此形容为“令人难以置信的好运”，并意识到这是中国甚至是整个远东地区“第一个同类发现”。⑥8月份，继续得到圣母圣心会神父和旺楚克的大力协助，他们在萨拉乌苏河畔进行大规模挖掘，取得了预期中的丰富化石。

鉴于这些重要收获，德日进申请延长考察期并得到了步勒的同意。他和桑志华原计划重返鄂尔多斯，深入高原腹地，或者前往戈壁边界的狼山一带，在这些尚未列入其他西方国家考察范围的偏远地区，寻找第三纪古生物化石。但由于时局再度恶化，鄂尔多斯、狼山一带兵匪猖獗，安全局势堪忧，他们最终将考察范围集中在河北张家口以北、戈壁东部地区，路线经过辽宁的朝阳、内蒙古的赤峰、林西、扎赉诺尔等地，沿线考察了火山岩、今日称为热河群的侏罗-白垩系地层，特别是在扎赉诺尔湖区发现了新近纪（旧称晚第三纪）的玄武岩夹层，以及上新世地层和哺乳动物化石。1924年9月，德日进带着两次考察获得的49箱化石、石器及岩石标本满载而归⑦，调查团寻找旧石器古人类遗迹的任务圆满完成。

值得一提的是，面对瑞典、美国同行的竞争，在出发前往萨拉乌苏之前，两位法国神父行事颇为低调。出于谨慎考虑，他们决定暂时对比利时神父们提供的“连中国地质调查所都不知

---

① Alfred Baudrillart（1859—1942），德日进任职的天主教大学校长，历史学家，1918年入选法兰西学士院（l'Académie Française），1935年被任命为红衣主教。

② “Lettre de Licent à Teilhard de Chardin”, In Licent E, *Archives Jésuites de la Province de France* (*Paris*), 1923-02-18: JLI-84-20.

③ “Télégramme de Teilhard de Chardin à Licent”, In Licent E, *Archives Jésuites de la Province de France* (*Paris*), 1923-02-25: JLI-84-20.

④ 考察团获得了来自法国国家自然史博物馆、公共教育部、科学院和人类古生物学研究所共计69 000法郎的资助。德日进当时担任天主教大学地质学副教授，学院以继续支付其在华期间工资的形式提供了间接支持。参见“Mission Licent-Teilhard Comptes généraux (1923-1924)”, In *Archives de la Fondation Institut de Paléontologie Humaine* (*Paris*), Chine-Licent / Mission Teilhard [1921-1929], 1924-12-29.

⑤ de Chardin P T, *Teilhard de Chardin en Chine: Correspondance inédite* (*1923-1940*), Edisud, 2004, p. 61.

⑥ de Chardin P T, *Lettres de voyage* (*1923-1955*), *recueillies et présentées par Claude Aragonnès*, Bernard Grasset, 1956, p. 43.

⑦ 德日进带回法国的除了1923年、1924年以考察团名义发掘的标本，还包括1922年桑志华个人从萨拉乌苏带回的部分化石。

道的‘小道消息’”保密。[①]德日进到天津后，给步勒写的第一封信中就提到：

> 我还没有通知中国地质调查所我到天津的消息。桑志华神父认为应该最后再说(当然，会带着各种友谊的保证)，以免我们的车轮被塞进来的木棍卡住。我们会在即将出发前的那几天去一趟北京，而且也不会具体说我们要去哪里。这么做看起来是比较谨慎的。[②]

出发前一周，即1923年6月5日，德日进到北京参加了翁文灏主持的中国地质学会第六次常会，发表英文演讲，简要概述了桑志华1920年在甘肃和1922年在内蒙古找到的两批化石中的哺乳动物种类。[③]而关于此次来华的计划，翁文灏在介绍中只提到他将进行“更深入的田野调查”，可见德日进确实未透露具体行程。

当两位神父带着几十吨的胜利成果返回天津，起初的低调态度转为颇为高调的宣传。萨拉乌苏之行是德日进来华进行的第一次野外考察，肩负着为法国国家自然史博物馆“开拓新领域”的使命以及步勒对他的高度期望，因而很在意“抢占先机”，在给步勒的信件中也反复提到抓紧发表，为法国争取更大的影响力。[④]他自己每次考察归来，都很快完成初步报告，在中国地质学会宣读，并发表于学会的英文期刊《中国地质学会志》。[⑤]1924年中国地质学会年会期间，他和桑志华挑选了一批石器带到北京参加地质调查所博物馆的临时展览，参观者对这些首次在华发现的“莫斯特形制的旧石器时代石器有特别的兴趣”[⑥]。不过，德日进在中国发表的这几篇报告篇幅都不长，重点在于确立法国调查团所发现地点的优先权。由于法国国家自然史博物馆对其最终的正式研究成果“拥有所有权”，他也“尽可能有所保留，以保证自然史博物馆的位置和权益”。[⑦]这也和地质学、古生物学研究本身对研究条件有更高要求有关，巴黎方面能提供的文献资料和对比标本，是当时的地质调查所和北疆博物院所不具备的。

可以说，德日进的来华是法国在中国地质学界得以建立起学术声誉的关键因素。此前，虽然桑志华在华北进行了近十年的考察，但他的主要工作是挖掘和采集，没有进行相应研究，也没有在学术期刊上发表任何文章。尽管他在中国地质学会成立当年即成为会员，但他更倾向于和教会内部人士交流，与地质学会和地质调查所的联系并不紧密，给人的印象主要是一位传教士博物学家，而不是代表法国的科学家。德日进的加入改变了这一局面，正是他迅速完成并发表的一系列文章，为法国取得了优先权，与桑志华相比，他对于参与中国地质学界的活动，表

---

① de Chardin P T, *Teilhard de Chardin en Chine: Correspondance inédite* (*1923-1940*), Edisud, 2004, p. 65.

② de Chardin P T, *Teilhard de Chardin en Chine: Correspondance inédite* (*1923-1940*), Edisud, 2004, p. 50.

③ Wong W H, “Proceedings of the sixth general meeting, June 15th 1923”, *Bulletin of the Geological Society of China*, 1923, Vol. 2, No. 3-4, pp. 1-18. 此次会议记录时间有误，应该是6月5日而不是6月15日。

④ de Chardin P T, *Teilhard de Chardin en Chine: Correspondance inédite* (*1923-1940*), Edisud, 2004, p. 91.

⑤ 参见 de Chardin P T, Licent E, “On the geology of the northern, western and southern borders of the Ordos, China”, *Bulletin of the Geological Society of China*, 1924, Vol. 3, No. 1, pp. 37-44；de Chardin P T, Licent E, “On the discovery of a Palæolithic industry in Northern China”, *Bulletin of the Geological Society of China*, 1924, Vol. 3, No. 1, pp. 45-50；de Chardin P T, “Note sur la structure des montagnes à l’ouest de Linn Ming Kwan (Chihli méridional)”, *Bulletin of the Geological Society of China*, 1924, Vol. 3, No. 3-4, pp. 393-397；de Chardin P T, “Geology of northern Chihli and eastern Mongolia”, *Bulletin of the Geological Society of China*, 1924, Vol. 3, No. 3-4.

⑥ Sun Y C, “ Proceedings of the second annual meeting of the Geological Society of China, held in Peking, January 5, 6 and 7, 1924”, *Bulletin of the Geological Society of China*, 1924, Vol. 3, No. 1, pp. 1-19.

⑦ de Chardin P T, *Teilhard de Chardin en Chine: Correspondance inédite* (*1923-1940*), Edisud, 2004, p. 91.

现出了更大的热情和积极性，也相应扩大了法国的影响力。

德日进从1924年10月回到法国到1926年5月，基于1923—1924年考察所得材料，先后在法国不同学术期刊上发表了12篇论文，涉及地质学、古生物学、古植物学（共同署名）、旧石器以及新石器等多个领域，加深了西方学界对中国地质学、史前考古学的了解。1926年底，德日进第二次来华，在继续整理萨拉乌苏化石的过程中，辨认出一颗人牙化石，交由北京协和医学院解剖学教授步达生（Davidson Black，1884—1934）研究，这是中国出土的有可靠地点和地层记录的第一件人类化石。[①]而调查团最有代表性、影响最深远的研究成果无疑是1928年发表的《中国的旧石器时代》，这是第一部关于中国境内旧石器时代古人类遗址的综合性专业研究著作，第一部分的地层学报告由德日进、桑志华完成，第二部分是德日进、步勒合作完成的萨拉乌苏动物群古生物学报告，第三部分是由步日耶执笔的考古学研究报告，除了萨拉乌苏和水洞沟，也描述了其他多个地点发现的旧石器。该书初步奠定了中国旧石器时代考古学早期发展阶段的方法论基础，“这种将地层、古脊椎动物与古人类遗存研究的有机结合，成为日后中国古人类-旧石器研究领域多学科结合的范式，至今仍为许多研究者遵循和推崇”[②]。

四、结语

从1919年中国、瑞典正式建立合作框架，到1922年美国中亚考察团进入戈壁大沙漠，再到1923年两位法国耶稣会神父确证了中国北方存在旧石器时代，中国地质学界能够在短短几年内吸引各国学者，形成活跃的跨国科学团体，与一战结束的时代大背景不无关系。战后和平的到来，使得国际学术界的联系逐渐恢复、日益密切，学者的跨国考察和学术交流得以顺利进行。中国的古生物学、古人类学正是在这样的国际化环境中得以迅速发展，传统的“龙骨”“龙牙”由此纳入现代科学的研究范畴。面对来华的各国学者和考察团，丁文江作为中国地质学界领导者，坚持以中国为优先的原则，与瑞典的安特生制定了友好协议和合作模式，结成学术同盟。在美国、法国科考团来华前后，他面对学术竞争，积极沟通，主动灵活，划分研究范围，以免重复研究，为起步阶段的中国地质学争取最大化的学术资源，出色展现了其科学外交家的风采。

通过对法国古生物学调查团来华科学活动的梳理与分析，我们可以看到民国时期中国地质学界围绕人类起源问题出现的复杂跨国竞争场面，其中既涉及跨学科（古人类、古生物、地质、史前考古），也关系到多个学术机构（中国地质调查所、瑞典乌普萨拉大学、瑞典自然史博物馆、美国纽约自然史博物馆、法国国家自然史博物馆、法国人类古生物学研究所、北疆博物院）。科学无国界，科学家却是有国界的，来华的西方学者都代表着各自国家的利益，无不希望在中国广阔的地质学处女地上为本国获取尽可能多的优先权，表现出科学帝国主义的扩张性。这种

---

① Licent E, de Chardin P T, Black D, “On a presumably pleistocene human tooth from the sjara-osso-gol (southeastern ordos) deposits”, *Bulletin of the Geological Society of China*,1926, Vol. 5, No. 3-4, pp. 285-290. 步达生在文中将这枚化石命名为“鄂尔多斯牙”，后来裴文中将其称作“河套人”。

② 高星：《德日进与中国旧石器时代考古学的早期发展》，《第四纪研究》2003年第 4 期，第 79-84 页。

竞争场面在德日进来华的1923年表现得尤为突出，这一年的野外考察季，三支西方考察队伍，怀着寻找古人类遗迹的热切期望，几乎同时在中国北方展开调查和挖掘，且均取得重大发现：两位法国神父证实了中国的旧石器时代；声势浩大、装备先进的美国中亚考察团第二次进入蒙古高原，发掘出大量古生物化石；奥地利古生物学家师丹斯基（Otto Zdansky，1894—1988）应安特生之邀再次来到周口店，找到一批古生物化石，并在后续研究中清理出两颗人牙化石①。这些重要发现呼应了“人类起源中亚假说”，进一步巩固了亚洲作为古哺乳动物和古人类进化重要舞台的角色，将中国纳入整个欧亚大陆古人类活动的范围。

地质学、古生物学和史前考古学是法国的传统优势学科，法国国家自然史博物馆是这些学术领域最重要的学术中心之一。然而，进入20世纪后，法国的传统学术中心地位受到其他西方国家尤其是美国各大自然史博物馆的挑战。步勒身为法国国家自然史博物馆古生物学领军人物，格外看重维持法国传统科学中心的地位以及在国际竞争中争取国家声誉。正是出于法国优先立场，尽管他在政治立场上属于反教会的共和派，但仍然拒绝了丁文江的提议，放弃中法瑞合作的方案，而选择与代表教会的桑志华合作。此外，基于法国长期以来密切关注第四纪地质的深厚学术传统，当桑志华从萨拉乌苏河畔发来邀请的时候，步勒立刻意识到在中国发现古人类遗迹的时机就在眼前，遂同意德日进赴华，最终以较小的代价实现了重大目标，成为当时国际地质古生物学界以小博大的成功案例。

从实际运作层面来看，法国古生物学调查团的成功更多地倚重来华天主教传教士尤其是桑志华的关键作用，正是在他的积极推动下调查团才得以成立。在当时军阀混战、盗匪猖獗的中国，是他的长期经营、前期考察、精心筹备以及协调组织为调查团顺利进行提供了保障。另一方面，桑志华来华的主要目标是将北疆博物院建设成为现代化的自然科学学术中心。鉴于当时中国科学落后的现实，要建立并维持这样的学术中心，保持与西方学术界的充分互动，尤其在材料研究上依赖西方发达学术中心的资源，是必然和必需的。他积极推动调查团的成立也是为了提高北疆博物院的学术地位。值得一提的是，桑志华在和步勒的协商中着力强调由其本人担任调查团团长，重复的化石应留在中国，反映出其独立性和优先权意识，以及将科学事业在中国实现本土化的强烈意愿，这在来华从事科学考察的传教士中并不多见。

法国古生物学调查团所发现的两处遗址为当时的“人类起源中亚”假说提供了有力的支持。对于将亚洲视作“最古老的人类工业巨大扩散中心”的步勒来说，位于亚洲大陆腹地的鄂尔多斯正可以被看作“这些工业产品大车间中的一个”②。此外，这两处遗址在中西史前文化交流史中亦占有重要位置，步日耶在水洞沟石器工业分析的结语部分指出，早在史前时代的人类迁徙过程中就存在文化“同化作用”（influence assimilatrice），这一观点至今仍不乏启示价

---

① 师丹斯基1921年和1923年先后两次到周口店进行挖掘。1921年他挖掘出一颗臼齿化石，当时将其归为类人猿；1926年夏，他又从周口店的化石中清理出一颗人类前臼齿化石，遂将前后发现的两颗牙齿鉴定为“真人”。1926年10月22日，安特生在瑞典王储来华的欢迎会上宣布了这两颗人牙化石的发现，引起轰动，但当时学界也有人对此表示怀疑，其中包括德日进。参见 Andersson J G, *Children of the Yellow Earth*, Kegan Paul, Trench, Trubner & Co., Ltd., 1934, pp. 101-105.

② Boule M, Breuil H, Licent E, et al., *Le Paléolithique de la Chine*, Archives de l'Institut de Paléontologie Humaine, mémoire 4, Masson et Cie, 1928, p. viii.

值。[①]调查团活动的时间处于两次世界大战之间，这时史前人类学进入了新的发展期，早期的收集石器材料、确定年代标准框架工作已经完成，体质人类学为人类进化提出了新的视角和研究手段，成为该学科越来越重要的部分。[②]在这样的背景下，调查团的发现固然很重要，但由于遗址年代相对较晚，且没有发现古人类化石，其活动更像是一部大型交响乐的序曲，不久之后，真正激动人心的主旋律——周口店北京人——开始奏响，将寻找进化缺环的角逐推向高潮。

（原载《自然科学史研究》2020 年第 1 期；
韩琦：中国科学院大学人文学院科学技术史系教授；陈蜜：国际关系学院副教授。）

---

① Boule M, Breuil H, Licent E, et al., *Le Paléolithique de la Chine*, Archives de l'Institut de Paléontologie Humaine, mémoire 4, Masson et Cie, 1928, p. 121.

② Hurel A, "La possibilité d'un Paléolithique chinois - La première 'Mission paléontologique française en Chine'(1923—1924)", *Organon*, 2015, No. 47, pp. 111-135.

皇家地理学会与近代英帝国的西藏知识生产

赵光锐

摘　要：近代英国的涉藏史不只是单纯的军事政治过程，还是持久广泛的知识生产和文化传播过程。皇家地理学会是英国进行西藏知识生产的关键性科学机构，通过与英印政府及其西藏圈的合作，它在西藏信息的收集、交换、传播、评价和监控等方面都扮演了极其重要的角色。学会与负责西藏事务的骨干官员们一起构成了英帝国西藏知识生产体系的“硬核”。从19世纪末开始，学会的活动和指导思想与英国在喜马拉雅的殖民事业紧密联系在一起。英国一些负责西藏事务的官员加入了学会，有些进入领导层，实现了从殖民官员到西藏专家的身份转换。皇家地理学会的西藏探险和研究带有殖民时代的深刻烙印，它在客观地研究和认识西藏的同时，又与帝国殖民机构相配合，不断地封锁、虚构和神话化西藏。

关键词：英国；皇家地理学会；中国西藏；知识生产；地理探险

英国是历史上侵略中国西藏的主要国家，相关的政治史、外交史和军事史一直是学界关注的重点。20世纪80年代以来，越来越多的学者意识到，英国的涉藏史不只是单纯的军事和政治过程，还是一个持久广泛的知识生产和文化传播过程。从19世纪末到20世纪中期，英国主导着西方与中国西藏之间的关系，是西方人的西藏知识的主要生产者、传播者和形象塑造者。近代英国在学术上的兴起，尤其是地理学、东方学、人类学、区域国别研究的繁荣显然得益于世界性殖民帝国的优势。关于“陌生地区”的知识生产既是殖民活动的伴生物，也是扩展、维持庞大帝国必需的文化技能。英国在觊觎中国西藏的过程中也充分运用了文化、知识和宣传的手段。围绕西藏的知识生产和传播，英帝国的殖民权力、学术研究和大众文化相互交织、彼此影响，负责西藏事务的官员、科学机构、新闻媒体、探险者、小说家、摄影家等形成了一个利益分配和交换的西藏圈。英国的西藏知识生产有其客观性和学术性，但也制造散布了大量虚假信息，代表性的是旧西藏作为“独立国家”的政治形象和“香格里拉”的文化形象。关于英国负责西藏事务的骨干官员、小说家、探险者、摄影家的西藏知识生产活动及其影响已有不少开拓性的研究成果。[①]作为一个半官方的科学机构，英国皇家地理学会（Royal Geographical

① 代表性研究，参见 McKay A, *Tibet and the British Raj: The Frontier Cadre: 1904-1947*, Curzon, 1997；Carrington M, “Officers, gentlemen and thieves: the looting of monasteries during the 1903/4 Younghusband Mission to Tibet”, *Modern Asian Studies*, 2003, Vol. 37, No. 1, pp. 81-109；Anand D, *Geopolitical Exotica: Tibet in Western Imagination*, University of Minnesota Press, 2008；Bishop P, *The Myth of Shangri-La: Tibet, Travel Writing and the Western Creation of Sacred Landscape,* Athlone, 1989；Harris C, Shakya T, *Seeing Lhasa: British Depictions of the Tibetan Capital 1936-1947*, Serindia Publicationst, 2003；Harris C, *The Museum on the Roof of the World: Art, Politics, and the Representation of Tibet*, University of Chicago Press, 2012；赵光锐：《英国与早期“西藏独立”形象的塑造》，《国际政治研究》2010年第3期，第39-53页；韩小梅：《20世纪英国文学中的西藏形象研究》，北京语言大学博士学位论文，2011年。

Society）在近代英国涉藏活动和西藏知识生产中扮演了极其重要的角色，学界对此却尚未有系统深入的研究。本文分析了皇家地理学会在19世纪末将研究重点转向中国西藏的背景及其与英帝国的西藏圈的关系，通过重点研究该学会进行西藏知识生产的内容和方式，初步揭示近代英帝国西藏知识生产体系的基本结构和特点。

一、中国西藏在19世纪末成为英国皇家地理学会探险和研究的重点

在帝国扩张的年代，英国人曾经自信地认为，在帝国政府的精心筹划下，有广布全球的殖民先锋、探险家、传教士、学者以及当地精英的配合，再加上无数博物馆、收藏家以及科学机构的协作，帝国可以收集、掌握、归纳、分类和保存关于任何有明确地理范围的某一区域的总体知识（total knowledge），可以围绕该知识对象建立一个“档案国家”（archive-state）。英国学者理查德兹（Thomas Richards）认为，帝国档案（imperial archive）“不是一个图书馆或博物馆……而是一种对服务于国家和帝国而收集和混合知识的幻想”。[①]中国的西藏地区就是曾经被英帝国长期倾注了心血和资源来试图建立一个“帝国档案库”并形成“总体知识”的地区。英国本土和印度殖民地有许多科学机构从事西藏知识的生产、存储和传播，如大英博物馆、皇家地理学会、皇家亚洲学会、珠穆朗玛峰协会、登山协会、印度测绘局、皇家中亚学会、孟加拉亚洲学会等。它们组织、资助、表彰在西藏的考察和探险，出版相关成果，主办的刊物发表与西藏有关的文章、书评，报道重大的西藏考察和研究进展，还对不同的声音进行压制和批驳。它们既生产关于西藏的科学知识，也制造关于西藏的幻想和想象。在近代英国的西藏知识生产中，皇家地理学会是一个关键性的科学机构，通过与英印政府及其西藏圈的积极合作，在西藏知识的收集、存储、交换、传播和监控等方面都扮演了极其重要的角色。

皇家地理学会成立于1830年，前身是雷利旅行者协会（Raleigh Travelers' Club），1931年又合并了非洲协会（African Association），有近五百名会员。学会的宗旨是推进和传播地理学知识，了解世界并清楚地将世界绘入地图，首要工作是支持和资助英国科学家在世界范围内的考察探险。[②]皇家地理学会不同于当时英国其他科学协会，其成员极为多样化，除地理学家，还有政府官员、海军军官、外交官、探险者、测量员等。学会的论文和出版的作品很大一部分直接来自海军部、殖民事务部、印度事务部和外交部，所以它不是单纯的研究机构，而是一个信息交换中心。组成人员的多样性也使它具备更多的社会资源和更强的知识传播能力。第一任主席巴罗（John Barrow）爵士就担任海军部部长近四十年，他在英国政府和海军内的影响力对于保证学会成功组织海外探险极其重要。学会成立之初主要组织的也是海上探险，例如寻找西北航道以及对南北极的考察。学会在历史上组织和资助了很多次知名的探险活动，比如利文斯顿（David Livingstone）的非洲内陆探险、斯科特（Robert Falcon Scott）的南极探险、20世

---

① Richards T, *The Imperial Archive: Knowledge and the Fantasy of Empire*, Verso, 1993, p. 6.

② Freeman T, “The Royal Geographical Society and the Development of Geography”, In Brown E, *Geography: Yesterday and Tomorrow*, Oxford University Press, 1980, p. 5.

纪 20 年代攀登珠穆朗玛峰等。“到 1870 年，它已经成为英国最受欢迎的科学协会之一”①，并成长为西方地理学发展的先锋和地理教育方面的领导者。

“19 世纪的帝国构建在许多重要方面都不同于帝国主义的其他形式。其中一个关键差异，是有关殖民地本土人民及其社会实践的知识的生产。这些知识生产出来以后，就能被用来管理、监督和改造殖民地人民。”②这就是知识生产与占领控制互为表里的帝国模式。在英帝国兴起和发展的过程中，考察探险、科学远征与殖民扩张息息相关，关于殖民地的知识生产是帝国权力和声望的重要组成部分。最早最充分地探查那些“空白地区”并把它们绘入地图，代表着帝国文化的领先地位和对相关地区的优先占领权。因此，在殖民扩张时期，地理知识与殖民权力之间并没有太大的界限，地理学在近代欧洲的知识生产体系中是当之无愧的“女王”。在地缘政治的势力范围内，英国的地理学家们处于所有知识的“神经中枢”的位置③，皇家地理学会正是英国地理知识生产的核心机构和开拓新领土的先锋，其地理知识生产的情况也反映着帝国殖民事业的兴衰。所以，学会主席寇松（Lord Curzon）才会在 1912 年的演讲中忧心忡忡地提及英国在地理探险方面与德国的差距。他认为，德国政府和相关机构对地理学家的支持力度远高于英国，德国年轻人获得资助到德国的非洲殖民地或其他地方旅行考察，目的是彻底研究当地的地理，没有这些精确知识就无法顺利开拓新领土。相比而言，尽管皇家地理学会做了最大努力，英国政府对地理学的支持力度还是让人失望。④在外界看来，皇家地理学会只是一个以“促进人类对于地理学的认识”为目标的科学机构，学会也一直这样刻画和宣传自己的形象。⑤实际上，从成立之初学会的领导者就一直努力实现科学考察事业与帝国的商业和地缘政治利益的结合，致力于将地理学转变为一门“帝国的科学”（imperial science）。⑥第二任主席默奇森（Roderick Murchison）尤其强调地质学和地理学对于帝国事业的益处，将探险和考察看作英国在全球扩张的“必需的前提条件”。通过他对英国政府各部门正式和非正式的影响，“到 19 世纪 50 年代后期，皇家地理学会比任何其他科学机构在各方面都更为完美地代表了英国的扩张主义”⑦。

学会探险和研究的重点是由英帝国的“殖民目光”所决定的。非洲、两极和喜马拉雅是学会曾经投入过最大资源和精力的三个地区，都是不同时代英帝国关注的焦点。在 19 世纪欧洲列强争夺非洲殖民地最激烈的年代，非洲知识的收集和生产是学会最重大的任务。它与英国外交部、殖民部以及在非洲的殖民机构密切合作，组织了一系列重大的非洲探险活动，例如寻找

---

① Driver F, *Geography Militant: Culture of Exploration and Empire*, Blackwell, 2001, p. 43.

② 何亚伟：《英国的课业：19 世纪中国的帝国主义教程》，刘天路、邓红凤译，社会科学文献出版社 2007 年版，第 23 页。

③ Richards T, *The Imperial Archive: Knowledge and the Fantasy of Empire*, p. 11.

④ Curzon L, “Address to the Royal Geographical Society”, *Geographical Journal*, 1912, Vol. 40, No. 1, p. 4.

⑤ 关于英国皇家地理协会的历史的“官方”著作，参见 Royal Geographical Society, *RGS Years-Book and Record*, Royal Geographical Society, 1898; Mill H R, *The Record of the Royal Geographical Society, 1830-1930*, Royal Geographical Society,1930; Cameron I, *To the Farthest Ends of the Earth: The History of the Royal Geographical Society 1830-1980*, Macdonald, 1980; Keay J, *The Royal Geographical Society History of World Exploration*, Hamlyn, 1991.

⑥ Driver F, *Geography Militant: Culture of Exploration and Empire*, Blackwell, 2001, p. 46.

⑦ Stafford R, *Scientist of Empire: Sir Roderick Murchison, Scientific Exploration and Victorian Imperialism*, Cambridge University Press, 1989, p. 222.

尼罗河源头和探查东非大湖地区等。主席默奇森是利文斯顿非洲内陆探险的最大支持者和资助者，利文斯顿的遗体运回伦敦后就放置在皇家地理学会的地图室中。[①]英国人真正对西藏产生知识和审美上的兴趣则是从19世纪的最后十年开始的。英、俄在中亚的“大游戏”（“the great game”）以及俄国人、法国人在西藏及其周边的频繁活动都刺激了英国人对西藏的关注。“大游戏”既体现为军事、外交博弈，也表现为对广阔的中亚地区的科学考察和知识生产，是英、俄争夺中亚包括中国西藏地区的重要形式。1898 年，以中亚专家著称的寇松就任印度总督，他开始真正从“大游戏”的角度来看待中国西藏的地位，并从英国在整个亚洲殖民利益的高度重视针对西藏的情报活动和知识生产。英国和印度殖民地零星分散的西藏信息收集、研究和传播被系统整合，形成了西藏知识生产的“网格化结构”。[②]

19 世纪后半期，俄国不仅在地缘政治上而且在西藏知识生产上都是英国最强劲的竞争者。19 世纪 70 年代以后，由俄国政府主导的针对中国西藏的科学考察、旅行和间谍活动遽然增加。普热瓦利斯基带领大规模武装考察队四次到我国西北地区，有三次进入青藏高原。接踵而至的还有库兹洛夫、罗夫诺斯基、崔比可夫、德尔智（多杰耶夫）等。俄国还在外交部之下成立了专门的中亚探险委员会。借助这些科学考察和间谍活动，俄国在西藏知识生产方面占据了重要的地位。圣彼得堡的东方研究院、俄国地理学会和圣彼得堡大学成为当时西藏地理学、藏传佛教、藏语研究等方面的重镇，不仅有出色的藏学家和探险者，也收集有丰富的资料，不少法国、德国、瑞典等的藏学家都到圣彼得堡进行学习或研究。1900 年和 1901 年，崔比可夫和诺祖诺夫在西藏拍摄了 50 多张照片，涉及拉萨、布达拉宫、扎什伦布寺、纳木错等，这些是最早的拉萨摄影。俄国人赠送皇家地理学会一整套这些照片，引起会员们的巨大兴趣。[③]由于这些摄影的珍贵和稀缺，美国《国家地理》杂志用它们设计了一期西藏专题。崔比可夫带回的数量巨大的藏文资料让皇家地理学会羡慕不已，他和普热瓦利斯基的游记也是当时欧洲人了解西藏的畅销书。俄国在西藏考察和研究方面的成绩让学会倍感压力，它决心作出强有力的回应。因此，从 1891 年始，皇家地理学会每年（除 1895 年）都资助在喜马拉雅和中亚的考察，关注程度和支持力度前所未有。

实际上，从 19 世纪 70 年代开始，皇家地理学会秘书马克汉姆（Clements R. Markham）就已经呼吁恢复英国在哈斯廷斯时代的西藏政策，通过各种方式增进英国公众对喜马拉雅地区的兴趣。他不仅是一位出色的地理学家，还曾任职于印度事务部，这一经历使他对喜马拉雅格外关注。1873 年，皇家地理学会组织了由 60 所英国学校参加的地理学竞赛，自然地理和政治地理部分的试题都涉及中亚。他们将中亚划分为三部分：东土耳其斯坦、西土耳其斯坦和西藏。政治地理关于西藏的试题是：①“描述西藏的地理位置。它向东的最大距离是多远以及马可波罗时代它在这一方向上的界限是什么？”②“西藏与中国在政治和宗教上是什么关系？”[④]

---

① 关于利文斯顿作为传教士、地理学家和殖民先锋三重身份的分析，参见 Driver F, *Geography Militant: Culture of Exploration and Empire*, Blackwell, 2001, pp. 68-89.

② Bishop P, *Myth of Shangri-La: Tibet, Travel Writing and the Western Creation of Sacred Landscape,* Athlone, 1989, p. 144.

③ Markham C R, “Address to the Royal Geographical Society, 1904”, *The Geographical Journal*, 1904, Vol. 24, No. 1, p. 6.

④ “Prize medals of the Royal Geographical Society”, *Proceedings of the Royal Geographical Society of London*, 1872-1873, Vol. 17, No. 3, p. 215.

学会通过这种地理教育来引导年轻人关注中亚和西藏。皇家地理学会也开始系统编纂和整理所有西藏资料，为探险者提供知识支持。马克汉姆 1875 年的文章《在大西藏的旅行以及西藏与孟加拉之间的贸易》就对英国的西藏探险和研究第一次做了系统的学术史总结。[①]一些早期入藏英国人的日记和报告也开始受到关注。马克汉姆在这段时期编辑出版了一个多世纪前博格尔和曼宁出使西藏的游记[②]，又委托美国藏学家柔克义（William W. Rockhill）编辑出版了印度土著间谍达斯（Sarat Chandra Das）的《拉萨及西藏中部旅行记》（*To Lhasa and Central Tibet*）。

皇家地理学会还不断邀请入藏探险者到伦敦举办报告会和讨论会，会刊《地理学刊》频繁刊发关于西藏探险和研究方面最新进展的报告、通讯和文章。1893 年学会在讨论军官鲍威尔（Hamilton Bower）的西藏考察报告时，学会秘书、后来担任主席的弗雷什菲尔德（Douglas Freshfield）就道出了皇家地理学会当时已经涌动的“西藏热情”。他指出，正是前任秘书马克汉姆做了大量工作引起公众对西藏探险的兴趣。他说：“不管对非洲多么感兴趣，我们也一定会时不时感到场景转换带来的快乐。今晚我们从非洲平原和棕榈树丛林来到了一片还未被纳入传教事业的土地，但是神智学提醒我们，在那里不要鄙视文明的低级形态，相反，也许它是地球上存在的最完美的自治形式。”他感谢英印政府派鲍威尔返回伦敦描绘其所见所闻以及取消了出版土著调查员西藏作品的限制。他还提到，学会将很快出版达斯的作品以及另一本关于西藏的书，这本提供给会员们的书“将包括大量关于这片遥远、古老和原始地区的信息，在趣味性方面将不逊于那些富于浪漫色彩的非洲旅行作品”。[③]在各种因素作用下，英国有闲阶层中间开始弥漫一种渴望了解“神秘西藏”的情绪。作为休闲和审美对象，来自西藏的手稿、艺术品和西藏探险书籍等赢得了消费市场。英国各类博物馆、收藏机构和学术机构已为殖民地官员和探险家们从西藏带回的物品和信息在知识谱系上准备好了恰当的位置。“正是在这些代表了市民和国家荣耀的场所，那些正在形成中的有闲阶层可以在一种‘他者’或‘野蛮’文化的背景中界定自己的身份。”[④]这些反过来又催生了一批西藏旅行者和探险家以及专门从事西藏题材作品写作的作家。

皇家地理学会还推动了英国西藏探险主体和方法的转变。印度测绘局自 1862 年开始雇佣和培训土著的菩提亚人秘密探查西藏，主要负责人是蒙哥马利（Thomas George Montgomerie）上校。大吉岭还开设了菩提亚寄宿学校，主要招收喜马拉雅地区的土著年轻人，用当时印度公共教育处长克罗夫特（Alfred Croft）的话来说，主要目的是“培养翻译、地理学家和探险者，如果将来西藏在任何一个时刻向英国敞开大门，他们将是有用的”。[⑤]这些被称为“班智达”

---

① 参见 Markham C R, “Travels in Great Tibet, and trade between Tibet and Bengal”, *Proceedings of the Royal Geographical Society of London,* 1874-1875, Vol. 19, No. 5, pp. 327-347.

② 参见 Markham C R, *Narratives of the Mission of George Bogle to Tibet, and of the Journey of Thomas Manning to Lhasa,* Trueber, 1876.

③ Seebohm H, Walker J T, Morgan D, et al., “A journey across Tibet: discussion”, *The Geographical Journal*, 1893, Vol. 1, No. 5, p. 407.

④ Carrington M, “Officers, gentlemen and thievest”, *Modern Asian Studies*, 2003, Vol. 37, No. 1, p. 91.

⑤ McKay A, “19th century British expansion on the Indo-Tibetan frontier: a forward perspective”, *The Tibet Journal*, 2003, Vol. 28, No. 4, p. 68.

（pundits）的土著人秘密探查西藏异常成功，南辛（Nain-Singh）和达斯是其中的代表。[①]南辛还因为“在西藏和布拉马普特拉河上游的伟大旅行和测量”在1877年获得了皇家地理学会金质奖章。[②]但是，“班智达”们获取的西藏信息也存在很大问题，英国人实际上并不满意于他们的工作。1893年，学会的摩根（Delmar Morgan）就指出，这些土著人的工作可能会有些价值，但是并不能带来喜马拉雅地区相关国家的真正准确的情报。“面对这些被谨慎看守的地区向他们展现的魔力，他们好像缺少进行调查的批判精神和足够的智谋——在这些方面欧洲旅行者表现得更为杰出。”[③]同时，“班智达”们的活动是秘密进行的，只能接触普通人，无法与西藏上层建立直接关系。他们主要获取自然地理的知识，缺乏更高级的政治、军事和社会方面的情报。印度测绘局的代表人物、后来担任学会主席的霍尔蒂奇（Thomas H. Holdich）也指出：“从当地测量员那里获得关于他们探查的国家的真正生动和清晰的描述经常是困难的。他们如此专注于工作的细节，以致忘记了运用他们的眼睛，对人和场景进行总体性的观察，而这才是他们旅程的最重要的目标。”[④]到19世纪末，英国人就基本放弃了使用土著人探查西藏的方式，皇家地理学会和印度殖民机构直接派出的英国本土探险者、科学家、登山运动员、外交官、军事人员等成为探查西藏的主体。这些人受过良好的专业训练，以较为公开化的形式进入中国西藏地区。他们不局限于获取地理资料，而是更关注西藏政治、社会情况，强调研究西藏的历史、语言、宗教和风俗习惯。

皇家地理学会不仅直接资助、组织西藏探险，而且通过表彰这类活动来达到推动西藏知识生产的目的。1889—1897年的9年间，8位探险者因在中国西藏或喜马拉雅地区的考察而获得皇家地理学会奖章（表1）[⑤]，这使到其他地区的探险者黯然失色。“通过皇家地理学会所授予的金质奖章，人们可以判断出，从里海到中国长城之间的亚洲心脏地带是19世纪最重要的探险舞台。”[⑥]寇松在1896年凭借中亚旅行与《帕米尔和阿姆河源头》（*Pamir and the Source of the Oxus*）一书获得金质奖章，他承认“这一荣誉带来的快乐要比成为内阁大臣大得多”。[⑦]皇家地理学会是当时最权威的地理学研究机构，获得其奖章、成为会员或被邀请演讲都是极大的荣誉。19世纪末到20世纪初，皇家地理学会最重要的奖章基本都授予了中亚和喜马拉雅的探险者，这推升了整个欧洲对于中国西藏地区的探险热情。

---

① 关于英国利用这些训练出来的“班智达”探查西藏，国外已经有较多研究，参见 Waller D, *The Pundits: British Exploration of Tibet and Central Asia*, The University Press of Kentucky, 1990；Stewart J, *Spying for the Raj: The Pundits and the Mapping of the Himalaya*, Sutton Publ., 2006.

② Cameron I, *To the Farthest Ends of the Earth: The History of the Royal Geographical Society 1830-1980*, Macdonald, 1980, p. 265.

③ Seebohm H, Walker J T, Morgan D, et al., “A journey across Tibet: discussion”, *The Geographical Journal*, 1893, Vol. 1, No. 5, p. 406.

④ Holdich T H, *Tibet, the Mysterious*, F. A. Stokes, 1906, p. 223.

⑤ Royal Geographical Society, *RGS Years-Book and Record*, Royal Geographical Society, 1898, pp. 210-213.

⑥ Keay J, *The Royal Geographical Society History of World Exploration*, Hamlyn, 1991, p. 76.

⑦ Meyer K, Brysac S B, *Tournament of Shadows: The Great Game and the Race for Empire in Cenral Asia*, Counterpoint, 1999, p. 283.

表 1　1893—1925 年与西藏有关的皇家地理学会金质奖章获得者

年份	探险者	获奖原因
1893	William W. Rockhill	在中国西部包括西藏的旅行和探险
1894	Hamilton Bower	自西向东穿越西藏的旅行
1900	Captain C. H. D. Ryder	在云南的勘查以及同西藏使团的联络
1910	Colonel H. H. Godwin- Austen	在印度东北边境的考察和对喀喇昆仑山的开拓性研究
1911	Colonel P. K. Kozloff	在戈壁沙漠、西藏北部和蒙古的考察
1916	Captain F. M. Bailey	在印度和中国西藏边界的考察和对雅鲁藏布江流向的探查
1917	Brigadier-General C. G. Rawling	在西藏西部和新几内亚的探险
1925	Brigadier-General C. G. Bruce	毕生致力于喜马拉雅探险的地理学工作

资料来源：Cameron I, To the Farthest Ends of the Earth: The History of the Royal Geographical Society 1830-1980, Macdonald, 1980, pp. 265-268.

二、皇家地理学会与英帝国的西藏圈

从 19 世纪末到 20 世纪 40 年代，围绕西藏知识的生产和传播，在英国本土和印度殖民地逐渐形成了一个围绕西藏的利益群体，包括已经退休或在任的负责西藏事务的边境官员、主张对西藏采取“前进政策”的人员、因入藏而获得声誉的探险家和学者、计划入藏考察或登山而未能如愿的个人或机构、与西藏有贸易关系的商人和公司、立志于在喜马拉雅地区传教的宗教团体等。他们的个人生活、学术研究、政治追求、荣誉等都与西藏直接相关。这个圈子不大，联系却很紧密并高度专业化。他们经常在伦敦、德里或加尔各答组织有关西藏的报告会、摄影展、讨论会等，对于最新的西藏信息保持高度敏感和关注。西藏圈有固定的利益分配与协调机制，涉及资金分配、入藏机会、个人荣誉、探险成果、文学生产、仕途升迁、殖民利益等。例如，皇家地理学会的资金源于英国政府、基金和私人捐助，政府资助的多少取决于其为帝国了解“未知土地”所做的贡献。皇家地理学会则依据帝国不同时期地缘政治关注的重心来确定自身地理考察和研究的重点。学会内部也有一套资助的标准和申请程序，决定资助谁、到何处考察以及提供相关外交、交通和当地殖民机构协助的便利等。皇家地理学会与印度殖民机构存在半官方式的合作关系，例如谁是合适的入藏人选，最终决定权掌握在印度殖民地边境官员手中。皇家地理学会是把英帝国官方与非官方的涉藏人物、利益群体凝聚在一起的核心机构，是他们建立联系、分享信息的平台。

西藏圈的核心是印度殖民地负责西藏事务的骨干官员。由于侵藏需要和长期涉藏事务历练，英印政府培养和训练出一批深悉西藏语言、历史和文化，熟知西藏内部政治和人事情况并与部分西藏上层有良好关系的殖民官员，如荣赫鹏（Francis Younghusband）、贝利（Frederick Marsham Bailey）、贝尔（Charles Bell）、麦克唐纳（David MacDonald）、古德（Basil Gould）、黎吉生（Hugh Richardson）等。他们不仅掌控着英国涉藏事务，而且大多著书立说，作为“西藏通”主导着整个英帝国的西藏知识生产。他们研究西藏有某种程度的个人兴趣，但主要还是服务于殖民地官员的职责，这决定了他们绝不是作为中立的观察者进行西藏知识生产。“关于西藏知识的生产、信息的处理和传播首先服务于英印政府和有分离倾向的西藏上层的利益。”[①]但是，由于作为皇家地理学会成员或通过学会出版作品、发表言论，他们在普通人眼中不再具有殖民地官员的身份，而变成了纯粹的地理学家、动植物学家、摄影爱好者、西藏游记作家等。正是通过皇家地理学会这样的科学机构，负责西藏事务的官员们可以在殖民统治和科学研究之间毫无障碍地实现身份互换，体现了英帝国创建和维护过程中，科学知识与政治力量的紧密结合。

皇家地理学会的领导者基本都是英帝国的政治精英和殖民开拓者。从 19 世纪末开始，学会的活动和指导思想就日益与上述英国在喜马拉雅地区的殖民官员紧密联系在一起，一些人则直接进入了学会核心领导圈。[②]寇松、霍尔蒂奇、荣赫鹏正是凭借政治地位以及中亚或西藏专家的身份而相继成为学会的主席。寇松成为印度总督后主张对西藏采取“前进政策”，策划了 1904 年的侵藏战争。他还是一位卓越的中亚探险者和研究者，由于在“波斯历史、地理考古和政治方面的著作，在法属印度与中国边界的旅行，在兴都库什、帕米尔和阿姆河的考察”获得学会奖章。他长期担任学会副主席，从 1911 年起成为主席。1917—1919 年担任主席的霍尔蒂奇也是一位与中亚和西藏关系密切的殖民地官员。他自 1865 年起就作为皇家工程师在不丹从事地理测量，后来成为印度的总测量师（surveyor-general），直到 1897 年退休都在印度西北边境工作。1887 年，霍尔蒂奇由于为测量帕米尔高原和划定阿富汗边界所做的贡献，获得了学会奖章，还撰写了《印度边境地区》（*The Indian Borderland*）和《神秘的西藏》（*Tibet，the Mysterious*）等著作。荣赫鹏则在 1890 年因 1886—1887 年穿越中亚的旅行被授予学会最高荣誉——创立者金质奖章，时年只有 24 岁。他是寇松对藏政策的坚定支持者，直接领导了 1904 年的侵藏战争，揭开了所谓“拉萨的神秘面纱”。他自 1919 年起担任学会主席，又在 1921 年创立了珠穆朗玛峰协会，积极组织对珠穆朗玛峰的攀登和考察。正是在他的努力下，攀登珠穆朗玛峰成了当时的“国家事业”。荣赫鹏被誉为英国的喜马拉雅事业的真正开拓者和“最后一位伟大的帝国探险家”[③]，他为学会制定的理念是：“学会的成员要努力涉足这个星球表面每一平方英尺的土地。”[④]

他们有丰富的涉藏事务经验和广泛的人脉关系，以此推进学会的西藏探险和研究。1920 年贝尔出访拉萨，在此之前荣赫鹏就为皇家地理学会和登山协会拟定了攀登珠穆朗玛峰的计划，建议通过贝尔让中国西藏地方政府允许英国登山运动员攀登珠穆朗玛峰，因为尼泊尔政府一直拒绝他们从南侧攀登，贝尔接受了这一任务。贝尔后来以略显轻松的口吻叙述说，他本可通过书信告知中国西藏地方政府此事，在他的记忆中“中国西藏地方政府还没有拒绝过他通过书信提出的要求”。但是，他又认为，书信难以讲清问题，即使中国西藏地方政府同意，也会增加不信任和疑虑。于是在同十三世达赖喇嘛谈话时，贝尔以私人方式提出请求，获得

---

① McKay A C, “Tibet 1924: a very British coup attempt?”, *Journal of the Royal Asiatic Society*, 1997, Vol. 7, No. 3, pp. 412-413.

② 学会历任主要领导者的情况，参见 Royal Geographical Society, *RGS Years-Book and Record*, Royal Geographical Society, 1898, pp. 210-211.

③ French P, *Younghusband: The Last Great Imperial Adventurer,* Harper Collins, 2004.

④ Brigham A P, “The centenary of the Royal Geographical Society”, *Geographical Review*, 1931, Vol. 21, No. 1, p. 145.

了同意。[①]同时，学会在政治精英当中的广泛关系网络使其活动在本质上与帝国事业的目标具有了一致性。[②]对于帝国在“陌生地区”开展的重大军事和政治行动，学会一般都大力支持并积极参与。它在1904年英国侵藏战争中的表现就深刻体现了这一点。当时的学会主席马克汉姆兴奋地评论正在进行中的“西藏使团”说：“一个伴有卫队的使团已经被科德尔斯顿的寇松爵士派往西藏；瓦伦·哈斯廷斯的明智政策已经由他最富才智的继任者所重启。我们的金质奖章获得者——荣赫鹏上校负责领导使团。从我们同事那里听说，我的书《进入西藏的使团》[③]能派上用场，使团携带了两本，我感到极为荣幸。使团与其卫队经过了许多吸引人的土地，很快就要到达羊卓雍措。荣赫鹏上校告诉我……自从博格尔和曼宁以来，这里的人和国家都没有改变。使团有两位出色的测量员——里德上尉和考维上尉，他们已经进行了出色的测量工作并将继续进行。我们应该会有一幅使团所经地区的上好地图……最让人期待的是，这样一个极为重要的使团的领导者应该既是地理学家也是外交官，没有比我们的金质奖章获得者荣赫鹏上校更好的人选了。”[④]对西藏的军事行动在地理测量、精确地图的绘制等方面实现了个人探险无法达成的目标，而寇松、荣赫鹏作为会员和奖章获得者，策划领导了对西藏的军事行动，大增了学会的声誉。因此，马克汉姆才赞誉寇松治理印度的智慧，表扬荣赫鹏是地理学家与外交官的完美结合：“他身上融合了坚定的意志、决心与和解精神，因此能在一开始击败喇嘛们的反对，最终又能赢得他们的心灵。”[⑤]

皇家地理学会完全赞成这次战争，在对战争的描述和“意义”阐释上与相关殖民地官员保持着高度的一致。英印政府、筹划者和亲历者都采取了隐匿残酷罪行、美化自身行为的描述方式，称这场战争为“英国使团”（British mission）、“荣赫鹏使团”（Younghusband mission）或“荣赫鹏考察”（Younghusband expedition），规模庞大的侵略军则被描述成“使团卫队”，迫不得已的情况下才会使用一个遮遮掩掩的词——武装考察（armed expedition）。[⑥]对于侵略军给西藏造成的巨大人员伤亡、破坏及其暴行更是讳莫如深。英国官方人物在公开场合也一贯美化此次侵略，并通过强调后来所谓西藏与英国的友好关系和西藏人对英国的“好感”来辩护，学会的领导者也基本持这种论调。例如，1924年贝尔在学会就其“拉萨一年”开始演讲前，主席泽特兰（Lawrence Dundas Zetland）向听众们说：“那一使团无疑为我们同西藏人的友好关系奠定了基础，但是对西藏人而言，使团必须要呈现得像一支强大的大不列颠军队，才能向这个倔强的邻居强加条件。自那以后，西藏与我们的关系发生了最显著变化。目前，西藏人对英

① Bell C, *Der Große Dreizehente*, Lübbe, 2005, pp. 332-335; Bell C, *Tibet: Past and Present*, Munshiram Manoharlal Publisher, 1990, pp. 183-184.

② Bishop P, *The Myth of Shangri-La: Tibet, Travel Writing and the Western Creation of Sacred Landscape*, Athlone, 1989, pp. 13-14.

③ 指马克汉姆编纂的博格尔和曼宁的入藏游记，参见 Markham C R, *Narratives of the Mission of George Bogle to Tibet, and of the Journey of Thomas Manning to Lhasa*, Trueber, 1876.

④ Markham C R, “Address to the Royal Geographical Society, 1904”, *The Geographical Journal*, 1904, Vol. 24, No. 1, 1904, p. 7.

⑤ Markham C R, “Address to the Royal Geographical Society, 1905”, *The Geographical Journal*, 1905, Vol. 26, No. 1, p. 9.

⑥ 当代英国学者麦基（Alex McKay）已经指出，“使团”（mission）是一个错误的名称，正确的名称应该是“英国对西藏的侵略”（the British invasion of Tibet），并对英国的这次侵藏进行了反思性和批评性的研究，参见 McKay A, “The British invasion of Tibet, 1903-1904”, *Inner Asia*, 2012, Vol. 14, No. 1, pp. 5-25.

国是最为友好的，我可以毫不犹豫地说，（西藏）事务这种极其令人满意的状态，即使不是主要地也是大部分源于今晚的演讲人——查理斯·贝尔先生过去二十年间的努力工作。”[①]

在20世纪前半期，以皇家地理学会为核心，对西藏感兴趣的各色人物也形成了一个欧洲范围的西藏圈。西藏探险变成了一项欧洲人的集体事业，有关西藏的最新信息可以在这个圈子中迅速传播和交流。[②]每当某一探险者从西藏归来，这个圈子中的人物争相邀请他到本国演讲或授予荣誉，作品也很快被介绍到本国。他们熟悉对方的作品和学术成就，在西藏研究上既彼此帮助，分享信息，又相互竞争。英国人一直牢牢掌握着这个圈子的主导权，这很大程度上是通过皇家地理学会来实现的。学会能迅速将各国出色的西藏探险者吸引到自己的影响范围内，这得益于它在西方地理学界的权威地位。西方当时很多知名西藏探险者都是它的会员或曾被邀请演讲，包括俄国的库兹洛夫、瑞典的斯文·赫定、美国的柔克义、德国的菲尔希讷（Wilhelm Filchner）、奥地利的哈勒（Heinrich Harrer）等。赫定的经历可以从一个侧面反映皇家地理学会在整个欧洲的西藏知识生产中的权威地位。由于在中国新疆和西藏探险上的杰出表现，学会接纳他为荣誉会员，多次邀请他到伦敦演讲，两次授予他奖章。赫定在第一次世界大战中支持德国，被取消了会员资格。但是他无法忽视学会的巨大影响力，需要通过《地理学刊》让学界了解自己的最新研究。他将新出版的“西藏南部”（Southern Tibet）丛书寄给学会，并希望学会刊发书评。学会不能自作主张，需要听取殖民机构的意见，秘书辛克斯（Arthur Hinks）将赫定的两封信寄给了负责西藏事务的贝尔。贝尔回信说：“（赫定）简直是厚颜无耻。战争一开始他就站在德国一边。他一直反对英国，也是唯一因此被开除出学会的人。……（皇家地理学会）委员会认为，我们应该记住赫定的忘恩负义。”[③]英国人从此再也没有为赫定的探险活动和研究提供过帮助。

三、皇家地理学会的西藏知识生产

英国曾在很长一段时期内主导着西藏与西方世界之间的关系，它作为一个帝国主义者出现在印度和喜马拉雅地区，因此所有的相关研究都应为这一中心服务。[④]皇家地理学会正是英国在喜马拉雅的殖民扩张与有关当地的知识生产之间的重要结合点。学会及其探险者充当先锋，提供地理方面的情报，帝国则为学会的入藏考察提供政治甚至武力支持。总体上，英国主要通过两种方式获取西藏知识：军事的暴力劫掠与和平的科学考察。学会以科学研究名义所进行的公开或秘密的探险是收集西藏情报的一种常规方式。帝国关于东方的知识生产也来自对被占领地区书籍、艺术品和人类学、地理学、动植物学等方面物品的大规模偷盗和抢掠。学会的地理学研究很大程度上也依附于军事远征和知识劫掠。1867 年英国入侵埃塞俄比亚，学会主席默

---

① Bell C, “A year in Lhasa”, *The Geographical Journal*, 1924, Vol. 63, No. 2, p. 101.

② Bishop P, *The Myth of Shangri-La: Tibet, Travel Writing and the Western Creation of Sacred Landscape*, Athlone, 1989, p. viii.

③ Meyer K, Brysac S B, *Tournament of Shadows: The Great Game and the Race for Empire in Cenral Asia*, Counterpoint, 1999, p. 343.

④ Bishop P, *The Myth of Shangri-La: Tibet, Travel Writing and the Western Creation of Sacred Landscape*, Athlone, 1989, p. viii.

奇森就利用与政府的关系，派出一个由植物学家、气象学家、地质学家和地理学家组成的考察队随远征军一同行动。英军占领马格达拉后，他认为这不仅是军事胜利，也确认了帝国在科学上的领先地位。①

1904 年的侵藏战争也是英国一次大规模的西藏知识生产活动。随军的专家、记者以及部分军官对藏传佛教、西藏人的生产生活、民族个性有了更深入的了解，在西藏历史上第一次有如此规模的白人涌进拉萨。参与者撰写了大量报告、报道、游记、回忆录等，英国关于西藏的自然科学知识也大幅增长。②就地理学而言，英国测量员第一次堂而皇之地对西藏进行了大规模调查。里德上尉（Captain Ryder）测量了春丕谷以及从帕里到拉萨道路沿线的所有地区，详细测量了拉萨城。荣赫鹏派遣罗林（C. G. Rawling）、里德从江孜出发，沿雅鲁藏布江向西直到噶大克（噶尔雅沙旧称）进行考察。英国人还确定了从印度到拉萨之间所有高一点的山峰的海拔。这些测量活动的报告和结果都优先提供给学会，学会也邀请相关军官演讲和讨论。例如，罗林向英印政府提交了一份《西部西藏军事报告》的秘密文件，同时在《地理学刊》上发表了《西藏西部和鲁多克考察》的文章③，学会授予了里德和罗林奖章。1905 年，荣赫鹏在学会作题为“西藏使团的地理学成果”的报告，他指出：“虽然这不是谈论使团的军事和政治任务的地方，但是我至少可以说一下达成的目标，我可以确定，从此以后所有的欧洲旅行者都将是英国 1904 年的拉萨使团的获益者。”④这恰切表述了西藏知识生产和军事行动的关系。对这场战争而言，军事和政治任务是第一位的，地理学考察、西藏向探险者的开放等只是附带成果，但是皇家地理学会乃至整个欧洲的探险界都从中受益。

总体上，学会的西藏地理学研究、考察探险、地图绘制与英印政府的政治军事活动是合二为一的。学会明确鼓励那些能将公务活动与科学研究相结合的知识生产方法，因为它既有科学功能，也有政治意义。马克汉姆在 1900 年授予英国军官迪西（H. H. P. Deasy）奖章的讲话中指出，尽管面临各种困难，迪西依然成功考察了“中亚一个完全不为人知的部分”，科学绘制了西藏的地图，赢得了印度测绘局的完全的认可：“你所作的不仅是非常有价值的地理学上的而且是政治上的事业。”⑤同样，1925 年学会授予台克满（Eric Teichman）默奇森奖，原因是他在担任英国驻重庆领事馆外交官期间撰写的关于“遥远的中国西部”的地理学著作，这些涉及甘肃、陕西和西藏东部的作品为学会做出了贡献。他利用外交官的身份在这些地区旅行尤其是在 1918 年的康藏纠纷中充当“调停人”，对当地进行了认真观察，让人了解了西藏东部这一“难以进入的地区”的政治和地理状况。“在明智审慎地使用担任公职时获取的信息并公开发表以推进我们的科学方面，他的作品就是出色的榜样。”⑥

---

① Driver F, *Geography Militant: Culture of Exploration and Empire*, Blackwell, 2001,, pp. 43-44.

② 关于伴随此次侵略的科学考察和知识生产活动的系统梳理，参见刘亮：《20 世纪初荣赫鹏侵藏英军对拉萨等地综合探查的研究》，《自然科学史研究》2012 年第 3 期，第 314-328 页。

③ 参见 Rawling C G, “Exploration of Western Tibet and Rudok”, *The Geographical Journal*, 1905, Vol. 25, No. 4, pp. 414-429.

④ Younghusband F, “The geographical results of the Tibet Mission”, *The Geographical Journal,* 1905, Vol. 25, No. 5, p. 482.

⑤ “Meetings of the Royal Geographical Society, Session 1899-1900”, *The Geographical Journal*, 1900, Vol. 16, No. 1, p. 115.

⑥ “Meetings: Royal Geographical Society: Session 1924-1925”, *The Geographical Journal*, 1925, Vol. 66, No. 1, p. 94.

在近代西方与中国西藏的关系中，英国充当了主要的纽带，伦敦则是西藏知识的信息库和中转站。位于伦敦的皇家地理学会等科学机构担负着对日益剧增的西藏信息、秘密情报、数据、地图、档案以及人类学物品进行保存、整理、研究的功能。荣赫鹏和瓦代尔（Laurence Austine Waddell）在西藏收集的大量佛教文本分藏在大英博物馆、剑桥大学图书馆、印度事务部图书馆[①]，斯坦因从敦煌带回的藏文经卷则全部藏于印度事务部档案馆。英国重要的西藏探险的原始报告、地图和照片等则存于皇家地理学会。学会能优先得到英国殖民地官员、战士、情报人员等获取的西藏信息和物品。有些具有保密性质的信息经过一段时间之后不再那么敏感，也会通过学会加以公开。随着时间流逝，这些情报信息在当初主要服务于殖民活动的色彩会被逐渐掩盖和遗忘，最终变成纯粹的学术资料。学会也承担着对西藏知识的评价功能。它聚集了一个高度专业化、享有权威地位的西藏圈，他们是长期负责西藏事务的殖民地官员、知名的探险者或藏学家。他们的评价可以大大提高某部作品的权威性和影响力。例如，哈勒的《西藏七年》（*Seven Years in Tibet*）英文版于 1953 年在伦敦出版，前英国驻拉萨代表黎吉生精心修改过此书并赞誉有加。学会随之邀请哈勒到伦敦、曼彻斯特等六个城市巡回演讲。《地理学刊》连续刊发书评，刊登了他的演讲稿《我的西藏七年》和他拍摄的几组西藏照片。[②]哈勒的一夜成名显然得益于学会的推动。

学会会刊《地理学刊》长期以来都是西方地理学最权威的刊物，每一期“都是蕴含丰富信息的宝藏，在这里世界上某些遥远的角落成为焦点并第一次在科学的光辉中获得了评估”[③]。《地理学刊》也是西方人获取西藏信息的权威来源。它刊登的第一篇系统介绍西藏的文章来自普鲁士传教士郭实腊（Karl Friedrich August Gützlaff）。1831 年起英国人开始在中国南部和东部沿海大规模走私货物和鸦片，郭实腊充当英国走私船的翻译和医生。学会希望他能搜集和提供有关西藏的信息，他在参考中国有关西藏的资料后给学会副主席斯道顿（Geoge Stauton）写了两封介绍西藏的长信，经修改后刊出。文章介绍了西藏与内地的经济文化关系、中原王朝与西藏地方政权关系的历史，总体上比较详尽也符合事实。[④]但是在 19 世纪 90 年代以前，西藏并不是学会关注的重点，这反映在刊发的涉及西藏的文章数量上。1850—1890 年的 40 年间《地理学刊》共刊登了 8 篇有关西藏的文章，而 1891—1920 年就有 78 篇。[⑤]《地理学刊》提供西藏知识的方式主要有三种：刊登有关西藏的论文、报道和考察报告；组织有关西藏地理方面的科学讨论和争论，如关于某条河流的流向和源头、某个山峰的正确坐标等；邀请探险者做报告，刊登其报告和讨论的内容。

西藏探险者都以到学会演讲为荣，讲述西藏见闻，展示地图、照片或电影等，重要的演讲一般还会邀请知名的西藏事务专家参与讨论。荣赫鹏在 1905 年到学会演讲，受到英雄般的欢

---

① 相关藏文文本的情况，参见 Diemberger H, “The Younghusband-Waddell collection and its people: the social life of Tibetan books gathered in a late-colonial enterprise”, *Inner Asia*, 2012, Vol. 14, No. 1, pp. 131-171.

② 参见 Harrer H, “My seven years in Tibet”, *The Geographical Journal*, 1954, Vol. 120, No. 2, pp. 136-145.

③ Cameron I, *To the Farthest Ends of the Earth: The History of the Royal Geographical Society 1830-1980*, Macdonald, 1980, p. 21.

④ Gützlaff C F, “Tibet and Sefan”, *Journal of the Royal Geographical Society of London*, 1850, Vol. 20, pp. 191-195.

⑤ 两个数据由作者依据西文过刊数据库（JSTOR）所收录的 1850—1920 年《地理学刊》文章统计。

迎，由于学会的大厅容纳不了太多听众，他又为不能入场的人作了第二场报告。他带回了完全崭新的西藏地理学、人类学的发现和观点，《地理学刊》刊登了他的报告和讨论内容。[①]1938年，学会邀请在1936年随古德使团入藏的查普曼（Spence Chapman）演讲。他报告了在拉萨的见闻并展示拍摄的照片和纪录片。倾听报告、参加讨论的有亨利·贝尔福、荣赫鹏、奥康纳和美国西藏探险者苏丹·卡亭等知名人物，《地理学刊》则以《1937年的拉萨》为题刊登了讨论内容。[②]《地理学刊》还直接刊登入藏探险者和殖民地官员的报告、地图和照片等当时其他国家难以获取的珍贵信息。蒙哥马利就随时将土著人探查西藏的结果详细报告学会，《地理学刊》在1868年和1869年连续刊登了他两篇共计140多页的报告。[③]英国探险者绘制的地图也相当精美，蒙哥马利1868年的报告首次公开了南辛从尼泊尔到拉萨以及在雅鲁藏布江探险路线的彩色地图。鲍尔和韦尔比也通过《地理学刊》公布了两幅精美的彩色西藏地图。[④]荣赫鹏则在1905年向学会披露了最新绘制的从春丕谷到拉萨之间的一幅1∶1500000的彩色地图，详实标注了进军拉萨的路线、山口的位置和海拔、河流湖泊、山脉和山谷的走向、重要居民点等。[⑤]1904年的英国侵藏战争也是西方人第一次大规模用现代影像手段记录西藏[⑥]，寇松将一部分照片送给了学会。《地理学刊》在1905年展示了荣赫鹏拍摄的8张效果良好的照片，包括羊卓雍措、布达拉宫风光和四位噶伦的合影等。这些关于西藏最新情况的报告、地图、摄影、演讲和讨论保证了学会在西藏研究方面的领先性和权威性。

学会还配合印度事务部等机构审查和监控有关西藏的信息和作品。学会所有关于西藏的出版物和信息都要接受印度事务部审查并随时听取印度边境官员们的意见。同时，凡是由学会资助的西藏探险者，其作品必须经由学会审核和修改。20世纪20年代以后，从印度入藏的旅行者要在声明上签字：他们的旅行作品都要送交英印政府审查。目的是确保有关西藏的信息都能处于英印政府的控制之下。查普曼曾向学会提交了一篇旅行报告，学会秘书辛克斯删除了一系列内容后将它提交印度事务部审查，印度事务部又做了进一步的删改。辛克斯确信，“印度事务部删除那些部分是完全正确的”[⑦]。学会另一职责是褒扬有利于英国的作品，压制和批评“不和谐声音”。1923年2月，美国旅行者麦克格文（William McGovern）未经英印政府同

---

① 参见 Younghusband, F “The geographical results of the Tibet Mission”, *The Geographical Journal*, 1905, Vol. 25, No. 5, pp. 481-493; Holdich T, Gordon T, Freshfield D, et al., “The Geographical Results of the Tibet Mission: Discussion”, *The Geographical Journal*, 1905, Vol. 25, No. 5, pp. 493-498.

② Balfour H, Younghusband F, O'Connor F, et al., “Lhasa in 1937: discussion”，*The Geographical Journal*, 1938, Vol. 91, No. 6, pp. 506-507.

③ 参见 Montgomerie T G, Pundit, “Report of a route-survey made by pundit, from Nepal to Lhasa, and thence through the upper valley of the Brahmaputra to its source”，*The Journal of the Royal Geographical Society of London*, 1868, Vol. 38, pp. 129-219; Montgomerie T G, “Report of the trans-Himalayan explorations during 1867”，*The Journal of the Royal Geographical Society of London*, 1869, Vol. 39, No.3, pp. 183-199.

④ 参见 Bower H, “A journey across Tibet”, *The Geographical Journal*, 1893, Vol. 1, No. 5, pp. 385-404; Wellby M S, “Through Tibet to China”, *The Geographical Journal*, 1898, Vol. 12, No. 3, pp. 262-278.

⑤ “Sketch map of part of Tibet showing route to the British expedition to Lhasa 1904”, In Younghusband F, “The geographical results of the Tibet Mission”, *The Geographical Journal*, 1905, Vol. 25, No. 5, pp. 481-493.

⑥ 关于1904年英国侵藏战争期间的摄影活动，参见 Koole S，“Photography as event: power, the Kodak camera, and territoriality in early twentieth-century Tibet”，*Comparative Studies in Society and History*, 2017, Vol. 59, No. 2, pp. 310-345.

⑦ McKay A, “Wahrheit, Wahrnehmung und Politik”, In Thierry Dodin und Heinz Räther Hg., *Mythos Tibet: Wahrnehmungen, Projektionen, Phantasien*, DuMont, 1997, S. 36.

意，化装进入拉萨，六周后被驱逐。他的游记有许多不利于英国的描述，极大激怒了印度边境官员。他宣称在拉萨有一个支持中国人的派别，支持中国而反对英国。他还透露，大吉岭是英印政府通过补偿（reparations）的办法从独立的山地小国锡金获取的。[①]当时的锡金政务官贝利让学会秘书辛克斯在《地理学刊》上组织文章，“在法律许可的范围内”，对麦克格文的可信赖性和声誉进行攻击。《地理学刊》1924 年第 2 期的一篇文章专门批评了麦克格文的行为和观点。文章说：“麦克格文先生偏爱制造耸人听闻的报道，他的报道所仅有的一点价值也因此大打折扣。”[②]贝尔则在《十三世达赖喇嘛传》中把麦克格文的书称为“惊险小说”（a thriller）。[③]这些都使公众倾向于认为麦克格文的作品并不可信。

皇家地理学会也为西藏作品的写作方式、叙述风格设置标准，在培养公众关于西藏的审美情趣和认知偏好方面拥有巨大的影响力。澳大利亚学者毕肖普（Peter Bishop）认为，“通过选择和鼓励某一形式和风格的旅行报告和作品，同时排斥其他类型，英国人把制造幻想的权力运用到了喜马拉雅和西藏，使这种看待世界风景的方式合法化——一种贵族式的地缘政治浪漫主义”[④]。作为科学机构，学会在思想上并不排斥“旅行的浪漫”和心理想象，帝国的科学、政治精英也要兼具浪漫主义的情怀。1905 年，在讨论荣赫鹏题为“西藏使团的地理学成果”的报告时，后来的学会主席佛莱士费尔德激动地评论说：“我们今晚作为一个科学协会的一员或客人相聚一堂。我们有科学精神，但是无法排斥或消除旅行的浪漫。如此众多的人来聆听他们的英雄亲口讲述这个时代的一个伟大的探险故事。在这个大厅，还曾经有人讲述过比揭开拉萨的面纱更为浪漫的故事吗？荣赫鹏先生和他的卫队在与这些陌生人打交道时体现出了耐心、毅力、坚忍、得体、同情和人道，这难道不比伊丽莎白时代的探险者们所展现的英雄主义更加伟大吗？这两千人向拉萨的挺进将是亚洲历史上划时代的事件。”[⑤]充满暴力的进军过程被描绘和想象为帝国的殖民先锋们一次充满奇遇和浪漫色彩的探险之旅。这种地缘政治的浪漫主义和探险者们体现的“帝国精神”是英国各类作品在叙述西藏时着力突出的内容，也是学会为“书写西藏”设置的叙事标准和价值偏好。

皇家地理学会赋予了西藏在科学上、审美上和认识论上的意义，目的是创造一个特殊的、人们渴望的西藏形象。1811 年，英国的曼宁到拉萨并停留五个月，旅行日记直到 1871 年才被出版。但是它已不符合“新时代”人们的口味，也无法让读者接受它所描述的西藏形象。学会的编辑人员认为，“这些日记缺少生动的描述和激动人心的偶然事件，因此无法让人感到愉悦，它应该有更多对原始的高山风光的描述”[⑥]。通过对这种偏好的鼓励和选择，学会为西方读者创造了相似的阅读口味和认知标准。那些更多体现了这种风格和叙述方式的“官方故事”

---

① McGovern W M, *To Lhasa in Disguise*, The Century, 1924, p. 13, 408.

② The Royal Geographical Society, “A monthly record-Dr. McGovern’s visit to Lhasa”, *The Geographical Journal*, 1924, Vol. 63, No. 2, p. 170.

③ Bell C, “Portrait of a Dalai Lama”, p. 355.

④ Bishop P, *The Myth of Shangri-La: Tibet, Travel Writing and the Western Creation of Sacred Landscape,* Athlone, 1989, p. 73.

⑤ Holdich T, Gordon T, Freshfield D, et al., “The geographical results of the Tibet Mission: discussion”, *The Geographical Journal*, 1905, Vol. 25, No. 5, p. 495.

⑥ 参见 Bishop P, *The Myth of Shangri-La: Tibet, Travel Writing and the Western Creation of Sacred Landscape,* Athlone, 1989, pp. 74-79.

（official stories）在出版和评价上更容易受到学会的青睐。这样，“为出版而旅行”的观念在入藏旅行者当中就占据越来越重要的地位。他们在入藏以前要充分了解本土读者关于西藏的阅读兴趣，旅行过程中以一双“大众的眼睛”来观察见到的一切，努力寻找或刻意制造曲折情节，使用更为文学化的语言。旅行者要强调自身旅行相对于前人的独特性，不断增加比已有作品更为壮丽、神秘和更具异域风情的内容。层层积累的结果就使西藏形象越来越脱离现实，呈现虚幻的色彩。

四、结论

英帝国在长期的侵藏过程中形成了一套完整的涉藏知识生产体系，它包括了政治权力、科学研究和大众文化三个基本机制。皇家地理学会正是这三种机制的混合体，也是联结它们的关键一环，它与负责西藏事务的骨干官员们一起构成了这一知识生产体系的“硬核”。总体上，学会在西藏知识生产中主要担负了四种功能：获取西藏情报和知识、交换与存储西藏资料、传播和监控西藏信息、引领英国本土关于西藏的大众文化消费。学会的探险家、地理学家们一般都有对西藏的强烈兴趣并拥有高度的专业精神。探险家们以其坚忍的品格，克服自然的和政治上的困难进入中国的西藏地区，精确测量和观察青藏高原的地理、气候、景观和人群，不断生产着有关西藏的各类科学知识。直到今天，学会依然保存着极为丰富的有关西藏地理、历史和社会方面的文字资料、地图、摄影等，而且基本都对公众开放。但是学会的发展与英帝国的兴衰紧密相联，其西藏知识生产本质上与英国在南亚、中亚的殖民活动互为表里，彼此支撑。它让人们客观认识西藏的同时，又与帝国殖民机构相配合，不断地封锁、虚构和神话化西藏，让人们离真实的西藏越来越远。这种矛盾性在近代英国关于“他者”，尤其是东方地区的知识生产活动中是独一无二的。由于英语是世界范围内的“帝国式语言”，英国人的西藏作品天然具有被广泛接触和阅读的优势。学会所在的伦敦集英帝国的政治、文化和物质消费中心于一身，是新奇的文化事物、异类的审美情趣和新风尚的引领之地。伦敦还是出版业的中心，20 世纪上半叶在西方有影响的西藏作品大部分是在伦敦出版的，它们在伦敦能被欣赏、消费乃至成为文化焦点。这些都为皇家地理学会掌握西藏知识生产和传播上的“文化霸权”提供了有利条件，也使其生产的有关西藏的或真实或虚假的知识具有了全球影响力。

（原载《史林》2020 年第 4 期；
赵光锐：南京大学政府管理学院副教授。）

一匹“老马”的历史：生态系统概念的科学与文化根源

唐纳德·沃斯特；蓝大千译

摘　要：“生态系统”一词对我们的时代而言非常重要，它既是一个科学概念，也是适用于场所、企业、政治、社群，以及各类社会现象的宽泛隐喻。然而，即使在科学界，也鲜有人意识到，该词在其最频繁的使用者——生态学家——那里一直颇具争议性；同样，人们也不知道它涵盖着极为不同的世界观。eco 指代生态和演化，查尔斯·达尔文的混乱而不确定的世界；而 system 来自 18 世纪的启蒙运动及以物理学家艾萨克·牛顿为代表的机械的、有序的世界观。如此双重遗产令该词语义多有含混、矛盾。它诞生于 20 世纪 30 年代，在 20 世纪 50 年代扩散入公众用语，今天，人们普遍认为它意味着某种具体而真实的物体。在人们看来，它是概括自然的现代词汇。但是，其纠结的历史告诉我们，我们对于自然的认识既非简单而统一，也非全然一以贯之。

关键词：生态系统；生态；机理；系统理论；超级有机体

2001 年，罗伯特·奥尼尔（Robert V. O’ Neill）提出了一个醒聩振聋的问题：“是否已是时候埋葬生态系统概念？”在其向美国生态学会发表的罗伯特·麦克阿瑟演讲中，奥尼尔对此概念进行了连珠炮式的批评，其中最根本的一点在于，生态系统概念是“人类大脑有限能力下理解真实世界复杂性的产物”。随后，他抱怨道，在试图纠正此概念的不足之处时，“我们正在给一匹老马装上夹板和补丁”。而他的解决办法是让这匹伏枥老骥从痛苦中解脱，转去“购买一匹新的小马驹”。①

生态系统概念一直备受众多生态学家的青睐，被视为其学科提供的关键概念或范式。②另一方面，如奥尼尔等人则对之持沮丧和疑虑的态度。本文并非提议射杀这匹“老马”，而是试图了解其起源和壮大的过程，并询问它在当今科学家和历史学家手中是否还有用武之地。我将重温这匹“老马”的故事——它生自何方，怎样成长，如何逃逸或隐没，而后又是怎样倦马归厩。

① O’Neill R V, “Is it time to bury the ecosystem concept? (with full military honors of course!)”, *Ecology*, 2001, Vol. 82, No. 12, pp. 3275-3284.

② Cherrett J M, “Key concepts: the results of a survey of our members’ opinions.”, In Cherrett J M, *Ecological Concepts: The Contribution of Ecology to an Understanding of the Natural World*, Blackwell Scientific Publications, 1989, pp. 1-16.

一、“老马”的前史

我们知道此马大致的生年——1930 年，其诞生之地是一篇无甚名气的论文，该文作者为阿瑟·罗伊·克拉帕姆（Arthur Roy Clapham），其当时还是牛津大学的研究生，后来成为谢菲尔德大学的植物学教授。我们也知道生态系统一词在哪一年受到关注，并被更广泛地引入科学界——或者它事实上是从研究生克拉帕姆那里剽窃而来，或者委婉地说，在没有给予规范引注的情况下借用而来的。那一年是 1935 年，英国生态学家阿瑟·G. 坦斯利（Arthur G. Tansley）在一篇文章中运用了生态系统这一概念。我在下文中会讨论这些年代和坦斯利，但让我们在此之前，尝试将生态系统的概念放入更广泛的近代早期西方自然观念演变的历史之中。

今天，“系统”一词在我们周围无处不在。我们泛泛地谈论着人体消化系统，纽约高等教育系统、计算机操作系统、系统分析师和系统构建者。美国国家航空航天局给了我们“万事俱备”（all systems are go）的流行语。从这些不同的用途中，我们或可得出结论，“系统”是一种非常新潮的、现代的交谈方式。但实际上，早在 17 世纪，“系统”一词已经开始频繁现身于各类文字当中，在 18 世纪，所谓的理性时代中，尤其盛行。

《牛津英语词典》为“系统”一词设有七列字体细小的栏目，用以说明其定义并枚举其词义演变的示例。这些例子最早出现在 17 世纪中后期，并于 1700 年以后逐渐浩繁。《牛津英语词典》中关于“系统”的第一个、最古老也是最普遍的定义是，系统指的是一组有组织或相互连接的物体。系统是“相互连接、关联或相互依存的事物的集合或组合，从而形成一个复杂的整体，根据某种方案或计划，由有序排列的部分组成的整体”。在近代早期，人们随处可见这样的系统。他们看到了组织、联系、整体、方案和计划。举个例子，托马斯·霍布斯在他著名的政治论著《利维坦》（1651 年）中写道：“在我看来，‘团体’就是不同的人出于同一个目的或利益聚集在一起。”① 当一个人放眼整个自然界，无论是尘世的还是天堂的，在社会内部真实的东西在自然界中似乎更为真实。一切自然都为了一个共同的利益、一个共同的事业、一个共同的经济体系而结合在一起。一切都是制度，一切都是组织，一切都是秩序。

对于英语读者来说，在该词的核心意涵中屹立着艾萨克·牛顿，这位现代科学之父，同时也是现代系统思维之父。牛顿出生于英国林肯郡的一个小村庄，他在年轻时读过意大利天文学家伽利略的大作——《关于托勒密和哥白尼两大世界体系的对话》（*Dialogo sopra I due massimi sistemi* del mondo 或 *Dialogue Concerning the Two Chief World Systems*，1632 年首次出版）。此书让他开始思考在天际运行的太阳和行星。牛顿后来因为解释天体运行规律而闻名于世并产生深远影响。这一规律解释了引力如何将天体的轨道从它们正常的、直线的惯性轨道弯曲成巨大的圆形轨道，形成一个错综复杂的行星围绕太阳旋转的系统，且这一系统未曾间断，未受干扰。牛顿警告不要将此系统视为一台纯粹的机器，像一座巨钟或一台当时人发明的新机器。他敦促说不要只看到构造或机理，而要看设计如此系统的*伟大思想*。他写道：“万有引力解释了行星的运动，

① “System”, In *Oxford English Dictionary,* online edition, Oxford University Press, 2000, *3.b.* 1651. Hobbes, T. *Leviathan* ii. xxii. 115.

但它不能解释是谁使行星运动。上帝掌控万物并知晓一切已经完成或可以完成的事情。”[①] 尽管如此，牛顿的警告常常被忽视。人们开始着迷于这种构造，以至于忽略了它背后的伟大思想。他们被复杂的结构所吸引，为功能的仁慈所蛊惑。隐藏在背后的终极动因可能会遗失在对此构造的歌颂与对自然系统的功用与效率的赞美热潮中。

大约在1710年，乔治·格雷厄姆（George Graham）发明了一种机械装置来演示牛顿所言的太阳系的运转。我们本应该以该机械装置发明者的名字来称呼它为“格雷厄姆”，但是约翰·罗利（John Rowley）为奥勒里四世伯爵（the fourth Earl of Orrery）做了一个复制品，并谄媚地用伯爵的名字将此装置命名为“奥勒里”。太阳系仪（orrery）是一套复杂的机械装置，由机械臂、机械球和机械齿轮组成，通过精密的发条装置运转，以展现行星及其卫星围绕太阳的运转。在该装置中，地球通常需要10分钟左右才能绕转太阳一圈，因此它很难成为引人入胜的奇观。事实上，在一些观察者看来，这是一场相当无趣的演出，他们厌倦了等着地球完成它全部的轨道运行，很快便打道回府。

但是，并非只有太阳系才具有这种有序性和可预测性，地球上构成动植物群落的那一组物体也是如此。所有的植物和动物都被描述为一个“根据某种方案或计划，由有序排列的部分组成的整体”。这里最有影响的人物是《自然系统》（1735年发表于荷兰莱顿）的作者卡尔·林奈。该书列出人们可以在自然界中找到的分类学上的顺序。几年后，林奈在他1749年的论文《自然的经济体系》中，为读者提供了可称之为第一本现代生态（或原始生态 proto-ecology）的指南。林奈写道，在自然奇妙的经济体系中，地球上到处都是令人眼花缭乱的物种，它们都机械般地精密运转着，就像太阳系仪一样。每一个物种都有其独特的食物、独特的地理位置，以及与其他物种的独特互动方式。它们共同构成了一个生态的系统，在其中，一切事物都在物质和能量的巨大循环中运转，其所带来的美好结果是效率、秩序、和谐、宁静、合作的最大化。通过研究这一生态系统，瑞典的自然博物学者林奈暗示我们要学会对自然和自然之上帝心怀敬慕。[②]

对自然进行系统思考的热情一直延续到19世纪初，威廉·佩利（William Paley）的《自然神学》（1802年）就说明了这一点：“宇宙本身是一个系统；每个部分要么依赖于其他部分，要么通过某种共同的运动定律与其他部分相联系。”[③]这种科学与虔诚信仰的结合体现的不仅是佩利，也是1836年之前英国出版的布里奇沃特系列论著（the Bridgewater Treatises）背后的基本时代精神（佩利的书是该系列论著的第一部也是最著名的一部）。正如林奈所做的那样，所有这些“原始生态学家”都在植物和动物和谐的相互关系中发现了上帝存在的证据。在这个地球的系统背后，耸立着上帝，他是伟大的设计师、技术员和钟表匠。自然所展现的秩序被视为上帝存在的确凿证据。一个人无需通过《启示录》或《圣经》得出上帝存在的结论，通过仔

① 关于牛顿将上帝视为万有引力系统来源的基本观点，参见任何版本的艾萨克·牛顿全集。*Philosophiae Naturalis Principia Mathematica* (*Mathematical Principles of Natural Philosophy*)，初版于1687年。

② 参见 Worster D, *Nature's Economy: A History of Ecological Ideas*. Cambridge University Press, 1994, pp. 31-39.

③ Paley W, *Natural Theology, or Evidences of the Existence and Attributes of the Deity Collected from the Appearances of Nature*, 1802, p. 78. https://earlymoderntexts.com /assets/pdfs/paley1802_3.pdf.

细观察自然界便足以证明。

当然，这种对世界系统进行描述和思考的热情是以对数据资料进行高度选择性检验为基础的。从林奈开始，深怀宗教信仰的原始生态学家专注于理解在当时看来最重要的知识：事物如何协同运作，如何保持稳定性，如何体现秩序，以及如何展现造物主的理性。卡洛琳·麦茜特（Carolyn Merchant）在她的著作《自然之死》中批评了这种世界模式。她称其为“机械论”和“还原论”，指责其抹杀了一种更古老的观点，即自然是一个有生命的有机体，是一位伟大的母亲，取而代之的却是一个僵死的机械的东西。她认为，古老的、有生命的自然的死亡助长了人们对地球的无情开发，而这也往往被认为与现代工业和资本主义的兴起相联系。[①]

但是，麦茜特所言的情况并不是唯一可能的结果。一种资源保护哲学可能而且确实出现了，尽管它所产生的时间要晚一些：一直等到 19 世纪 60 年代，远离安定有序的英国，在更加混乱的美国，诞生了这种资源保护哲学。第一个伟大的资源保护倡导者是乔治·帕金斯·马什（George Perkins Marsh），其大作《人与自然》于 1864 年出版。马什是在 18 世纪的自然系统观的影响下长大的。“自然，不受干扰，”他写道，“如此塑造她的领土，使其在形式、轮廓和比例上几乎保持不变。”[②]这又是和牛顿、林奈类似的对一个奇妙系统的想象，这个系统处于长期的平衡状态。相比之下，马什所生活的社会——他的故乡佛蒙特州正处于边疆开发时期——产生了大量的问题，诸如森林滥伐、野生动物的毁灭、水土流失、对溪流的破坏。那些神圣的和谐正在被邪恶地扰乱。因此，虽然在旧有的系统思维范畴内进行写作，马什却为现代环境保护思想奠定了基础。

二、查尔斯·达尔文的革命

还有便是查尔斯·达尔文和达尔文主义革命。如今这是一个为人熟知的故事，尽管人们并不总是以我所采用的方式来讲述这个故事。简而言之，一位安静、退隐，然而充满智慧的革命者挑战并推翻了早先的以系统诠释自然的方式。达尔文总是谦逊而传统地把自己描述为一个博物学家，而非一个科学家，意味着他沉浸于博物学古老而具地域性的特殊性之中，而非牛顿物理学的现代普遍性。达尔文和马什年龄相仿。他的《物种起源》于 1859 年问世，仅比马什的巨著早五年。两人都周游世界，通过各自的旅行，他们都意识到了 19 世纪的世界因不断增加的人类活动而发生的剧变，产生了生态上的混乱。强大的力量四处入侵，扰乱地球。对于马什和达尔文这种相当保守的思想家来说，这个世界相比他们祖先定居时已面目全非。然而，与马什不同，达尔文挑战了他那个时代关于自然如何运作的宗教观念。可以肯定的是，他仍然保留了他所处时代的一些观点：他也期望在大自然中找到秩序、平衡和长期的稳定。然而，虽然具有保守主义的倾向，但达尔文做出了巨大而深刻的转换——从一个静态的、和谐的宇宙转向一

① Merchant C, *The Death of Nature: Women, Ecology, and the Scientific Revolution: A Feminist Reappraisal of the Scientific Revolution*. Harper Row, 1980.

② Marsh G P, *Man and Nature: Physical Geography as Modified by Human Action* (1864), Reprint: The Belknap Press of Harvard University Press, 1965, p. 29.

个历史的或发展的自然观。[①]

除了少数地质学家，任何一位在他之前的伟大科学家——牛顿、林奈——都没有以历史学家的眼光看待自然，他们对亘古存在的变化并不敏感。[②]但是，一旦以历史的眼光看待自然，世界就开始变得迥然不同：世界并非一个永久处于平衡状态、完美和谐运作的"系统"，也不是由上帝的理性头脑一劳永逸地设计而来。相反，这个世界变得更加混乱、不确定且尚未完成。达尔文认为，自然是在漫长的时间里演化产生的，这种演化是通过发生在个体生命日常层次上的自然选择而进行的。变异发生在个体生物中，这一过程他无法解释，但他认为这是偶然因素和不可预测的力量共同作用的结果。这些变异为一些个体提供了比其他个体更好的生存和繁衍的条件。这种无休止的竞争过程的累积效应是不断地创造新的变种，然后是新的物种。达尔文继续谈论不同植物和动物"物种"，但是此时物种的概念已经有了一个完全不同的含义：对他而言，一个物种并不是一种有机物的固定或理想类型，而是一种统计上的平均值。[③] 一个物种是钟形曲线上的一组点，在这些点最密集的地方，产生了我们称之为物种的标准。

达尔文自然史的核心强调个体生物为生存而奋斗。然而，值得注意的是，他也允许演化既在群体也在个体层面发生——不同的部落或社会为了生存相互竞争，从中产生输家和赢家。

> 毫无疑问，一个包括许多成员在内的部落，由于他们具有高度的爱国主义、忠诚、服从、勇敢和共情精神，他们总是准备互相帮助，为了共同的利益而牺牲自己，他们将战胜大多数其他部落；这就是自然选择。[④]

但是这些整体是由相同的物种组成的。18 世纪所推崇的那种包罗万象的伟大自然系统，并非一种完美的设计或永恒的东西。事实上，达尔文几乎从未使用过系统这个术语。即使他注意到群体或整体，他也并非要把它们描述成某种宏大的整体系统。对他而言，自然界总是不完善的，经历着混乱、挑战、竞争和变化。这个过程产生的结果并不是最终的成品，甚至不一定是对已有成果的改进，仅仅只是不同而已。

达尔文所言的不是系统，而是生命之网或生命之树，有着无止尽的分支，总是在生长和变化。用他最生动的话说，自然是"盘根错节的河岸"。[⑤]盘根错节暗示着一团混乱、纠缠在一起的东西。它似乎需要一个割草机或园丁，或者它可能吸引一个仅仅喜欢观看缠结与多样性的人。让我强调一下，达尔文是一位历史学家：这是了解他的第一件事，也是最重要的一件事。他的自然观是历史性的，而关于系统的思维与历史思维是不相容的。

追随达尔文革命生物学的是他的德国信徒厄恩斯特·赫克尔（Ernst Haeckel），他在 1866 年首创"生态学"（Oecologie）一词。三年后，赫克尔对这个新科学领域做出了重要定义：

---

① 参见 Worster, *Nature's Economy*, Part Three.

② Gould S J, *Time's Arrow, Time's Cycle: Myth and Metaphor in the Discovery of Geological Time*, Harvard University Press, 1987.

③ Mayr E, *The Growth of Biological Thought: Diversity, Evolution, and Inheritance*. Belknap Press of Harvard University Press, 1982.

④ Darwin C, *The Descent of Man* (1871), In *Charles Darwin Complete Collection of Works*, digital edition, ed. Al Wise, location 48368.

⑤ Darwin C. *On the Origin of Species* (1859), In *Charles Darwin Complete Collection of Works*, digital edition, ed. Al Wise, location 6071.

“这门学科是关于自然的经济体系的知识……是将达尔文所指的所有这些复杂的内在联系作为生存竞争的条件所做的研究。”生态学因此与林奈所言的自然的经济体系有关，但显然与“自然系统”无关，在“自然系统”中，所有的生物体都被整合成一个统一的整体。这一生态学新领域的重点在于为生存而斗争的生物体之间的体现独特个性的竞争关系。

达尔文的世界观与我作为一名历史学者所研究的世界是一致的：国家的兴衰、边界的变迁、不断竞争的群体、个人、经济，以及不断变化的思想观念。对我而言，历史是达尔文式的，是杂乱无章的、混乱不堪的，充满着偶然性，仅创造出暂时的结构和模式。但我也必须要提出这样一个问题：达尔文主义或任何历史地看待自然或社会的方法，是否遗漏了一些重要的特征？我们历史学家，包括地质学家和古生物学家，是否将我们在急速变化与社会激变中的经历解读到我们对过去以及自然的认识当中？就像我们 18 世纪的前辈一样，我们是否也是有选择性的，只不过采取了不同的方式？或者，是否还存在着一些并非人类创造的永恒真理、反复出现的模式，以及世界秩序？

历史学家已经详细讨论了达尔文主义生态学对世界上人类行为所产生的影响，有时将这些影响视为我们必须要超越的黑暗和邪恶的观念。生态学是否在某种程度上认可了前代人所憎恶的：对自然资源的无情掠夺？既然生物界给了我们一个模型，那么现在，我们是否完全有理由去干扰那些业已被干扰并且从未停止被干扰的事物?或者，恰恰相反，新的达尔文主义生态科学是否鼓励人们对地球上生命的短暂、不确定和脆弱产生更深刻的认识？而这在林奈的时代是不可能发生的。它是否教会了我们更加谨慎地行动，而不是更加残忍无忌？自然界中是否存在着一种更深层次的、达尔文主义无法解释的秩序？

三、重寻秩序的尝试与困惑

在达尔文的《物种起源》出版 70 年后，“生态系统”一词首次出现在科学家的词汇中。林奈和牛顿主义所言的“老马”如此有了一个全新的名字，这一名字表达了它的混合血统：孕育自“生态”，受精于“系统”。尽管生态学就总体而言具有达尔文主义的根源，但生态系统的概念却具有非达尔文主义的渊源。在某种程度上，生态系统概念忽视或淡化了自然选择，杂乱无章的演化，那个如此易受随机变化影响的、如此历史性又如此不可测的达尔文式世界。取代达尔文式不确定性的是 18 世纪自然博物学者们探讨的一些共同主题的回归：结构、功能、秩序、周期、平衡、理性和机械般的规律性。

我们通常认为创造生态系统概念的人是阿瑟 • G. 坦斯利。1913 年，他创立了英国生态学会，并成为这个世界上第一个生态学家学会的首任主席。他还在《生态学杂志》的编辑任上服务长达 21 年。在前文提到的 1935 年的文章《植被概念的使用和滥用》（“The Use and Abuse of Vegetation Concepts”）中，坦斯利继续抨击他认为是蒙蔽此科学领域的无稽之谈的神秘思想。弗洛伊德的神秘主义思想并不在坦斯利的抨击之列，他本人是其信徒。他抨击的是“超级有机体”（super-organism）的神秘思想，这是内布拉斯加州的生态学家弗雷德里克 • 克莱门茨（Frederick Clements）提出的著名概念。克莱门茨坚持认为，北美大草原不仅是一群自私自利的个体和物种，而且是一个超级有机体，它是从如此众多的个体生物中涌现出来的。坦斯利不喜欢谈论自然界中的任何超级有机体，他也反对动植物可能构成并生存在其中的“生物群落”的观点。他没有采用诸如有机体和群落之类的隐喻，而是转向极具还原性的物理学来寻找灵感。

尽管查尔斯·达尔文对现代科学有着重要影响，但许多物理学家和化学家仍然继续探索自然界中非演化的物理系统。例如，热力学[开尔文男爵（Lord Kelvin）、克劳修斯（Clausius）]、物理化学[威拉德·吉布斯（Willard Gibbs）、克劳德·伯纳德（Claude Bernard）、亨德森（Henderson）]领域所做的工作。他们着迷于看似趋向平衡的物理系统，并且现在他们在一些研究个体生物功能的生理学家中找到了听众。例如，沃尔特·B. 坎农（Walter B. Cannon）在1932年出版了《身体的智慧》（*The Wisdom of The Body*）一书。在此书中，坎农认为，生命体表现出自我调节的特性，使它保持在一种平衡状态，或者称其为“稳态”（homeostasis）。这种状态类似于在封闭的物理化学系统中发现的平衡状态，但在某些方面有所不同。坎农认为，作为一个独特的系统，生命体更加复杂，更具流动性。平衡是一种波动状态，时刻变化，又保持相对恒定。身体一直保持在一种动态平衡的状态中。

因此，在坦斯利进行生态研究的时期，大量有说服力的科学书籍和文章问世，描述了处于动态平衡状态的物理和生物有机体。关于系统的讨论再次流行起来，这些讨论包括展现平衡和稳定的模型，物质和能量的永恒循环，以及功能的秩序。坦斯利借用关于系统讨论的观点，开始在生态学家中推广这一观点。为了取代克莱门茨的超级有机体理论，他提出了生态系统理论。他将生态系统定义为“构成我们所言的生物群落环境的所有复杂物理因素的整体——最广义的栖息地因素”。植物和动物是这个系统的一部分，但同样无机的“组成”也是其一部分，它们共同构成一个“（物理学意义上的）整体系统”。坦斯利继续指出，生态系统在所有不同的物理系统中构成了另一个独特的类别，这些物理系统的范围涵盖“从整个宇宙到原子”。他看到了大自然中整体的等级。可以肯定的是，他承认所有这些系统都可能是人类建构的东西，是大脑出于“研究的目的”而分离出来的实体。它们“在一定程度上是人为创造的”，但“这是我们唯一可行的方法”。①

坦斯利的确试图将他的生态系统理论整合到达尔文的自然史和演化论中，从而使自己同18世纪的非历史自然系统概念保持距离。他承认，有时一个生态系统中的各类组成部分（植物、动物、土壤、气候等）不会聚集在一起组成一个新的稳定的组织；有时生态系统不会出现，有时一个初始的生态系统也会崩溃。“实际上，”他写道，“存在某种初始系统的自然选择，那些能够达到最稳定平衡的系统存活的时间最长。”换言之，生态系统之间可能会相互竞争，获胜者将成为池塘、草地或森林的潜在形态。坦斯利认为生态系统可能是通过自然选择而演化的产物；它并非如牛顿的宇宙一样来自造物主的头脑。但是请注意，如今的演化论并不意味着一个生物体出于养活自己或繁殖的目的而进行的竞争；如今演化也包括相互竞争的生态系统之间的斗争，为的是寻找哪个生态系统可以取得胜利以达到最稳定的平衡。这显然类似于达尔文“群体选择”的概念，但这些群体不再是达尔文所言的群体（由同一物种的个体构成的群体，

---

① Tansley A, “The use and abuse of vegetational concepts”, *Ecology*, 1935, Vol. 16, 284-307.

如蚂蚁或人类）。坦斯利所言的群体指的是生态系统。

获胜的生态系统是那些能够建立最长平衡期的生态系统，正如承受住所有挑战的王朝一样。弗雷德里克·克莱门茨把他的“超级有机体”的终点称作“顶级”（climax），但坦斯利更青睐“平衡”一词。它代表了各组成部分整合的最高状态，它从未被完美地实现，总是围绕着一个平均值波动，总是容易遭受入侵或动荡不安。但在生态系统层面上，演化应该产生最大的稳定性和整合性，而这可以在“在给定条件下，伴随可获得的组成部分发展的系统中”实现。

坦斯利认为这种生态系统理论的一个巨大优势是，人类在其中占有可堪夸耀的位置。克莱门茨的“超级有机体”并非如此，它没有给人类留下空间，后者只是作为“干扰者”出现。而在坦斯利看来，“人类活动被视为一种异常强大的生物因素，它日益破坏原有生态系统的平衡，并最终摧毁它们，同时形成性质迥异的新生态系统，人类活动在自然界中找到了恰当的位置”。也就是说，生态系统可以是自然的，也可以是人为的——一个由人类创造的系统，比如农业生态系统或城市生态系统，人为的生态系统和通过自然选择演化而来的生态系统一样运转良好。人类由此成为生态系统的缔造者。因此，不需要任何伟大的设计师，人类设计师有很多机会创造生态系统，生态学家应该研究这些人类创造的生态系统，就像他们研究通过自然选择演化而来的生态系统一样。

为了获取坦斯利时代前后关于生态系统概念更完整的历史图景，我们还需关注阿尔弗雷德·洛特卡（Alfred Lotka）关于生命世界中能量流的研究，他将热力学纳入对生态系统的研究当中。我们也需要关注伊芙琳·哈钦森（G. Evelyn Hutchinson）在生物地球化学和营养物质（尤其是碳、氮）的循环方面的研究。此外，还应关注哈钦森的学生雷蒙德·林德曼（Raymond Lindeman），他多年来研究明尼苏达州的雪松湖，根据这项研究他于 1942 年写作了论文《生态学的营养动力问题》，在论文中他把生态系统模式简化为能量流。我们还必须讨论控制论、信息论和计算机技术所产生的影响，所有这些理论都鼓舞了科学家，令他们头一次期待能够对整个生态系统进行建模，不是以类似于太阳系仪这样简单的机械形式进行，而是在电脑上汇集大量数字化数据的建模。①

在结束这次对生态系统概念的调查之前，我们应该简要考察将系统论应用于生态学的两位最伟大的人物：奥德姆兄弟（brothers Odum），即尤金·奥德姆和霍华德·奥德姆——美国南部之子，他们对世界各处的现代生态学都产生了巨大的影响。1953 年，他们合作编写了《生态学原理》，这是生态学领域使用最广泛、影响最大的教科书，被翻译成 20 多种语言出版。1959 年该书出了第二版，随后 1971 年发行了第三版，此时，霍华德·奥德姆已经结束了两兄弟的合作关系，独自出版了他的非常有影响力的著作——《环境、权力与社会》。②

与坦斯利相比，奥德姆兄弟的共同努力令生态系统成为生态学的核心组织概念。然而，他

① 系统论最早由奥地利生物学家德维希·冯·贝塔朗菲（Ludwig von Bertalanffy）在 1936 年发展而来。参见 https://evolutionnews.org/2018/07/who-was-ludwig-von-bertalanffy-and-why-does-he-matter. 贝塔朗菲感到有必要创造一种可以指导数个学科研究的普遍理论，因为他看到在这些学科中存在的令人咋舌的相似性。如果不同学科可以共同工作，他们或许可以找到适用于多种系统的规律。

② Odum E P, *Fundamentals of Ecology*, W. B. Saunders, 1953; Odum H T, *Environment, Power, and Society*, Wiley-Interscience, 1971. 同时参见 Odum E P, “Introductory review: perspective of ecosystem theory and application.” In Polunin N, *Ecosystem Theory and Application*, John Wiley & Sons, 1986, pp. 1-11.

们对生态系统的定义密切追随坦斯利的定义："任何涵括生物和非生物相互作用以在两者间产生物质交换的自然区域。"生态系统必须是"一个区域"，他们的例子包括一个池塘、一个湖泊、一片森林，甚至一个小水族馆。在一个池塘的情况下，为生态系统设置边界，将该个系统与另一个系统区别开来是相当容易的。而奥德姆兄弟继续辨识着各地的生态系统，使得生态系统的边界变得更加宽泛、随意。他们认为一个分水岭可以成为一个生态系统，令水流成为其决定性因素；他们甚至认为，一架飞往月球的高科技航天器也可能是一个生态系统，当然，在这种情况下，这一生态系统几乎完全是人工制造的，为宇航员提供了"生命维持系统"。

我们可以原谅公众对于什么是生态系统或什么不是生态系统所产生的困惑。这一术语是否仅指任何生物或任何生物群与无机世界之间关系的总和？如同宇航员居住在宇宙飞船这一生态系统，树木或北极熊是否有其居住的生态系统？或者一群野牛如何？一座大学校园或纽约市是否符合这一标准？还是说生态系统不仅是有机体与非有机体之间一系列不断变化的关系，而更像是人们在冬天购买并穿着的外套？它是一个真实的、离散的、物质的实体吗，是一个具有明晰边界的真实事物吗，是某种高于单个生物体、种群、物种或群落水平的"整合水平"吗？它最终是否与地球一样大——整个地球是一个生态系统吗？

这些本体论问题很难解决，但后来尤金·奥德姆又补充了另一个概念，增加了生态系统在定义上的难度。他指出，每个生态系统都遵循一个共同的"发展战略"。它经历一系列阶段，最终到达终点或目标，即平衡点。"战略"一词通常意味着一种有意识的进攻、运动或行动计划——在战争或政治运动中遵循的战略。二氧化碳、水草、昆虫幼虫和白斑狗鱼如何能聚在一起，制定出任何一种"战略"呢？尤金·奥德姆绝非言其生态系统中有任何集体意识，但他确实相信所有的系统都遵循一个共同的模式或计划。该计划旨在实现"在现有能量投入和普遍存在的物质条件所规定的限度内，尽可能庞大和多样化的有机结构"。如果成功的话，生态系统将表现出最大的多样性、效率和稳定性（即他所说的"稳态"，多少类似于沃尔特·B. 坎农所言的人体健康状况）。

奥德姆兄弟讲述了一个后达尔文主义式的故事，有着不同侧重点和结果。他们倾向于忽略搏斗、竞争或流血，同样也倾向于忽略猝然而不可预测的变异，或者充满任意可能的变化。生态系统确实发生了变化，而且每天都在变化，但对奥德姆兄弟来说，这种变化几乎总是周期性的。万事万物都在生态系统中周而复始地循环。诚然，如果一个人回到遥远的地质时代，他会发现一个比现在更加动荡不安的世界。奥德姆兄弟承认，地球经历了巨大的地质和生物革命。但在那些动荡的时代过去之后，平衡执掌一切——一直执掌下去。

唯一严重威胁生态系统稳定的是人类物种，而这是最近才出现的威胁。在这一点上，奥德姆兄弟没有坦斯利乐观，后者在他生活的绿色英国里找到了人类与自然融合的正面范例。对这两位美国人来说，这种人与自然的融合却是遍寻无踪的。长期以来，美国人一直试图无情地推动经济生产，并向敌国或太平洋上偏远的环状珊瑚礁投下原子弹，使放射性物质四处扩散。人类对生态系统的稳定造成了威胁。奥德姆兄弟开始发出和乔治·帕金斯·马什或弗雷德里克·克莱门茨相似的呼声：人类是一个干扰因素。尤其是尤金·奥德姆成为一名斗志昂扬的环保主义者，他希望保持自然的秩序与稳定，对抗现代人的干扰之手。另一方面，霍华德·奥德姆似乎对利用生态系统知识进行一些系统维护和重组的可能性更为乐观。毕竟他是佛罗里达环境工程学的教授。在彼得·泰勒（Peter Taylor）将这对兄弟的思维形容为“技术统御的乐观主义”时，他想到的主要是霍华德。① 但两兄弟都对受过生态系统训练的专家抱有相当大的信心，这些专家能够应对所有这些能量流、碳循环和相互作用的有机体。

在美国战后环境保护运动的早期，奥德姆兄弟的生态系统模型对于公众而言极具吸引力。但公众从奥德姆兄弟生态系统模型中带走的只言片语可能显得非常矛盾，甚至是完全对立的。生态系统是我们首先应该识别，然后才能保护其完整和不受干扰的事物吗？或者它是我们可以观察、测量、管理，甚至改进的事物吗？产生这种迷惑部分是由于奥德姆兄弟在描述生态系统时所使用的元隐喻。有时这些系统看起来更像是活的有机体，近乎超级有机体，容易受到外界力量的伤害，变得病态或走向死亡。在其他时候，生态系统又类似于一台复杂的机器，如同人们在装配线上制造的新机器（如计算机，通过电流的机器，不断被修补和重新设计的机器）。莎伦·E. 金斯兰（Sharon E. Kingsland）如此评论奥德姆兄弟思想中的机械方面：“具有讽刺意味的是，为了发展生态学这门旨在理解自然的科学，似乎应该通过将‘自然’描绘成人工制造的东西来加以推动，如此迫使自然与其表现出的多样性、不确定性和历史偶然性统统沦落进人造物体的窠臼之中。”②

同奥德姆兄弟一道，我们似乎已经渐渐远离了 19 世纪查尔斯·达尔文的世界观和他那盘根错节的河岸。我们处于 20 世纪现代物理学，而且是稳定状态的物理学的领域，而非自然史的领域。我们现在谈论的不再是像威廉·佩利所言的由上帝设计规划的世界，然而也不是在谈论一个由随机性、偶发性和偶然性产生的世界，一个在我们眼前不断瓦解与重组的世界。生态学再次宣称，大自然遵循某种计划或设计，或至少是一种策略。秩序、合作、和谐、稳定、优雅的设计再次成为自然的首要品质。科学家再次强调对功能而非对发展的研究。但是这一切有其意义：在 1950—1970 年，这种对“生态系统”的扩展和重新表述的概念，已经渗透到公众的想象力和日常报纸语言之中。生态系统这一从物理和机械中衍生出来并应用于日常生活的比喻，如今已达到家喻户晓的程度。它已经成为我们生活中各种实体的隐喻——场所、个人愿景、企业、政治选区和其他社会组织。生态系统也是我们这个时代大多数人被教导去感知自然的方式。

生态系统这一术语的不精确性，以及它在如此众多不同情况下的应用，使得一些包括罗伯特·奥尼尔在内的科学家试图把它完全抛弃。其他人则反对生态系统思维的静态特性：这些系统，无论它们在何处，似乎在时间上都是如此固定的。在 20 世纪 80 年代和 90 年代，许多人试图回到达尔文主义并恢复那些演化论的基础，这是一种更为严格的达尔文主义的观点。在这一行动中，生态系统的概念有时被忽视，有时受到傲慢的挑战。

我不会在此冲动下，以简单的拒绝或肯定而结束本文。生态系统概念是否代表着对世界的设计、秩序、合作与和谐的古老诉求？甚至它是否以某种深层次的方式寻找形而上的目的和意

① 关于生态系统科学的非牛顿解释，参见 Ulanowicz R E, *Ecology, the Ascendant Perspective*, Columbia University Press, 1997.

② Kingsland S E, *Modeling Nature: Episodes in the History of Population Ecology*. University of Chicago Press, 1985, chap. 2.

义，以确保我们生活在一个有计划或设计的，可以指导我们前进的世界中？为什么像生态系统这样的概念会一次又一次地出现？最后，在所有这些关于我们应该采用哪一种自然模式的历史辩论中，究竟隐含着怎样的道德关切？

（原载《华中师范大学学报（人文社会科学版）》2020 年第 2 期；
唐纳德·沃斯特：中国人民大学特聘教授，美国人文与科学院院士；
蓝大千：中国人民大学历史学院硕士研究生。）

论点摘编

科学史

清代算家的勾股恒等式证明与应用述略

李兆华

“勾股和较术”是中国传统数学的一个基本课题。其内容包括：①证明勾股定理与勾股恒等式；②求解勾股形与构造整数勾股形。前者是基本理论的研究，后者是理论的应用。根据《周髀算经》（约公元前 100 年）与《九章算术》（约公元前 50 年）的勾股形知识，后世逐渐形成“勾股算术”的三个分支：勾股测望术、勾股测圆术、勾股和较术。刘徽《海岛算经》（263 年）、李冶（1192—1279）《测圆海镜》（1248 年）可分别称之为前两个分支的经典。勾股和较术似无类似的经典可指。这一分支由来既久而史料零散，内容不难理解而条理不易推寻。尽管如此，清代算家继承古法，吸收新知，系统地总结并发展了勾股和较术。

勾股定理的证明，近人多所论述。文章关注的重点是清代算家的勾股恒等式的证明兼及应用。文中指出，吴嘉善“勾股比例表”给出的 20 式使得勾股恒等式形成系统，而各式证明的依据均见于赵爽“勾股圆方图注”，同时还指出了勾股恒等式的应用与《数理精蕴》（1723 年）的关系。以期比较全面地理解清代算家勾股和较术的成果。

吴嘉善（1820—1885）《算书二十一种・勾股》（1863 年）勾股比例表是乘积形式的勾股恒等式的系统总结，如表 1 所示。表 1 各项的字母表达式系文章所加，以便 a，b，c，$a<b<c$，分别是勾股形的三边。依原表之后的说明，凡四项呈矩形者，对角两项乘积相等。将各式依次写出共 36 式，删去重复者 15 式，再删去“和较乘和和等于较较乘较和”1 式，共得 20 式。

表 1　勾股和较比例表

二句 $2a$	较较 $c-b+a$	和较 $b+a-c$	二小较 2（$c-b$）
较和 $b-a+c$	股 b	大较 $c-a$	和较 $b+a-c$
和和 $b+a+c$	小和 $c+a$	股 b	较较 $c-b+a$
二大和 2（$c+b$）	和和 $b+a+c$	较 $b-a+c$	二句 $2a$

此 20 式，据贾步纬的推测（1872 年），源自项名达（1789—1850）《勾股六术》（1825 年）。对照项名达《勾股六术》第四术与第五术、第六术，此一推测应属可信。

文中讨论了勾股恒等式的证明。勾股恒等式证明的最早完整文献是赵爽《周髀算经注》中的“勾股圆方图注”（3 世纪初）。这篇文献为勾股和较术的理论奠定了基础。文中指出，因 a 和 b 的轮换性，即保持运算符号不变，将 a 代换为 b，将 b 代换为 a，20 式中只需证明 12 式。文中介绍了梅文鼎（1633—1721）《勾股举隅》、项名达《勾股六术》的证明方法。文中还介绍了项名达的比例证法。

文中举示有代表性的两例以说明勾股恒等式的应用。勾股弦和较共 13 事，任取 2 事作为已知条件，求解勾股形，共有 78 种情形。项名达《勾股六术》运用勾股恒等式彻底解决了这一问题。在此之前，《数理精蕴》下编卷 12 至卷 13“勾股弦相求法”（3 种情形）、“勾股弦和较相求法”（60 种情形）两节共列 63 种情形。后节的 60 种情形中，注明“旧有”8 种、“新立”18 种（含并见他条者 2 种）、“旧法变通”34 种（含并见他条者 13 种）。这是对勾股和较术的一次全面总结。然书中诸条平列，层次欠清，且个别条目算法烦琐或者疏漏。为此，《勾股六术》从 78 种情形中选定 25 种依算法分为 6 类作为基本类型，余 53 种分为 4 类运用加减运算各归结为基本类型之一。算法用二次方程且方程所据之勾股恒等式均附图证。全书层次清楚，理论严谨。

项名达指出，第六术第 8 题，已知 $a+b$，$b+a-c$，所求勾股形可能有两答并给出判别条件。“两答”是指所得两勾股形均满足 $a<b$。其主要结论如下：当 $x_1=x_2$ 时，有一答；当 $x_1\neq x_2$ 时，有一答或两答。前一种情形无需判别。后一种情形判别方法如下：先取长根（大根）为 b，并运用已知条件，得一答；是否有另答，依下式判别：

$$3\left[2b-(c+a)\right]+2(b+a-c)\leqslant c+a$$

若成立则有另答，否则无另答。求另答，取阔根（小根）为 b，并运用已知条件即可。

项名达的讨论以勾股形 13 事为限，不包括 ab，ac，bc。13 事除去 a，b，余 11 事。“勾股圆方图注”已有“已知 ab，$b+a$ 求 a，b”题。此后，ab 与 11 事之一配合之题陆续出现，至《数理精蕴》已经齐备。王孝通《缉古算经》（7 世纪初）尚有“已知 bc，$c-a$；ac，$c-b$ 求 b”题。以上共 13 题，均可运用勾股恒等式获解。需要注意的是，“已知 ab，$c+a$ 或 $c+b$，求 a，b，c”两题，需求解三次方程，而方程又有合题意的二正根。例如，“已知 ab，$c+a$ 求 a，c”题，在《四元玉鉴》（1303 年）、《数理精蕴》中均已出现，然皆求得一正根而止，致使勾股形仅得一答。这一问题至汪莱（1768—1813）《衡斋算学》第二册（1798 年）始得解决。

汪莱的这一工作是清代中叶方程论研究的肇始。

运用勾股恒等式构造整数勾股形是晚清数学比较活跃的课题。刘彝程《简易庵算稿》甲申（1884 年）春季试题第 3 题给出“勾股较俱为一”整数勾股形的造法，即已知小形 a，b，c 的勾股较等于 1，求出大形 a_1，b_1，c_1 其勾股较亦为 1。

沈善蒸《造整勾股表简法》（1896 年）将此法推广。

文中还讨论了勾股恒等式的不同形式及其变形。在《数理精蕴》之后、《勾股六术》之前，李锐（1769—1817）《勾股算术细草》（1806 年）已经解决了求解勾股形的各种情形。只是李锐据以建立方程的勾股恒等式与常用的形式不同，需经整理方能与吴嘉善各式相同。

《勾股算术细草》逐一列出这 78 种情形，并选定其中的 25 种作为基本情形，其余 53 种情形，运用加减运算各归结为基本情形。每种基本情形包括题、答、术、草、图、解等 6 项。其题、答、草系据给定的数值，运用天元术建立方程求解。术、图、解则是一般解法（术）与推导过程，是为全书的重点。除前 3 题（仅用勾股定理）、第 4 题与第 5 题（勾为已知条件）外，其余各题均立天元一为勾。除前 3 题外，各题的图、解均以两个正方形面积之差并引用弦图导出勾股恒等式，而后给出解法。李锐以此强调求解勾股形的通法的重要性。李锐举例说明，已知 $c+a$，$b+a-c$ 可有两解。

勾股恒等式的系统化及其应用是清代数学的一个重要成果。吴嘉善将勾股恒等式系统化标志着勾股和较术基本理论的完成。由李锐的工作可见，求解勾股形问题的彻底解决，其依据均见于“勾股圆方图注”。梅文鼎、项名达证明各勾股恒等式的依据亦不出“勾股圆方图注”的范围。可见，勾股恒等式的系统化实以“勾股圆方图注”为之基础。清代数学的这一成果与《数理精蕴》有直接联系。除具体内容之外，下列事实亦值得注意。汪莱《衡斋算学》第二册首先指出，已知勾股积、勾弦和求解勾股形可以有两解。而后，李锐、项名达分别以不同的方法彻底解决了求解勾股形的 78 种情形，包括有两答情形的讨论。《衡斋算学》第二册解决的问题是梅瑴成（1681—1763）工作的继续。梅瑴成只给出一答，其思索结果的最早记载见于《数理精蕴》下编卷 24“附”。《数理精蕴》下编卷 12 有“定勾股弦无零数法”一节。此后，运用勾股恒等式构造整数勾股形问题方引起清代算家的兴趣，并获得一些有意义的结果。文章重点考虑清代算家的勾股恒等式证明兼及应用。据此可以审视“勾股圆方图注”与《数理精蕴》的内容与方法的影响。

（摘自《自然科学史研究》2020 年第 3 期；
李兆华：天津师范大学数学科学学院教授。）

近代日本数学名词术语的确定历程考

萨日娜

著名翻译家严复的“一名之立，旬月踯躅”描绘了翻译过程中制定名词术语的艰巨性，但若有好的参考依据，必定事半功倍。近代中日数学名词术语确定的历程中互相借鉴的历史为中日数学交流留下了一段佳话。

建立规范统一的科学术语是社会、经济、政治、科技、教育等诸领域发展的必然和迫切的需求。西方数学在清末中国的传播，得益于西方传教士所创的印书馆和洋务运动时期建立的语言学机构和军事技术机构。近代日本的情况也类似于中国，明治维新后进行了一系列近代化改革，一些培养翻译人才和军事技术人才的教学机构，如长崎海军传习所、东京蕃书调所、箱馆诸术调所，以及幕府藩校都设置了西式数学课程，三角函数、微积分等高等数学知识成为必修课。在讲授西方数学知识时，数学名词术语的翻译和统一成为亟待解决的问题。

明治初期的数学名词术语非常混乱，其中部分源于中国传统数学，如“方程”“勾股”“三角”“圆”等；还有汉译西算中的术语，如“几何”“面积”“体积”“正弦”“余弦”“弧背术”“对数”等；又沿用着和算家独创的数学名词术语，如“圆理”“豁术”“容术”“点窜”“缀术”等。明治初期的日本学者具备很高的汉文读解能力，在翻译西方数学名词术语时，他们充分发挥了其汉文化修养，创造了很多新的数学名词术语。明治时期曾在日本访问的英国学者赫伯恩（J. C. Hepburn，1815—1911）写道，“在各个领域，日语词汇的变化令人惊奇，辞典的词汇量增补工作经常无法跟上其增长的速度”，又指出“这些新造语的大部分都是汉字术语”。

1862 年，一些日本官员和学者赴上海考察，购买了清末翻译的汉文西方译著，如《数学启蒙》、《代数学》、《代微积拾级》（1859 年）、《上海新报》等。这些著作传入日本后，深受日本各界的喜爱，迅速被转抄、研读、训点、翻译，成为他们间接了解西方数学的重要参考文献。李善兰和华蘅芳创造的数学名词术语成为日本学者迅速掌握西方高等数学知识的催化剂，为他们确定近代数学名词术语提供了非常好的依据。李善兰译著《代微积拾级》中附有 330 个英文数学名词及汉文对照表，日本人翻译西方数学名词时参考了其中大部分内容，如 Function—函数，Algebra—代数学，Arithmetic—数学，Axiom—公论，Differential—微分，Equation—方程式，Maximum—极大（极大值），Integral—积分，Root—根，Theorem—术，这些术语多数沿用至今，但也可以看出有一些与现代不同，如 Arithmetic 现为“算术”，Axiom 是“公理”，Theorem 是“定理”等。Function 的汉译为“函数”，在中国沿用至今，日本最初使用“函数”，1945 年以后又改写为“关数”。

19 世纪后期的日本，兴起翻译西方数学著作的运动，后被称作名词术语“翻译的全盛时代”。日本人有意识地关注数学名词术语的确立，多数著作前设有“数学名词术语表”，如在美国传教士克拉克（Edward Warren Clark，1849—1907）和日本学者翻译的《几何学原础》最前页列出了 71 个几何术语，如：Rectangle—矩形，Right angled—直角，Straight line—直线，Theorem—定理，Parallel—平行，Axiom—公论等。一些学者还专门编著了数学名词术语词典，如桥爪贯一《英算独学》（1871 年）中以罗马字母顺序排列出算术和三角法有关的 109 种原语和译语，这应为最早的日本数学名词术语词典，其中列出：Algebra—代数，Geometry—测量学，Mathematics—数学，Function—函数，Fraction—分数，Circle—圆体，Root—平方，Radius—半径，Proportion—比例等。1878 年，山田昌邦刊行《英和数学辞书》，其中的数学名词术语主要选自英国的数学词典 *Mathematical Dictionary and Cyclopedia of Mathematical Science*（1855年），同时也参考了汉译数学名词术语和日本学者所用术语。他也新译了一些数学名词术语，并以字母顺序排列进行对照，如：Axiom—公论，Theorem—定义，Analysis—式解，Definition—定解，Postulate—定则，Prime number—不可除数，Proof—试验，Lemma—助言，Square—正方形，Circle—圆，Rational quantity—根号有根号式，Incommensurable—应有等数的，Irrational—无法开尽的，Coordinate—纵横轴，Similar figures—同形，Sector—圆分，Root—根，Cube root—立方根，Infinity—无穷，Limit—界限等。

1877 年日本成立了东京大学和东京数学会社，大学的创办和数学学会的建立为近代日本数学的发展提供了保障。数学会社成立之时，日本数学界已经翻译出版了不少西方数学著作。但是，数学名词术语仍不统一，为此数学会社专门建立翻译数学名词术语的机构“译语会”，确定了各种数学名词术语。我们今天习以为常的一些重要的数学名词术语，如 Algebra、Arithmetic 和 Mathematics 等对应的汉字都确定于译语会成立之后。

译语会的成立，以及确定统一的数学名词术语，对近代日本数学的发展意义重大，成为近代日本学者翻译西方数学著作的工作基础。例如，日本数学家藤泽利喜太郎 1889 年写《数学中使用的词汇英和对译字书》时高度评价了译语会确定和统一数学名词术语的意义。

19 世纪末，日本数学界又成立新的翻译机构，挑选精通英语、法语、德语的学者重新确定一些数学名词术语的翻译，如在 1886 年刊行的《数物学会记事》上就列举了已经确定并统一的 500 多条数学名词术语。自 19 世纪 70 年代开始，日本数学界就致力于数学名词术语的统一和整理工作，但是直到 20 世纪初日本的数学名词术语还没有得以完全统一。可见，这是一个持久而艰巨的历程。无法忽略的是，日本数学名词术语确定的 30 年间，汉译数学名词术语确实发挥了非常重要的参考作用。

数学名词术语的完善，促进了近代日本数学的发展，又为普及西方数学，为数学界的国际接轨给予了制度上的保证。在 19 世纪末 20 世纪初，近代日本确定的数学名词术语通过留日学生又传入近代中国，对中国数学的发展，以及西方数学在中国的普及产生了重要影响。

（摘自《内蒙古师范大学学报（自然科学汉文版）》2020 年第 5 期；
萨日娜：上海交通大学科学史与科学文化研究院副教授。）

中国古代关于“霓虹”的认识与意象

孙小淳

中国古代对于自然现象的观察和认识不仅包括“自然”的维度，而且包括了“人文”的维度。文章以“霓虹”为例，探讨中国古代对霓虹这一自然现象的观察、描述、解释以及与之相关的民俗信仰、宗教仪式和政治意义，探讨关于霓虹的认识与想象。

霓虹即彩虹，是一种大气光学现象，由“主虹”和“副虹”构成。主虹由日光在云气中经过两次折射和一次反射形成，其颜色按照红、橙、黄、绿、蓝、靛、紫的顺序排列；副虹由日光在云气中经过两次折射、两次反射形成，颜色较主虹更淡，且排列顺序与主虹相反。中国古代对霓虹的观察和认识由来已久，秦汉以前的文献中就有很多记载。古人将颜色深的主虹称为“虹”，颜色浅的副虹称为“霓”。殷商甲骨卜辞中就有关于“虹”的占验。此后文献如《诗经》《楚辞》也有提及。秦汉时代成书的《尔雅》，其“释名释天”章下专列有“螮蝀”一条，就是指霓虹。古代天文观测，天文现象也经常包括大气中的光学现象。《史记·天官书》讲“望气”，也涉及类似霓虹的现象。《汉书·艺文志》列出“天文”二十一家著作，其中就有《国章观霓云雨》三十四卷这一家，显然是探讨霓虹与天气方面的著作。由此可见，在中国古代“气”的宇宙观下，霓虹是十分受重视的自然现象。

中国古代以“气”“阴阳”等概念来解释霓虹的成因。如《淮南子》曰：“天二气则成虹，地二气则泄藏，人二气则成病。阴阳不能且冬且夏；月不知昼，日不知夜。”《庄子》、《释名》、蔡邕的《月令章句》以及两汉时期各种纬书中也都以阴阳两气来解释霓虹。尽管这种认识还比较粗糙，但其本质仍是一种“自然主义”的解释并为进一步的观察和预测打开了空间。中国古代对霓虹与日的方位、与雨的关系等也都有深入的观察和理解，《诗经·鄘风·蝃蝀》“朝隮于西，崇朝其雨”，表明霓虹出现的时间与方位预示了晴雨的变化。《月令章句》言“常依阴云而昼见于日冲，无云不见，大阴亦不见，率以日西见于东方”，明白地指出霓虹见于与日相对的云气中。刘熙《释名》“其见每于在西而见于东，啜饮东方之水气也。见于西方日升，朝日始升而出见也”，日光照水气引起霓虹的解释可以说是呼之欲出了。到了北宋时则认识到霓虹是“雨中日影，日照雨则有之”，已经接近光学上的科学认识。

然而，中国古代并不是把霓虹当作孤立的自然现象来看，而是始终将其纳入人文的领域，即关注霓虹与人事的关系。于是，从天人关系的角度出发，产生了许多关于霓虹的认识和意象。霓虹既是与“阴阳”“雨”相关的自然现象，又是在民俗、信仰和政治中产生影响的“神”的精神。

首先，因为霓虹是阴阳二气作用下的产物，具有“霓为雌，雄为虹”的属性，所以关于霓虹的文化意象是建立在古人对霓虹“阴阳二性”本质的认识基础上的。由此可以直接产生关于霓虹与男女性别、霓虹与阴阳尊卑的联想，体现在民俗信仰之中。这在《诗经》《楚辞》等文学作品中都有所表现。《诗经·鄘风·蝃蝀》，就是以霓虹为阴阳二气相交这一认识为基础，将霓虹（蝃蝀）与女子私奔的意象联系在一起，因为霓虹阴在阳之上，违反了“阳尊阴卑”的正常秩序。《逸周书·时训解》与《开元占经·卷九十八》霓虹占中也皆有类似的比附。

其次，古代经过观察，发现霓虹与雨水有关，因此霓虹又与古代的求雨仪式联系在一起。古代的求雨仪式叫“雩祭”，“雩”就指虹。《礼记·祭法》：“雩宗，祭水旱也。”这是指久旱久涝都要祭。古代非常重视“雩祭”，《春秋》记有16次“大旱”、“大雩”和“不雨”，其中有10次“大雩”。雩礼中有舞雩的环节，这个雩就是霓虹，象征着“雨神”。汉代出土的画像石上多有“虹神”的形象，代表古代的“司雨之神”。《春秋繁露·求雨》中的记载最为详细，它将求雨仪式纳入以阴阳五行理论为基础的“天人合一”的宇宙观之下，既展现了在此求雨祭祀中虹神的“神性”色彩，又基于人们对于霓虹的阴阳属性及其与雨的关系的认识，将求雨仪式与季节、方位、五行、五色等对应起来，赋予了求雨祭祀“理性”的特征。

最后，霓虹的发生喻指即将发生或已经发生的重大事件，因而霓虹也被纳入“灾异”，并在“天人感应”的“灾异”体系中获取与日月食、彗孛流星等天文异常天象一样的性质，使得霓虹具有了星占与政治意义。《开元占经》中就有“霓虹占”，所辑录的大多是两汉时期的“谶纬”之说，其中对“霓虹”灾异的认识仍是基于对霓虹性质的认识，即霓虹是阴阳之气错乱相攻，由此引发的星占意象自然就与“女子失德”“君主淫逸”“君臣相嫉”等相关。

对霓虹的解读，可以视为从天人关系的角度去认识中国古代科学的一个案例。中国古代认识自然现象，始终是把人与自然当作一个有机的整体，既有对现象客观描述和理性的理解，又有对现象体现的人的信念与价值的想象。因此，霓虹就成为中国古代在“天人之际”求索中的一个观察和认识对象。

（摘自《中国科技史杂志》2020年第3期；
孙小淳：中国科学院大学人文学院教授。）

变革与引进——明末清初星占学探析

朱浩浩

星占是以天象为主要媒介占验、预测人事或事物发展变化的学问。在古代世界多种文明体中，星占均具有特殊的地位，是当时天文学的重要组成部分。中国古代的历史长河中先后出现、传入和发展了五种形态的星占术——传统军国占、宿曜术、星命术、伊斯兰星占与欧洲星占。其中，传统军国占主要以单一性的变异天象占验军国大事，以《史记·天官书》为代表，是中国土生土长的星占学。宿曜术具有强烈的古印度色彩，以月行二十八宿或二十七宿、二十八宿或二十七宿值日、七曜或九曜值日等占验个人生辰、选择、军国大事。该占法最早在汉末通过佛经译介进入中国，至唐代之后逐渐湮灭。星命术目前的源头可以追溯到《聿斯经》。该经典可能是由唐代波斯景教徒译介，底本是古罗马时期多罗修斯（Dorotheus of Sidon，活跃于公元1世纪后期）《星占之歌》传入波斯之后的叙利亚文/波斯文文本。星命术在五代与宋朝逐渐成熟，并被中国学者高度本土化形成特殊的星占形态。伊斯兰星占学在明初由回族大师马哈麻等人翻译，唯一著作为《天文书》，又称《明译天文书》《乾方秘书》等。伊斯兰星占在明中后期曾一度与星命术结合。不过不久之后，欧洲星占学于明末清初系统传入。它开始取代星命术的地位与伊斯兰星占学合流，并被合称为“西法”，从此开启欧洲星占学与伊斯兰星占学并行的局面。虽然星命术与伊斯兰星占学、欧洲星占学一样均有希腊化时期天宫图星占学渊源，但自从欧洲星占学与伊斯兰星占学合流之后，它基本上独立地延续到清末。

除早已湮灭的宿曜术外，其余四种星占形态，在中国传统固有发展路径与第一次西学东渐综合作用下的明末清初，均呈现出复杂的发展状态，使得明末清初成为中国历史上星占学发展极为重要的变革时期。首先，传统军国占广泛地受到批评，在占法与观念层面均发生了重要改变。这也促使一些学者如薛凤祚（1600—1680）保留传统军国占的同时，开始了革新的尝试。其次，欧洲星占学通过民间与官方两种不同的渠道传入，产生了《天文实用》与《天步真原》两部主要的星占文本。欧洲星占学在清初即被学者如梅文鼎（1633—1721）注意，并有相应著作发展其中占法技术。最后，已经高度中国化的星命术在明中期开始吸收与结合伊斯兰星占，两者出现了暂时而局部的结合。但随着明末清初欧洲天文学的传入，尤其是薛凤祚《天步真原》星占著作的流传，这种结合被打断，两者开始分道扬镳。在明末清初大背景下两者开始产生新的发展。传教士在《时宪历》中采取了觜后参前、删除紫气、宫宿对应调整等措施，导致星命术原有的占验基础发生了动摇，面临着新的危机与挑战。伊斯兰星占学则与欧洲星占学合流，被中国学者以西法为名接受、传播。伊斯兰星占学中的特殊占法，如土木相会、宇宙大运被中国学者单独发展。关于《天文书》，还出现了中国学者的不少批注。

上述讨论虽然简略，且关注星占在占法、观念、著作等方面的变化，但依然可以为我们理解明末清初天文学的发展提供一种新的角度。在现有的天文学发展历史考察中，学界的主要关注点还是在历法、宇宙论、仪器等具有现代科学特征的方面（尤其是历法），对于星占则措意不多，且多以现代观念的有色眼镜目之，使得星占这一古代天文学的重要组成部分不能获得应有的重视与研究。学界对明末清初天文学发展的研究也是一样。与大量关于《崇祯历书》、改历以及其他一些历法著作的关注相比，星占学的研究屈指可数。但是，如果我们回到当时的历史背景中就会发现，明末清初在天文学领域的发展中，星占是极为重要的有机组成部分。如果再结合席文（Nathan Sivin）的论断，就会更加突出我们对这一时期星占工作考察的意义。

明末清初，以清政府正式采用《西洋新法历书》——改编自崇祯改历期间由徐光启（1562—1633）、汤若望（Johann Adam Schall von Bell，1592—1666）等人译介，以第谷体系为中心的百科全书式天文学著作《崇祯历书》——为官方历法为标志，中国学者对于天体运行的理解、对于天文学计算的方法相对于以前发生了彻底的改变。欧洲的几何学与三角学取代了传统的算数计算方法，天体的结构变得重要起来。席文称之为“天文学中的一场概念的革命”。但是，席文的讨论仅仅限于数理天文学。从文章的研究可知，与数理天文学的“革命”性变化类似，星占学也经历了“革命”性的变化——延续两千多年的中国传统军国占面临前所未有的挑战与变革；经历了近七百年发展出高度本土化形态的星命术在宫宿、紫气等基本问题层面受到新的挑战，出现新的危机；伊斯兰星占学与星命术相互结合的旧传统被打破，伊斯兰星占学与欧洲星占学合流而在中国均被重视。如果我们将视野进一步扩展到清中期的乾隆年间，可以看到明末清初星占“革命”所产生的发展均有相应的回应。因此，如果我们回归到古人的世界脉络里就会发现，如果我们希望对明末清初的天文学“革命”有全面的理解，避开星占而仅仅谈论历法、宇宙论等显然极为不足。而且，由于星占所具有的天人性质，星占的变革可能会涉及更多有关政治、文化、思想甚至哲学方面的关联，从而对星占的考察或许将会使我们对明末清初天文学“革命”所涉及的深度与广度产生更为全面的认识。

（摘自《中国科技史杂志》2020 年第 4 期；
朱浩浩：中国科学技术大学科技史与科技考古系副研究员。）

分数维数概念的产生

江　南

分数维数概念的产生是数学发展史上的一次重大事件，它在分形理论的建立过程中起着关键性作用，研究它的产生过程对于完善数学的发展历史具有非常重要的意义。分数维数作为分形维数的前身，是描述分形特征最重要的参数，它不仅揭示了复杂物体的不规则特性，而且还反映了分形集填充空间的程度。

19 世纪后半叶，康托尔在深入研究集合论时，发现了一个完备但处处不稠密的病态集合，后人称之为康托尔集。为了测量康托尔集的大小，康托尔和雷蒙德率先提出了容度理论，不过在描述上稍显粗糙，甚至还谈不上严格，但却为点集的测量指明了方向。为了克服该容度理论的局限性，皮亚诺在 1887 年引入了内外容度的概念，改进了容度理论。这个概念显得要比康托尔和雷蒙德的容度理论严格，主要分点集和区域两种情形定义了内外容度的概念，并凭借内外容度间的特殊关系，确定了具体的容度值，不过存在概念的表述不太清晰的问题。为了使容度的概念清晰起来，若尔当在研究平面区域的积分理论时，较为严格地定义了容度概念。若尔当的概念较前人的工作取得了巨大进步，但也并未止于至善。如按照他的容度概念，有界区间的有理点组成的集合没有容度等。为了弥补若尔当的缺憾，波莱尔进行了相应的补救。波莱尔不仅填补了早期容度理论存在的缺陷，还将容度理论进一步升华至测度理论。勒贝格则在波莱尔测度理论的基础上，以长度和面积为切入点，系统论述了测度和积分的中心思想，并给出了更加严格的测度概念。根据勒贝格关于测度的概念，康托尔集的测度值与前述理论得到的结果一样，仍然为零。无穷多个点组成测度值为零的集合，这在思维方式上给人们带来了无尽的困惑。

在康托尔、波莱尔、勒贝格等数学家工作的启发下，卡拉泰奥多里在 1914 年发表了一篇题为“点集上的线性测度——长度概念的一个推广”的著名论文，对测度的理论体系进行了公理化探究，将基于欧几里得空间里的长度概念，尤其是度量性质推广至更一般的非欧几里得空间，并在外测度和集函数之间建造了连通彼此的桥梁。测度理论作为当代数学中的重要理论，建立它的初衷是测算集合容量的具体数值。通俗直观是勒贝格测度特有的优点，由于勒贝格在定义过程中引入了内测度，而且还要求集合的内外测度必须严格相等，这个太强的条件导致勒贝格测度的应用存有一定的麻烦。所以，数学家们希望能寻找到相对简洁并易于应用的等价定义。为此，卡拉泰奥多里摒弃了内测度这个不易驾驭的概念，独辟蹊径地从外侧度的视角给出了点集可测性判定的新方法，并严格证明了此方法在本质上等价于勒贝格的判定方法，该方法后来成为推动实变函数论和抽象测度论创立的有力工具。此外，卡拉泰奥多里还进一步基于 q

维空间建构了线性测度和 p 维测度，这对推动豪斯多夫测度的建立有着直接的影响，然而稍显遗憾的是他把维数的取值范围仅限定在整数上，这让他最终与彻底解决康托尔集的测量问题失之交臂。

豪斯多夫认真研读了波莱尔、勒贝格和卡拉泰奥多里等数学家的测度理论后，利用他所擅长集合论的优势，继续将测度理论的研究纵向推进，创立了分形测度的前身豪斯多夫测度，并严格定义了豪斯多夫测度的概念。这个概念确切阐明了集合的测度和维数之间的关系。至欧几里得几何创立以来，数学家们从来就没有对空间维数的整数性产生过质疑。然而，在卡拉泰奥多里工作的启迪下，豪斯多夫以测度为载体，将维数的取值范围由整数推广至非整数，这是维数理论发展历程中的一次重大变革。值得一提的是，这个重大变革对分形理论的创立具有非常积极的影响。

众所周知，对于集合测度值的测量，若用比实际维数高阶的维数标尺，所测集合的测度值为零；而若用低于实际维数的标尺，所测集合的测度值则为无穷。因此，维数标尺的选取在集合的测量中至关重要，它决定着能否精确地测得集合真实的测度值。根据勒贝格的测度理论，康托尔集的测度值是零，主要原因在于勒贝格选取的测量标尺是基于欧几里得空间的 1 维标尺，而这个测量标尺的维数高于康托尔集的实际维数，因此得到康托尔集的测度值是零这个真实的值。豪斯多夫则基于非整数维数，亦即分数维数，选取维数为分数维数（P=log2/log3=0.63093）的测量标尺，测得康托尔三分集的 log2/log3 维测度真实值是 1。至此，在豪斯多夫引入分数维数的帮助下，康托尔集的测量问题终于得到了圆满解决，分数维数思想也应运而生。美中不足的是，虽然豪斯多夫关于分数维数的思想和框架与当今分形维数的含义已基本一致，但他尚未严格定义分数维数的概念。

在豪斯多夫分数维数思想的推动下，贝西科维奇在 1928 年研究 S 集时，在论文《分数维数的线性点集》中严格定义了分数维数的概念，此概念已与通用的分形维数概念完全一致。为了表彰两位数学家的丰功伟绩，分形之父——芒德勃罗还在他的专著《大自然的分形几何学》中称豪斯多夫是分形维数之父，贝西科维奇为分形维数之母，而把分形维数则统称为豪斯多夫-贝西科维奇维数。

（摘自《科学技术哲学研究》2020 年第 4 期；
江南：西安石油大学理学院讲师。）

关于汤姆森在球调和函数方面的工作之历史探析

穆蕊萍　赵继伟

19 世纪，随着物理科学研究范围的扩展，在数学物理的各个领域中都出现了确定满足位势方程的函数 V 及其级数形式中各项系数的问题，而函数 V 的具体形式取决于实际问题中物体的边界形状及条件，这称之为数学物理中的边值问题。球调和分析正是在这一历史背景下产生的求解偏微分方程的数学方法，与勒让德多项式、三角函数一样，球调和函数可将满足边界条件的偏微分方程的函数解表示出来，是求解偏微分方程的重要工具。

汤姆森是第一位命名“球调和分析”并给出“球调和函数”定义的人，球调和分析的目的是对于涉及球面上任意数据的一大类物理问题，寻找适当形式的球面调和函数来表示含有两个独立变量的任意周期函数，推导出空间每个点的解。那么，汤姆森为什么要寻找适当形式的球面调和函数表达式?怎样建立起球调和函数?解决了哪些问题?这一切的思想起源是什么?

为了回答以上问题，有两方面的因素需要探索：一是怎样的数学背景对汤姆森产生了影响，二是汤姆森受到了哪些物理问题的刺激。

18 世纪末与 19 世纪初，随着拉格朗日利用数学方法将力学和动力学分析化，以及拉普拉斯《天体力学》(*MécaniqueCéleste*) 中将牛顿的运动原理和引力理论推向一个新的高度，剑桥大学通过引入欧洲大陆这些新的分析方法对旧的教学方法与课程进行改革，而汤姆森于 1841 年进入剑桥大学学习，正好处于这一变革的成熟时期，其中由勒让德和拉普拉斯发明的拉普拉斯系数，是汤姆森球调和函数思想的雏形。继拉普拉斯的《天体力学》之后，傅里叶的《热的解析理论》(*Théorie de la Chaleur*) 是第二大对汤姆森产生巨大影响的著作，可以说是傅里叶创造了汤姆森。那么，有没有一种比傅里叶的结果更一般，且能将傅里叶分析推广到球体的好方法？汤姆森在物理问题的刺激下，将傅里叶的方法类比到了拉普拉斯方程的求解中。

19 世纪初期，地质学家和物理学家之间就地球内部结构进行了激烈的争论，汤姆森也参与其中，并从物理和数学角度讨论了地球的内部刚性。1862 年至 1863 年间，汤姆森发表了三篇文章，第一篇是 1862 年 4 月向英国皇家学会作的报告《关于地球的长期冷却》(“On the Secular Cooling of the Earth”)。第二篇文章是 1862 年 11 月的报告《弹性球壳和不可压缩液体球的动力学问题》(“Dynamical Problems Regarding Elastic Spheroidal Shells and Spheroids of Incompressible Liquid”)，其中讨论了固体弹性平衡方程的求解，目的是想找到应用于判断地球刚性的数学结果。第三篇文章是于 1862 年 3 月在英国皇家学会会议上题为《关于地球刚性》(“On the Rigidity of the Earth”) 的报告，文章目的是根据前两篇文章的结果，判断地球刚性的大小。虽然三篇文章的发表时间顺序与问题解决的逻辑顺序不同，但通过分析这三篇文章之间的关系，可以清晰地看出汤姆森要解决的问题及解决问题的思想脉络。刺激汤姆森提出球调和函数的物理问题可归结为以下两方面：固体弹性平衡方程的求解；潮汐与地球刚性。

1861 年末，汤姆森在编写自然哲学课程教材《自然哲学》时，基本完成了关于球调和函数的所有数学工作。汤姆森利用创新数学方法将完全球面调和函数表示成三角级数和的形式，再用球面调和函数表示任意函数。他借用傅里叶所采用的程序，给傅里叶级数添加了一个特殊的系数，即拉普拉斯系数，进而将结果命名为球调和函数。在此基础上，汤姆森解决了文章中提到的物理问题：求解弹性平衡方程、判断地球刚性。

可以看出汤姆森的思路，是将物理问题转化成数学问题，再用数学结果解决物理问题。所用工具就是在物理问题的刺激下产生的球调和函数。汤姆森的早期研究内容主要集中在地球形状、地球年龄和地球刚性等一大类关于边界面为完全球面、两个同轴球面、椭球面以及不完全球面的物理问题，勒让德、拉普拉斯的势理论，傅里叶的热的解析理论为汤姆森判断地球年龄奠定了数学基础。为了寻找适当形式的函数解，汤姆森引入了球调和函数并给出其性质，并将一般函数表示成球面调和函数的级数和形式，这不仅成为拉普拉斯方程求解的重要工具，促进了微分方程的数学发展，而且成了当时判断地球刚性、地球年龄的物理权威。

（摘自《自然辩证法通讯》2020 年第 4 期；
穆蕊萍：西北大学文化遗产学院博士后；赵继伟：西北大学科学史高等研究院副教授。）

《化学鉴原》翻译中的结构调整与内容增删

黄麟凯　聂馥玲

作为中国第一本无机化学教材，《化学鉴原》对晚清翻译、传播化学知识产生了重要作用。学界对该书尤其是译者、内容以及术语已有很多研究成果，但目前的研究主要集中于汉译本的内容，而《化学鉴原》作为一部译著，在翻译过程中与原著有哪些差异或创造，译者为何做出这样的改造，对此尚未有深入的探讨。笔者曾对《化学鉴原》增补内容的来源有过考证，文章在此基础之上，通过对《化学鉴原》（1871 年）及其底本《韦而司化学原理及化学应用》（*Wells's Principles and Applications of Chemistry*）的对比研究，阐明了译者在翻译《化学鉴原》过程中对底本进行的结构调整与内容增删，希冀深入理解晚清科学翻译中的一些特点及存在的问题。

在结构方面，《化学鉴原》对底本的三级标题都有改变。

首先，对一级标题的"章"进行了拆分、合并，且调整之后没有了各章题目。底本无机部分按元素类别分章，各章篇幅长短不一，相差较多。与之相比，《化学鉴原》拆多合少，将底本中联系紧密的章节归为同一卷，虽然使各卷篇幅相对均衡，但是弱化了底本的知识分类的标准以及各章知识之间的逻辑关系。

其次，删除了底本二级标题"部分"（Section），将结构层次由"章"—"部分"—"节"调整为"卷"—"节"。二级标题的缺失，削弱了译本结构层次的逻辑性，一方面使译本叙述层次较为单一，不便于按元素查阅内容，另一方面不利于初学者对各卷知识的梳理和归纳，进而影响对知识的掌握。

最后，对三级标题的"节"进行了拆分、合并。其中，节的合并，虽然减少了译本各卷的节数，方便读者对知识的归纳和总结，但有的合并造成了重要知识的遗漏；而拆分，实际上是译者有选择性地对底本小节内的某些知识点进行了强调与突出，在译本中，这些知识点自成一节，更加便于引起读者的注意。由此可见，尽管《化学鉴原》将底本的 10 章 412 节译为 6 卷 410 节，从节数上看似乎只差两节，但事实上经过拆分、合并，很多小节与底本都不具有一一对应的关系。某种程度上，《化学鉴原》对底本部分知识进行了选择、重组及重点的突出。

在内容方面，《化学鉴原》对底本的知识点和小节进行了增补与删减。

首先，对元素的分剂数进行了更新与增补，使其数值比底本更接近于今天使用的元素周期表。19 世纪西方化学飞速发展，其间原子量基准的选定也经历了不断的演变过程。底本中元素的当量值以氢元素为基准，当时在内容上已显陈旧，因此徐寿与傅兰雅参照其他化学著作，对 16 种元素的分剂数进行了更新与增补。在西方化学界新旧交替的大背景下，《化学鉴原》中元素分剂数的更新与增补对化学知识的传播和后续的学习具有十分重要的意义。

其次，对原文提及的某些重要知识点及未提及的新知识，进行了补充与增补。这些内容的增补在根源、取法、形性、化合物等方面充实了底本内容，使译本在知识介绍上更加完备，在结构上也更加一致，同时对实验操作及生产实践具有非常重要的作用。

最后，对底本介绍的化合物命名法和相关的酸、盐分类法悉数加以删减，代之以原质连书之法。这些内容的删减，造成了化学理论及相关知识的大量流失。而原质连书之法的采用，虽起到过便于时人识记化合物的作用，但不能反映化合物的性质、类别及其内在规律性。直到20世纪初，化合物命名、分类理论才在中国的化学著作中逐步清晰起来。

《化学鉴原》中的结构调整与内容增删，使译本更为适应国人的需要，有利于知识的传播，同时也使译本在知识之间的逻辑关系及化学理论方面略显不足。这一点也是晚清科学译著存在的普遍问题。同时期翻译的其他西方科技译著，如《重学》、《地学浅释》等亦有类似情况。尽管如此，仍然不影响《化学鉴原》在西学东渐中重要的历史地位，译著体现了傅兰雅与徐寿译书时的用心良苦、精益求精，值得今人敬仰和学习。

（摘自《自然科学史研究》2020年第3期；
黄麟凯：内蒙古师范大学科学技术史研究院博士研究生；
聂馥玲：内蒙古师范大学科学技术史研究院教授。）

明代修历与改历问题探析

李　亮

中国古代统治者把历法看成遵从天道和君临天下的标志，将历法与帝王权威联系起来，对历法的精度要求越来越高。由此推动了传统历法的不断发展，使之成为一门独立、复杂而完备的科学。古代颁用的官方历法至少有五六十部之多，但平均行用时间却只有数十年。虽然“后世法胜于古，而屡改益密者，惟历为最著”，但是历法却经常陷入“天运不齐，行久必差”的魔咒中，导致了改历活动极为频繁。

历史上主要的改历原因，不但包括技术上的因素，也包括政治和社会因素。有明一代，官方同时参用《大统历》和《回回历法》两种历法，并没有像此前唐宋等时期那样频繁地改历。然而，明代关于历法的争论却始终不断，传统历法也在明末逐渐衰落，以至于入清后被西洋历法所取代。

有明一代，《大统历》和《回回历法》相互参用长达200余年。正如《明史·历志》所言“黄帝迄秦，历凡六改。汉凡四改。魏迄隋，十五改。唐迄五代，十五改。宋十七改。金迄元，五改”，惟明之《大统历》“承用二百七十余年，未尝改宪”。明代为何没有经历其他朝代那样频繁改历？为何传统历法至明代开始衰落，以至于在明末不敌西洋历法？解释这些问题就需要从历法是否修、历法何人修、历法如何修等角度入手，分析明代历法争论背后的多种因素。

第一个问题为：是否需要修历？明初钦天监监正元统认为历法“年远数盈，渐差天度”，所以需要对历法进行必要的“拟合修改”。在其倡导以及朱元璋的支持下，明初得以修成《大统历法通轨》，使得《大统历》相比元代的《授时历》在交食推算精度等方面有了一定提高。

进入明代中期，历法推算逐渐出现一些偏差，是否需要修历这个问题便开始凸显。当时，也有不少人认为《大统历》依然精密，历法根本无需修改。如顾应祥就认为即便当时历法推算稍有偏差，倘若没有把握亦不可贸然更改。万历年间，随着历法推算误差不断增大，要求修订历法的呼声也愈加强烈。在历法是否修这个问题上，主张修历的声音开始占据主导地位。

第二个问题是：依靠哪些人修历？因为长期以来在人们心中形成了一个普遍的观点，认为元代《授时历》已经达到极高的水平，即“历至授时虽圣人复起，不能易也”，所以绝大多数人对能否有能力修订一部好的历法，以超越之前郭守敬等人的工作是缺乏信心的。改历面临的困难包括人才的缺乏，缺少有信心进行改历的技术人才，以及有勇气来承担失败后果的领导和组织人才。

进入明末，随着对历法讨论的深入，以及朝廷对民间私习天文历算政策的放松，很多民间人士更加积极地参与到改历之中。如唐顺之、周述学、袁黄、朱载堉、邢云路和魏文魁等人，皆针对历法如何修订提出个人建议。面对当时误差已经相当明显的历法，不少人对改进历法也是信心十足。当时的一些民间学者早已对钦天监的水平提出疑问，认为自己的能力不逊于钦天监的官生，甚至可以超越郭守敬等人。官方对民间人士积极参与修历也给予支持和高度认可，于是在修历人才的选用方面，至明末时终于有了更多的选择空间。

第三个问题是：历法应该如何修？如果将明代历法修订的建议大致分类，基本可以归纳为以下几方面：首先，在“历理”方面，不少人建议“重拾”《授时历》。认为必须在研究历法原理的基础之后，才能进一步推动历法的改进。其次，具体到“历数”和“历算”的改进方面，主要集中在“修订历元”、“调整岁差”和恢复使用“岁实消长”等几个方面。另外，针对历法推算步骤做一些小调整的建议也不少。

其实，明末针对《大统历》所做的最有效的调整是通过改变时差算法，对月食食甚时刻“后天”趋势的修正。《大统历》在交食等时刻推算方面存在着“后天”趋势，这一现象在明代中后期就已经得到了关注。朱载堉、邢云路和魏文魁等人都曾主张在推算月食时，不再进行月食时差的修正，这样确实刚好能够抵消《大统历》“后天”趋势所带来的一些误差。

交食时刻的“后天”在短期内无法被察觉，至于历法是否还因存在误差的积累而导致有积差，也有人提出了不同看法。如乐頀就认为“实非积差所致，积差所致者，如前次差一刻，今次差一刻五分，又后次差二刻，如此。积差易于改正，今或差在前，或差在后，或正相吻合”。也就是说，乐頀已经察觉误差存在一定的离散分布，有时偏早，有时偏晚，有时甚至碰巧吻合不差。他认为这样的结果并非历法参数的误差积累所致，而可能是“郭守敬等元立法之时”已有的问题，郭守敬之时早已无法“得其至当归一”。

在解决历法是否修、历法何人修、历法如何修这些问题后，改历还需要一定的环境。历法改革既有历法与实际天象不合的技术原因，也与帝王喜好、政治及思想、管理体制等很多其他因素有关，当然多种原因并发导致的也不在少数。

另外，历法改革还需要相应的知识积累以及独到的见解。中国古代历法的修订通常只是对此前历法做一些小修小补，以取得逐渐的改善，来弥补因“验天”需求而暴露出的历法同实际天象的不合。当时，倘若继续依照传统改历思路和方法，加上传统天文观测仪器的局限，历法精度已基本达到了当时理论和技术水平的极限。

当然，随着西法的传入，新理论、新方法纷至沓来，以及其“毫厘不差”的新目标的提出，无疑让人们对历法的期望大幅提高。毕竟传统历法长期以来对交食预报的要求依然还是“同刻者为密合，相较一刻为亲，二刻为次亲，三刻为疏，四刻为疏远”，不像西法在“分”“秒”上都提出更高要求。

由此看来，其实中国传统历法在此前相当长的历史时期内，并没有要真正大幅度提高推算精度的意愿和需求。归根结底，这是由于中国传统历法的主要目的是“钦若昊天，敬授民时”，以此维系王朝的正统性，而非西法那样“求其故”，以发现宇宙以及天体运行的规律为目标。

（摘自《史志学刊》2020年第1期；
李亮：中国科学院自然科学史研究所研究员。）

明清之际官修历书中的编新与述旧

王广超

古代中西方天文学分属不同的研究传统。发端于古希腊的西方天文学采用了黄道式的坐标系，而古代中国天文学则以北极-赤道式的坐标系为主。隋唐以降，至宋元时期，西方天文学经由印度和波斯传入中国，中国天文学发生了些许转变。明末，西洋传教士来华传教，引进西方天文学，创局修历，从根本上改变了中国传统的以赤道为主的计算体系。此转变规模之大、程度之深，前所未有，故引发一系列争议。这些争议主要围绕"中"与"西"、"新"与"旧"等对立的概念而展开。有关"中"和"西"方面的矛盾与冲突，学界主要从"西学中源"说展开讨论，对此已有相当深入而全面的研究。而关于"新"与"旧"的矛盾，关注明显不足。文章试图以太阳运动模型为中心，探讨明清之际官修历书所表现出的编新与述旧的矛盾与纠结及其背后的原因。关于"明清之际"的历史分期，文章采用方豪先生的界定，以万历年间西方传教士来华传教为上限，到清代中叶乾隆时期实行闭关政策为止。

明末，传教士在译介西洋黄道十二宫时，采用了中国传统十二次的名称，通过将其与二十四节气精确对应的方法，实现了移花接木的转变。因此，最初的转变，是传入中国的新法或西法，贴上了旧标签。明清鼎革之际，以汤若望为首的传教士，积极顺应形势的转变，将完成的《崇祯历书》删改，改名为《西洋新法历书》，进献给新朝廷，新法得以正统化。康熙晚年决定修撰《历象考成》，其中的太阳运动模型采用了一种独特的双轮结构。用于推算模型参数的观测数据非常精确，但最终得出的结果却与之前历书中的无异。其中的双轮模型只是形式上的创新，或许只是为了应对康熙皇帝的关注，依此模型计算的岁次历书的精度没有实质提升。《历象考成后编》采用了椭圆模型，据此计算的历书的精度有了质的飞跃，但却被包装成与之前的历书没有明显的差别、理路上是相通的转变。由此可见，尽管朝野上下均认为推算太阳位置非常重要，但经过了很长时间才有实质性突破。朝廷尽管集中了资源，具有与外界交流的渠道，但却在"新""旧"之间徘徊。而民间历算家，虽有改进历算的热情，却一直存在"中""西"之别的偏见。

中国现代意义上的科学共同体形成于20世纪中期。但是，中国古代的天文学，尤其是官修历算系统，实际上已具备一些现代科学共同体的特征。比如，钦天监的历算官员们拥有相同的信念，遵守统一的法则，致力于解决明确的科学问题，即编制较为精确的天文数表，预报天象。明清之际钦天监的一个重要任务，是能够准确地计算日食、月食。而西方天算之所以能迅速传入中国，也正是出于解决这一现实问题的需要。面对西方的新方法和新理论，当时的有识之士，采取了一种相对迂回的接纳方式，即所谓的"融彼方之材质，入大统之型模"。西方的黄道十二宫通过传统的译名表达出来，形式上的创新依然保留着过去的参数，本质的创新却需通过旧有的话语体系予以包装。这就导致官修历书中出现编新与述旧的窘境。而造成这种窘境的主要原因，笔者认为，是明清之际历算家群体缺乏内驱力，即对天体运动规律本身的探索，而只有在外界压力下的因应与妥协。明末，正是出于准确预推天象的目的，士人们开始引入西方天文学。而康熙朝的历法改革，也是由于康熙帝的关注，才造出如此奇特的太阳运动模型。《历象考成后编》的修撰也正是出于之前的历法无法准确推算日食、月食的考虑。而一旦问题得到解决，外在的制约力量稍许缓和，由于缺乏更为基本的内在驱动，整个体系又回归到平庸的阶段。历官们又开始得过且过，其结果是岁次历书的编算出现不同程度的偏误。而同时期的欧洲天文学却已经历了科学革命，不再以构建精密的天体运动模型为主要目的，而是在开普勒和牛顿等建立的新天文学范式中，探索更为基本的宇宙规律。

（摘自《科学文化评论》2020 年第 2 期；
王广超：中国科学院大学人文学院教授。）

西周金文历谱和商末金甲文历谱的多学科研究

徐凤先

在夏商周断代工程的天文课题中，一类是以古文献为研究对象，另一类是以甲骨文和金文为主要研究对象。以古文献为研究对象的课题主要由天文学家根据之前的各种解释进行独立的计算和研究。以甲骨文和金文材料为主要研究对象的课题需要天文学家与甲骨学家、青铜器专家和古文献学家紧密结合完成。我本人有幸参加了西周金文历谱和商末金甲文历谱（即商末周祭祀谱）的部分工作。这两个课题具有一些共同特点：西周金文历谱是将西周金文中年、月、月相、干支四要素俱全的铜器按照既符合青铜器分期，又符合历法规则的原则排到具体历谱中，从而建立起西周王年表；商末周祭祀谱是将年、月、周祭、干支俱全的金文和甲骨文排入合理的历谱中，得到商末两个王的在位年代。

在夏商周断代工程开始之前，金文历谱工作基本上是由青铜器专家单独做的。夏商周断代工程立项的过程中，1996 年 4 月下旬天文学家和天文史学家第一次召开会议，讨论天文课题的立项和分配。当时只有张培瑜先生对金文历谱比较熟悉，他介绍了基本情况，并说上海博物馆新收藏了一套青铜器，铭文中有全部月相术语，如果铭文公布了，金文月相术语的含义就清楚了，金文历谱的问题也就随之解决。与会者由此对依靠金文历谱建立西周王年的工作充满信心。

“西周金文历谱的再研究”课题由陈久金先生负责，天文史学家与青铜器专家在课题中建立起来密切的合作关系。夏商周断代工程正式开展之后，金文历谱的工作进行得远不像天文课题立项会上天文学家想象的那么轻松。张培瑜先生提到的那套青铜器就是晋侯苏钟，铭文虽然公布了，但因其历日本身存在矛盾，所以并没有解决月相术语含义的问题。金文历谱的工作在天文史学家和青铜器专家、古文献学家的合作之下非常坚实又艰难地推进下去。

多学科结合研究最明显的体现是频繁召开的讨论会，与会者远远超出课题组成员的范围，每个人都举出非常具体的证据论述自己的观点。陈久金先生排出的金文历谱随着大家的意见而不断修改。随着研究的深入课题组逐渐明确初吉应该在一个月的前十天或者略微向后延伸一二天，既生霸、既死霸不会是四分月相中的一部分，而是范围更宽，既望应该在望之后几日。经过各个学科专家的反复讨论，逐渐确立了排金文历谱的 7 个支点，这 7 个支点在《夏商周断代工程·简本》和《夏商周断代工程·繁本》中都有明确体现。金文历谱也在多学科的合作研究中不断走向完善。由陈美东先生承担的与金文历谱密切相关的“西周历法与春秋历法——附论东周年表问题”课题，既为排定西周金文历谱确立了应该遵循的基本历法原则，也补充了中国天文学史研究中的一个薄弱环节。

我参加金文历谱的具体工作始于李学勤先生的一个托付。《夏商周断代工程·简本》发表之后，李先生在做《夏商周断代工程·繁本》的统稿工作，因为之前所有人排的历谱都无法调和二十七年伊簋与二十八年寰盘，李先生希望我能调和此二器。我仔细观察此二器历日，初步结果是无法找到合适的年代将二者调和起来。这促使我进一步思考，能不能从理论上找到证明它们不可调和的方法。伊簋是二十七年正月既望丁亥，寰盘是二十八年五月既望庚寅。只要某一年符合正月既望丁亥，那么其后一年一定不符合五月既望庚寅。如果二器分别属于厉王和宣王，看似应该能找到合适的结果，但实际上厉王在位 37 年，这样无论是厉王二十七年到宣王二十八年还是反之，都可以计算出若其中一件器的既望在望后几日，另一件的既望必定不在望后几日。实际上这就找到了证明此二器不可调和的思路。李先生十分赞同并建议我按照这个思路对其他高王年的金文历日之间的相容关系进行更多的研究，后来我写成了《西周晚期四要素俱全的高王年金文历日的相容性研究》一文，论定了西周晚期 12 件高王年铜器历日之间的相容和限制关系。后来，李先生又建议我对金文月相术语的含义进行研究，并提出了具体的几组相互关联的重要铜器，我完成了《以相对历日关系探讨金文月相词语的范围》一文。这两篇文章都被《夏商周断代工程·繁本》所采用。

在夏商周断代工程立项的时候，“殷墟甲骨文和商代金文年祀的研究”并不属于天文课题。这个课题是由常玉芝先生独自承担的。1999 年初在夏商周断代工程的一个会议上常先生讲周祭祀谱问题，但是她排出的周祭祀谱表并没有放在具体年代中，后来我认识到常先生的表有违反历法基本原则之处，所以不可能放入具体年代中。那次会后周祭祀谱如何与年代联系起来成为一个突出的问题。张培瑜先生随之建议我研究周祭祀谱与年代的关系，李学勤先生建议我从材料密集的帝辛元至十一祀这一段入手，并将他的《帝辛元至十一祀祀谱的补充与检验》一文的手稿复印件提供给我。由此我正式开始做周祭祀谱研究，很快按照李先生文章中的材料确定了帝辛元至十一祀祀谱的历法特征，进一步确定其可能的年代。随后我又根据常玉芝先生的材料对帝乙祀谱的可能年代和商末岁首移动的问题进行研究，得出了帝乙在位的可能年代。我对帝辛和帝乙在位年代的研究结果都被夏商周断代工程所采用，并最终完成了《商末周祭祀谱合历研究》一书。

（摘自《中国史研究动态》2020 年第 4 期；
徐凤先：中国科学院自然科学史研究所研究员。）

《崇天历》的日食推步术

滕艳辉

《崇天历》是北宋中期由楚衍和宋行古等人编制的一部历法。该历于天圣二年（1024 年）颁行，是宋代行用时间最长的官方历法。《崇天历》超过了《崇玄历》的公式化程度。它的公式化的算法形式几乎影响其后的所有宋代和金代的历法。宋代另一部代表性历法《纪元历》改进了《崇天历》某些算法细节，仍保留其公式化算法的做法。

日食的计算不但涉及历法“步交会”术中的推算方法，还会用到推算气朔、发敛、日躔、晷漏和月离部分的算法和常数。除此之外，日食计算还要用到“步日躔”部分的日躔表格和“步月离”部分的月离表格。

食甚时刻是定朔时刻加入某些修正得到的。而定朔时刻又是经朔时刻加日月改正项后得到的，其计算涉及历法的气朔、日躔和月离部分，计算量比较大。

历法首先计算经朔时刻，即日月合朔的大概时间。然后计算太阳改正项和月亮改正项，历法中分别称为入气朏朒定数和入转朏朒定数。入气是朏朒定数的计算要使用步日躔的算法，将日躔表中每一气的朏朒积和损益率通过二次差值计算得到的每一日的数据。需要用到某气某日的朏朒积和损益率，则查找每日日躔数据表获得。《崇天历》在步月离部分给出月亮改正项和定朔时刻的计算方法。需要入转某日的朏朒积和损益率，则是直接查月离表得到。

由于合朔时刻并不是日食食分最大时刻，需要进行视差修正。历法称这个修正为“时差”，定朔加入时差得到日食视食甚时刻，其不足一日的部分称为“食定小余”。视差使得视食甚在正午前提前，正午后推后。食甚时刻距离正午的时间差，历法称为“午前后分”。

合朔时，只有月亮距离交点在一定范围内，才有可能发生日食，这个范围就是日食的食限。《崇天历》食限的数值是事先给出的，但月亮到交点的距离是需要计算的。计算这个距离包括入交定日算法和食差算法。

《崇天历》将真月亮到黄白交点的距离称为“入交定日”。先求“经朔加时入交泛日”，即合朔时月亮到交点的大概距离，在此基础上加入入气朏朒定数，所得结果称为“入交常日”，再加入关于月亮和交点退行的改正，就得到“入交定日”。

由于视差的存在，需要将真月亮到黄白交点的距离转换为视月亮到黄白交点的距离。相应的算法称为食差算法，包括气差算法和刻差算法。

气差和刻差都与太阳的黄经和时角相关，即历法中气差和刻差是关于“朔中积”和“午前后分”的函数。但是，刻差的计算还需要计算每日的半昼分，要使用步晷漏部分的算法，半昼分与“消息定数”相关，需要计算每日的消息定数，其含义是每日太阳赤纬与二分时刻赤纬的差值。

实际上，食差并非真月亮到真交点的距离与视月亮到视交点距离的差值，即入交定日加食差并不能得到视月亮到交点距离。它上面还需要加入一个常数才能得到这个距离。这个常数是某个特定时刻黄白交点在视白道上的投影到视交点的距离。这个特定时刻是春分日正午时刻，而此时的月亮正好在黄道北才有日食，即日食的食限恰好是此时交点在白道投影到交点的距离，于是，《崇天历》直接规定月在内道食而在外道不食。

入交定日加食差和时差的结果如果小于交中日，即月亮在黄道外，则没有日食，如果大于交中日，则减去中日，称为日入食限。再根据所得结果靠近交点的情况，得到交前后分，并且交前后分只有在日食的阴阳历食限之下才有日食。那么，前面食限算法中给出的在不偏食限以下的情况，也不一定有日食。因此，入食限和有日食是两回事。已经确定有日食发生，就可以计算食分大小了。《崇天历》使用线性内插法，即月亮距离视交点越近，食分越大，反之越小，在视交点初，食分为 10，在食限点处，食分刚好为 0。

接下来，文章给出一个算例，更清楚地展现历法推算日食的全过程。《宋史》载，“天圣二年五月丁亥，算食二分半，候之不食”。这是历官们使用《崇天历》推算宋仁宗天圣二年（1024年）五月朔的日食，得到该朔将发生日食，食分是二分半，但当天并没有见到日食的发生。

根据《崇天历》记载，1024 年距离其上元为 97 556 340 年，该年五月朔是冬至后第 6 个朔。可以得到本次日食食分是

$$\frac{11\,200-10\,019.844\,5}{700}=1.685\,9\ (\text{分})$$

按照古代天象记录的记载习惯，本次日食食分是一分半。经 skymap 软件计算，并参考美国国家航空航天局（NASA）给出的数据，1024 年 6 月 9 日（天圣二年五月丁亥），地球确实通过月亮本影区，当天有日环食发生，但在中国范围内却不可见。史载“候之不食”是完全正确的。而记载的“算食二分半”，与文章复原的结果一分半有差异。《宋史・仁宗本纪》并没有记载这次不食事件，在《宋史・天文志》中有“天圣二年五月丁亥朔，日当食不食”。《续资治通鉴》和《续资治通鉴长编》也分别记载“五月丁亥朔，司天监言日当食。已而不食，中书奉表称贺”和“五月丁亥朔，司天监言日当食不食。宰相奉表称贺”。而这几处记载都没有记录历法推算的具体食分大小。《崇天历》系元代修宋史所抄录，亦有可能误将“一”字错写为“二”字，至于是否应将宋史记载改为“一分半”，还需要发掘更多的其他史料来佐证。

只需给出朔望月、回归年、交点月和阴阳历食限等基本天文常数，结合已经求得的太阳与月亮的改正数、半昼分、定朔时刻和入转定分等数值，则任意给定年份的日食的食甚时刻和食分大小用《崇天历》均可以求出。

然而，纵观《崇天历》步交会部分中的所有日食推算术文，可以看到，在一次完整的日食推算中并没有使用“求定朔夜半入交”、“求月行入阴阳历”和“求朔望加时月去黄道度”等算法。这几个算法的目的是求合朔时月亮的“极黄纬”。但《崇天历》并没有给出基于“极黄纬”的食限数值，而是给出基于月亮黄经（入交定日）的阴阳历食限。那么，这几段术文在实际推算过程中是不起作用的。可见，《崇天历》的算法还是不优化的。值得注意的是，自《乾

象历》开始，很多历法的日食推算过程都有月亮极黄纬计算法，但都没有给出相应的判断入食限的标准。《崇天历》显然借鉴了前面历法的做法。

《纪元历》改进了《崇天历》的日食算法，使得中国传统日食算法更加接近于重建模型，日食理论的天文学意义更为明显。但是，《纪元历》的“入交定日”算法不加月亮改正和交点退行，食限算法中不加时差修正，这些相比《崇天历》都是有所退步的。

（摘自《中国科技史杂志》2020 年第 4 期；

滕艳辉：咸阳师范学院数学与信息科学学院副教授。）

郭守敬四丈高表测影再探究

——兼论中国古代圭表测影技术的革新

肖　尧

圭表测影是中国古代传统天文学中常见且重要的天文观测手段，利用圭表测影确定至日时刻，则是历法制定的关键内容。因此，圭表测影在两千多年里一直被古代天文学家所重视。纵观中国的圭表测影历史，郭守敬对圭表测影技术的革新无疑是最突出的，他用四丈高表和景符测日体中影，观测精度远超前人。

在过去对郭守敬圭表测影的研究中，尽管对郭守敬建四丈高表这样一个大型化仪器的理由进行过讨论，但缺乏关键证据的支撑，而对郭守敬高表的高度为何为四丈则未有过专门的讨论。此外，学者们基本默认使用四丈高表可以提高测影精度。因此，文章将讨论以下三个问题：郭守敬定高表表高为四丈的原因，四丈高表本身是否提高了测影精度，以及郭守敬四丈高表测影的精度水平如何。

通过《元史·天文志》中的“圭表”描述，我们发现在郭守敬的圭表测影中，毫是最小的长度计量单位，而一毫约为 0.02 毫米，凭借肉眼是无法直接读取的。但郭守敬期望的是“毫厘差易分别”，是要能分辨出一毫的差异。因此，他采取了一种方法来实现他的预期，那就是增加表的高度。尽管单纯增加表高并不会使得测影读数的最小值变小，但增加（八尺表）表高之后，如果仍以八尺表为标准，却就可以得到更精确（读数最小值更小）的影长值。具体来说，四丈表的影长数据除以五，就相当于得到了八尺表的测影数据，四丈表的读数最小值为五毫，则换算后的八尺表的影长值读数最小值为一毫，这样一来，就做到了“毫厘差易分别”。由此可见，郭守敬想达到的“毫厘差易分别”是以八尺表为基准的，所以高表表高四丈，并非随意而定。它是根据郭守敬当时测影能读出的最小值（五毫）而定出的，五毫为一毫的五倍，要想八尺表做到“毫厘差易分别”，高表的高度就需要是八尺的五倍，即四丈。

接下来我们讨论四丈高表的观测精度问题。首先的问题是：八尺表变为四丈表后，其测影精度有没有提高？按照一般看法，使用四丈高表测影相较于使用八尺圭表提高了测影精度（即减小了相对误差）。但郭守敬使用四丈高表和景符的测影，不同于以测量工具直接测量实物，郭守敬使用景符的四丈高表测影，其测影误差中除了长度测量中都有的读数误差外，还有一项方法误差。这个方法误差是由于圭表测影圭面上的光斑中心点并非日体中心的成像点造成的，其使用景符测影造成系统误差的示意图如图 1。当太阳高度角一定时，此系统误差与表高成正比。

因此从原理上分析，使用景符的圭表测影中，单纯地提高表高，并不能减小圭表测影的相对误差。那么，在都使用景符的情况下，四丈高表测影相较于八尺圭表测影，并不会提高测影的精度。其中的主要原因是使用景符测影带有一项方法误差，它使得（在原理上）表高度的改变不会影响测影的精度。同时，我们可以知道，当这项方法误差不存在时，四丈高表测影的相对误差会只有八尺圭表测影的相对误差的五分之一。

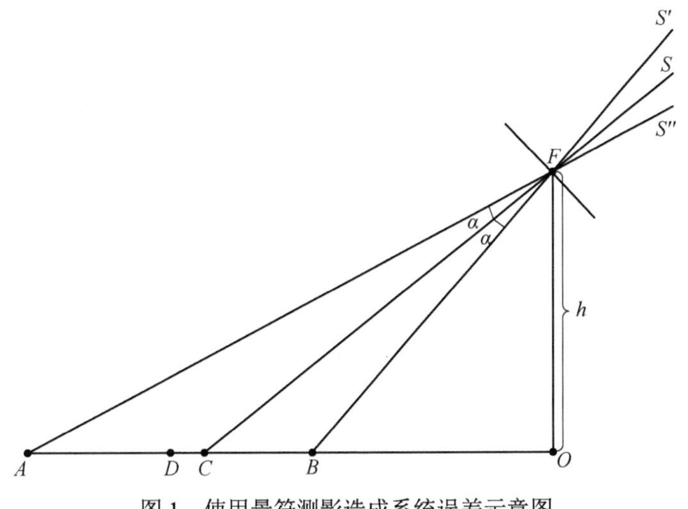

图 1　使用景符测影造成系统误差示意图

另外，结合我们之前的研究，郭守敬的测影地点实际上有两处，并且可以确定的是：郭守敬 1279 年冬天的测影地点为元朝太史院司天台。因此，分析郭守敬圭表测影精度的合理做法，是只对 1279 年冬天进行的圭表测影进行精度分析。在此分析中我们发现郭守敬的圭表测影中存在明显的系统误差，为了了解郭守敬测影的随机误差水平，我们需要先剔除其系统误差。具体方法是通过最小二乘法求出最或然系统误差，而后对其修正，最后以标准差评估随机误差水平。标准差根据贝塞尔公式计算（其中Δx_i为误差值，Δl_i为系统误差，N为样本个数，σ为标准差）：

$$\sigma=\sqrt{\frac{1}{N-1}\sum_{i=1}^{N}(x_i-l_i)^2}$$

在此过程中我们分析了三种常见且规律明显的系统误差和四种混合形式的系统误差，最终结论是郭守敬冬天圭表测影的随机误差在 4 毫米左右，此随机误差中包含“中心点偏差”的随机系统误差。

最后，我们梳理了中国古代圭表测影技术的发展历程，指出传统圭表测影技术在汉代定型之后，直到宋元时期才得到新的发展，其中郭守敬的四丈高表测影从方法和仪器两方面做出改进，使圭表测影技术达到顶峰。元之后，圭表测影技术的发展再次停滞，甚至在实际使用中出现了倒退的情况。其中的例证是清初时传教士天文学家和维护传统的士人就“定气注历还是平气注历”相互争论时，双方决定以推算（圭表测）日影长度相较高下的过程中实际上并未使用景符，这才是其测影误差和当时记载矛盾的主要原因。

（摘自《中国科技史杂志》2020 年第 4 期；
肖尧：清华大学科学史系博士后。）

文化遗产与技术史

秦始皇陵出土青铜马车活性连接工艺研究

杨　欢

秦始皇陵出土的两乘青铜马车，每乘都由近3000个零部件组成。零部件制作完成后，使用了多种连接工艺将整车装配成型。青铜马车是目前我国发现的体量最大、使用连接工艺种类与数量最多的青铜器。从青铜马车中不仅能看到秦时马车的原貌，也可借此认识当时高超的金属连接工艺。

青铜马车中多处使用了活性连接工艺，目前从青铜马车中大约能观察到近十种活性连接工艺，如子母扣连接、钮环连接、转轴、活铰、带扣与销钉连接等，主要用于马具、马饰之类小型部件的连接中。这些工艺的使用，使得金属材质部件在很大程度上达到了真实马车材质的柔韧特性，实现了青铜马车活动部件的灵活性。从功能角度分析，活性连接主要实现了两种功能：一种是连接之后器物可以活动自如；另一种为连接之后器物可以拆卸。

可活动连接工艺：

可活动连接主要分为子母扣、钮环、转轴、活铰、推拉等连接工艺。青铜马车中所使用的子母扣连接，根据被连接部件的形制，可以分为柱状子母扣连接与带状子母扣连接；带状子母扣连接又可分为长带状子母扣连接、短带状子母扣连接与弧形带状子母扣连接。从部件不同的活动方向，又可分为上下活动的子母扣连接与左右活动的子母扣连接。所有子母扣连接工艺的实现需要三个要素，即子口、母口与贯轴，轴又可分为明轴与暗轴。尽管子母扣连接的位置不同、部件形制也有区别，但三个工艺要素都不可或缺。

青铜马车中使用的钮环连接工艺有两类：一类是由金属丝扭结进行不同部件连接，另一类是以扭结的金属丝作为链条本体的活性连接工艺。青铜马车的活动部件中多处使用了转轴与活铰连接，根据部位和作用的不同而形式多样，主要有活动铰页形、曲柄形。二号青铜马车前窗的安装中，使用了活动铰页。二号车门框中部安装着一件银质可转动的门栓。门栓作曲柄状，其功能相当于今天的门锁。二号车主舆两侧窗板的前端及上下两面都装有持板的凹槽，只有后侧开放，窗户关闭时卡在三侧的凹槽中；开窗时向后推动进入空腔中。二号车两个侧窗推拉开合的设计，使得窗板在凹槽中可左右自由开关，且活动位置相对固定。

通过使用子母扣、钮环、转轴与活铰连接、推拉式活性连接这几类工艺，被连接部件都实现了连接之后活动自如，或者至少使得器物可以朝一定的方向活动。这些活动连接工艺中，除了钮环偶见于我国青铜时代的连接工艺中，其他多数工艺都为青铜马车中仅见，工艺来源目前尚未得知。

可拆卸连接工艺：

可拆卸连接工艺主要有套接、卡接与带扣等，应用于青铜马车的可拆卸部件中。这些工艺往往两种或两种以上复合使用，以实现具体器物的安装与拆卸功能。

在两乘青铜马车右骖马的头部，各有一个穗形的纛，纛与其基座的固定采用了套接加销钉的连接方式。带扣连接主要应用于佩戴时需要打开的马具中。骖马鞶前部套环上的方策与鞶带的扣接，通过凹槽重合、链条纵向卡接、横向卡接三重活性连接工艺，将鞶带佩戴于马体上。一号青铜马车伞杠与底座的连接，通过上下两个部位 6 种活性连接工艺，将伞杠安装于伞座上。在使用时，伞形车盖安装牢固、可靠，在拆卸时，几个插销的提拉即可将伞杠拆下。这些活性连接工艺实现了伞杠与伞座的安装与拆卸功能，方式多样且技艺精湛。

上述几类部件，都使用了一种或两种以上的活性连接工艺，用以实现不同部位的安装与拆卸功能。使用连接种类的多寡，取决于所连接部件本身的重量，或者被连接物所承载或连接部件的重量。轻质部件的安装步骤一般较少，如马纛的安装；重量较大的部件的安装步骤与工艺会增多，如伞杠与伞座的连接。马缰与马靷类部件，因为牵引马匹的质量很大，也使用了多种活性连接工艺进行安装与加固。

青铜马车各个基本部件制作完成之后，连接工艺是最为重要的技术，其重要性并不亚于铸造、锻造工艺。青铜马车中所使用的高温连接工艺（如焊接与铸接等），使得马车中的大型部件（如车舆、马体与御手俑等）被装配成型。而工匠通过逾千次重复使用文章涉及的这些活性连接工艺，先将细碎繁缛的金、银小节组装成为马饰、马具等小型部件，进而将这些部件装配在马车的相应位置，最终完成了马车的整体装配。正是有了这些连接工艺，才使得青铜马车的制作得以实现。

青铜马车中所使用的多种连接工艺，不仅实现了青铜马车的装配，更使其成为青铜时代金属连接工艺的集大成者。与商周时期使用先后铸等铸接工艺实现活性连接不同，青铜马车中的活性连接工艺几乎都发生在部件制作完成之后。在青铜马车之前或之后的青铜器中，都不曾使用过如此种类繁多的活性连接工艺。这些工艺的使用，使青铜马车不仅代表了秦时最高的青铜器生产水平，更成为我国古代金属连接工艺的典范之作，为进一步认识当时的金属工艺提供了充分的实物资料。

（摘自《自然科学史研究》2020 年第 4 期；
杨欢：西北工业大学文化遗产研究院副教授。）

工程社会学视角下的京张铁路建设

段海龙

京张铁路开启了中国人自办铁路的历史。从工程社会学视角思考京张铁路的修建，可提升对京张铁路工程的认知，为工程社会学研究提供案例，具有重要的学术意义。

需求是工程出现的最初动因，一切造物活动都是为了满足人的需要。

晚清时期，张家口作为京师西北门户，是内地通往西北边塞的必经之路，亦为兵家必争之地，同时也是清朝对外贸易的重要通道和物资集散地。修建一条京师通往张家口的铁路，是军事活动和商业贸易的双重需求。京张铁路之前，中国所有的干线铁路都由外国工程师主持修建。随着外国势力的逐步深入，铁路日渐沦为列强入侵的有力工具。自主修建铁路，成为当时清廷的政治需求。清廷能够获取自主修建京张铁路的权利，是英俄两国各执“条约”，相持不下最后“妥协”的结果。京张铁路最终能够在社会领域产生重大影响，除工程自身具有难度之外，与其深处复杂的社会环境中能够取得成功亦有密切的关系。

技术是工程的基本要素，工程是技术的优化集成。技术为工程提供多种可能性，也限制工程对技术的使用范围，工程也对技术的采用提出了约束条件。

京张铁路路线复杂，詹天佑选择关沟一线，从铁路技术角度考虑，不是最佳方案。技术为选线提供了多种可能，也约束了其工程选择的可能。路线的选择正是铁路技术与工程相互制约的结果。工程并非只是技术的机械组合，其实施受诸多非技术因素影响。经费、时间和不借助外国工程师这三个条件，与铁路技术自身无关，但都决定京张铁路工程建设。技术只是为工程提供了可能性，但工程却只能选择其中之一来实施。

工程的社会性首先表现为实施工程的主体的社会性。詹天佑是京张铁路关键人物，但工程并非一人所为。詹天佑在“通车典礼”中致辞道，“倘非邮部宪加意筹画，督率提挈，同事各员于工程互相考镜，力求进步，曷克臻此”。在《京张铁路工程纪略》中也提及颜德庆、陈西林、俞人凤、翟兆麟、柴俊畴、张鸿诰、苏以昭、张俊波等人。京张铁路工程的顺利实施，归功于詹天佑管理下的技术团队。詹天佑是京张铁路工程的决策者，决定路线的最终选择。同时，他也担任设计者和管理者，既要对关键路线进行勘测与设计，还要负责建筑材料的采购与管理。其他工程师也承担了设计者、管理者及工程实施者的角色。从全国各地调来的工程师被分配在不同路段，具体负责各段铁路的具体设计和管理工作。所有这些分工合作，体现了工程建设的社会性。

工程是人类利用科学技术通过改造自然的方式来满足需求的实践活动，必定要注重人与自然和谐共处和协调发展。人造物工程也只有和自然环境和谐共处，才能更好地发挥出其存在的价值和意义。在青龙桥附近选择“之”字形路线，就是顺应地理环境的最佳选择。“之”字形路线的选择，首先是为了缩短八达岭隧道的开凿长度，其次还可以降低路线坡度。这种情况，首选方案是采用“螺旋形”路线，但青龙桥附近的山谷过于狭窄，不能采用，只得根据地理环境采用“之”字形。此举看似工程条件所限，实质也是工程顺应自然环境的体现。工程的建设，既是对自然的改造，也是对自然的顺从，表现了人与自然和谐相处，体现了人类在满足自身需求的过程中对大自然的敬畏。

京张铁路同所有铁路工程一样，都是应社会需求、受技术水平限制、在一定工期和经费的约束下，在所处的自然环境中，实现人类的建造目的。京张铁路在近代中国铁路建设史上占有特殊的地位。首先，京张铁路是由中国工程师独立完成的第一条干线铁路，是西方铁路筑路技术首次在中国实现本土化的一条铁路。其次，京张铁路建设经费完全由中国国内自筹，有效遏制了外国利用资金投入控制路权的野心。最后，京张铁路工程难度空前，但中国工程师就是凭借着精妙的设计、丰富的经验，不仅借鉴国外经验还大胆创新，保质保量地完成了整个工程。以上因素大大提升了京张铁路的工程价值。

京张铁路建设过程充分体现了工程社会学的多个方面。从工程筹建到工程实施、从路线勘测到路线选择、从团队组建到组织管理，无不显示着工程的社会属性、工程与技术的相互制约、工程是人工和自然和谐的结果，以及工程相对于技术所具有的特殊性。技术与工程之间的关系，不仅体现了技术为工程提供了支撑与选择自由、工程为技术提供展示舞台，同时也体现了技术限制工程选择与工程制约技术使用的相互制约的辩证关系。工程不仅应看作人类功能的衍生，也应视作自然界特殊的馈赠。同类工程在不同环境中被建造，都具有自身存在的特殊性和唯一性。这是工程区别于技术的重要属性，也是工程研究的魅力与意义所在。

（摘自《工程研究——跨学科视野中的工程》2020 年第 4 期；
段海龙：内蒙古师范大学科学技术史研究院副教授。）

抗战时期西南地区煤铁资源开发初探

——以煤铁资源开发技术为中心

雷丽芳

煤铁矿作为最重要的工业能源和材料的基本原料，其开发利用活动不仅是关乎国家发展大计的具有战略意义的行为，也是国民经济发展的重要组成部分。洋务运动以来，随着中国近代工业的起步，对煤铁的需求日益增长，加速了我国煤铁资源的开发进程。但是，受近代中国政治、经济、交通等因素制约，各区域的矿产资源开发进程不一。在全面抗战爆发之前，国人对西南地区的矿产资源认识是零星和碎片化的，彼时该地区煤铁矿资源开发利用只是为了满足当地居民的基本生活需求，谈不上工业化意义上的开发利用。七七事变后，国民政府迁都重庆并制定《西南西北工业建设计划》，决定建立以四川为中心的后方工业基地。与此同时，受战局恶化影响，东部沿海、沿江工业大规模西迁，大量技术人才、资本、设备汇聚到西南等后方地区，加速了西南地区煤铁资源的开发进程。

随着抗战军事的西移，工业建设和军需取给的资源供给无不依赖于西南地区，该区域的矿产资源开发得到了国民政府重视。1938 年 1 月，国民政府成立经济部负责抗战后方的经济建设工作，为配合抗战后方工业建设的工作，经济部于 1938 年、1940 年先后设立了矿冶研究所和资源委员会矿产测勘处等机构配合后方矿产资源开发。与此同时，中央地质调查所以及设有地质矿冶学科的北洋大学、唐山工学院等高校内迁西南，西南地区迅速聚集了一批矿产地质调查人才。加上四川、西康、云南等省相继设立的地质调查所，后方矿产资源开发的技术人才队伍迅速壮大。地质调查所与矿产测勘处等机构相互协作、各有分工，推动了西南地区矿产资源的系统调查与测勘。

对西南各省重要煤铁矿资源的系统调查与测勘，使得该区域的重点煤铁矿资源分布和矿质情形得到了进一步明晰，为该地区煤铁资源的开发做了准备。另外，为进一步开发利用后方的矿产资源，经济部部长翁文灏提议成立矿冶研究所获得行政院通过，经济部矿冶研究所于 1938 年 3 月 3 日正式成立。研究所在成立初期，为搞清楚后方矿产资源和钢铁生产情况，曾派大批技术人员分赴各地厂矿进行现场调查，他们在调查基础上撰写了大量有关采矿、选矿、冶金以及矿冶经济与矿冶运输等方面的调查报告或研究报告，从客观上解决了当时生产实际中亟待解决的一些问题，获得了各方的支持和协助。在广泛调查的基础上，矿冶研究所开展重点矿产的试验研究，在土法洗煤炼焦技术的改良、小型炼铁炉试验等方面取得了重要技术突破。

煤铁厂矿的建设与生产是煤铁资源开发利用的根本环节。随着 1938 年经济部《抗战建国经济建设实施方案》的颁发和一系列工业奖励及工矿业奖助等政策法规的出台，西南地区迎来了一场轰轰烈烈的煤铁厂矿建设热潮。从煤矿企业的建设与生产看，随着国民政府和沿海沿江的工厂的内迁，西南地区对煤的需求骤增。国民政府经过多方协调努力，一方面推动已有煤矿的增产工作，另一方面积极筹办新的煤矿企业并推动已停顿的煤矿重新营业增产。从钢铁企业的建设看，抗战时期资源委员会先后投资设立了大渡口钢铁厂、资渝钢铁厂、电化冶炼厂、威远铁厂、资蜀钢铁厂和云南钢铁厂等6家钢铁企业；民营企业方面，规模较大的有中国兴业公司；据不完全统计，抗战时期后方各省建设的钢铁厂至少有73家。

西南地区煤铁资源开发技术进步对西南地区经济的推动作用体现在微观煤铁企业和中观煤铁工业发展两层面。从微观层面看，煤铁资源开发技术的进步对煤铁企业发展的作用主要体现为两点：一是技术进步可以提升产量、延长设备使用寿命，进而降低成本；二是技术进步可以开发新的产品种类，从而拓展销路。从中观层面看，抗战时期西南地区煤铁资源开发技术的进步推动了西南地区煤铁业由传统土法采冶模式向新式机械采矿与新法冶炼方式的转变，在一定程度上推动了该地区煤铁工业的发展。

总的来说，抗战时期西南地区的煤铁技术发展历程是一次从武汉、河北、河南等技术先进地区向西南技术落后地区移植的过程。囿于抗战时期内迁矿冶机械设备有限、国外先进矿冶设备又无法获得，这一时期，地质矿冶工程师无法采用相对先进的设备和技术，使得该地区煤铁资源开发规模受到一定限制。但从另一方面看，抗战时期西南地区煤铁资源开发活动，也是对中国本土煤铁资源开发技术能力的一次综合考验。正是由于后方无法采用先进的技术和设备，加上国防工业建设的急需，充分激发了矿冶工程师群体的技术创新能力，使他们最终实现了土法洗煤炼焦技术的改进、小型炼铁炉技术的发明等冶炼工艺的进步，在较短时间内解决了钢铁快速增产的技术问题。另一方面，孤立的行业是不可能存活的，煤铁工业位于工业生产链的最始端，被誉为工业之母，其发展不仅受国家或地区总体经济发展形势的影响，而且受交通运输业、各种机器制造工业等下游产业发展形势的影响。1942年后，随着后方各类工业发展的总体趋势走向衰落，煤铁工业开始萎缩，许多煤铁厂矿纷纷停业停产，使得该区域煤铁工业发展在经历了1938—1942年的短暂繁荣后迅速走向衰落。

（摘自《中国经济史研究》2020年第6期；
雷丽芳：北京科技大学科技史与文化遗产研究院讲师。）

生态环境与医学史

从《树艺篇》到《汝南圃史》

——明代农书生产过程的个案研究

葛小寒

曾雄生曾在《宋代士人对农学知识的获取和传播——以苏轼为中心》中考察了“农书作者之外”的士人是如何“自觉地投身于农学知识的获取和传播之中”的。但是，中国传统农学知识的主要载体仍是农书，这些“作者士人”又是如何在农书的撰写中完成这种知识的生产的呢？回答以上问题的史料基础便是同时存有“稿本”与“刻本”的农书，或在这两者之间存在一定“祖孙关系”的农书。《树艺篇》的作者周士洵（生卒年不详，字孺允，号允斋，苏州昆山人）在完成该书后，进一步以此为稿本写作了《花史》；随后，周文华（生卒年不详，字含章，苏州昆山人）在《花史》的基础上完善，写出了《汝南圃史》。由此可见，《树艺篇》与《汝南圃史》确为“祖孙关系”，那么，通过这些文献来探讨明代士人农书的生产过程便是完全可行的。

文章旨在回答的问题是：农书究竟是如何被生产出来的？简单来说，农书不外乎是作者根据自身获取的农学知识加以整理和编纂而成的。但是，在“获取”、“整理”和“编纂”过程中，作者对其所获得的农学知识是怎样加工的，似乎仍有进一步讨论的空间。在文章中，笔者通过研究《树艺篇》与《汝南圃史》之间的发展历程揭示了这一农书生产过程的实况。回顾全文，不妨用下表（表1）加以概括。

表1　农书生产过程

知识获取	初次加工	再次加工	三次加工（完成）
《树艺篇》		《花史》	《汝南圃史》
藏书与阅读 游历与交往 采访与躬耕　→	稿本性 粗糙的知识性 暗中的士人性	→	去稿本性 体系化的知识 明显的士人性
知识的获取与积累	→	知识的体系化与编纂	

如表1所示，笔者在文中首先介绍了士人通过“阅读”“交往”“躬耕”等活动获得散布在古籍与老农中的农学知识，并将这些知识转化成文字，从而形成初步的积累，尔后又经过不断的加工与再加工而诞生出体系化且具有士人趣味的完整农书。值得一提的是，在这种对知识的不断加工中，有两种倾向特别值得注意。第一种，即笔者称之为“知识性”的取向。从上文对于《树艺篇》《花史》《汝南圃史》中按语的探讨，可以看出一种带有自身经验性质的粗糙凌乱的农学知识，是如何一步步形成客观的、纯粹的、具有体系性的农学知识的。第二种，则是笔者称之为“士人性”的取向。这一点在《花史》与《汝南圃史》中对于原稿本《树艺篇》内容的删减上表现得更为明显。简言之，《树艺篇》表面上几乎囊括一切作物的编纂取向，被《汝

南圃史》中“花”“果”等代表士人兴趣的取向所替代。由此可见，士人的农书正是在“知识性”和“士人性”的张力中被生产出来的。进而言之，列文森关于明代士人因为其身份的限制具有“反专业化”倾向的命题便值得反思，毕竟从《树艺篇》到《汝南圃史》的发展脉络来看，专门性的知识与士大夫的兴趣几乎是共时发展的，甚至士人的兴趣加强了这种“专业化”倾向，迫使“无所不包”的《树艺篇》被改造成专攻“圃艺”的《汝南圃史》。

除了农书的作者要通过各种途径获取相应的农学知识外，他们对获取的这些知识进行加工，对农书的生产亦非常关键。现存的这些经典农书其实都是经过一层又一层的加工而形成的。在这种加工过程中，有些农学知识被删去了，有些被体系化了，有些农学知识被拆解，还有一些则被整合。因此，现存的农书所包含的古代的农学知识其实只是那个农书的作者或编辑者希望我们看到的。从这个意义上讲，中国古代“农学”的创造者其实并非农业生产者，甚至也不是那些采访老农的士人，而是农书生产过程中的最终编辑者。这样一来，对于古农书的研究便不能仅仅关注成书的那一刻，而应该更加全面地考察成书过程中农学知识在不同文本之间的演变。

最后，笔者要指出的是，《汝南圃史》似乎亦非这一漫长的农书生产过程的终点。天野元之助在介绍该书时曾提到它在明末清初曾以《致富全书》的名字出现。最近，笔者在南京图书馆发现了一种题为《增订群芳致富全书》的明末刻本，作者题为“陶朱公先生原本”“周含章先生补次”。将此书与笔者所见“书带斋”刻本的《汝南圃史》比较，发现二者均为黑格 8 行，每行 18 字，白口，上单鱼尾，唯《汝南圃史》版心有“书带斋”三字，是书则无，正文内容则完全一致，且《汝南圃史》每卷卷首有“汝南圃史卷之×”，在《增订群芳致富全书》中则明显被挖改为“致富全书卷之×”。由此可见，该书即是《汝南圃史》的翻刻本。另外，笔者见故宫博物院所藏康熙年间《重订增补陶朱公致富全书》中亦有大量《汝南圃史》中的内容，如该书卷 2“玉兰”条下收录了一首周孺允的诗，该诗则除此书外仅见于《汝南圃史》。由此看来，在明末清初流行的一些日用类书似乎也与《汝南圃史》有着密切的关系，而日用类书的读者除了士人外，更为广泛的是商贾与市民，因此这一关系是否意味着明代后期农学知识生产的进一步下移呢？此外，在诸种“致富全书”中，《汝南圃史》中的农学知识又得到了怎样的改造呢？这些问题已非文章可以解决的了，特此提出，供同道思考。

（摘自《自然科学史研究》2020 年第 1 期；
葛小寒：北京师范大学历史学院助理研究员。）

中国古代农学的理论化问题研究

齐文涛

中国古代农学不仅包含抽象的农学原则和具体的农学知识，还有艰深的农学理论。拥有农学原则和农学知识，传统农学可以顺利发挥功能。然而，知识分子不满足于此，他们尝试对有代表性的农学知识以及农学原则作理论解释，在农学知识和农学原则基础上增添农学理论，是为传统农学的理论化。

中国古代的农学理论表现为，运用气概念和阴阳学说，对有代表性的农学知识以及农学原则作出的理论解释。具生化万物功能的气，被阴阳学说划分为阴气和阳气，阴阳二气具有不同功能。阴阳二气不同功能的发挥以及二者的互补配合，构成作物生长的原理。以此为根据，天时、地利以至有代表性的农学知识最终获得理论解释。传统农学只引入气概念时解释力很有限，引入阴阳学说后解释力显著增强。在这个意义上，传统农学的理论化是传统农学的阴阳化。

理论化过程分两个阶段。先秦至宋元时期，是传统农学理论化的初级阶段。在这一阶段，自然物候、耕作时节、土地类型等农学知识获得不同程度的阴阳解释，作物生长原理拥有简单的阴阳表述。可概括为：春夏阳气渐长，对应作物生与长，秋冬阴气渐盛，对应作物收与藏；土地分阴阳两大类；作物生长系阴气与阳气配合的结果，而阳气的作用更重要。然其成果杂列各处，不成体系，理论化程度不高。

及至明清，传统农学的理论化进程骤剧，是为传统农学理论化的成熟阶段。代表性成果记载于《农说》和《知本提纲》两部理论性极强的农书中。它们更加彻底地引入阴阳学说，对农学原则和农学知识作出理论解释。

《农说》的理论化成果，逻辑上可分三部分。首先是作物生成原理的阴阳表达。《农说》作物生成原理可概括为“阳生阴成，阴阳互根，阳畜阴周，阴代阳体”。核心含义是，阴阳二气具有不同功能，阳主生而阴主成；二气虽有主有辅，却须互补配合，不可缺一；促进作物生长的环境条件是“阳畜阴周”，作物成杀过程的生理变化是“阴代阳体”。其次是“顺天时”的阴阳解释。《农说》主要对作物生长期与成杀期作出阴阳解释。具体为，冬至到夏至间阳生于下、阳涨阴消，基于“阳畜阴周”，这期间适合作物萌发与生长；夏至到冬至间阴气渐盛、阴涨阳消，基于“阴代阳体”，这期间对应作物成熟与死亡。最后是“量地利”的阴阳解释。《农说》主要对五种田地的耕作方式作出阴阳解释。具体为，基于“阴阳互根”，“原”系阳盛阴亏则深耕济阴，“隰”系阴盛阳亏则浅耕就阳，过泄之田独阳不生则济阴，固结之田独阴不生则济阳，岁久不耕之田独阴不生则就阳。

《知本提纲》的理论化成果，逻辑上也可分三部分。首先是作物生成原理的阴阳表达。《知本提纲》作物生成原理可概括为“阳变阴化，阴阳交济，阳极阴收，阴敛阳藏”。核心含义是，阴阳二气对作物生长发挥不同功用，阳气主变，阴气主化；为使作物健康生长，阴阳二气宜互补配合，不可或缺；在作物生长发育的关键环节，二气互补配合的最佳形式是，阳气恰达至极状态而阴气及时收敛；为促进翌年作物更好生育，宜借用雨雪将阳气掩藏在土中。其次是“量地利”的阴阳解释。具体为，基于“阴阳交济，阳极阴收”，山原阳盛阴乏则宜“接地阴”、隰泽阴盛阳乏则宜“就天阳”、水田积阴难返则宜“断草之宿根，耖起积泥，蹂烂极细”；“宁燥勿湿”“纵横犁耖”“转耕返耕”“频耖频锄”的耕作原则，基本都为达成“阳极”目标。最后是“顺天时”的阴阳解释。“耕耪时宜”的“春秋之殊”是为达成“阳极阴收”状态；“春耕稻田”系假借阳气，“春耕宜迟”系免失阳气，都为促成和保持“阳极”，而“夏耕麦田”与“秋耕宜早”则为达成“阴敛阳藏”。

气、阴阳以及五行是我国古代学术的通用工具，自然现象和人类活动的各方面都用其作出理论说明，农作知识也援其作理论解释是自然而然的。传统农学开启理论化进程并非源于其内在必要性，而是古代学术趋向使然。

传统农学的深度理论化，则有特殊社会原因。明代中叶以后兴起经世致用的学风。马一龙和杨屾在实学思潮的熏染下，尝试将关注已久的“农”做成学问。而他们之所以能够完成农学的深度理论化，还要仰赖宋明理学的宝贵遗产。这包括理学的“格物致知”，扩展了理论观照的范围；理学的“即物穷理”，提供了理论化的理念；理学还提供了气与阴阳等概念工具。所以，在实学思潮和理学遗产的双重作用下，传统农学获得深度理论化。

传统农学深度理论化的成果具有比较明显的逻辑性与体系性。理论内部的逻辑关联主要表现为，作物生成原理与关于“顺天时”“量地利”的解释二者之间是解释与被解释的关系。前者作为后者的内在依据，与后者共同组成理论，使其具有体系性。此外，理论化过程还遵循一重清晰的底层逻辑，即以“顺天时，量地利”原则为“硬核”，调整与增加辅助性假说。这重逻辑规范了理论化的趋向与范围。

传统农学的理论化成果从本质上说，是对农作经验知识的理论解释。与一般观念中科学转化为技术、理论指导实践不同，传统农学的理论化成果并不是农作经验知识的来源，而是基于农作经验知识进行的理论建构。

（摘自《自然辩证法通讯》2020 年第 10 期；
齐文涛：西北农林科技大学人文社会发展学院讲师。）

美洲作物与人口增长

——兼论“美洲作物决定论”的来龙去脉

李昕升

一般认为，美洲作物之于人口增长有巨大作用，其实人口增长的逻辑因素是极其复杂的。清代最重要的技术革新是一岁数收和土地改造，美洲作物推广作为技术革新之一，是由人口增长决定的，不宜倒因为果。实际上美洲作物价值凸显的时间在19世纪中期之后，且主要在山区缓解人口压力；传统社会美洲作物影响受限的原因在于其并没有想象中的那么高产，即使略有优势也难以打破原有的种植制度，在“钱粮二色”的赋税体系下只是糊口作物，是农业商品化粮食不足的补充。美洲作物能够成为第一等的题目肇始于何炳棣先生，但“美洲作物决定论”却系后人夸大，其中有着被形塑的20世纪心理认同和“以今推古”这样深层次的原因。

近年来有众多言论过分夸大美洲作物，我们姑且称之为“美洲作物决定论”。“美洲作物决定论”是笔者自创的一个全新概念，这里略作解释。何炳棣之后关于美洲作物的讨论渐多，没有人否定美洲作物的重要性。不少学者发现它们之于人口增长的积极意义，如全汉昇、葛剑雄、王育民等，不过多是模糊处理，选择“含糊其辞”这样比较严谨的叙述方式，至少在《美洲作物在中国的传播及其影响研究》这样第一部从整体上专门论述美洲作物的专著及之前均是如此。近十年，有心人受到前贤的启发，“变本加厉”地强调美洲作物对人口增长的巨大意义已经成为一种常识般的金科玉律深入人心，无论是学院派抑或民间学者，近年各种论著、网文只要涉及美洲作物，必然充斥着美洲作物导致清代“人口奇迹”/“人口爆炸”的言论，如玉米支撑了清代人口的增长、“18世纪的食物革命”、康乾盛世就是番薯盛世、番薯挽救了中国等。

那么中国人口增加的根源为何？简单两个字——和平。社会的稳定性大大提高，于是政府放松了对户籍的控制，增加了大量可以自由流动的劳动力，区域贸易壁垒限制降低，这些都加强了全国性的人口流动和商业活动，垦殖、贩卖盛极一时，财富迅速积累，生育愿望增加，人口自然迅速增加。要之，正是清政府多次改革达到轻徭薄赋、加强仓储等社会保障制度建设，以彰显“德政”，“借着藏富于民，清政府可说助长了人口增长速度”。

一岁数收和土地改造是清代技术革新的两大面相，共同打造了农业生产力的提高，农业生产力的提高以集约化生产最为重要，集约化生产主要靠的就是投入更多的劳动力。清代人口大增，人口多被捆绑在农村，集约化生产成为可能，也是必要。也正因此，才有了边际报酬递减的“过密化生产”一说。那么，技术革新（新作物、轮作复种、水利、生态农业、肥料、整地技术、耕作法等）是否亦和其他因素一样是人口增长的内在因素呢？我们认为是否定的，这也是本节单独阐述之原因之一。我们认为是“人口压力决定食物生产”，而不是“食物决定人口容量”。“食物决定人口容量”之观点其实就是马尔萨斯的人口论，“美洲作物决定论”之观点，是变相继承了马尔萨斯的观点，认为传统社会永远无法打破马尔萨斯的积极抑制，在“死亡推动”下周而复始地循环。

在大数据时代，美洲作物不仅是农史、历史地理、物质文化史等的重要命题，亦是经济史研究中量化历史研究的第一等题目。已有计量推导证明美洲作物，尤其是玉米，对清代人口增长的贡献超过了 20%，看似符合史学研究的先验性结论，亦说明传统中国是典型的马尔萨斯社会。我们利用理论与实证的方式从以美洲作物经济地理为中心的研究再出发，却得出了不一样的结论。

一是玉米、番薯虽然传入时间较早，但发挥功用时间较迟，除了番薯在明末的福建、广东尚有可圈可点之处，基本都不入流，直至乾隆中期之后南方山区开始推广、在道光年间完成推广，换言之，18 世纪中期到 19 世纪中期是二者在南方山区推广最快的阶段，之后才作为主要粮食作物发挥了巨大功用，在南方平原地带，则一直建树不多；最终在南方形成了西部山区玉米种植带和东南丘陵番薯种植带，虽有交会，分庭抗礼，边界在湖广、广西。

二是北方玉米、番薯推广更晚，光绪以降的清末民国时期才有较大发展，最终奠定了一般粮食作物的地位，然仍无二者在南方山区之地位，玉米胜于番薯，尤其在春麦区番薯几无踪迹，玉米在北方山区值得一书，在平原也有所发展，在总产量上得以超越南方。

三是乾隆以降，尤推乾隆帝，对番薯大加劝种，嘉庆以来，多见官方禁种玉米，这些虽有效果，但收效不大。番薯由于未融入北方当地的种植制度，多是昙花一现，灾后即撤，玉米暗合了棚民开山的需求，屡禁不止，愈演愈烈，归根结底，这些都是农民自发选择，不是国家权力所能管控的。

要之，美洲作物推广作为技术革新之一，是由人口增长决定的，不能倒因为果。实际上美洲粮食作物价值凸显的时间在 19 世纪中期之后，且主要在山区缓解人口压力。玉米恐怕并非“可以解释（清代）人口增长的 23%”。我们初步研究发现至迟在 19 世纪中期，玉米、番薯提供人均粮食占有量 43.83 市斤、供养 2473 万—2798 万人。至少太平天国（人口峰值）之前的人口压力并非源自美洲作物，即美洲作物不是刺激人口增长的主要因素。就全国而言，美洲作物发挥更大功用的时间是在近代以来，已经错过了人口激增的阶段。依然是传统粮食作物在中国人口增长的问题上厥功至伟。在美洲作物的问题上，并非传统史学，而是计量史学把虚假的相关性看成因果关系。这也证明博赛拉普的反马尔萨斯理论，即人口压力决定食物生产，更加符合传统中国国情。

（摘自《中国经济史研究》2020 年第 3 期；
李昕升：南京农业大学中华农业文明研究院副教授。）

中国水利史研究路径选择与景观视角

耿　金

中国水利史研究内容庞杂，但主流问题大致可以分为以水利工程技术为核心的水利技术史、以“人”为中心的水利政治史、社会史和以“环境”为核心的水利生态史（环境史）研究等范式。路径选择不同，研究关注的重点也有差异，但不同路径共同在水利史主题下深化各自研究。而随着研究的不断深入与细化，已有路径也面临范式固化，诸多具体研究大多可在已有范式中找到逻辑归属的瓶颈，这制约着水利史研究的进一步发展。因此，在已有路径基础上，需要介入新视角，拓展研究路径。

水利技术史的核心在于技术，而研究水利技术却包含了两层含义：其一，指技术本体的研究，主要是指历史时期以人力施工为主，材料上未采用混凝土等现代材料、未引入现代工程科学作为指导的农业时代的技术体系；其二，对技术知识本身的形成、演变过程的研究。对中国古代水利技术史研究十分必要，因为中国古代的水利技术知识基本是古人观察水文经验与技术长期积累的经验结果。古代水利官员或水工通过对区域水文的多次考察获取经验总结，并经过数代之传承，形成了系统的知识体系，挖掘古人水利技术与技术知识形成历史过程，有助于理解中国古代水利工程的修筑、维护或废弃、新建背后的深层次原因。

水利社会史与水利政治史则主要关注以水利为核心而形成的社会关系，这种社会关系也包括国家尺度的治理与参与。二者皆可简单归纳为以“人”为研究中心，而在以“人”为核心这个层面，水利社会史被认为是向下看的视角研究，而水利政治史是向上看的研究视角。水利政治史在中国水利史研究中有很好的学术传统，而水利社会史的研究则与社会史研究的兴起与繁盛有极大关系，并且受日本中国水利史研究影响较大。中国水利社会史研究的关注问题与重心因区域或水土环境的差异而呈现出典型的南北分异和内部差异性。相比于北方对水资源的激烈争夺，南方对水的态度稍有不同，这种不同导致北方水利社会史研究更多集中在分水形成的社会关系上，而南方更多集中在协同一致对抗水患的社会关系上，形成的主要动因是防洪需求与灌溉需求的水利共同体有很大不同。

水利生态史（环境史）研究，更多关注水利工程背后的生态环境要素，以及环境要素与人类社会的互动关系。生态史（环境史）视角研究水利史也有两种主要路径：其一，在水利史研究中介入环境因素，目的仍在解释社会变迁；其二，更注重对自然因子与人之间的互动关系的探讨。整体上看，北方水利史研究中介入环境变迁因素，目的仍是希望为历史上的社会关系、权力结构提供生态（环境）解释，仍然属于水利社会史研究的大范畴。真正以生态构成要素展开水利史研究的是以江南地区的水利史研究为代表。

水利技术史研究是中国水利史体系构建中的基石，也是开展其他与水利相关问题研究的基础。长期以来，学界在水利工程技术史研究上投入大量精力，也从科学技术史的角度为我们廓清了中国古代重要水利工程的核心技术，但对于水利技术知识体系的研究，仍有极大空间。水利社会史拓宽了人类与水利关系的认知视域，将水利修筑、维护乃至废弃背后更复杂的人类社会实态尽情彰显，也集中显现了中国内部文化巨大差异所带来的水利社会形态的多元与复杂。水利生态史（环境史）将一直以来被水利史研究中忽视的人与自然要素之间的互动过程纳入考察视野，这无疑是中国水利史研究在新的研究层面上的极大进步。但也要看到，要想再深化中国水利史研究，不仅要在具体问题上不断细化，还需要在研究路径与范式上有所革新。

水利工程不仅只是水利设施，也是人类作用与改变地表景观的直接载体。文章所界定的水利景观之含义也不只是等同于水利工程景观，而是包括以水利工程为驱动因素而形成的综合性地表景观，包括在水利工程修筑中形成的新水域景观、重塑的地貌景观，以及修建的人文建筑景观等。

水利景观史研究在研究方法与路径上与环境史类似，需要借助跨学科的综合研究法。对历史时期水利景观的本体-水利工程展开研究，首先就需要关注水利工程学、水文学等自然科学；此外，由于水利工程或水利设施本身是基于人类活动而建造或运行的，所以也要运用诸如人类学、社会学、考古学、艺术学等人文社会科学知识。在具体方法上，考古学是复原历史时期的诸多水利景观的基础。借用考古学方法，通过对人类改造当地环境过程中产生的各种水利设施、水利遗址等进行考古复原，探索景观演变与人类活动的内在关系，是当前景观考古学研究的重要内容。此外，将考古学与地理信息系统（GIS）技术结合，是复原部分历史水利景观的重要方法。考古学可以展现不同时期水利遗址的空间分布与形态结构，而 GIS 则可以重建历史时期部分自然景观（模型）结构，将此二者叠加，可直观呈现区域人地关系（人水关系）的特点和变化过程及水利景观的演变轨迹。在研究材料的获取上，古地图有极大价值。此外，目前可用的航拍影像，特别是前几十年的航拍影像对于研究景观变迁具有极大价值。

水利景观史研究可以让人类重新回到大地景观生态系统，思考水文过程，以及人类对水域环境的改造与适应，并在涉水的不同学科间建立起对接平台，形成新的知识体系。此外，景观史介入中国水利史研究，不仅拓展了已有研究路径与视野，也深化了对象与内容，展现水利工程对区域环境（包括自然环境与人文环境）的整体影响，对揭示区域环境变迁、人地关系等问题都有参照意义。另外，以景观视角研究水利，突出的是水利在区域景观塑造中的作用，以及水利工程在当地景观中的核心位置。

（摘自《史学理论研究》2020 年第 5 期；

耿金：云南大学历史与档案学院西南环境史研究所讲师。）

经济还是营养：20世纪上半叶中国畜禽业近代化进程中的饲料利用论争

陈加晋

20世纪上半叶，我国畜禽业从农业中脱蜕而出并逐步在国民经济中发挥举足轻重的作用；与此同时，西方科技的传入和影响，使得畜禽业在保持经济特征的同时，其科技特性也愈发明显，此两种特性在畜禽业的基本面，即饲料利用方面体现得十分典型而鲜明，并产生了畜禽业近代化应遵循经济原则还是以营养为原则来利用饲料的论争。在过去农业科技史研究视域中，大多出于学科本位与科技思维的影响，常将两大原则视作科学与非科学、现代与传统之间的竞逐，背后也就不可避免地隐含先进与落后、正确与错误之间对立的意味，从而忽略了近代科技非普适性与非合理性的一面。

论争的缘起是动物营养学的传入与学人发声。在动物营养学传入中国不到十年的时间里，即出现经济原则与营养原则的首次对立。1908年，《实业报》首次明确提出饲料营养的核心地位，之后又再撰文隐晦批评了“经济性”原则的错误，《广东劝业报》、忘筌等学者紧随其后，不过从发声者身份与文献出处来看，时“营养为先”的新观点并未明确论敌。到20世纪20年代，这种对立似乎更明显，经济派也更弱势，仅1921年就有多名学者为营养“正名”。不同于此前宣讲式或理论性的阐释，时发声开始立足于科学，以相对规范的科学方法和严谨的实验数据作为手段，在力证己方言论的同时还对经济派所坚守的传统逻辑进行正面回应，其核心思想可以简单归纳为：畜牧产品的“经济”价值实取决于饲料的“营养”价值，即“营养性”决定“经济性”。面对营养派树起的科学大旗，人寡势微的经济派同样选择以科学为武器来回应，其发声虽很有限，但切中要害，他们同样用科学的致思路径证明了：“营养”的确实不“经济”，但“经济”的却可能很有“营养”。20世纪30年代前后，得益于动物营养科学的专业化与细分化发展，营养派社群“以营养为先”的发声逐渐聚焦到“以营养元素为先”，观之经济派，已几乎沉寂，鲜见发声。

在“以营养为先”的理念逐步成为学界共识的过程中，其本质仍未脱离“实践技巧的知识”范畴。为被经济层面所检验，动物营养学人开始在饲料生产领域开展营养理念与知识推广工作。笔者曾统计过，20世纪上半叶涉农报刊内的动物营养学专文共有201篇，其中至少有68篇可视作“科普文”，但正如动物营养学家许振英先生所说“农家家畜习用之饲料，其营养价值，每况愈下”，直到20世纪30年代中后期，作为最主要从业人群的农民仍一直沿袭旧有的“经济原则”来利用饲料，营养理念的推广效果不甚理想。在学人“有心”、推广通道“有效”的情况下，最直接的原因就是农民的“无意”，这一现象在各大报刊所开设的“农民问答”“读者通讯”等栏目中体现得十分明显。与营养问题相比，农户们最为焦虑的是经济问题：畜禽饲养成本过高，尤以饲料负担最重，而且越讲营养价格越高。因此，尽管以营养派为主体的动物营养学人试图通过改进农村畜禽饲料的营养性，进而逐步振兴中国整个畜牧经济，但农民受饲料成本所累，追求的是具有较低经济价值的畜禽饲料。两者的立场和需求不仅不一致，甚至有一定矛盾之处，这就注定了动物营养知识与理念推广工作的失败。

实际上，无论是生产界基于成本考量而坚持的“经济”原则抑或理论界主流基于科学考量而提出的“营养”原则，都属于民间“方案”。若要使己方的主张或理念真正应用并为中国畜禽业近代化做出贡献，需经官方认可或采纳，其中掌握不少舆论话语权、传输政权意志的涉农教科书就成了早先两派论争最激烈的领域。到 20 世纪 30 年代初，“振兴西北畜牧”成为官方上下的共识，营养派迎来国家政策的重大利好，其后又通过密集的西北牧草考察活动使之再次成为主流。1935 年，全国经济委员会第十次常委会颁布“办理西北畜牧事业计划”，官方第一次将饲料营养作为国家政策的一部分，但又并未放弃对易得廉价饲料的追求。在国家政策与官方行动之下，以全国经济委员会农业处处长赵连芳为代表的政界人员更是先后提出“营养饲料与经济饲料需兼顾”的论断。官方对营养理念的“有限”采纳，加之此前推广工作的受挫，让动物营养学人不得不重新审视“营养”原则的合理性和普适程度，本被学界打倒的“经济”原则重新进入学人的视域。学人的调整与改变，最终使得学界与政界在事实上达成了共识，经济原则与营养原则之争似乎最终达成了平衡。

中国畜禽业近代化进程中的饲料利用论争持续了近半个世纪，不少相关学科、社会力量等或被动或主动地参与其中，最终得出了一个看似折中的共识。这场论争缘起与持续的深层原因是畜禽业近代化导致科技力量的壮大，“经济性”与“营养性”本身并不对立，两者之所以能够互动与角力，皆因饲料利用观在中国呈现出水土不服状态，实际也是民国时期整个社会生产力发展低下的缩影。归根结底，新兴科技的应用必须建立在相匹配的物质生产力基础上。鉴于我国的现代化仍处于进行时，如何在“经济”与“科学”之间找寻一条统筹的适合我国国情的道路依旧是需要攻克的国家议题。

（摘自《中国经济史研究》2020 年第 2 期；
陈加晋：南京农业大学马克思主义学院师资博士后。）

菱湖鱼病工作站：现代科学改造中国传统养鱼业的序曲

韩玉芬

湖州菱湖地处浙江北部、太湖南岸，池塘养鱼历史非常悠久。民国时期，该地农户的养鱼技术曾被誉为“全国之冠”。20 世纪 50 年代初，菱湖镇是华东地区最大的淡水养鱼区，当地直接从事养鱼者约有 20 万人之多。但是，在菱湖地区，迟至 20 世纪 50 年代初期，鱼病问题一直未能找到有效解决办法，仍然是当地养鱼业的瓶颈性难题，鱼塘多次暴发大规模鱼瘟，导致塘鱼大量死亡，给鱼农造成重大损失，严重影响了当地养鱼业的发展。

中华人民共和国成立后，养鱼业的鱼病防治问题得到了政府充分重视。1950 年新成立的中国科学院水生生物研究所（简称“中科院水生所”）响应政府号召，主动承担起研究鱼病的重任。为帮助菱湖以及江浙地区的鱼农解决鱼病问题，1953 年 5 月，中科院水生所在菱湖设立了中国第一个鱼病工作站，指导鱼农防治鱼病。自 1953 年 5 月成立至 1956 年 3 月撤离菱湖的近 3 年间，以倪达书为站长的菱湖鱼病工作站科研人员以四大家鱼为主要对象，在菱湖及周边养鱼区开展了鱼病病原调查、防治试验和门诊，在病原的分类鉴定和有效杀灭药物的筛选等方面取得较大进展，对十几种流行广、危害大的主要鱼病，结合群众养鱼经验并通过试验研究，找到了有一定疗效的药物和方法，总结出一套比较完整的防病养鱼措施并向全国推广。研究人员的探索和实践帮助江浙地区鱼农有效控制了鱼病的严重威胁，改变了当地鱼农“鱼病不能治”的保守观念。

中科院水生所科研人员在菱湖鱼病工作站的探索与实践中，确立了中国鱼病防治的良好传统，并且从无到有，建立了具有中国特色的鱼病科学防治方法和鱼病学学科，确立起理论联系实际和科研大协作两大中国鱼病学研究特色，为中国鱼病学的建立和发展奠定了良好基础，并为国家培养了鱼病防治队伍。

菱湖鱼病工作站科研人员充分利用各种科学技术力量，在防治鱼病方面取得了明显成效。通过研究与实践，倪达书和工作站科研人员基本弄清楚了草鱼的寄生虫种类、构造、生活史以及对于寄主的危害；搜集、整理了青鱼、鳙鱼和鲢鱼的寄生虫；掌握四种家鱼的生活规律，找到正确的预防青鱼、草鱼肠胃炎的方法并探索了有效的治疗方法，效果明显；找到了药剂预防和治疗草鱼寄生虫性鳃瓣病的有效方法；对细菌性肠炎病、赤皮病、斜管虫病、小瓜虫病等 20 余种主要鱼病的病原生物学、病理学和流行病学等进行了研究并提出了防治方法。在政府的支持和当地水产科研人员的协助下，鱼病工作站科研人员创造的这些便于操作、行之有效的鱼病防治方法成功地向当地鱼农进行了推广，在菱湖地区以及江浙渔区得到广泛使用，有效控制了鱼病，基本实现了减少鱼病的目标；鱼病工作站科研人员对菱湖传统养鱼业在鱼池消毒、鱼病预防、精细饲养等方面长期积累传承下来的丰富经验进行了系统总结和科学分析，并在此基础上加以改良和推广。其中，对菱湖传统养鱼清塘技术的改进以及混合堆肥替代豆浆饲养鱼苗的试验的成效尤为突出。鱼病工作站科研人员的上述几个方面的探索与实践不但降低了菱湖和江浙地区池鱼发病率、降低了病鱼死亡率，还明显提高了池塘养鱼单位产量。与此同时，从全国各地来到菱湖鱼病工作站学习和进修、接受倪达书和鱼病工作站其他科研人员培训的学员，成为当时国内鱼病防治的重要人才，为各省鱼病防治研究打下了基础。他们后来大多成为我国淡水鱼类养殖和鱼病学研究的骨干力量。20 世纪 50 年代初期，中国鱼病学的人才十分匮乏，国内的鱼病学教育尚未正式开展。鱼病工作站的培训方式花费少、见效快，有效缓解了国内对鱼病科技人员需求紧迫与培养条件不足之间的矛盾。

菱湖鱼病工作站科研人员所取得的一系列成绩在当时颇受瞩目，受到政府认可，3 年间，各种主流媒体如《人民日报》《光明日报》《浙江日报》《人民画报》等先后有过多次专门报道。

中华人民共和国成立之初，国家百废待兴，百端待举，但鱼病防治这一大农业生产中的小实际问题得到了政府重视，因此才有中科院科学家直接深入的参与和投入。菱湖鱼病工作站是 20 世纪 50 年代初中科院水生所建在地方上的一个很小的科研单位，几十年过去，回顾他们当年的工作，虽然也有不足和遗憾之处，但从鱼病工作站所取得的成绩以及它对中国鱼病学和养鱼业的深远影响来看，中科院水生所科研人员在菱湖开展的各项开创性工作可谓奏响了中国养鱼业现代化进程的序曲，由此正式开启了中国养鱼业科学化进程的发展路径。

菱湖鱼病工作站中科院水生所科研人员进行的对菱湖及周边地区的池塘鱼类鱼病病原调查、各种鱼病防治药物的筛选和试验等各项工作，凸显了现代科学在介入和改造传统养鱼业过程中的巨大力量和关键性作用。这段中科院水生所鱼病工作站从建立到搬离菱湖回到中科院水生所的过程，还原了 20 世纪 50 年代初期中华人民共和国成立之初，新政府对“科学服务于工农业生产”政策的强调与落实以及中科院水生所科学家对这一政策的积极响应。这则科学改造传统农业、解决传统农业生产问题的案例，可以帮助我们更好地解读当代中国科技史、更深入地认识科学技术在推动农业生产中的重要作用和价值。

正是在科学服务实践的思想理念影响下，作为国家科技战略的主力军，我国老一辈水生生物理论科技工作者，既及时地走入生产实践，发现问题，解决问题，又带着更为深层次的、来自产业需求的重大科学问题回到中科院本部，继续开展深入的基础和应用研究，为国家科技发展服务，并及时培育和辅导地方和产业科技力量，由此，才使得当前中科院水生所相关方向能够在水产学科的应用基础研究中保持长期的领先优势，并推动学科发展，引导领域发展和不断革新。这也使后续的国家级水产科学研究院和地方产业研究所、水产技术推广系统与中科院的研究得以明确分工，同时又相互扶持，促进了我国水产科技全产业链的健康发展，也因此避免了科研工作的同质化、环节缺失等情况的出现。与此同时，当年在各项条件的限制下科学应用研究的局限性，为反思和改进当代水产养殖业面临的问题，如渔业环境以及水产养殖业绿色发展需求等，提供了一个历史案例。

（摘自《水生生物学报》2020 年第 5 期；
韩玉芬：湖州职业技术学院副教授。）

行走的作物：丝绸之路中外农业交流研究

王思明　刘启振

经由古代丝绸之路进行的中外农业交流的内容包括农业物种、生产技术、工具器械、农业书籍、农耕思想等各方面，其中作物传播是最主要、最活跃的部分。广义的作物大致可分为农作物、园艺作物和林木三类。在传统的农业生产中，作物是被牢牢束缚在土地之中的，从事种植业也常被戏称为“土里刨食”。不过，它们的种子或枝条却可以远播异域他乡，然后生根发芽，安家落户。所以，这些扎根驻立土地的植株又可被称为行走四方的作物。文章借用“行者”一词来比喻这些行走于古丝绸之路上的作物，并进一步拟人化地以故乡、旅程、功业来对应其起源、路径、影响等三个方面，借此为脉络来分析古代丝绸之路中外农业交流的历史过程。

世界上的作物起源于12个基因中心，作物交流即在这些起源中心之间进行。栽培植物的起源地多数分布在山区丘陵地带，各起源中心往往又被山脉、沙漠、海洋等相互隔开。某种作物在起源地经过人工驯化栽培之后，种子或植株通过各种途径被传播到其他地方，种植范围和规模也随之扩张。作物的广泛传播可以追溯至远古时代，早期民族的迁徙往往伴随着农业物种的传布和交换。丝绸之路是古代全球各地交流路径的代名词，分为陆上和海上两个部分。中外农业交流最早通过陆上丝绸之路实现。陆上丝绸之路包括许多重要的分支路线，西北沙漠绿洲之路是其主干线，多数作物通过这条线路实现交流过程。唐代以后，海上丝绸之路成为作物交流的主要方式，尤其是自15世纪进入大航海时代开始，海上丝绸之路最终超越了传统的陆上丝绸之路。大宗以美洲原产作物为主体的域外作物经由海上丝绸之路陆续进入中国，中国的原产作物品种也同样传到世界各地。

中华民族驯化培育出多种多样的作物品种。以“中国农业四大发明”（稻、大豆、蚕桑、茶）为代表的原产作物远播异域他乡，粟、柑橘、花卉等也都是产生重大世界影响的代表性中国作物。大量域外作物也在不同时期引进古代中国，逐渐融入中华农业文明体系之中。中国与世界其他地区的经由陆上丝绸之路进行的物质文化交流起始很早，远古至先秦时期就已经存在一定程度的接触，但是大规模地引进外来作物起于西汉武帝时期。域外物种经过了漫长的时间陆续引种至中国境内，可分为三个阶段：先秦、两汉至南北朝、隋唐及以后。中唐以后，经济中心南移，海上丝绸之路迅速发展，不断有新的作物引入中国。16世纪后期，西班牙人在美洲成功殖民后，在东南亚的菲律宾建立殖民地，一些美洲农作物开始传入菲律宾，随后再由菲律宾传至南洋各地，并逐渐传到中国。美洲作物的引种与传播是明清时期域外农业引进的一个显著特点。

以中国农业四大发明为代表的中国原产作物远播四方，深刻影响了世界农业文明的发展。

稻作的外传和推广极大丰富了世界粮食生产的内容，稻米成为很多地区的主食。从 17 世纪开始，日本人便长期以大米为主食，其对大米的感情远非其他谷物所能匹敌。在全球化初期，水稻加快传播推广的速度，逐渐成为世界的主要食粮。现在有 30 余个国家和地区都以大米为主食，覆盖将近 50%的世界总人口。栽培大豆和大豆食品很早就传入中国周边国家和地区，形成了一个东方特色的大豆饮食文化圈。以大豆为主要原料制作的豆腐，是中国的一大杰出贡献。大豆对美国等很多国家 20 世纪农业及社会经济的迅速发展起到了基础性和推动性的作用。丝绸之路名称源自丝绸贸易，中国最早外输的是丝绸织品，然后才是蚕种、栽培（白）桑种和种桑养蚕技术。15 世纪以后，中国原产栽培白桑传入欧洲，当地所产生丝质量才得到较大提高。日本尤其注意引进中国优质桑树品种来发展本国的蚕丝业。19 世纪末 20 世纪初，日本的蚕丝生产超越中国，蚕丝业被视为日本经济起飞的“功勋产业”。目前，世界上蚕丝生产国已达 40 多个。茶树、种茶、制茶和饮茶习俗最先传入邻国朝鲜、日本。日本取得的茶成就最大，形成了别具一格的茶道文化。17 世纪 60 年代起，饮茶之风快速流行于欧洲各国的上层社会。

域外作物的传入，不仅增加了中国农作物的种类，而且对农业生产和居民生活都产生了深远而巨大的影响，概括为八个方面：优化种植结构，满足人口增长带来的粮食需求；丰富蔬菜瓜果种类，改善民众饮食营养状况；推动经济发展，增加农民收入；提供优良饲料作物，促进畜牧业发展；扩充油料作物种类，丰富食用油品味；增添衣着原料，巩固男耕女织家庭生产模式；有效利用土地，提高集约经营水平；改变生活习惯，重塑社会风俗。外来作物的引进是中外农业交流最主要的内容，也是多元交汇中华农业文明体系的三大支柱之一和中国传统文化不可或缺的组成部分。

当今世界呈现出经济全球化、政治多极化、社会信息化、文化多元化的发展特点，必须以历史的、全球的视野来重新审视中国与世界农业之间的交互关系。未来或可在三个方面进行尝试：关注长时段、大范围的整体性农业活动，提出新发现和新见解；突破“国家本位”，代之以“社会空间”的概念来研究农业物种、工具、技术和思想等的交流和影响；在研究手段层面，继续发掘新材料，尤其是外文史料，采用适当的信息技术工具辅助农史研究。

（摘自《中国科技史杂志》2020 年第 3 期；
王思明：南京农业大学中华农业文明研究院教授；
刘启振：南京农业大学中华农业文明研究院助理研究员。）

19 世纪英国草药知识的全球化和普遍化

——以丹尼尔·汉璧礼的中国草药研究为中心

安洙英

文章以英国的药材学家丹尼尔·汉璧礼（Daniel Hanbury，1825—1875）和他的学术实践作为主轴，尝试一窥 19 世纪英国科学家研究世界草药的独特模式，并揭示其历史意义。笔者尤其关注 19 世纪英国药材学家如何通过命名草药并建构科学知识体系，制造出便于知识全球化的概念系统工具。

在汉璧礼的时代，现代西方科学中草药知识的基础、惯例和结构还处在变动、形成的过程中，与现代的科学概念不完全等同。汉璧礼专注于药学，在植物学方面也颇有建树，但不能用当代学科眼光定义汉璧礼的工作。因此，用“药材学”、“本草学”（materia medica）、“生药学”（pharmacognosy）、“医学植物学”或“经济植物学”来界定汉璧礼的学术，都是可以的。

汉璧礼对各种外来草药的研究取得了卓越的成就，并且在同时代科学家中享有极高的地位和影响力。值得注意的是，他的成果源于广泛的通信交流及标本交换。这一点，在汉璧礼世界范围内的通信、他的手稿和出版著作上都体现得很明显。他的研究素材取自世界的各个角落。这种研究兴趣很好地体现了英国的商业影响力，是如何在 19 世纪缓慢扩展到美洲、非洲和亚洲等地的。帝国主义的商业扩张是 19 世纪西方科学发展中的关键因素，它不仅决定了科学家们积累知识的方法和收集素材的范围，还决定了他们在重构草药学知识时的基本动机、目标和框架。随着贸易网络的发展，草药的具体流通渠道也在发展和更新，从而跨越和连接了广袤的地区。

19 世纪中叶，英国的标本网络逐渐覆盖中国全境，最终成为英国中药研究的支柱，使中药脱离了神秘色彩。汉璧礼尤其对中国植物抱有极大的研究热情。他在《林奈学会会报》及《皇家药学会会报》上发表了一系列文章，讨论了产自中国或在中国被广泛运用的药材和植物，这些文章日后被结集成册，题名为《论中国草药》（*Notes on Chinese Materia Medica*）。此外，在 1851 年后的 25 年间，他还陆续收藏了一批中药标本，很可能已经建立了那个时代英国最为丰富的中国草药标本库。红枣、四川胡椒树、肉桂、虫白蜡、高良姜、两种绿色植物染料，以及几种白豆蔻，这些都是汉璧礼的植物标本。

草药流通的极速扩大化，使特定草药的称谓越来越多，渐趋复杂。为了鉴别与日俱增的域外草药，使草药贸易正常运行，并且随着越来越多前所未知的草药跨越文化和语言的边界进入药材学家的视野，药材学家们开始考虑建立一个统一的命名系统。这个系统应当能够放置大量跨越文化边界的自然事物，特别是来自异域的草药。也就是说，在 19 世纪中叶英国科学家的植物标本室逐渐成为“全球植物大商场”的缩影的同时，标本室和林奈命名系统成为统治世界、经营植物产品交易的工具。这种清晰易懂的框架使人们纵览全球海洋、陆地的草药生产、交易网络，而作为商品的植物则以一目了然的科学名称排列。

同样，植物学家将中国植物从本土和文化脉络中抽离出来，将其与来自世界其他角落的标本相比较。于是，中国的枫香与爪哇的枫香被放在一起，在全球联系下它们的身份被重新构建。植物学家迫切需要一个能够将这些分散部分组合在一起的统一框架，为此他们创造了“展柜”——这种新的空间具有新的远近或相邻关系，它使得伦敦的观察者们对全世界的植物和自然一览无遗，而这种秩序是那些处在世界各处的人从未见过的。因此，作为这种新空间的制造者，英国植物学家们的工作实质上是用清晰易懂的分类标准来体系化世界各地的大量标本、名称和信息。

因此，19 世纪英国人的科学实践都围绕着生产“全球知识”这一目标展开。那时的西方自然知识正处于“全球化”进程中，笔者认为，由欧洲构建出的现代意义上的“科学知识”，其精髓即在于全球性。尽管罗克斯堡、卢雷罗以及汉璧礼等 19 世纪欧洲植物学家也搜集并处理植物名，却已不再循规蹈矩地沿着 18 世纪学者的文献路径前进，而是放下书本，转向世界各地的药材市场展开调查。在这一点上，林奈体系最大的贡献在于提供了横向联结世界的可能性，它扁平而开放的框架与全球化的愿景相吻合。

总之，汉璧礼以及英国其他药材学家的学术实践大部分是围绕草药名称的收集和翻译进行的，其工作的具体流程与意义便是文章所要关注的。这些科学家不仅进行了现代科学所要求的实验或观察，还涉及大量的“文本实践”，也就是从诸种文献中考证草药的当地名称和拉丁语名称等。换言之，草药和植物的名称不仅从国外收集，也从各种文献中搜索出来。在这一过程中，近现代药材学逐渐转变并融入到现代植物学。前者主要通过各种方法来叙述“药”的信息，是无定形的；而后者则以独一的植物学命名法和普遍、统一的结构为特征。

汉璧礼等英国科学家将异国文化下的材料、植物名、书籍以及观察得来的各种信息纳入到科学的框架之中，再现于他在伦敦的庞大植物标本室内。汉璧礼的草药翻译在“全球贸易”与“普遍的科学结构”等要素节点中扮演了至关重要的角色，他们将来自广袤自然和漫长过去的所有名字转换并纳入一个普遍的架构中。这种全面的“翻译”工作，正是在植物标本室和林奈命名系统中积累和排序自然，使人们得以“系统地看待事物”。因此可以说，19 世纪英国科学家的具体科研实践是与他们对世界、现代性和科学的思考同步发展的。

（摘自《复旦学报（社会科学版）》2020 年第 6 期；

[韩]安洙英：上海师范大学人文学院世界史系博士后。）

白族传统防病思想：历史、宗教与民俗

吕跃军　张立志　张锡禄　杨毅梅

从白族的历史文化大背景中来探讨白族传统防病思想，对于深刻认识中医“治未病”的预防医学思想和我国“预防为主”的卫生工作方针，具有重要意义。白族传统防病思想起源于原始社会，既包括一些物理措施，也包括一些宗教信仰，还包括一些民俗习惯，传承至今已有4000多年的历史，在白族的繁衍发展中发挥了重要作用。

白族先民的防病思想发端于新石器时代，但只是个别的经验和零星的知识，还未形成防病的思想观念。从考古材料可以看到古代白族先民防病的实践情形：一是房屋居住情况，说明他们已经结束了穴居野处的原始状态，从穴居、半穴居到干栏式建筑，居住环境得到不断改善，懂得一些避风、御寒、防潮的环境卫生知识。干栏式建筑的主要功能是使房屋与地面隔离，达到防潮的目的，从而有效地防止疾病的产生。二是火塘使用情况，说明他们用火的历史悠久，早已脱离了茹毛饮血的野蛮阶段。对火的使用，意味着他们已经可以把生食变为熟食，易于消化和吸收，能够改善身体的营养状况，而且火对食物具有很好的杀虫灭菌的作用，可以减少胃肠病及寄生虫病的发生。三是动植物遗骸情况，说明他们很早就开始从事饲养家畜和稻作农业。驯养家畜，可以减少猎捕自然疫源地的动物，降低人畜共患病发生的风险。

宗教在一定程度上能够解决科学技术还无法解决的一些问题，以及因疾病而引起的人的情感问题。这是白族传统防病思想产生的宗教信仰基础。一是神药两解。白族先民认为鬼神作祟是人生病的原因，必须通过祭祀活动恳求某些神祇的饶恕或帮助。在祭祀仪式上，借神灵之口说出一些秘方，给患者几副草药，或在房屋门前悬挂艾叶，采取一些杀菌、驱蚊的措施。二是道德戒律。道德戒律是白族先民追求平安健康生活的重要途径。白族民间认为，上天为了惩罚人们的罪恶而降下瘟疫，但如果人们在瘟疫发生时采取一些行动，多行善事，多思反省，采取一些祭祀以及预防措施，惩罚是可以避免的。三是习武修禅。古代大理习武修禅的记载，反映了古代白族崇尚武术、习武修禅、强身健体的防病思想。位于苍山东麓的无为寺，自南诏以来成为皇室的习武场。而佛教一度成为大理国的国教，上自君王，下至百姓，普遍信仰佛教。四是生殖崇拜。大理白族地区的生殖崇拜与其独特的民族文化有密切的关系。位于剑川县城西南的石宝山石窟，有一具女性生殖器石刻，为白族先民生殖器崇拜的遗物。洱海地区沿袭上千年的“绕三灵”祭祀活动，也与求子有关。五是治疗仪式。南诏时，人们便利用温泉疗疾。白族民间认为，温泉水是山神和龙神赐给人们治疗疾病的圣药。治疗仪式是一个以香为媒介祈求神灵护佑的轴式轮转，治疗的效果是通过神灵的护佑与温泉的功用两方面达成的。

在白族社会里，许多传统医药文化通过民俗这个载体传承至今。这些看似与预防疾病不相关的白族民俗，却反映了人们趋吉避凶的本能。一是护井。早在南诏时期，白族先民就在苍山东麓凿井而饮。水池的建造是非常科学的，并订立了用水公约。用水公约源于白族先民自发的、本能的对洁净的需求，对于因水源不洁而引起的疾病，可以起到预防的作用。二是饮茶。南诏时，人们用茶与花椒、生姜、肉桂等配制成一种饮品，既有清凉、解毒的作用，又有温中散寒、除湿止痛的功效，能够起到防病的作用。如今，三道茶不仅是白族待客的一种礼俗，而且具有养生防病的功效。三是生食。白族有吃生皮的习俗。大理白族杀猪时用稻草烧去猪毛，其猪皮已达七八成熟。生食猪肉存在感染旋毛虫病的风险。白族民间认为，用梅子醋制作的蘸水和饮白酒对旋毛虫有杀灭作用，是旋毛虫病的一种预防措施。四是扎染。早在南诏时期，白族先民就掌握了印染技术。至明清时期，白族扎染技艺已达到很高的水平。到民国时期，居家扎染已十分普遍。板蓝根是白族扎染的主要染料，具有消炎、清凉的功效。这是白族使用药材防病的一个实例。五是避疫。历史上，大理是云南省血吸虫病的主要流行区。白族居民认为，只要不到河里游泳，这种寄生虫自然就会被淘汰。即使因生产生活不得不接触疫水者，也可穿防护裤或长筒靴，或涂抹防护药物，来防止血吸虫感染。六是火葬。白族火葬习俗可以追溯至战国时代。火葬不仅可以保护现有耕地，节省土地资源，而且从现代医学的观点看，火化和速葬可以切断传染病的传播媒介，避免由于尸体腐烂而造成病菌的扩散，起到防控传染病的作用。七是传说。大理地区也有一些关于白族先民防病思想的传说。《蛮书》记载，“濩歌诺木”可治疗风湿病。《白国因由》记述，香附子有消食化积、治疗胃肠疾病的作用。民国《蒙化县志稿》记载，蒙人用黄白之术修炼“九还丹药”。

人体是由脏腑、经络、气血等构成的复杂有机体，只有各司其职、彼此协调，才能维持人体的正常运转，“不和”或“失和”是疾病的根源。“中和”作为人体无病和健康的状态，是白族预防疾病的最高目标。

（摘自《自然辩证法通讯》2020 年第 5 期；
吕跃军：大理大学东喜马拉雅研究院副研究员；张立志：大理大学档案馆馆员；
张锡禄：大理大学民族文化研究院研究员；杨毅梅：大理大学基础医学院教授。）

良方与奇术：元代丝绸之路上的医药文化交流

罗彦慧

元代丝绸之路上的医药文化交流十分频繁，各地的药物和医方传入中原，被中原医家接受和使用，在一定程度上改变了中医药的进程。文章通过大量文献，梳理元代丝绸之路上的医药贸易和交流，研究中原医家对外来药物和医方的认识和使用，以及元代社会各群体对外来药物和医方的态度，在此基础上探讨元代丝绸之路的医药文化交流。

文章观点如下：

元代丝绸之路上的香料交流十分频繁。丝绸之路上的香料贸易和流通古已有之。元朝辽阔的疆域和统治阶级开放的态度，极大地方便了丝绸之路上的香料贸易和医药文化交流。有元一代，伴随着各地奇异物产以多种方式传入，药物医方和奇药名草也随之传入。香料是元代进口货物的大宗，并从贵族阶层的奢华享受走向平民大众的日常生活。

元朝大量域外和边疆地区的药物和医方传入中原。元政府对各地药物和医方采取欢迎和支持态度，故各地奇珍异物都源源不断地输入中原，不断地丰富中国医药的内容，大量药物和医方传入中原，冲击着中医药的内容和体系，在一定程度上影响着中医药的进程。

元朝社会各群体对域外和边疆地区的药物和医方持支持态度。元朝医学界对这些疗效显著的药物和医方十分追捧，民众也逐渐接受了这些药物和医方，元朝政府也持支持态度，不仅将这些药物和医方补入医典，还专门设立了掌管西域药物和医方的医药机构。

受外来医药的影响，元朝的医药体系比较多元化。宋元时期，大量域外和边疆地区的药物和医方传入中原，丰富了中药的内容，扩大了中医的治疗范围，而且部分改变了中药的剂型。宋元时期中医走向详细的分科，中药也由单一汤剂为主的剂型，逐渐向丸散膏丹酊剂扩展。元代丝绸之路上流传的医药对中国各少数民族医药体系也产生了深远的影响，如藏医、蒙医以及西域诸民族的医药体系都受到了元代外来医药的影响。至明代，域外药物和医方多完成了其华化的过程，与本土医药融为一体。

文章实践意义：

各少数民族医药是中医药的重要组成部分，各少数民族医药和中医药之间存在长期的交流和互动关系，是一个“你中有我，我中有你”的局面，元代边疆和中原地区的医药交流为各少数民族医药和中医药的长期交流奠定了基础；世界各地的医药体系从来都不是完全独立的，元代丝绸之路上的医药文化交流是世界各大医药体系之间的碰撞、交流和融合，这种传统延续至今，为中西医学的交流奠定了坚实的基础。

（摘自《医疗社会史研究》2020 年第 1 期；
罗彦慧：宁夏医科大学中医学院教授。）

江户时代纸塑针灸模型之滥觞

姜　珊　张大庆

针灸铜人是与中国针灸疗法相关联的实用模型与文化载体，据记载，最晚在公元14世纪已传至日本，但毁于17世纪的火灾之中，时值江户时代。此后不久，日本开始自制针灸铜人，并呈现蓬勃发展的趋势。笔者发现，现存日本针灸铜人中，以纸塑工艺制作者为多。针对这一特殊文化现象，文章从江户时代针灸业发展背景、制作纸塑铜人的客观原因、对纸塑工艺的主观选择等三个方面进行分析，并由此讨论针灸铜人传日过程中发生的变化。

针灸在日本江户时代可算显学，在杉山和一等针灸师的推进下，针灸业的从业者人数众多，产生了多种流派；另外，活字印刷术的传播和普及，促进了针灸书籍的印刷与知识的交流。在这样的行业背景下，针灸铜人作为被放置在从业者门前的招牌，市场需求量大，决定了其现存的数量与比例。

纸塑针灸铜人的制作与选择有其客观原因。首先，从经济角度来看，纸塑铜人的材质选择成本相对铜、木者较为低廉，使大量购买与日常使用成为可能；其次，从制作工艺的复杂性上来看，与铜铸和木雕的针灸铜人相比，纸塑铜人制作较为简易，从而能实现高效、大量的生产制作。

纸塑工艺的应用不仅限于针灸铜人，而且广见于其他生活与科技器物的设计之中，这也是针灸铜人的制作者们的主观选择。江户时代纸塑工艺十分精湛，满足了器物的轻便、精准、美观等设计需求，因而伴随着针灸铜人的材质的创新，其名称也由“铜人”异化为“胴人”。

最后，通过与中国针灸铜人在制作目的、制作者身份、使用范围、通用材料背景等四方面的对比，文章阐释了何以中日针灸铜人在选材上呈现分歧，并进一步探讨由此透现的日本学习外来文化过程中的特点。

文章所得出的结论为：

舶来文化不若本土原生文化，其更易随事物本身的流行性而呈现波动，针灸铜人的制作时代集中，也侧面反映出针灸疗法的发展潮流；就针灸铜人的制作选材而言，则表现出明显的趋同于大众器物用材趋势的倾向，可见舶来文化极易受到日本当时自身的社会经济、科技、艺术发展趋势的影响，从而融合出一系列自身的创造与发挥。

对外来文化的学习往往流于表面的效仿，更深层的内核与精神则难以全盘接纳。故而脱离神圣与官方的限阈，亦是日本舶来中国科技的普遍特征之一。因此，针灸铜人的制作，从材质到过程，都不若中国铜人那般具有仪式感，而更似是普及大众的功能性器具而已。这也暗合了文化自西向东愈渐重实用的总体特征。

在文化的传播与交流中，应该说有两方面互动的作用。一方面，是源头文化以主动与被动的方式流传引入，并对接受者带来或大或小的影响；另一方面，则是作为接受外来文化的一方，在学习借鉴过程中，“为我所用”，结合自身的价值体系与发展需求，进行“趋利避害”的选择和调适，其终极目标则是使外来文化和科技能够顺应与推动自我的延续。这种文化传播特征，在日本对中国针灸铜人从接受到创新的过程中也有体现。同时，这种看待和解释文化传播的思想，也有助于理解历史上的诸多文化交流现象。

（摘自《自然辩证法通讯》2020 年第 4 期；
姜姗：北京大学医学人文学院博士后；
张大庆：北京大学医学人文研究院、北京大学科学史与科学哲学研究中心教授。）

《申报》所见中国 1918
——1920 年大流感流行史料

吴文清

1918 年开始的席卷全球的大流感，中国也未能幸免。《申报》上关于中国 1918—1920 年流感流行的报道显示，这场瘟疫前后 3 次在中国肆虐，至少涉及京津沪 3 市及黑龙江、吉林、江苏、浙江、安徽、广东等 14 个省份多个地区。

其中，第一波疫情集中在 1918 年的 6—7 月，由北方迅速传播至南方，涉及吉林、辽宁、河北、北京、天津、上海、江苏、湖北武汉、湖南、浙江杭州等多个省市。除浙江嘉兴时疫严重、医家束手外，大多数地方的流感病情较轻，症状多为头晕、头痛、周身骨痛、呛咳、发热、四肢酸痛无力、足软等，死亡较少。

第二波疫情，大约从 1918 年 10 月开始，陆续有南通、杭州、苏州、常州、镇江、嘉兴，以及上海、天津、北京、湖北等地的流感疫情见诸报端。其中，以绍兴、宁波的疫情较为严重，相关报道也比较详细。除上述地区外，整个 10 月间，安庆、凤台、上海、苏州、湖州、豫南七属，都有瘟疫发作，从症状看，应是流感，且病势凶险，死亡较多。进入 11 月，军阀混战中的南军，“秋瘟盛行，死亡甚多”；上海、江浙多地时疫仍在继续；山西全省瘟疫蔓延，偏关、神池、闻兴、浑源、灵丘、定襄等县，安徽桐城、祁门，广东广州，以及东三省等地，均有流感疫情报道。与第一波疫情相比，第二波流感疫情明显严重：波及的地域更广；症状加剧，染病者死亡的报道显著增多。

第三波疫情可从进入 1919 年算起。当时较为明确的流感流行报道，主要涉及上海一地，多集中在 1919 年 2—3 月和 11—12 月，浙江、江苏、吉林、山东等少数几省，仅有零星疫情报告。这一波流感，各地疫情有轻有重，也有染病而亡者，但都不及第二波来势凶猛危害大。1920 年后，《申报》上仅见少数几则关于这次大流感在中国流行的报道。在中国持续了 2 年多的流感大流行，渐渐消散。

因报道作者各异，《申报》上除流行性感冒这一病名外，还使用过流行感冒病、感冒时疫、西班牙感冒、瘁病、瘁、瘁症、秋瘟、风瘟、春瘟、西班牙风邪、西班牙流行病、西班牙伤风等较为明确的指代流感的病名，但更多的疫情报道中，是用时疫、瘟疫、疫症、时症、流行病、流行症、流行时症等比较笼统的病名，代替流行性感冒一词。

在《申报》上，没见到关于这次大流感在中国肆虐所致的总患病人数和死亡人数的明确报道，这可能与当时流感不是必须上报的疫病有关。1920 年 1 月 1 日的《申报》，曾引述伍连德的第七期常年防疫报告，略谓“瘁症与虎列剌症，于去年数月后流行中国，染此两症而亡者，不下六十万人”。

以往出版的关于1918年大流感的著作中，有关这次瘟疫在中国的流行情况，大多只言片语，因此，《申报》上关于1918—1920年中国大流感疫情的报道，是这次人类有史以来最致命自然灾难的重要史料补充。

（摘自《中华医史杂志》2020年第4期；
吴文清：中国中医科学院中国医史文献研究所副研究员。）

科学史理论与应用

缝纫机与晚清民国女性身份的建构

章梅芳　李京玲

1851 年美国的伊萨克・胜家（Isaac Singer）制造出第一台实用缝纫机，其缝纫速度为每分钟 900 针，相当于娴熟缝纫女工的 22 倍之余，极大地节省了花费在缝衣工作上的人力、物力与时间，因此被李约瑟（Joseph Needham）称为“改变人类生活的四大发明”之一。晚清至民国时期，缝纫机在中国大众报刊上得到大量宣传并在市场上销售，广泛出现在家庭生活、职业教育、成衣工厂乃至抗日战场，与当时的女性身份角色变迁产生了密切互动。

缝纫机的生命轨迹体现在缝纫机的设计者、制造者、销售者、消费者、使用者与机器之间的生活关系之中。目前，学界已较多关注缝纫机的设计、使用及其与性别因素之间的关系，亦有学者考察了近代上海缝纫机的使用人群情况，但尚未有研究从女性作为缝纫机消费者和使用者的角度，去探讨缝纫机作为一种外来技术物（以及后来出现的本土品牌）与晚清民国女性身份和社会角色的建构、变迁之间的关系。鉴于上述历史与学术背景，文章尝试从技术与性别之间相互建构的角度，分析缝纫机在与晚清民国女性互动的过程中对于不同女性的身份塑造与引申意涵。

清末至 20 世纪二三十年代，缝纫机作为一种特殊的技术物，一度成为中国上流社会女性的身份象征。1858 年已有西方女性携带缝纫机入沪生活，1866 年已有向国人介绍缝纫机的报刊文章，虽然 19 世纪六七十年代缝纫机已经开始传入上海，但由于初入中国市场，加之产量极小，价格甚高，因此至 19 世纪末缝纫机在中国仍称得上是珍贵的稀有物件。届时，从皇室、达官贵人到富裕家庭，洋品牌（主要是胜家）缝纫机的购置无论是作为赏玩之物、家具装饰还是实用工具，均于无形中强化了上流社会女性与其所在阶层的联系。换言之，缝纫机可视作上流社会女性的社会地位、支付能力、教育方式、消费品位以及家庭背景的象征符号。

20 世纪初，为了打开市场销路，使时髦又实用的缝纫机不仅仅为上流社会女性所用，缝纫机销售商将其广泛宣传为普通女性的家庭宜备之物。其中，胜家缝纫机销售商通过三个举措加强在华推广力度：首先，他们借助技术教授先行，向消费者提供演示、教学、安装与维修等一系列的技术服务，改变消费者对使用缝纫机的畏难心理；其次，为了吸引更多普通女性购买缝纫机，满足消费者拥有缝纫机的渴求，胜家缝纫机公司利用分期付款的“租帐”方式销售缝纫机；最后，胜家缝纫机的宣传广告紧抓中国女性家庭角色特征以及背后的性别文化，以此引导女性消费者成为符合社会预期的性别角色，强调缝纫机良好的性能可以帮助她们节省家务时间，成为在家中制衣的、更好地服务于家庭的贤妻良母。

随着缝纫机的普及，掌握机器缝纫技术亦逐渐发展为女子职业教育的重点之一，尤其是

20世纪20年代国产缝纫机开始于市场销售后，机器缝纫在女子教育领域得到更普遍的提倡。晚清民国时期开设有机器缝纫课程的女子学校主要有四种办学类型：一是开设有机器造衣课程的女子职业学堂或机器缝纫专科的职业学校，致力于培养女性的谋生技能；二是附设于普通学校内部的机器缝纫教育机构，提倡生产教育“二合一”；三是女子职业补习学校，主要对已有职业或从未接受过教育的大龄妇女进行补习；四是将机器缝纫技能培养融于高等家政教育，体现出更趋于兴趣化或趣味性的教学特点。职业教育中机器缝纫的普及和高等家政教育中对机器缝纫技能背后科学原理的教授，一方面反映出女性活跃的行业领域与传统劳动性别分工所要求的女性技能之间存在密切的关联；另一方面反映了当时社会对有独立思想、一技之长和善于料理家庭生活的“新女性”的角色期待。

缝纫机在晚清民国社会的存在不仅限于家庭生活、职业教育和机器缝纫工厂等场所，至抗日战争期间，缝纫机与中国女性产生了另外一种密切的交集，成为广大女性参与抗战的重要武器，在推动女性积极参与抗战的同时，亦参与建构和塑造了中国女性投身民族战争的国民身份和担当意识。无论是东北抗日联军女军工，还是不问世事的女僧侣，抑或是宋美龄，以及有组织的妇女团体、普通家庭妇女、女学生等，皆参与到了抗战物资的生产行列。在此，女性进一步走出家庭，无论是作为军人、其他职业女性还是家庭妇女，均被视为生产性的重要角色；她们不只是家庭生计和国家社会的“生利者”，更是利用缝纫机挽救民族危亡的坚强后盾。

缝纫机与机器缝纫在晚清民国时期的引进、本土化与广泛应用，无形中参与了对当时女性的身份建构，折射出这一时期女性职业发展和社会地位变迁的一般样貌，以及技术物本身的多元文化内涵及其流变性，反映出技术物与性别之间的复杂互动。

（摘自《科学文化评论》2020年第4期；
章梅芳：北京科技大学科技史与文化遗产研究院教授；
李京玲：北京科技大学科技史与文化遗产研究院硕士研究生。）

古希腊世界图式的转变和地理学的兴起

鲁博林

提起西方古代地理学，人们常常想到的是埃拉托色尼、斯特拉波等古希腊地学的标志性人物，而地理学（geography）一词，概念的源头也在古希腊语中——其原意就是指对大地的描绘。在现代学科范式尚未形成的古代世界，凡以大地作为描绘对象或主题的知识门类，往往被国内学界通称为“地学”。不同的文明尽管知识形态各异，但都有对大地的描绘，因而都诞生了各自的“地学”。古希腊也不例外，从希罗多德对风土人情的异域描摹，到斯特拉波依帝国行省的分类记述，构成了古希腊地学一条重要的线索。然而古希腊地学的独特之处在于，它还形成了一套以地球观念为基础、依靠几何方法绘制大地的知识谱系，在描述性的地学传统外自成一体，这就是古希腊的“地理学”。文章的创新之处，在于将西方古代的地理制图放入世界图式和观念转变的大背景中，借由这一范式转换的过程，阐明古代地理学是如何发生的。

古希腊地理学（geo-graph，本意即是对大地的描绘），因其基于地球观念和几何化建构的特征，在古代地学中独具一格。其形成与世界图式的转变密不可分。古希腊的世界图式，经历了从基于地平观念的圆形世界，到基于地球观念的球面世界的转变过程，并反映在当时地学、制图学的相关论述之中。纵览古希腊地理学的演变史，“地理学”和“制图学”天然具有千丝万缕的关联。事实上，部分现代学者的确将譬如托勒密《地理学》中的 geography 一词直接翻译为“世界制图学”（world cartography）。同时，几何学作为地球观念的基础，逐渐成为描绘大地的合法甚至最优的方式，甚至在相当程度上塑造了古希腊人看待大地和“人居世界”（oikoumene）的视角。文章试图论述，古希腊的地学并不一开始就是“地理学”。在地球和几何观念确立之前，古代希腊和世界大多数文明一样，曾将大地视作一个平面。由平面上的圆形大地到球面上的已知世界，古希腊的世界图式经历了一场根本性的、结构性的转变。这一转变不仅在方法论的意义上让几何学搭建的世界框架变得合法，也赋予了古希腊人一种独特的视角，使得他们对大地的描绘能超越有限的经验，将之纳入一套基于几何观念、以经纬度进行标示的、更为宏大的宇宙图景之中。这标志着古希腊地理学从源流复杂的文学传统中独立出来，作为一门独特的知识领域而兴起。

经历了阿那克西曼德、柏拉图、亚里士多德等历代学者的努力，地理学在埃拉托色尼的手中完成了基本雏形的建构，也实现了最早的规范和学术传统。但应注意，这一转变并非一蹴而就，也非一劳永逸，而是长期地相互影响和共存。在后世盖米诺斯（Geminus）、斯特拉波等制图学家及历史学家的论述中能发现，一段相当长的时间里，圆形地图、长形地图（oblong map）或椭圆地图以及地球仪上的球面地图都是同时存在的。很难说，古希腊的地图制作曾有过统一的成规，而更像是各得其法，各具所长。这也能解释为什么经过了埃拉托色尼以及后来托勒密的几何化努力之后，圆形地图依然拥有顽强的生命力，甚至在中世纪的拉丁和阿拉伯世界再次大放异彩。但即便如此，古希腊的地理学和世界制图，还是开拓了一片独树一帜的知识领域。即便是罗马时代继承了方志传统，且以实用性著称的斯特拉波《地理学》，也花了大量篇幅探讨埃拉托色尼、希帕克斯等天文学家们奠定的世界图式，这成为后世地学论述的一个必要前提。此后托勒密的《地理学》一书，则在埃拉托色尼的基础上，以编制星表的方式编制了一张涵盖8000 多个地点经纬坐标的表格，并据此制定了三种完全几何化的平面制图方式，堪称当时的“地理学大全”（与其《天文学大全》相应）。

由此，建立在两球宇宙和几何方法论基础上的古代希腊地理学，才差不多完成了其方法论和世界图式的建构（本部分留待另一篇文章再行探讨）。世界图式的转变，以及随之兴起的数学和几何观念的影响，促使古希腊地理学作为一门“准数学学科”兴起，并具有了不同于文学描述传统的独立地位。从这一点出发，古代希腊的地理学（geography）之区别于其他各文明之地学，以及它独特的范式意义才得以更为清晰地彰显。

（摘自《科学文化评论》2020 年第 4 期；
鲁博林：清华大学科学史系博士研究生。）

“数”的哲学观念再论与早期中国的宇宙论数理

丁四新

中国古代“数”的哲学观念及其宇宙论数理大抵包括如下几点：

其一，秦简《鲁久次问数于陈起》是目前可见中国古代第一篇论“数”之哲学观念的重要文献。一者，陈起阐明了数学的重要性。他认为应当“舍语而彻数”。同时，他阐明了“数”的普遍性、实用性和社会性。二者，陈起提出了“天下之物，无不用数者”的观点。通过“用数”的普遍性，他肯定了“数”是事物的根本属性，“度数”属于政教概念。三者，陈起预先肯定了“数”是一种普遍的抽象实在，并以“数”的普遍性及其宇宙论的广泛应用阐明了类似于“万物皆数”的观点。四者，陈起所说“三方三圆”的盖天说宇宙模型，也属于中国古代哲学的内容。

其二，盖天说的基本数理是以《周髀算经》的“圆出于方”说为依据的，表现在数量关系上即为“天三地四”说。在此基础上，可以得出 3＋4＝7 或 3×4＝12 及其倍数 28、49、36、72，乃至 19（7＋12）等数字，它们都体现了盖天说的数理。盖天说的数理除了应用于历数、历法外，还大量应用于古书中。北斗七星、《吕氏春秋》十二纪、二十八宿、大衍之数五十、孔门七十二贤人等，这些数字都可以从盖天说的数理得到解释。北京大学藏西汉竹书《老子》上下经及总章数 44、33、77，据笔者的研究，也是以“天三地四”的盖天说数理为依据的。

浑天说的数理和数度见于《史记·律书》、《史记·历书》和《汉书·律历志》。《史记·律书》首先提出了一套“数”的哲学观念，认为宇宙万事万物的存在必有神有形，神形是事物存在的必要前提，而形神对应于有无，云“神生于无，形成于有”而“神使气，气就形”；同时，在“形”生成的过程中，“数”亦随之，无“数”即无形象事物的生成。就现成万物来说，无物无数。在此基础上，《律书》提出了“六律为万事根本”的观点，这也是一种“数”的哲学观念。

包括历数、历法在内，浑天说的数理在汉代得到广泛应用。黄钟一龠之数，即九九八十一分日数是《太初历》系统的关键数字。《三统历》更推进一层，将中数五、六也设定为这个立法体系的关键数字。日数八十一和中数五、六这两个数字，可以视为浑天说数理的核心，它们直接代表着天道本身。通行本《老子》的分章，即是根据此一历法系统的日数八十一分和中数五、六来设定的。《太玄》八十一首，即是应用八十一分日数的结果。

其三，中国古代宇宙生成论通常采取从终极始源到万物生成的模式，而依据对“终极始源”之存在性的不同理解，又可以分为“从无到有”和“从一到万”两个类型。数理化是早期中国宇宙生成论的一个重要特征。宇宙生成论的数理化有三种类型，第一种是“道生一”类型，第二种是“一生两”类型，且此“一”可称为“太一”。以上两种类型都是在盖天说的背景下展开的。第三种类型是在浑天说的背景下展开的。《易纬·乾凿度》将宇宙生成分为形上与形下两个阶段，并以《周易》的数理对应之，其形上生成结构及数理是易→一（太初）→七（太始）→九（太素）→一（元气），这是盖天说的宇宙生成论所缺乏的。

中国古人非常重视数字“一”的哲学含义，这见于《老子》第三十九章等文献。在此，道物的关系转化为一多或一万的数字关系。“一”是一切数的开始，故而在哲学观念中它可以指代宇宙的终极始源。

其四，盖天说和浑天说都可以归纳为天地观，故古人的“数”观念最终都要归结到天地意识上来。通过经学运动，“天地之数”被视为万数之原。“天地之数”即指“天一地二，天三地四，天五地六，天七地八，天九地十”这十个基本数字，其中五、六为中数。《周易·系辞上》说：“凡天地之数五十有五，此所以成变化而行鬼神也。”因此，对于古人而言，“数”即寓于天地万物之中，随着万物的生长而生长，变化而变化。“天地之数”作为数原，在中国哲学和文化中得到了广泛应用。“一”到“十”这十个基本数字被哲学观念化，具有广泛的宇宙论意义。董仲舒说：“天、地、阴、阳、木、火、土、金、水，九，与人而十者，天之数毕也。故数者至十而止，书者以十为终，皆取之此。”“书者以十为终”即被汉人用作编撰书篇的重要法则，如《史记》130卷、《汉书》100卷、《淮南子》20篇等都是根据此一法则来编撰的。此外，四象数、五行生成数、河图洛书数也是中国古代哲学的重要构成部分。

总之，早期中国的“数”观念往往围绕宇宙论和时空观展开，具有浓厚的哲学意蕴。秦简《鲁久次问数于陈起》提出了“天下之物，无不用数”的命题，肯定了数的普遍性。《史记·律书》和《汉书·律历志》都从哲学高度肯定了“数”的存在。天三地四是盖天说的基本数理，其依据为《周髀算经》的“圆出于方”说；黄钟一龠之数（八十一分日数）和中数五、六是浑天说的基本数理。古人思考了诸数理的统一性，以“天地之数”作为其“数原”。早期中国的宇宙生成论重视“数”的哲学观念以及数字“一”的哲学含意。

（摘自《哲学研究》2020年第6期；
丁四新：清华大学人文学院哲学系教授。）

水火图咏

——晚明西来知识模式对明代社会的深入影响

郭 亮

晚明以降，耶稣会发现科学及知识系统对明朝社会能发挥作用。从罗明坚《中国地图集》、利玛窦《坤舆万国全图》到嘉靖时许论彩绘《九边图》、郑若曾《筹海图编》和冯时《海图》等水系舆图，显示出明人对沿海水系之关注，名儒章潢辑刻《图书编》等图籍是晚明开始的海洋交流和明代学者们了解欧洲科学的互文见证。同时，崇祯十六年传教士汤若望编著《火攻挈要》（图文并茂），将欧洲火药武器之学口授于明末学者焦勖，此时火炮战术兵书已为人所知。“水与火”的知识在明清鼎革之险恶环境中为传教士提供了有利条件，西方知识体系在中西交流时期的晚明社会中具有潜移默化的影响。

“水与火”两种物质，在晚明时期成为传教士在中国借知识传播教义的两种有趣的载体。在舆图之中的水纹，以及在火药武器之书《火攻挈要》中的西洋火炮技术，都预示了晚明社会所出现的历史端倪：中西之间更加密切的交流，以及明朝与满族人之间的战争和明朝于 1644 年的覆灭。欧洲和中国的规模化交流出现在晚明时期，传教士运用科技和知识系统在中国开拓影响力。例如，他们将西方地图学带入中国，尽管中国的舆图绘制有着长期独立的发展历史，然而晚明耶稣会传教士来华后，对中国舆图的表现也带来了某种影响。佛兰芒地图学派的《世界地图》在 16 世纪末至 17 世纪初进入明人的视野，传教士们绘制和明人摹刻的地图在此时呈现出微妙互动。诸多朝臣和重要学者都极为关注西来地图，有不少人能以开放的姿态审视不以明帝国作为世界地理中心的“世界地图”，并将它们纳入自身的学术研究之中，这时的中文典籍中出现了丰富的域外地理图谱。此外，晚明地图中不同样式的“水纹”描绘也成为文化交流的微观见证。而火器和火炮知识在晚明时期也由传教士带来，被当作抵御满族人入侵的利器，然而对待火器的复杂态度，并没有因为技术本身而真正改变明朝的命运，明人还未意识到发生在中国之外的技术革新究竟有多么强大的力量。

火器伴随晚明曲折的历史变化，由传教士们带入中国，这个具有威力的武器在快二百年后的鸦片战争、甲午海战等一系列战争中展现出令人畏惧的实力。耶稣会士初至中国时，正是凭借科学之力打开传教局面，在耶稣会士努力学习中国文化的同时，有关地图的绘制也在参照中国的地图传统，“水纹”变化就是这种难以察觉的地图绘法发生演变的微观证据。然而明清鼎革之时，包括地图交流在内的文化接触也无法始终如一，加上各地反教浪潮不绝，耶稣会士们不仅常常受到排斥，他们所做的科学文化交流也不免在连贯性上无法得到保证，甚至连科学仪器都无法幸免。传教士们在新儒家和基督教之间发现了形而上学方面的不相容性。欧洲自 17 世纪的崛起在科学技术方面具有迅猛的革新，然而，来自地理发现与探索的地图和武器革命的火炮技术都未能使明朝免于覆灭，来自西方的知识系统很难真正进入中国的文化知识体系，这种历史趋势事实上在后来的清朝依旧如此。自晚明以来，中国社会逐渐发生潜移默化的变化，西方科学技术已被士人发现，但还远没有到推动社会变革的地步。

（摘自《自然辩证法通讯》2020 年第 10 期；
郭亮：上海大学上海美术学院教授。）

极乐鸟在中国：由一幅清宫旧藏“边鸾”款花鸟画谈起

王　钊

现今有关极乐鸟（Birds of Paradise，又称天堂鸟）的研究多带有深深的西方知识文化烙印，在考虑有关它的文化和传播史时，非西方地区的知识时常是缺失的。中国距离极乐鸟产地巴布亚新几内亚更近，在历史上也是极乐鸟贸易的重要汇集地，由此可知，中国在极乐鸟文化史的构建中有着重要的价值，文章正是尝试以中国传统绘画图像结合国内外史料重新构建有关极乐鸟的非西方文化史。

中国在极乐鸟文化史上研究材料长久以来较为缺乏，当我们将获取材料的视野扩大就会发现中国传统绘画材料提供了重要的线索。台北故宫博物院藏有一幅“边鸾”款的清宫旧藏花鸟画，通过博物学的图像比对观察可以确定此幅绘画描绘了一只极乐鸟形象，虽然部分特征与现实中有所出入，但是这可以归结为中国传统画家是通过肉眼观察了极乐鸟实体之后默绘造成的形态偏差。

中国古代描绘这种域外珍稀鸟类有着久远的传统，它源于统治者的政治需求，通过域外珍稀动物的入贡宣示其政治上的宗主地位和统治的合法性。这幅画中属名的画家边鸾是一位著名的唐代花鸟画家，而史料中也有他为统治者描绘类似域外珍禽的记录。但此幅画题写的“边鸾”款有待商榷，一则边鸾并无真迹传世，二则绘画风格和题款篆字也与唐代风格不类，由此可以肯定此幅画并非唐代边鸾所作，实则为后世托其盛名而制的伪作。再通过画中钤印“缉熙殿宝”与相关同类印款相比较，可以初步确定此幅画是明末苏州地区较常制作的一类装饰性画作，此印款是作伪者按照文献记载，在没有参考真实款识的情况下伪造的印章，这样做的目的就是可以使观者更确信此幅画的真实性。这幅画作出现在晚明，实际上表明了当时发达的贸易网络使得各种域外物产可以便捷地流传到中国。另外，繁荣的经济发展和贸易流通也促成了民众阶层对博物学收藏的热爱。

在进行了该画作的断代分析之后，文章分析了在画作创作时代极乐鸟流入中国的脉络。借助当时前往东方的西方人之笔，我们可以发现极乐鸟羽毛在明代就已经通过东南亚贸易和朝贡体系进入中国。在此基础上，文章通过中日有关极乐鸟的文献，初步探讨了当时人们利用极乐鸟羽毛的可能性，它很有可能是按照中国人传统处理羽毛的方法被制成了某种服饰。

19 世纪广州外销艺术品为极乐鸟流入中国提供了证据，尤其在 19 世纪各种外销艺术品中时常会出现极乐鸟的图像，这些图像本身就是当时的艺术家对所见到的极乐鸟形象的艺术化加工，之后再被当作具有域外奇珍特征的视觉元素大量复制到各类外销的艺术品当中，同鸟皮标本一起被输送到西方世界，以满足当时西方社会对异域博物学不断增长的兴趣。

极乐鸟的形象能从当时的外销绘画扩展到广绣之中，直接原因是其饰羽的形态和颜色具有极强的感染力，很适合用艺术的形式将其展现出来；另一个方面则与当时西方人对这种珍奇鸟类的关注和利用有莫大的关系。尤其是 19 世纪以来西方世界逐渐流行用鸟羽装饰女帽，极乐鸟的鸟皮标本成为女帽制造的重要材料。作为全球贸易重要集汇点的广州口岸也受到全球极乐鸟羽毛贸易量增加的影响，大量涌入的极乐鸟标本，开启了当地画家对一种新型视觉元素的加工创造，这些画家创作的极乐鸟图像艺术品直接服务于西方大众，通过他们的创造将中国传统艺术和新颖的极乐鸟形象加以融合，以一种东方式情调输送到西方世界。

此篇文章以一幅创作于明末的极乐鸟托伪画作为起点，试图探究极乐鸟流入中国的吉光片羽，随后，以广州贸易口岸本土艺术家创作的极乐鸟图像为例，揭示全球化的物质与文化交流在中西方社会产生的影响，很显然这种交流互动中西方世界因为积极主动的探索获得了更多的收益，而中国作为交流中重要的汇集点，在这个过程中更多扮演着输出者的角色，极乐鸟图像的艺术品与绝大多数外销艺术品一样在黄金时代并没有介入本土文化的传播和发展过程之中，待到黄金时代消退，也未给中国的文化发展留下一丝丝涟漪。

（摘自《自然辩证法通讯》2020 年第 10 期；
王钊：四川大学文化科技协同创新研发中心副研究员。）

中美交流视野中的中国近代土壤调查

——以金陵大学与地质调查所为中心

宋元明

20世纪初期的中国，农村经济凋敝，陷入“破产”境地，引起各界关注。1915年，美国农业经济专家卜凯（John L. Buck，1890—1975）来华，开始在华进行农村实地调查，并于20世纪20年代在金陵大学创建农业经济专业。1927年7月，太平洋国际学会干事康德利夫（John B. Condliffe，1891—1981）造访中国，在与卜凯和金陵大学农林科科长芮思娄（John H. Reisner，1888—？）交流后，决心合作开展土地利用调查。因土壤调查是土地利用调查中的重要一环，且中国在此方面基础薄弱，卜凯遂于1929年赴美国寻找合适的土壤学家来华主持工作。

经过多方联络，加州大学土壤学教授萧查理（Charles F. Shaw，1881—1939）、美国农业部土壤局土壤分类学家马布特（Curtis F. Marbut，1863—1935）和威斯康星大学麦迪逊分校土壤学教授惠特森（Andrew R. Whitson，1870—1945）一度成为候选对象。卜凯与芮思娄经过多次书信沟通，决定聘请萧查理赴华工作，并就此事与加州大学农学院院长美林（Elmer D. Merrill，1876—1956）等人进行协商，最终达成了一致。1930年2月萧查理来华，立刻投身土壤调查工作，对长江与黄河下游诸省的土壤进行了实地勘测，此为中国大范围土壤调查之始。

由于经费所限，金陵大学校长陈裕光和农学院院长谢家声于1930年3月致信中华教育文化基金会（简称中基会）请求补助土壤调查经费，并将萧查理拟定的调查全国土壤计划附文提交审议。该计划阐述了调查的目的、原因、详细工作计划、人员和费用，当为中国第一份详尽的全国土壤调查计划。

时任中基会董事翁文灏看到此份计划后，决定替地质调查所争取土壤调查的主导权。其实，地质调查所开辟土壤调查这一新领域并非临时动议，只因时机不成熟，故一直搁置。1930年7月，地质调查所拟定的计划书（该方案很可能参考了金陵大学的早前方案）获得中基会的批准。地质调查所开始接手金陵大学的工作，组建了中国第一个土壤学研究机构——土壤研究室。与此同时，萧查理工作期满，前往俄国参加第二届国际土壤学大会，并在会上首次展示了有关中国土壤的系统研究成果。

萧查理归国后，推荐菲律宾大学的潘德顿（Robert Larimore Pendleton，1890—1957）接任其工作，这一建议为地质调查所采纳。1931年5月来华的潘德顿在萧查理基础上进一步扩大调查范围，并于1933年夏季期满离开。此时，恰逢丁文江在华盛顿出席国际地质学大会，他受地质调查所委托拜会马布特，请其推荐学者来华。马布特本想亲自来华，但因故不能成行，遂介绍美国农业部土壤局的梭颇（James Thorp，1896—1984）赴华。梭颇来华后将调查范围继续扩大到外蒙古、陕西、甘肃、宁夏、青海、四川、云南、贵州等省，撰成《中国之土壤》一书，这是第一部较为全面地介绍中国土壤的专著，也是对抗战前土壤研究室工作的阶段性总结和集大成之作。潘、梭二人不仅率先完成了对中国大部分区域的土壤概测，编制了最早的全国性土壤调查报告，还绘制完成了第一幅 1∶750 万的土壤概图，培养了一大批中国青年学者。梭颇之后，土壤研究室开始了由国人独立进行土壤研究的新局面。

除了研究工作的推进和人才的培养，地质调查所还借鉴了地质学期刊的办刊经验，于 1930 年创办了中国第一份土壤学专业期刊——《土壤专报》（*Soil Bulletin*），1934 年创办《土壤特刊》，不仅用英文刊载论文，且内容均为中国土壤学最新研究成果，可谓当之无愧的国际化期刊。随着研究成果的积累，土壤研究室的学者们还走出国门，向国际学术界展示中国的成果。1935 年 7—8 月，地质调查所派员参加在英国牛津举行的第三届国际土壤学大会，展示了中国成果，与各国专家进行交流，扩大了国际影响力。

在西方学者的帮助和中国学者的努力下，地质调查所土壤研究室发展迅速，不仅完成了学科的初步体制化和本土化，在国际化方面也取得了诸多成果，成为国内土壤学界的一面旗帜。除此之外，地质调查所与金陵大学农学院也一直保持着良好的合作关系，在人员和资料上实现了共享，堪称民国时期学术研究机构合作的典范。

20 世纪上半叶，美国通过创办教会大学逐渐扩充了其在华的影响力。金陵大学敏锐地抓住时机，以其专业优势和学术网络，成功获得了太平洋国际学会的资助，从而使得土地利用项目和土壤调查得以开展。与此同时，中国本土的科研机构也在谋求研究方向的拓展，地质调查所利用自身优势，在与金陵大学的竞争中脱颖而出，争取到了中基会的资金，顺利接手金陵大学的工作，成立土壤研究室。土壤研究室组建初期，承袭金陵大学的外籍专家人脉、土壤调查规划，充分利用外国学者的知识和经验，培养本土人才，搭建学术平台，产出具有国际影响力的成果，实现土壤学科的本土化和国际化。

从萧查理到潘德顿，再到梭颇，这些西方“客卿”的来华原因各不相同，但中国这块土壤学“处女地”为他们施展才华提供了舞台。在此过程中，中外学术界无意中形成了一张相互关联的学术网络，共同推动了中国土壤研究的发展。这种跨越机构、跨越地区乃至跨越国家的学术交流体系为中外科学交流搭建起一座无形的学术桥梁，影响了民国时期诸多学科的发展。

（摘自《自然科学史研究》2020 年第 3 期；
宋元明：北京科技大学科技史与文化遗产研究院讲师。）

科学与社会秩序共生的理论探索

尚智丛　田喜腾

20 世纪后半叶，科学与社会秩序的共生现象凸显，即人类实践生产事实、重塑自然的过程与形成社会秩序和规范的过程紧密交织。科学与社会秩序共生现象日益成为学界关注的焦点。学者们从哲学、社会学、历史学等学科出发开展研究，逐步形成了一些理论成果。这些理论成果也成为新兴交叉学科——科学技术论的核心内容。文章阐述科学与社会秩序共生理论（以下简称“共生理论”）的核心问题、理论发展进程，分析其成就与局限。

以往科学与社会秩序的复杂互动关系证明，“人类有能力生产事实和人造物，能够重塑自然；人类同样有能力生产那些规范或重新规范社会的工具，比如法律、规章、专家、官僚机构、财政工具、利益团体、政治运动、媒介表征或职业伦理等等”[①]。这两种能力之间有何联系？其运行方式和互动共生机制如何？这就是共生理论所要解答的核心问题。解答这一问题，就必须说明：哪些因素参与共生？共生过程中科学知识与社会秩序如何确立彼此？共生通过哪几个方面而实现？共生受到哪些文化与社会因素的影响？学者们对共生理论发展进程中的这些问题从不同视角做出了一定的回答。

早在 20 世纪 80 年代，学者们就先后从构成性共生、互动性共生展开研究。构成性共生研究试图解释参与共生的因素，其实质是追问“知识是什么？”其代表人物有拉图尔（Latour）、皮克林（Pickering）、基切尔（Kitcher），以及安德森（Anderson）和斯科特（Scott）。前三位学者主要研究的是在一定社会秩序下表征世界的科学知识如何被生产。与之不同，安德森和斯科特则关注在社会秩序的形成过程中科学知识如何被使用。互动性共生研究则是关注知识与现有社会秩序的冲突和重构，试图说明新知识和新变化与现有的制度、行为、文化、经济和政治因素的互动过程，其实质是追问“知识如何形成？”其代表人物是夏平（Shapin）、谢弗（Shaffer）和温纳（Winner）。夏平和谢弗指出，在重大的变革期间，即科学革命时期，知识断言的公信力和真实程度更多地依赖于对社会秩序规则的重组。与科学与政治的关系相比，技术与政治的关系更加密切。温纳探讨了技术内在的政治特征。知识与权力之间的相互影响，是互动性共生研究的一个主要方面。构成性共生和互动性共生理论揭示出以往理论研究中所存在的科学知识的客观性和科学知识的社会性之间的对立倾向，并试图解决这一问题，阐明科学知识与利益、权力之间的协调关系。两类探索虽各有成就，但并未提出一套规范的分析框架，来阐述科学与社会秩序共生的实际过程。2004 年贾萨诺夫在此方面做出了重要的理论推进，明确提出了共生理论（the theory of co-production）以及分析共生因素的四个秩序工具（ordering

① Jasanoff S, “The idiom of co-production”, In Jasanoff S, States of Knowledge: The Co-production of Science and the Social Order, Routledge，2004, pp. 14-45.

instruments）：确立身份、确立制度、确立话语和确立表征。四个秩序工具及其理论分析推进了人们关于知识与权力关系的认识。

在秩序工具阐述了科学与社会秩序共生的过程之后，进入21世纪以来的理论探索，揭示了影响共生的宏观因素。贾萨诺夫总结为三个理论概念：公民认识论、社会技术意象和法治主义。“公民认识论指的是某一特定社会存在的惯例做法。社会成员通过这种做法，检验、考察那些（最终）成为集体选择基础的科学主张。”[①]公民认识论是作为世界观而存在的，一经形成，变化缓慢，是社会成员认识各类事物的基础。“社会技术意象”是“集体所持有、公众实践所意欲达到的未来。它来源于对社会生活和社会秩序的共同理解，是通过科学技术进步所能达到、所能支持的一种未来意象”[②]。社会技术意象反映在设计和完成国家科研项目过程中，是集体想象的社会生活方式和社会秩序。法治主义（constitutionalism）指社会以特定的方式分配权利和义务，涉及认识权威和政治权威。法治主义是对宪法（constitution）一词含义的扩展，既包括法律文本，也包括构成法律秩序的制度和行为；既有正式颁布的法令，也有科学家、律师和决策者所理解和运用的原则。这些都体现在物质性技术、专家话语以及政治实践之中。

科学与社会秩序共生的现象经过学者们30多年的研究，目前已由贾萨诺夫明确提出“共生”理论，并致力于建设一套理论体系。与此同时，许多学者高度评价共生理论，并积极加以理论充实，应用共生理论的分析框架针对不同的主题和案例进行了分析和研究。回顾共生理论30多年的发展，可以认为目前已取得如下一些成就：①克服了以往哲学与社会学关于科学知识本质和来源的对立观点，沟通二者，从社会实践的角度阐述科学知识的形成及其与社会秩序的一致性。②从经验主义出发，分析科学与社会秩序共生的现象，总结出一套相对规范的概念与方法，用于不同情境的比较研究。③针对当代社会现实，阐述了工业化民主国家中科学发展与公共决策的协调机制。共生理论也存在局限性，主要表现在如下两方面：其一是坚持经验主义认识立场，描述和解释具体国家或领域中的共生过程与机制；其二则是该理论的概念体系远未成熟。共生理论的概念和方法都是在具体案例研究中逐步提出的，其广泛适用性有待检验，也有待更广泛的经验性比较研究来加以完善。

（摘自《科学学研究》2020年第2期；
尚智丛：中国科学院大学人文学院教授；田喜腾：新乡医学院马克思主义学院讲师。）

① Jasanoff S, Designs on Nature: Science and Democracy in Europe and the United States, Princeton University Press, 2005, pp. 255, 249-260.

② Jasanoff S, “Future imperfect: science, technology, and the imaginations of modernity”, In Jasanoff S, Kim S H, Dreamscapes of Modernity: Sociotechnical Imaginaries and the Fabrication of Power, The University of Chicago Press, 2015, pp.1-34.

18 世纪法国化学中的“关系”与“亲合力”

佟艺辰

在世界化学史上，18 世纪的法国化学无疑享有重要的地位，而亲合力化学更是被称为 18 世纪法国化学的“常规科学”，成为国际化学史界为摆脱传统的“拉瓦锡革命”叙事、重写 18 世纪法国化学史的一条重要线索。然而，开创了法国亲合力化学研究的第一篇论文用的却不是“亲合力”（affinité）概念，而是“关系”（rapport）概念。直到 18 世纪 70 年代拉瓦锡登上化学史舞台之前，“亲合力”和“关系”这一对概念都在被同时使用。这两个概念的含义略有差别，时而被混用，时而被区分，发生了微妙的互动。

在 18 世纪初期，为了描述、理解化学物质之间的选择性结合现象，化学家们使用了“亲合力”、“吸引力”和“关系”三个概念。“亲合力”来源于炼金术，有着“相似物质相结合”的理论预设。“吸引力”是牛顿的术语，指物质粒子之间的相互吸引力。“关系”则由若弗鲁瓦在其 1718 年发表的《在化学中发现的不同物质间关系表》一文中提出。若弗鲁瓦谈到，他所谓的“关系”乃是从对“实验”的“观察”“搜集”而来，指的是化学实践中某些物质倾向于互相结合的经验现象，并不具有“亲合力”或“吸引力”概念的理论预设。若弗鲁瓦特意选择“关系”而避开“亲合力”“吸引力”等说法，目的就在于体现其经验主义的用意。

18 世纪 20—30 年代，亲合力化学还没有得到足够的重视，一些学者开始在一种不区分经验和理论的模糊意义上使用“关系”。在 18 世纪 20 年代末，两个概念已经产生了被混用的趋势。在 30 年代，除了“关系”和“亲合力”之外，牛顿的“吸引力”概念也被纳入到化学研究中来。路易·莱默里就在论文中将“关系”、“亲合力”和“吸引力”三个概念放在一起讨论。他不仅将“关系”和“亲合力”并称，还表达了用“吸引力”来解释“关系”或“亲合力”的不可能性，这或许反映出他虽不排斥“吸引力”概念，但并不愿过多探讨形而上学的态度。

18 世纪 40 年代末，亲合力化学开始兴盛起来，“亲合力”概念也越来越频繁地出现在化学论文中。1745 年之后直到 18 世纪 70 年代，多位化学家对“关系”概念的使用很难判断是否限定在经验现象的范围之内，也开始有化学家将若弗鲁瓦的“关系表”称为“亲合力表”。1770 年之前，每十年里《巴黎皇家科学院院志》中使用两个概念的论文数量相差不大；1770 年之后，使用“亲合力”概念的论文大幅度地超过使用“关系”的论文。可以说，在这一时期内，“关系”在更大范围上被化学家们与“亲合力”混用，甚至在一定程度上被“亲合力”所取代。

“亲合力”取代“关系”的历程，马凯是其中的代表。在其《理论化学纲要》和《实践化学纲要》中，“亲合力”出现的次数远超“关系”；在其《化学词典》中，“亲合力”的篇幅远大于“关系”，且径称“关系”与“亲合力”完全相同。实际上，马凯并非不知道“亲合力”“关系”“吸引力”等概念之间的区别，但他之所以强要将其等同看待，就是要避免对亲合力进行本体论上的探讨，不追究其原因，而将精力放在描述各种化学现象上，并将它们联系起来。

与当时化学界的通行做法不同，德拉松则非常明确地区分了“关系”和“亲合力”，或可视为对若弗鲁瓦的回归。然而，德拉松的回归实际上是失败的，因为除他以外并没有别的化学家坚持这种做法。尤其是在定量研究开始在化学研究中占有重要地位之后，“rapport”的含义也从“关系”转向了“比率”。在拉瓦锡和贝托莱那里，“rapport”基本上全部都是“比率”的含义，几乎不在“关系”的意义上使用，仅在偶尔提及若弗鲁瓦时才用作“关系”，作为化学概念的“关系”的演变史因而可以被认为终结于此。

始于 18 世纪初，终于 18 世纪末的“关系”概念的演变史，可以说就是被“亲合力”概念吸收的历史。虽然它始于两个概念的二分，在其末尾也有学者着力于恢复这种二分，但是总的趋势依然是“关系”与“亲合力”相混用甚至被吸收、取代。因此，“关系”并非被“亲合力”所“革命”掉，而是最终合流于“亲合力”概念中，“关系”所具有的功能也由“亲合力”所发挥。“关系”的演变史也从某种角度折射出 18 世纪法国化学研究的总体策略。亲合力化学采取了一种将化学实践和化学理论相结合，而慎重处理形而上学问题的策略，这使其能够有效地积累和整理大量经验，或许这正是亲合力化学在 18 世纪的法国能够兴盛的关键。

作为一种对化学反应机制的理解，亲合力概念的发展史似乎并不符合人们所期待的“化学革命”叙事。首先，亲合观念在古希腊便已经产生，一直延续到当代，并没有颠覆某种化学研究进路，也未被他者颠覆。“亲合力”概念并没有革掉“关系”的命，而是二者最终合流。其次，亲合力所对应的物质观是“元素论”的物质观，这在马凯那里尤为明显，这一本体论承诺与拉瓦锡是一致的。如今，“拉瓦锡革命”已经不是国际化学史界的主流叙事，那么亲合力化学就更谈不上与“化学革命”有什么关联了。因此，对亲合力概念的深入研究，将引领我们更加全面而深入地反思“化学革命”的编史纲领。

（摘自《中国科技史杂志》2020 年第 2 期；
佟艺辰：中国科学院大学人文学院博士研究生。）

金陵女子大学与中国科学女博士先驱

李爱花　张培富

金陵女子大学（简称金女大）是1915年西方教会创办的中国第一所授予女性学士学位的大学。“造就女界领袖人才”和“造就女界领袖的摇篮”是金女大办学的宗旨和目标，而且这样的领袖必须兼具科学与人文的高素养，基于这样的目标引导，金女大甚为重视科学教育，为中国早期知识女性在本土接受高等科学教育做出了重要贡献，也为中国近代科学女性的成长奠定了基础。金女大的毕业生中，有不少走上了出国深造攻读科学博士学位的道路，成为中国科学女博士的先驱。

至1951年存在的36年里，金女大培养了近千名受过高等教育的知识女性，34位毕业生在国外深造获得博士学位，其中科学博士22位，占到总数的65%。在1957年前中国科学女博士先驱中，金女大校友最多，这源于金女大的科学传统。在金女大创办之初，科学就具有重要地位。第一任校长德本康夫人毕业于美国最早的女子学院——蒙特霍里约克学院数学系，不仅继承了母校培养精英和领袖的传统，同时也继承了母校注重科学的传统，具有强烈的科学主义倾向。1928年，毕业于密歇根大学的生物学博士吴贻芳接任金女大校长。她作为金女大第一届毕业生，在大学时代就“性近科学，喜研究”，在民族危亡之际更是立定科学救国、教育救国的志向。在她掌政金女大的23年中，强调女生要像居里夫人一样勇于献身科学。金女大前后两任校长都对科学情有独钟，她们的教育理念奠定了金女大重视科学教育的传统，同时决定了金女大学生有较高的科学素养，进而为金女大学生出国深造攻读科学博士学位奠定了基础。

22位金女大科学博士校友专业分布于生物化学、化学、营养学、生理学、心理学、生物学、物理学和地理学等8个领域，其中与生物和化学相关的共计16位，占总数的73%。生物和化学在中国早期科学女博士各专业中的领先优势主要体现在：陶善敏是中国第一个微生物学女博士，在中国最早的4位微生物学女博士中金女大校友占2位；吴贻芳和陈品芝是中国最早的两位动物学女博士；鲁桂珍是剑桥大学毕业的中国第一个生物化学女博士；吴懋仪是哈佛大学毕业的中国第一个化学女博士；黄定中是麻省理工学院毕业的中国第一个化学女博士；胡秀英是哈佛大学毕业的中国第二个植物学女博士；刘恩兰是中国第一个地理学女博士，也是科学女博士先驱中唯一的一个地理学女博士；包志立和张肖松是中国心理学第二和第三个女博士；何怡贞是中国第三个物理学女博士。金女大不仅在生物学和化学领域比较突出，在其他领域的人才培养方面也取得了突出成绩。这与金女大的博雅通识教育有关。金女大在课程设置和专业培养中，并不强调“女性特色”，“凡大学所应有的课程，均能开设”，所学课程门类齐全。

22 位金女大校友主要在密歇根大学获得科学博士学位，其次是密歇根州立大学和哈佛大学，这3所大学培养了一半的博士，另一半由其他11所大学培养。金女大在密歇根大学获得博士学位比较多，这与金女大同密歇根大学的关系较为密切有关。金女大科学博士校友除了获取博士学位的学校比较集中的特征外，其分散的特征也比较突出，22位校友分散在14所大学，其中有11位校友分散在11所大学。其分散的特征与金女大广泛的社会关系有关。

20 世纪上半叶的中国，科学女博士非常稀缺，而金女大不仅是中国科学女博士校友最多的大学，同时也是拥有中国科学女博士教师最多的高校，这离不开金女大教师性别女性化。金女大在专业设置上并未强调女性化，但是金女大的教师队伍却有明显的女性化倾向，从校长、教务主任到各科系主任再到各科教师都是女性占据主导地位，教师队伍中仅有少数男性。在牛津大学获得地理学博士学位的刘恩兰担任过金女大地理学专业系主任，在剑桥大学获得生物化学博士学位的鲁桂珍担任过金女大家政专业系主任，在哈佛大学获得化学博士学位的吴懋仪担任过金女大化学专业系主任，在密歇根大学获得心理学博士学位的张肖松和包志立分别担任过金女大心理学专业的系主任和教务主任，在密歇根大学获得动物学博士学位的陈品芝和吴贻芳分别担任过金女大生物学专业系主任和金女大校长。这7位科学女博士校友在金女大本土化进程中，既延续了金女大在各个层面注重科学的传统，也保持了金女大从校长到系主任女性占主导的地位。在金女大任职后获得科学博士学位的10位校友，是金女大在高等科学教育教师本土化进程中继续保持女性占主导地位的进一步体现。

金女大作为中国最早为女性提供完整4年制的大学，在其造就女界领袖人才和造就女界领袖摇篮理念的引领下，为中国培养了第一代高知女性，在科学领域表现为造就了一批科学女博士先驱。这些科学女博士先驱就是当时女性在科学界的领袖，而金女大就是那个摇篮。这些科学女博士先驱，在科学教育和研究等科学事业中都做出了重要贡献。

（摘自《自然辩证法通讯》2020年第11期；
李爱花：山西医科大学马克思主义学院讲师；
张培富：山西大学科学技术哲学研究中心教授。）

清华大学农业研究所的创建及发展

——战争与科学视角下的解析

王佳楠　杨　舰

清华大学农业研究所是中国近代农业改革过程中成立的一批农业科研机构的重要典型之一，也是清华大学在战时成立的特种研究所之一，它代表当时农业科学的发展，也显著体现了发生在其运行期间的战争与农业科学之间的关系，即战时特殊时期近代农业科学在原本的发展进程中遭遇挫折，却在新的方向继续传承与发展的历史轨迹。

在近代农业改革中，农学教育尤为突出，农业研究机构逐渐增多，不仅行育人之功效，还兼顾农业科学研究和农业技术的推广，体现了当时当地农业科学研究的进展状况。清华大学农业研究所产生于全面抗战爆发前，建立初以改良农业、复兴农村为目标。为应对河北病虫害灾情，病害、虫害组研究人员深入河北及山东、山西、察哈尔、河南五省采集制作标本，并出版服务农民的病虫害科普读物《昆虫浅说》。清华大学农业研究所是满足当时现实需求并弥补农学研究缺漏的重要高校科研机构。

七七事变之后，清华大学农业研究所迁至长沙，后至昆明。战争破坏了稳定的研究场所，部分研究内容也被阻断。大量标本在西迁时未来得及带出，实验设备也需重新购置。因生态环境发生变化，不能寻得有效的研究样本，昆虫组主任刘崇乐之前开展的有关胡蜂类群的研究被迫放弃。植物生理组原想致力于植物油类的氧化和新陈代谢问题研究，也因战争的到来，不得不把基础研究暂时搁置，转而从事更利于战争需求的植物油的利用。虽然战时艰难，但在服务国家的理念及各方支持下，农业研究所的建构进一步完善，植物病理组与昆虫组续聘教授，同时增设以汤佩松为组长的植物生理组。各组研究人员将他们在国外学得的研究方式和交流模式继承下来，工作、居住在大普吉的部分研究人员成立类似于英国皇家学会的学术交流会，在会上，每个人轮流报告自己近期的研究工作动态，或者进行专题讨论，通过交流会组织学者们进行跨学科的交流。

在研究内容方面，随着全面抗战的爆发和研究环境的变化，农业研究所各组的研究方向较战前有了很大扩展和变化。农学家们除了延续全面抗战爆发前甚至是在国外求学时的研究外，战争的需求促使他们更加关注现实问题，一些为支援战争需求而产生的地方性、实用性的农业科学研究在物资紧缺的抗战特殊时期发展显著。如植物病理组戴芳澜深入云南开展调研，进行云南经济植物的病害调查、云南菌类标本的搜集及鉴定；针对云南食用真菌丰富的特点，先后报道了69种珍稀菌类，探寻稳定的栽培方法。昆虫组针对云南疟蚊多引发的疟疾传染开始研究医学害虫，并发现云南特有的资源昆虫紫胶虫可以用于国防、电气、涂料、橡胶等多种工业部门，进而研究紫胶的构成物质及性质，支持了云南军工实业。植物生理组利用云南所产的蓖麻油制造动力机械润滑油；用乌桕蜡和蓖麻油混合配方制成了当时极为短缺的进口蜡烛代用品；开展营养研究，改良中国军队的膳食及营养等。归国教员及青年学者在重新认识环境的基础上，一方面在基础科学的指导下开展丰富的具有前沿性及地方性的理论研究，另一方面拓展应用科学，根据区域农业优势开展惠及民生的地方性研究，并应战争需求开展军工实业研究。这意味着在战争的影响下，中国的农业科学研究轨迹发生了变化。这一科学进路展现出西方近代科学传入中国后的社会化轨迹，既有西方科学向东方扩展的普遍性，又具有科学满足战时需求的特殊性，从而形成中国近代科学在战争中成长、在战争中探索科学理论与中国国情的结合。

战时成长起来的一大批农业科学家作为人才储备，成为战后中国农业各学科的主要奠基人和开创者。1929—1937 年，出国留学生合计 7594 人，其中学习农学的留学生累计达 546 人，占 7.2%。全面抗战爆发后，留学生回国支援抗战，他们不但具备前沿的理论知识，也有将理论迅速转化为实业的渴求。有研究统计，昆明时期先后曾在清华大学农业研究所工作过的人员有 60 人之多，其中绝大多数后来成为国内外著名专家，成为高等学校、科研机关的中坚力量，有 14 位先后当选为中国科学院学部委员（院士）。以清华大学农业研究所的三位组长为例，戴芳澜建立起以遗传为中心的真菌分类体系，确立了中国植物病理学科研系统；刘崇乐开拓我国生物防治的新方向，扩展其研究到有益于人类的昆虫行为以及带菌昆虫的利用；汤佩松被誉为中国植物生理学的奠基人，专注教育，培育人才，抗战结束后任清华大学农学院院长，后任合并后的中国农业大学副校长。

可以看出，留学生更倾向在全面抗战爆发后回国报效祖国，战时的科学家们更加专注于能为抗战做出贡献的研究，在战争的磨炼下，他们迅速成长为理论扎实、实践技能丰富的农学家。科学以自己的方式在研究内容和研究人才两方面支援了抗战。

（摘自《自然辩证法通讯》2020 年第 7 期；

王佳楠：海南大学管理学院副教授；杨舰：清华大学科学史系教授。）

篇目推荐

略说中国现代科技史研究的问题意识

中国现代科学技术史研究虽已逾40年，但仍然是一个不够成熟的研究领域。在简略分析该领域近20年来完成的近400篇学位论文的基础上，就中国现代科技史研究中增强问题意识提出一些初步的看法：中国现代科技史研究需从全局着眼提出历史问题；重视现实关切，从现实中追寻历史问题；突破种种宣传的障眼法，勇于面对“敏感”问题；加强理论修养以凝练学术问题。

（原载《中国科技史杂志》2020年第3期；
王扬宗：中国科学院大学人文学院教授。）

中国上古时代数学门类均输新探

均输是中国古代数学的一个重要门类，数学经典《九章算术》专设第6章讨论它。前人对其渊源和它与作为经济政策的均输之关系，都多有未及或存在若干问题。文章利用更为丰富的考古文献和传世文献，对中国上古时代均输的发展进行较为系统深入的研究。文章对《九章算术》“均输”章算题的特征进行了新的概括，指出“均输”的含义比前人理解的公平负担要宽泛，“均输”章的构成具有高度的一致性，算题的列入是编者刻意为之，而非随意安排。文章证明，不论是数学上的两类均输算题还是经济上的两种均输都有先秦及秦代的渊源，现存《九章算术》“均输”章的5个均输算题和睡虎地汉简《算术》中的一个均输算题虽然都定型于西汉，但在先秦及秦代应该已有其蓝本。岳麓书院藏秦简《数》和张家山汉简《算数书》证明，“均输”章后24题中有一部分在战国到西汉初期就很可能存在，不必等到公元前1世纪由耿寿昌补入。

（原载《自然科学史研究》2020年第4期；
邹大海：中国科学院自然科学史研究所研究员。）

宋代水准仪的复原及模拟实验

水准测量是测量学的重要组成部分，中国古人很早就懂得了利用水平面进行水准测量，并发展出了一套较为完整的水准测量仪器和水准测量技术，对中国古代的科技发展起到了重要作用。水准测量作为中国古代测量史研究的重要课题之一，目前学界在文献、考古等方面都取得了很大的进展，但还没有在实证的角度对中国古代水准仪进行过更加深入的研究。文章基于已有资料和前人的研究成果，采用实证方法对宋代水准测量技术特别是《武经总要》和《营造法式》中所记载的水准仪器和其使用方式进行探究，《神机制敌太白阴经》和《营造法式》是目前所知最早和最完整的以图示法解释水准仪的文献，但其中图文标识并不配套、略有出入。鉴于多年的考古发掘中一直鲜见水平仪实物、田野调查亦未能获取遗留水平仪相关物件，文章在前人的研究基础上结合原始文献资料，复原制作出了宋代水平仪实物，并进行了相关模拟实验，与现代光学水平仪进行了误差精度的比较，以澄清一些实际操作中的技术问题和完善中国古代水准测量史研究。

（原载《自然科学史研究》2020 年第 3 期；
仪德刚：东华大学人文学院教授。）

中国古代早期提花织机的核心：多综提花装置

基于考古出土的实物，多综式提花织机无疑是人类最早发明的提花织机，其核心技术是通过多个综片储存和控制提花规律，并在织造过程中循环使用。文章结合历史文献和民间调查，将多综式织机进行了全面的归纳与分类，研究多综提花装置的发展过程，详细分析了多综式提花织机的提花原理，总结了多综提花装置在织机发展史上的重要地位。多综提花装置兼收并蓄了当时各类织机的优点，是中国古代早期提花织机的核心机构，它开了大批量提花织物生产的先河，为丝绸之路上的丝绸贸易奠定了技术基础，留下了五彩缤纷的物质文化遗产。

（原载《丝绸》2020 年第 7 期；
龙博：中国丝绸博物馆馆员。）

张衡地动仪立柱验震的复原与研究

关于张衡地动仪的复原，130 年来学者们提出多种模型。其中立柱模型往往被否定，因为立柱验震被断定是不可能实现的。文章对立柱验震进行分析，指出前人实验失败是因为都没有充分认识到立柱验震的力学原理。根据力学原理列出的立柱验震的一系列必要条件，并用汉代工艺成功制作了三台立柱验震演示仪实物。立柱模型必需在立柱下面安排一个精密的小“着地面”，首先必须对立柱下的支承面进行置平调整和对立柱的重心进行平衡调整。立柱验震现场演示通过专家的鉴定，获得成功，为张衡地动仪的正名和复原提供了新的可靠的依据。

（原载《中国科技史杂志》2020 年第 3 期；
胡宁生：中国科学院南京天文光学技术研究所研究员。）

岭南地区清代铁政管理与生铁炒钢技术探究

《两广盐法志·铁志》主要记载了清代乾隆后期至道光年间近50年的两广地区冶铁炉座开设、生铁冶铸、生铁炒炼、生产管理等相关重要历史事项，该志为梳理两广地区清代时期的冶铁面貌提供了宝贵的史料，为探索中国古代生铁炒钢技术在两广地区的发展提供了难得的线索。清代两广地区的冶铁业开炉政策是不得干碍民田庐墓，冶铁炉座主要有大炉、土炉两种，铁政管理方式主要是官准民营，但区域内的沿海地区与内地对土炉的管理政策有所区别。文章基于《两广盐法志·铁志》等文献记载，对广东罗定地区等重点冶炼遗址开展了初步田野调查，并对相关遗物进行了金相、扫描电镜及能谱分析（SEM-EDS）实验室研究，发现了该地区至迟于清代时期的生铁液态炒炼熟铁工艺遗存的科学证据。

（原载《中国科技史杂志》2020年第1期；
黄全胜：广西民族大学科技史与科技文化研究院教授。）

从出土古船看中国木帆船的横向结构

出土古船表明，中国早在汉代已出现空腹梁和肋骨。舱壁始于唐代，并与空梁、肋骨并存。舱壁与肋骨在应用中各有利弊。出土古船表明，舱壁结构贯穿了自唐至今的漫长历史时期。舱壁结构是中国木帆船横向结构的主流。

（原载《国家航海》2020年第二十四辑；
何国卫：中国船级社武汉规范研究所高级工程师。）

中国首台十亿次巨型计算机“银河-Ⅱ”研制始末

1992年11月19日，中国第一台每秒运算十亿次的巨型计算机“银河-Ⅱ”由国防科技大学研制成功，使中国成为当时世界上少数几个能发布中长期数值天气预报的国家之一，为国民经济建设做出特殊贡献。文章通过发掘“银河-Ⅱ”研制单位原始档案资料和采访主要参研人员，回顾历史背景，还原研制过程，总结经验教训，阐明“银河-Ⅱ”是中国特色自主创新的重大科研成果，给国内信息产业同行创新驱动发展以一定启示和参考。

（原载《中国科技史杂志》2020年第2期；
司宏伟：清华大学科学史系博士后。）

临淄齐故城镜范与汉代铸镜技术

在古代铜镜铸造中，镜范的制作和使用是最为关键的环节，也是铸镜技术的核心所在。山东临淄齐故城出土的汉代陶质镜范在材质、结构和制作工艺等方面，都较先秦陶范有了很大的改进，反映了汉代铸镜技术的进步。这些镜范在制作时于泥料中羼入了大量稻壳灰，焙烧火候也高，因此范体密度低、重量轻，内含大量孔隙，适合铸造，同时又结实耐用且不失柔韧性，从而便于工匠对其进行塑形、雕刻乃至修补和改制。镜范结构设计亦较科学、合理，不仅可铸造出好的产品，而且有利于保护镜范，以达到多次反复使用的目的。另外，镜范成形工艺的改进，特别是刻纹技术的普遍采用，既保证了镜范的质量，也使工匠的艺术创造力得以充分发挥。技术上的进步，造就了汉代临淄镜范优异的铸造性能，同时还使其可以多次反复使用，从而大幅度提高了当时的铜镜生产效率。

（原载《中原文物》2020 年第 1 期；
杨勇：中国社会科学院考古研究所副研究员。）

钻孔技术在西汉玉器工艺中的灵活应用
——以徐州狮子山楚王墓为例

1984 年底，江苏省徐州市狮子山西侧发现了西汉兵马俑群，以此为线索，在狮子山南侧发现了一座西汉早期楚王墓，并于 1994 年底进行了发掘。该墓出土了 2000 余件（组）珍贵文物，其中包括 200 多件（组）玉器。这批玉器以片状居多，如璧、珩、龙形佩、凤形佩、冲牙、戈等，以及组成玉衣、玉棺或玉枕的片状构件。圆雕或浮雕玉器数量虽然不多，但均为工美质优的精品，如蝉、兽面玉枕首、带钩、剑饰以及掏出内膛的耳杯、卮、高足杯、双联玉管等。

（原载《文物》2020 年第 9 期；
叶晓红：中国社会科学院考古研究所副研究员。）

西北实业公司火炮的模仿与制造
——以晋造 36 式 75 毫米火炮为例

文章以晋造 36 式 75 毫米山炮制造的技术史为视角，利用档案和工业遗存，考察西北实业公司火炮制造历史，探究了36式山炮仿制的原因和过程。分析了钢铁材料的来源和火炮制造标准的形成，整理出制造工序和加工设备，考证了施耐德产来复线机的技术特点和引进过程，并对其中所折射出的民国时期我国火炮制造的特点进行了讨论。

（原载《中国科技史杂志》2020年第4期；
吕清琪：中国科学院自然科学史研究所博士研究生。）

近年国外早期砷铜冶金的研究进展

砷铜冶金现象是新旧大陆青铜时代乃至史前考古研究所关注的重要问题之一。无论是在探讨早期文明史、社会复杂化、区域交流互动，还是在认识技术内涵、生产工艺等方面，砷铜冶金的研究工作都显示出特殊的意义。文章尝试以炉渣、矿石、铜器等分析成果为线索，从合金自身特质出发对国外近年来砷铜冶金文献进行梳理。关注点不仅集中在传统的矿料、技术角度，还从砷铜的功能价值、演进规律层面进行新的观察。文章不仅旨在从基础性工作唤醒对于砷铜合金的社会记忆以及拓宽对于早期复杂社会的认识视野，更希望能推动国内未来对相关问题更透彻的研究。

（原载《中国国家博物馆馆刊》2020年第9期；
崔春鹏：中国国家博物馆馆员。）

民国时期中央工业试验所在油脂工业技术上的进步与贡献

基于国民经济和国防建设的需要，民国时期中央工业试验所开展了油脂制取、油脂利用、植物油制造液体燃料等系列试验研究，在生产中发挥了重要的作用。这些研究代表了我国当时油脂工业的技术水平，同时也是该领域近代化的缩影。系统探究中央工业试验所油脂试验研究，有助于厘清民国时期油脂工业技术的发展历程、理解民国工业技术的研发方式。

（原载《自然科学史研究》2020年第3期；
王鹏飞：山西大学科学技术史研究所教授。）

中国引进苏联农业机械技术的历史考察（1949—1966）

新中国成立初期，中国通过外贸进口、接受成套援助、聘请专家及派遣留苏学生等形式，从苏联引进农业机械产品、农业机械制造技术，还学习了国营拖拉机站、国营农场农业机械推广应用、维修技术和管理经验。拖拉机和耕、播、收等主要环节机引农业机械通过仿制、创新实现国产化；利用苏联办学模式和经验，建成北京农业机械化学院，促进农业机械高等教育发展。成套项目中第一拖拉机制造厂（简称“一拖”）建成，产品长期占全国大中型拖拉机保有量的1/3以上，为企事业单位提供大批人才，引领拖拉机制造业发展；国营友谊农场建成投产，出技术、出人才、出经验，示范农业机械化，引领现代农业发展。文章认为这时期引进苏联农业机械技术，包括实物、经验和知识三个层次，系统全面，为中国农业机械技术科研、教育、生产应用和农业机械化起步发展奠定了基础。

（原载《产业与科技史研究》2020年第七辑；
宋超：南京信息工程大学科学技术史研究院教授。）

20世纪40年代中国的青霉素试制与产业化尝试

20世纪40年代，美国率先完成了青霉素（penicillin，音译盘尼西林或配尼西林）的研发并实现产业化，此后其他国家相继开设青霉素工厂。中国当时不止一家机构试制青霉素，但均未实现产业化。文章分析中央防疫处（简称“中防处”）、国民政府军政部中央陆军军医学校（简称“陆军军医学校”）、延安中国医科大学、中央工业试验所等代表性机构试制青霉素的制备技术与结果，指出中国在20世纪50年代之前未能掌握青霉素的核心工艺与设备，整体处于试验研究和试验工厂的阶段。

（原载《产业与科技史研究》2020年第七辑；
张衍：中国科学院自然科学史研究所硕士研究生。）

中国传统地权制度论纲

在笔者近二十年研究成果的基础上，文章以中国传统社会经济视野对地权制度及其演变与作用进行系统性考察与综合论述，构建了具有内在逻辑体系的解释框架。从私有产权、法人产权、国有产权与所有权、占有权、使用权等层面形成土地产权形态理论，以富有中国传统特色的典权为中心，明辨各种地权交易形式及其历史演化。在此基础上探讨地权市场与家庭农庄的关联与相互影响，并从历史实证与理论逻辑上反思佃农理论、平均地权等旧有成说，揭示与西欧经济道路迥异的中国传统经济的基本特质及其近代转型困境。

（原载《中国农史》2020年第2期；
龙登高：清华大学社会科学学院经济学研究所教授。）

新石器时代植物考古与农业起源研究

植物考古通过考古发掘获取古代植物遗存，分析植物与人类生活的关系，复原古代人类生活方式。植物考古最重要的研究内容是农业起源问题。在人类社会发展进程中，农业起源与新石器时代相关，是新石器时代的标志。中国新石器时代的绝对年代在距今10 000～4000 年间，其间中国广大区域内分布着一些并行发展的考古学文化区系。文章分别介绍了西辽河上游、黄河下游、黄河中游、黄河上游、长江下游、长江中游和长江上游等七个区系的新石器时代考古学文化序列，通过对每个区系内植物考古新发现的全面梳理，系统阐述21世纪以来我国植物考古的研究成果及其在中国农业起源研究中的学术价值和意义。

（原载《中国农史》2020年第3期；
赵志军：中国社会科学院考古研究所研究员。）

“卧沙细肋”考
——从苏轼看宋代羊肉生产与消费

文章对苏轼诗中提到的“卧沙细肋”一词进行了考证，并结合宋代动物生产与消费的史实进行了讨论，指出“卧沙细肋”并非前人注释所认定的产自福建的通印子鱼，而是产自陕西的同羊，又名苦泉羊。苏轼笔下与“卧沙细肋”有关的文字，实际上也是宋代动物生产、流通与消费的一个缩影。宋代的羊肉生产与消费都已达到很高的水平。从苏轼的经历来看，羊肉是宋代贵族消费的最主要的肉类，西北是肉羊的主产地，长江中游北岸的黄州地区也有丰富的羊肉出产，而岭南惠州等地则极度匮乏。苏轼不仅是羊肉的消费者，更是羊肉的生产者，他在这两个领域里都有自己独到的建树。

（原载《古今农业》2020年第3期；
曾雄生：中国科学院自然科学史研究所研究员。）

笔谈与明清东亚药物知识的环流互动

笔谈是明清东亚（中国、朝鲜、日本）文化交流的一种特殊方式，也是当时东亚地区的药物知识交流的一个重要途径。医学虽不是笔谈的重点，但笔谈时涉及的医学内容以及专门的医家笔谈文献，反映了药物知识的传播途径与过程。我们以明清时期东亚笔谈为中心，勾勒笔谈中有关药物知识交流的情形，梳理东亚药物知识的内部流通及其与外部接触，可以进一步认识东亚医学知识的环流与多层建构。东亚笔谈对药物的讨论大致分为三个阶段，笔谈中有关药物知识的交流并非一条单向性的单一直线，也不是东亚三地相互的三条并行线，而是多层次的、相互交错夹杂的。在全球史的视野下来考察东亚地方医药知识的内部环流与外部接触是十分有必要的。这样的考察对欧亚的医学交流史研究也是很有裨益的。

（原载《华东师范大学学报（哲学社会科学版）》2020 年第 3 期；
陈明：北京大学东方文学研究中心、北京大学外国语学院南亚学系教授。）

《西医略论》编译的参考文本及学术网络之探究

文章考察了中国近代第一部西医外科教材《西医略论》的编译过程。通过合信的教育与临床训练背景，以及合信提供的线索，分析了当时他可能参考的教科书，探究了《西医略论》参考底本的来源，论述了合信编译该书时的学术交流网络，提出该书是编译者选择当时多部有影响的外科教科书，并加入了当时西医在中国开业行医常见疾病所需要的诊疗和用药经验的综合性、实用性的临床教材。

（原载《自然科学史研究》2020 年第 2 期；
张大庆：北京大学医学人文研究院、北京大学科学史与科学哲学研究中心教授。）

14 世纪西欧黑死病疫情防控中的知识、机制与社会

14 世纪，黑死病肆虐于西欧，造成了重大的人口损失。综合各方研究及相关史料，我们可从知识、机制与社会三个层面对当时的疫情防控做出考察。以现在流行病学的知识观之，当时医学界对瘟疫发生原因的解释并不合理，他们提出的治疗举措效果也甚为有限，但他们对瘟

疫的传播性及其与环境关系的讨论，也的确推动了相应干预机制的产生。这些机制主要包括三个方面，即采取隔离措施、清洁环境和合理埋葬尸体。在意大利北部，财政收入、政府运转和公共卫生建设水平较高，防控举措的效果也较为明显。但就整体而言，西欧的经济资源有限，政治架构分散而混乱，社会文化和习俗方面的制约因素也比较多，这就制约了防疫机制的有效运转。可见，要想建立高效的重大疫情防控体系，必须以社会的整体发展为前提。

（原载《历史研究》2020 年第 2 期；
李化成：陕西师范大学历史文化学院教授。）

成仙初阶思想与《神农本草经》的三品药划分法

《神农本草经》的药物三品划分法受到了秦汉以来逐步成熟的“成仙长生初阶”思想的巨大影响。东汉后期全社会有长期的“疾病焦虑”，早期太平道、五斗米道都纷纷以祛病为号召，在道教改革过程中，长生、成仙逐渐成为道教接近上层社会最便捷的手段，服食炼丹、投龙仪式等均体现出贵族化的特征。以《神农本草经》为代表，药物的“医疗属性”在相当长一个阶段内是从属于长生成仙目的的，“治病”被视为成仙长生的预备阶段，是“条件免责”意识的产物，这种思想认为只有在满足若干条件的基础上才能实现不死或成仙的目的，祛病—长生—成仙呈阶梯化递进关系，药物也就相应存在由粗到精的层级，上中下三品药的划分正是基于此。但在本草药学漫长的发展过程中，总的趋势是原本只能完成初阶任务的草木类逐渐占据上风，金石类尤其是曾备受青睐的服食、炼丹原料逐渐式微，在证圣法古思维模式笼罩之下，后世医家虽然不至于直接否定《神农本草经》之三品分类，但是起码在实践中逐渐以疾病本身为核心进行了种种调整。

（原载《史林》2020 年第 3 期；
于赓哲：陕西师范大学历史文化学院教授。）

商代的疫病认知与防控

我国最早关于瘟疫的记载可追溯至殷商时期。甲骨文的“疾人”（《合集》2123）、“乍疫”（《屯南》附册 F3.1）、“疾年其殟”（山博 8.5.3、8.33.17）、“疾-邑烈”（《合集》21982）等，反映了当时人们对疾病的群体性、季节性和突发性特征，以至发生、传播及危害性已具有一定程度的认知。殷商统治者在面对疫情肆虐时，一方面表现出较强烈的心理焦躁和对社会动荡的担心；另一方面也采取多种手段来防控疫病。受限于殷商时期信仰观念和医学知识，当时采用的防治措施，既有“御疫”、“御众”（《合集》31993）、驱疫鬼、“宁疾”（《屯南》1059）以求消除疠疫等巫术祭祀，也有隔离防疫、禁止谣传、熏燎消毒、药物医防、饮食保健、洒扫居室、清洁环境卫生乃至必要的刑罚惩处等理性、务实的防控办法。在疠疫瘟疾猖獗之际，人们并非束手无策，而是通过国家行政、社会群防、运动保健等方式，积极抵御疫病侵害，形成了许多预防疠疫传播的社会风尚和风俗，展现了积极乐观的精神意识，其内容涉及环境学、营养学、药物学、卫生保健学、心理学、体育学等方方面面。散积久演的疠疫防控行为，标志着当时社会文明的发展程度，也是中华民族对人类文明的重要贡献。

（原载《历史研究》2020年第2期；
宋镇豪：中国社会科学院学部委员。）

宋代医药领域的违法犯罪问题初探

学术界对宋代医药事业的蓬勃发展和法制建设的显著成就论述较多，但对医药领域的违法犯罪问题及相关法规探讨较少。针对发生在医官、军医、民间医者和药材领域中的违法犯罪行为，宋朝政府制定、颁布了许多法规，并设定了相关制度，以惩治上述不法行为。这些法规和制度，具有极高的针对性和侧重点：对医官和进口香药监管得比较严密，对民间医者和药材监管得相对宽松。上述措施确实在当时对医药领域的违法犯罪活动形成了较为完整的规制体系。相关法律与制度对医药领域的违法犯罪行为，确实起到了一定的打击与震慑作用。但是，宋代的巫医仍然活跃且多见，假冒伪劣药材依然泛滥。以史为鉴，宋代的相关经验与教训，值得学界进一步深入研究。

（原载《河北大学学报（哲学社会科学版）》2020年第2期；
姜锡东：河北大学宋史研究中心教授；
李超：河北大学宋史研究中心博士研究生、中央司法警官学院法学院讲师。）

全球史视角下解析泛李约瑟问题

李约瑟问题是中国科学史研究中最受关注的问题之一，同时它与世界科学史研究中的一系列相关问题，如齐尔塞尔问题、现代科学的兴起以及兴起模式问题等共同构成了一大类可以被称为泛李约瑟问题的问题，即现代科学为何没有产生于古印度、古阿拉伯、拜占廷帝国……而仅仅产生于16—17世纪地中海沿岸的日耳曼-基督教社会？

原版的李约瑟问题是在科学-文明史和比较史学的研究框架下提出的，研究进程表明，在此框架下研究者不可能就李约瑟问题的答案达成共识。文章对李约瑟问题及相关研究展开史学理论的分析和反思，认为必须以全球史的视角重审现代科学发生的机制问题。在全球科技史的意义上，泛李约瑟问题是一个真问题。

文章追溯了作为现代科学最重要思想资源的理性精神、逻辑方法和经验主义原则在古希腊、古罗马、中世纪阿拉伯、日耳曼-基督教文明中兴起、传播，以及与本地文化交融、碰撞的过程，提出：从全球史的角度看，科学作为高度体系化了的和一元的知识系统，无论是古代的还是现代的，均产生于多元文明的历史互动进程之中，建基于人类思想的汇聚与整合之上，且受到人类价值的引导和制约；科学的产生并非单一文明框架内所能发生和讲述的故事。

（原载《中国科技史杂志》2020 年第 3 期；
袁江洋：中国科学院大学人文学院教授；苏湛：中国科学院大学人文学院副教授。）

从翻译引进到探索反思：矿物学教科书在华演变研究（1902—1937）

矿物学作为晚清经世之学的重要组成部分备受关注。近代矿物学教科书在中国出现于 19 世纪末，清末教育改革后大量出版。文章系统梳理了 1902—1937 年出版的重要矿物学教科书，考察这些教科书的内容、知识来源及影响，并结合学制演变和时代背景分析三十多年间矿物学教科书内容来源、知识体系的变化，以及不同时段教科书的特点，进一步探讨由教科书引发的对改良矿物学教育的讨论。这些教科书对清末民初的矿物学教育起到了重要的作用，国人对矿物学教科书也不断给出评价、进行反思，从而使教科书由单纯翻译引进发展为纳入本土矿物知识的自主编撰，侧面反映了矿物学教科书在中国的本土化过程。

（原载《自然科学史研究》2020 年第 1 期；
杨丽娟：中国科学院自然科学史研究所助理研究员。）

清末民初英人波尔登在华植物采集活动考述

在近代来华的职业植物采集者群体中，英国人波尔登的经历尤为独特，却鲜为人知。1909—1915 年，波尔登先后穿行于冀晋陕及甘青藏地区，为英美科研机构及商业团体搜集植物，是首位对这些地区进行植物学考察的英国人。作为植物猎人，他以域外探险、人际交往及植物采集为途径，获取有关植物最新信息的同时，将众多生长在中国的植物成功引入英美。依托与中国传统植物研究不同的知识背景，波尔登通过对植物的搜寻、观察、记录、整理及寄送，实践了西方将中国的植物纳入现代植物学体系的科学诉求以及依靠科学知识开拓并征服自然的决心。这一科学考察活动不仅揭示出地域性差异影响下的中国民众自然观念的不同，亦反映了西方列强在华政治扩张背景下物种迁移的特殊状态。

（原载《史学月刊》2020 年第 8 期；
左承颖：中国人民大学历史学院博士研究生。）

西历东传与19世纪历书时间的自然化

文章从文化交流的视角出发，考察了新教传教士在新教通书中对晚清时间知识的重构。19世纪初期，中西历书对时间的界定都充满了神秘主义色彩，在西方体现为占星学，在中国体现为择吉术。然而来华传教士并没能认识到二者背后的理论差异，他们以母国文化中的占星学逻辑来理解中国历书中的择吉，对其展开批判，并以英国历书为范本，在新教通书中建构了一套新的时间知识——时间被剥夺了神秘主义内涵，趋向自然化、均质化。新教通书的自然化时间不仅冲击了时人的时间观念，也影响了民初的历书改革。

（原载《史林》2020年第2期；
肖文远：中山大学历史学系博士研究生。）

血压知识及医疗实践在近代中国的传播

血压知识和血压计的使用是近代西方医学传入的重要内容之一。近代中国医学界及医药界等采用多种途径传播血压及相关医疗知识。社会大众对血压知识及相关的医疗实践，大体经历了模糊认知到基本认知的发展过程，又兼有既接受西方的诊病方式和医疗仪器，又采用传统方法治疗的复杂面相。同时血压知识的传播又丰富了近代中国社会大众的专业医学词汇。文章以血压、血压计、血压病为研究对象，深刻剖析血压知识及医疗实践具有的现实工具性及深层价值性，探究技术进步、社会大众观念及医疗实践的复杂互动关系。

（原载《自然辩证法通讯》2020年第3期；
张蓓蓓：河北大学历史学院博士研究生。）

催眠术在近代中国的传播（1839—1911）

关于催眠术在近代中国的传播情况，目前缺少足够的研究。自1839年起，相关概念开始出现在传教士在华创办的英文报刊上，成为英语读者理解中国灵巫活动的中介。中日甲午战争之后，催眠术由日本加速涌入，留日学生、流亡人士成为主要的传播群体，“催眠术”这一词汇也从“传镊气”“人电”等对译词中逐渐胜出，令渴望疗救国民、实现革命、证明灵魂存在的人们产生了不小的期待，也令当局者警觉。暗杀团体对催眠术的研习尤其醒目，但实际效果并不理想。以或温和或激进的方式，催眠术参与了近代精英对“心”之力的营构，成为时代动能的汇聚点之一，反映了19世纪对精神力量的普遍兴趣。

（原载《科学文化评论》2020年第3期；
贾立元：清华大学人文学院副教授。）